全国高职高专护理类专业"十三五"规划教材

（供护理、助产专业用）

生物化学

主　编　张向阳　常陆林

副主编　杨智英　成秀梅　赵　佳

编　者　（以姓氏笔画为序）

马　强（重庆三峡医药高等专科学校）

韦　岩（菏泽医学专科学校）

邓秀玲（内蒙古医科大学）

成秀梅（江苏医药职业学院）

刘香娥（菏泽家政职业学院）

许秋菊（济南护理职业学院）

杨智英（长沙卫生职业学院）

张向阳（济宁医学院）

赵　佳（红河卫生职业学院）

柏素云［山东第一医科大学（山东省医学科学院）］

常陆林（广东江门中医药职业学院）

崔安芳（济宁医学院）

葛　骏（安庆医药高等专科学校）

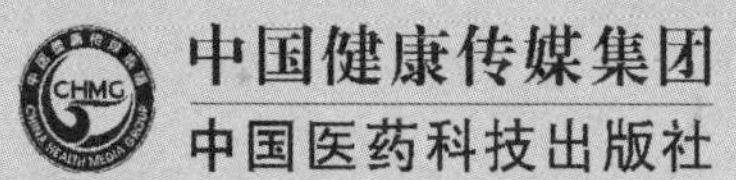

中国健康传媒集团

中国医药科技出版社

内容提要

本教材为全国高职高专护理类专业“十三五”规划教材之一，系根据本套教材的编写指导思想和原则要求，结合专业培养目标和本课程的教学目标、内容与任务要求编写而成。内容涵盖生物大分子的结构与功能、机体内的物质代谢和能量代谢、遗传信息的传递与表达、癌基因与抑癌基因、肝的生物化学、水与电解质代谢及酸碱平衡等。

本教材为书网融合教材，即纸质教材有机融合电子教材、教学配套资源（PPT、微课、视频、图片等）、题库系统、数字化教学服务（在线教学、在线作业、在线考试）。

本教材主要供全国高职高专院校护理和助产专业师生使用，也可作为从事护理类相关工作的从业人员、管理者的自学、培训、进修教材。

图书在版编目（CIP）数据

生物化学/张向阳，常陆林主编．—北京：中国医药科技出版社，2018.8

全国高职高专护理类专业“十三五”规划教材

ISBN 978-7-5214-0110-3

Ⅰ.①生… Ⅱ.①张… ②常… Ⅲ.①生物化学-高等职业教育-教材 Ⅳ.①Q5

中国版本图书馆 CIP 数据核字（2018）第 061510 号

美术编辑 陈君杞
版式设计 南博文化

出版 **中国健康传媒集团** | 中国医药科技出版社
地址 北京市海淀区文慧园北路甲 22 号
邮编 100082
电话 发行：010-62227427 邮购：010-62236938
网址 www.cmstp.com
规格 889×1194mm 1/16
印张 18¾
字数 400 千字
版次 2018 年 8 月第 1 版
印次 2021 年 7 月第 3 次印刷
印刷 三河市百盛印装有限公司
经销 全国各地新华书店
书号 ISBN 978-7-5214-0110-3
定价 42.00 元

获取新书信息、投稿、为图书纠错，请扫码联系我们。

数字化教材编委会

主　编　张向阳　常陆林

副主编　杨智英　成秀梅　赵　佳　崔安芳

编　者　（以姓氏笔画为序）

马　强（重庆三峡医药高等专科学校）

韦　岩（菏泽医学专科学校）

邓秀玲（内蒙古医科大学）

成秀梅（江苏医药职业学院）

刘香娥（菏泽家政职业学院）

许秋菊（济南护理职业学院）

杨智英（长沙卫生职业学院）

张向阳（济宁医学院）

罗益民（济宁医学院）

赵　佳（红河卫生职业学院）

柏素云［山东第一医科大学（山东省医学科学院）］

常陆林（广东江门中医药职业学院）

崔安芳（济宁医学院）

葛　骏（安庆医药高等专科学校）

出版说明

为贯彻落实国务院办公厅《关于深化医教协同进一步推进医学教育改革与发展的意见》(〔2017〕63号)等有关文件精神，不断推动职业教育教学改革，推进信息技术与医学教育融合，加强医学人才培养，使职业教育切实对接岗位需求，教材内容与形式及呈现方式更加切合现代职业教育需求，培养具有整体护理观的护理人才，在教育部、国家卫生健康委员会、国家药品监督管理局的支持下，在本套教材建设指导委员会和评审委员会顾问、苏州卫生职业学院吕俊峰教授和主任委员、南方医科大学护理学院史瑞芬教授等专家的指导和顶层设计下，中国健康传媒集团·中国医药科技出版社组织全国100余所以高职高专院校及其附属医疗机构为主体的，近300名专家、教师历时近1年精心编撰了“全国高职高专护理类专业‘十三五’规划教材”，该套教材即将付梓出版。

本套教材先期出版包括护理类专业理论课程主干教材共计27门，主要供全国高职高专护理、助产专业教学使用。同时，针对当前老年护理教学实际需要，我社及时组织《老年护理与保健》《老年中医养生》《现代老年护理技术》三本教材的编写工作，预计年内出版，作为本套护理类专业教材的补充品种。

本套教材定位清晰、特色鲜明，主要体现在以下方面。

一、内容精练，专业特色鲜明

本套教材的编写，始终满足高职高专护理类专业的培养目标要求，即：公共基础课、医学基础课、临床护理课、人文社科课紧紧围绕专业培养目标要求，教材内容精练、针对性强，具有鲜明的专业特色和高职教育特色。

二、对接岗位，强化能力培养

本套教材强化以岗位需求为导向的理实教学，注重理论知识与护理岗位需求相结合，对接职业标准和岗位要求。在教材正文适当插入临床案例(如“故事点睛”或“案例导入”)，起到边读边想、边读边悟、边读边练，做到理论与临床护理岗位相结合，强化培养学生临床思维能力和护理操作能力。同时注重护士人文关怀素养的养成，构建“双技能”并重的护理专业教材内容体系；注重吸收临床护理新技术、新方法、新材料，体现教材的先进性。

三、对接护考，满足考试需求

本套教材内容和结构设计，与护士执业资格考试紧密对接，在护士执业资格考试相关课程教材中插入护士执业资格考试“考点提示”，为学生学习和参加护士执业资格考试奠定基础，提升学习效率。

四、书网融合，学习便捷轻松

全套教材为书网融合教材，即纸质教材有机融合数字教材，配套教学资源，题库系统，数字化教学服务。通过“一书一码”的强关联，为读者提供全免费增值服务。按教材封底的提示激活教材后，读者可通过 PC、手机阅读电子教材和配套课程资源（PPT、微课、视频、动画、图片、文本等），并可在线进行同步练习，实时反馈答案和解析。同时，读者也可以直接扫描书中二维码，阅读与教材内容关联的课程资源（“扫码学一学”，轻松学习 PPT 课件；“扫码看一看”，即刻浏览微课、视频等教学资源；“扫码练一练”，随时做题检测学习效果），从而丰富学习体验，使学习更便捷。教师可通过 PC 在线创建课程，与学生互动，开展在线课程内容定制、布置和批改作业、在线组织考试、讨论与答疑等教学活动，学生通过 PC、手机均可实现在线作业、在线考试，提升学习效率，使教与学更轻松。此外，平台尚有数据分析、教学诊断等功能，可为教学研究与管理提供技术和数据支撑。

编写出版本套高质量教材，得到了全国知名专家的精心指导和各有关院校领导与编者的大力支持，在此一并表示衷心感谢。出版发行本套教材，希望受到广大师生欢迎，并在教学中积极使用本套教材和提出宝贵意见，以便修订完善。让我们共同打造精品教材，为促进我国高职高专护理类专业教育教学改革和人才培养做出积极贡献。

中国医药科技出版社

2018 年 5 月

全国高职高专护理类专业“十三五”规划教材

建设指导委员会

顾　　问　吕俊峰（苏州卫生职业学院）

主任委员　史瑞芬（南方医科大学）

副主任委员　（以姓氏笔画为序）

于景龙（长春医学高等专科学校）

邢爱红（山东医学高等专科学校）

江智霞（遵义医学院）

许建新（曲靖医学高等专科学校）

李春卉（吉林医药学院）

李黎明（厦门医学院）

邱兰萍（辽宁医药职业学院）

张伟群（安庆医药高等专科学校）

陈月琴（漯河医学高等专科学校）

陈国忠（江苏医药职业学院）

陈荣凤（上海健康医学院）

陈思羽（桂林医学院）

姚腊初（益阳医学高等专科学校）

贾秀英（贵州医科大学）

郭家林（遵义医药高等专科学校）

葛淑兰（山东医学高等专科学校）

薛　梅（天津医学高等专科学校）

张义伟（宁夏医科大学）
张亚光（河南医学高等专科学校）
张向阳（济宁医学院）
张绍异（重庆医药高等专科学校）
张春强（长沙卫生职业学院）
易淑明（益阳医学高等专科学校）
罗仕蓉（遵义医药高等专科学校）
周良燕（雅安职业技术学院）
柳韦华［山东第一医科大学（山东省医学科学院）］
贾　平（益阳医学高等专科学校）
晏廷亮（曲靖医学高等专科学校）
高国丽（辽宁医药职业学院）
郭　宏（沈阳医学院）
郭梦安（益阳医学高等专科学校）
谈永进（安庆医药高等专科学校）
常陆林（广东江门中医药职业学院）
黄　萍（四川护理职业学院）
曹　旭（长沙卫生职业学院）
蒋　莉（重庆医药高等专科学校）
韩　慧（郑州大学）
傅学红（益阳医学高等专科学校）
蔡晓红（遵义医药高等专科学校）
谭　严（重庆三峡医药高等专科学校）
谭　毅（山东医学高等专科学校）

全国高职高专护理类专业“十三五”规划教材

评审委员会

前言

生物化学的迅速发展，极大地推动了医学的进步。目前，生物化学的理论知识和技术已广泛应用于探讨临床疾病的发生和发展过程、疾病的诊断和治疗。为适应这种发展需要，全面提高普通高等教育医药卫生类专业人才的培养质量，深入落实《国家中长期教育改革和发展规划纲要（2010—2020年）》精神以及服务医疗卫生教育体系的改革，根据全国高职高专护理类专业“十三五”规划教材编写的总体要求，我们编写了这本《生物化学》。

本教材根据高职高专护理类专业的特点，在章节的设计上分为14章，第一章至第四章为生物体组分的结构与功能，第五章至第九章为生物体内的物质代谢和能量代谢，第十章为遗传信息的传递与表达，第十一章为癌基因与抑癌基因，第十二章为肝的生物化学，第十三章为水、电解质代谢，第十四章为酸碱平衡。编写力求做到具有专业特色，符合适用、够用编写原则，各章节内容编排更为合理、系统，重点更为突出，更加贴近护理临床。

本教材定位明确，适用于全国高职高专护理、助产等相关专业三年制学生使用。本教材在注重基本理论、基础知识和基本技能的同时，强调教材的科学性、实用性、整体性以及基础理论与临床护理的紧密结合。在注重知识目标培养的同时，更注重护理专业学生素质教育、人文教育、创新能力和实践能力的培养。各章中章首设置了“学习目标”，正文增加了“案例导入”和相关“知识链接”“知识拓展”等模块，章末设置了“本章小结”及“习题”，便于学生学习掌握。

本教材为书网融合教材，即纸质教材有机融合电子教材、教学配套资源（PPT、微课、视频、图片等）、题库系统、数字化教学服务（在线教学、在线作业、在线考试），从而使教材更生动形象，便教易学，也适用于各校学生自学。

本教材由来自全国12所高职高专和本科院校的13位编者参与编写，在编写过程中，各位编者以高度的责任感，尽了最大努力，按时完成了各自承担的编写任务。具体分工如下：绪论、第一章由济宁医学院张向阳编写；第二章由安庆医药高等专科学校葛骏编写；第三章由济南护理职业学院许秋菊编写；第四章由长沙卫生职业学院杨智英编写；第五章由济宁医学院崔安芳编写；第六、七章由广东江门中医药职业学院常陆林编写；第八章由重庆三峡医药高等专科学校马强编写；第九章由红河卫生职业学院赵佳编写；第十章由江苏医药职业学院成秀梅编写；第十一章由内蒙古医科大学邓秀玲编写；第十二章由泰山医学院柏素云编写；第十三章由菏泽医学专科学校韦岩编写；第十四章由菏泽家政职业学院刘香娥编写。在编写过程中得到了编者所在院校的大力支持，在此，一并致以衷心感谢！

本教材的编写尽管本着便教、易学、有所创新的教学理念，避免了传统教材的“大而全”弊端，但限于我们的知识面和学术水平，书中存在不足在所难免，敬请读者批评指正，不胜感激。

编者

2018 年 5 月

MULU
目
录

绪 论

一、生物化学的概念与研究内容

生物化学是研究生物体的化学组成、化学代谢反应及变化规律的一门学科。生物化学从分子水平上揭示了生命现象的本质，所以生物化学也被称为生命的化学。

由于生物化学研究的生物对象不同，研究内容又有其倾向性，分为植物生物化学、动物生物化学、微生物生物化学、人体生物化学。医学生物化学是从分子水平上揭示人体生命现象的本质、疾病时的代谢变化和发病机制的一门医学基础学科，其研究对象以人体为主，同时也利用动物、微生物等生物体的研究成果。

生物化学主要的任务是研究组成生物体的物质组成、物质的基本结构、功能及性质；物质在生命活动过程中的合成、分解及伴随的能量代谢；生物体的遗传物质的传递及变化等；从而认识以物质为基础的生命现象之奥妙。

生物大分子的结构与功能的研究主要指蛋白质、酶、核酸、脂质及多糖等生物大分子的研究。体内的生物大分子组成元素简单，但通过一定的规律性方式形成了种类繁多、结构复杂且功能各异的生物大分子，其结构都是由基本组成单位按一定顺序和方式连接形成。例如，蛋白质的基本结构是由其组成单位氨基酸通过肽键连接形成；核酸的基本结构是由其主体组成单位核苷酸通过磷酸二酯键连接形成；多糖是由单糖为结构单位通过糖苷键连接而成。酶的本质、催化特性及酶工程也是生物化学研究的重要内容。

生物体内的物质代谢是生物体生命活动的基础，是生物化学研究最基本、最重要的内容之一，是学习掌握的重点。生物体在生命活动过程中，不断与外界环境进行物质交换，摄取营养物质为自身利用，如葡萄糖、脂质、氨基酸、维生素及无机盐等。同时，生物体内组织器官的更新需要有组成成分的不断分解，生成代谢废物（如二氧化碳、尿酸、尿素）并排出体外。物质合成代谢与分解代谢是根据机体的需要而不断的交替进行，通过一系列的调控作用保持正常平衡状态，是生命过程所必要的。如果物质代谢发生紊乱，调控功能异常或丧失，则可引起疾病甚至生命的终结。

基因信息的传递与调控也是生物化学研究的重要内容之一。DNA 是遗传信息的主要携带者，基因是 DNA 分子中携带遗传性状的单位；RNA 是遗传信息的传递者；蛋白质则是基因表达的最终产物，是遗传信息的体现者。研究遗传物质的复制、转录和翻译机制及基因表达的调控规律，不仅对于认识遗传、变异、生长、分化等诸多生命过程十分重要，而且对于揭示遗传病、恶性肿瘤、心血管病、免疫系统疾病等发病机制也具有重要价值。在分子水平上研究疾病与基因或其表达产物的关系，以及有关药物的作用机制，是当前医学生物化学研究的重要内容。

生物化学的研究早期主要利用化学的原理和方法，随着人类科学技术发展，逐渐融入了物理学、数学、生物学、遗传学及免疫学等学科的理论和技术。近年来又结合计算生物学与生物信息学的成果极大地促进了学科发展。生物化学既有其独特的学科特色，又与其

他学科交叉融合、相互促进，是生命科学的重要组成部分。

二、生物化学的发展历程

生物化学发展并形成为一门独立学科的时间要追溯到 19 世纪末。1882 年“生物化学”这一名词开始有人使用。直到 1903 年德国化学家卡尔・纽伯格（Carl Neuberg）使用后，“生物化学”这一词汇被广泛接受。从此生物化学脱离有机化学和生理学的范畴。

生物化学的发展历程大致可划分为三个阶段：

1. 叙述生物化学阶段 19 世纪末以前的阶段，主要是生物体的组成成分以及生物大分子结构与功能的研究，在该阶段阐明了糖、脂质、蛋白质的组成单位及结构，同时该阶段发现了核酸和酵母发酵过程中存在的“可溶性催化剂”——酶。

2. 动态生物化学阶段 从 20 世纪初期到 20 世纪中叶，生物化学在物质结构与功能、物质代谢等方面的研究取得了巨大成就。1902 年证明蛋白质由氨基酸组成，并利用氨基酸合成多肽。

1909 年 Franz Knoop 提出脂肪酸的“β 氧化”学说，直到 20 世纪 50 年代基本阐明 β 氧化的过程。1932 年 Hans Adolf Krebs 和 Kurt Henseleit 发现了尿素循环。1937 年 Hans Adolf Krebs 又阐明三羧酸循环。1948 年 Eugene Kennedy 和 Albert Lehninger 证明催化三羧酸循环的酶都分布在线粒体。1939 年德国的 Gustav Embden 等阐明糖酵解作用机制。

3. 分子生物学阶段 进入分子生物学阶段的标志点是 1953 年 James Watson、Francis Crick 提出的 DNA 双螺旋结构。DNA 双螺旋结构的提出，使生物化学的研究进入到分子水平，促进生命科学进入崭新的分子生物学时代。1954 年，Francis Crick 提出了遗传信息传递的“中心法则”。1958 年，Matthew Meselson 和 Franklin Stahl 证实了 DNA 的合成过程为半保留复制。1965 年，我国生物化学工作者采用人工合成法首次合成了具有生物活性的胰岛素。1973 年，Herbert Boyer 和 Stanley Cohen 建立了 DNA 重组技术。1980 年，建立了第一个基因工程生产胰岛素工厂。1985 年，Kary Banks Mullis 等建立聚合酶链反应（polymerase chain reaction，PCR）技术。1990 年，正式启动人类基因组计划（human genome project，HGP）。1996 年，克隆绵羊 Dolley 诞生。

生物化学的发展历程是人类认识、思考生命的发展过程，随着科学技术的不断进步，生物化学必将迎来更加光明的前景，对生命本质的探索产生深远的影响。

三、生物化学与医学

生物化学与医学的关系非常密切，生物化学理论体系的建立和不断发展是现代医学产生的基础之一。生物化学在医学中的应用主要有以下方面。

1. 生物化学在疾病研究中的应用 生物化学的原理和技术可用于人体的发育、分化与衰老，细胞增殖调控，神经、内分泌和免疫调控等方面的研究。物质代谢异常、基因结构与功能的改变等都与疾病的发生和发展有关。例如，糖原贮积症是糖代谢途径中酶缺陷导致的代谢紊乱；白化病是因缺乏酪氨酸酶所致；阿尔茨海默病是患者的大脑蛋白质高级结构发生改变所致。

2. 生物化学在疾病诊断中的应用 生物化学的技术方法和物质检测在疾病的诊断中具有重要的作用，血清酶及血液化学成分的测定，大大提高了疾病的诊断水平。如 ALT 用于肝病的诊断，乳酸脱氢酶、肌酸激酶同工酶谱的测定用于心肌梗死的诊断。生物化学技术，如 PCR 技术、杂交技术、基因芯片技术等已经在临床疾病检测中广泛应用。

3. 生物化学在疾病治疗中的应用　基因工程药物的研发和应用，在疾病的治疗和预防等方面都发挥了重要作用。通过特定的生物化学技术将正常的外源基因导入体内特定的靶细胞，以弥补缺陷基因，达到对疾病治疗的作用。如 1991 年美国向一患先天性免疫缺陷病［遗传性腺苷脱氨酶（ADA）基因缺陷］的女孩体内导入重组的 ADA 基因，获得成功。我国也在 1994 年用导入人凝血因子Ⅸ基因的方法成功治疗了乙型血友病的患者。另外，基因的检测除诊断疾病外，还可起到指导护理用药作用。

总之，生物化学是一门重要的基础医学课程。认真学好生物化学的基本理论、概念及技术方法，对今后深入学习其他医学及护理学课程，认识生命本质具有重要而深远的意义。

（张向阳）

第一章　蛋白质的结构与功能

学习目标

1. **掌握**　蛋白质元素组成及特点；肽键及肽单元的概念；蛋白质一级、二级、三级、四级结构的概念，特点及维系其结构稳定的化学键；蛋白质变性及其与医学的关系。

2. **熟悉**　氨基酸的理化性质；蛋白质的理化性质；蛋白质结构与功能的关系。

3. **了解**　氨基酸的分类及表示方法；蛋白质的分类。

案例导入

患儿1岁2个月，无母乳，出生后一直使用“××”牌奶粉喂养。消瘦，近日尿少并出现血尿。B超检查为双侧肾结石。入院诊断：①营养不良；②肾结石。分析其原因，是由于长期服用“××”牌奶粉所致。该品牌婴幼儿奶粉检测出了大量的三聚氰胺，三聚氰胺俗称蛋白精，分子中含有6个氮元素，是一种重要的化工原料。三聚氰胺会损害动物和人体的生殖、泌尿系统，引起肾或膀胱结石，并可进一步引发肿瘤。

请问：

1. 为什么该患儿出现营养不良？
2. 为什么不法商人要将三聚氰胺添加到奶粉中？
3. 为保证食品中蛋白质含量的标准，可以采取哪些检测方法？

扫码“学一学”

蛋白质是生物体内最重要的生物大分子之一，蛋白质在体内的含量约占人体干重的45%，在细胞中可达细胞干重的70%以上。蛋白质分布广泛，几乎所有的组织器官都含有蛋白质。蛋白质是生物体的重要组成成分，也是生命活动的物质基础。蛋白质的生物学功能多种多样，主要体现在：①是组织细胞的基本结构成分，如细胞外结构蛋白胶原纤维参与骨骼和结缔组织的形成；头发、指甲主要由不溶性蛋白角蛋白构成。②起运输载体的作用，如血红蛋白可以转运氧气和二氧化碳，血清清蛋白可以转运脂肪酸和胆红素。③催化功能。大部分酶的化学本质是蛋白质，可以催化生物体内的代谢反应，如胰蛋白酶催化食物蛋白质的分解。④调节作用。某些蛋白质激素可调节物质代谢，如可以调节血糖的胰高血糖素和胰岛素，与个体的生长、生殖有关的促生长素、促甲状腺激素和黄体生成素等。⑤防御作用，如免疫球蛋白又称为抗体，对机体有保护作用；凝血酶和纤维蛋白原可以参与机体的凝血功能。⑥信号转导蛋白。某些蛋白质参与细胞内和细胞间信息的接受与传递，如G蛋白和G蛋白受体，以及各种激素的受体蛋白。⑦控制细胞的生长、分化和遗传信息的表达作用，如组蛋白、各种转录因子、阻遏蛋白等参与遗传信息的表达。⑧营养与运动作用。如动植物蛋白提供各种必需氨基酸；某些蛋白质参与组织的收缩及运动，如肌肉收缩就是主要通过肌纤维中的肌球蛋白和肌动蛋白两种蛋白丝的滑动来实现的；在细菌中，微管蛋白参与构建鞭毛中的微管，微管与鞭毛及纤毛中的动力蛋白共同参与细菌细胞的运动。总之，蛋白质是生命现象的体现者，蛋白质的生物学功能是由其结构所决定的，因此，要学习蛋白质的功能，必须首先了解它的结构。

第一节　蛋白质的分子组成

一、蛋白质的元素组成

蛋白质种类繁多、结构各异，但对从各种动植物中提取得到的蛋白质进行元素分析，发现蛋白质的元素组成基本相同，所有蛋白质均具有的元素：主要有碳（50%～55%）、氢（6%～8%）、氧（19%～24%）、氮（13%～19%）。另外，大多数蛋白质还含有硫（0%～4%）。有些蛋白质还含有少量的磷或铁、铜、锰、锌、钼、钴等金属元素，个别蛋白质还含有碘等非金属元素。

蛋白质元素组成的特点是：各种蛋白质的含氮量十分接近，平均为16%。天然的生物样品中的含氮物质从含量上讲主要是蛋白质，其他含氮物质可以忽略不计，所以，只要测定生物样品的含氮量，即可按下式推算出生物样品中蛋白质的大致含量，由此建立了生物样品中蛋白质的测定方法——凯氏定氮法。该方法可以通过检测食品中氮元素的含量来计算食品中蛋白质的含量，计算公式如下：

每克样品中含氮克数×6. 25×100＝100g 样品中蛋白质含量。

二、蛋白质的基本组成单位——氨基酸

蛋白质是由氨基酸通过肽键连接形成的高分子含氮化合物，其基本组成单位是氨基酸。自然界中的氨基酸有三百多种，但是组成人体内蛋白质的氨基酸只有20种，不同种类的蛋白质中含有的氨基酸的种类和数量不同。

（一）组成蛋白质的氨基酸的结构特点

组成蛋白质的20种氨基酸有以下特点：①20种氨基酸中，除脯氨酸外其余19种氨基酸均为α-氨基酸，脯氨酸为环状亚氨基酸。这19种氨基酸的共同特点是：连接羧基的α碳原子上连有一个氨基，因而称为α-氨基酸，各种氨基酸的差异是R基团的不同，如图1-1所示。②除甘氨酸外，其他19种氨基酸均为L-α-氨基酸。与α碳原子连接的四个原子或基团各不相同，所以α碳原子是一个不对称碳原子，四种原子或基团在α碳原子周围的空间排布方式，构成了氨基酸L型和D型两种构型，造成了不同的旋光异构性。③氨基酸既有酸性的羧基（α-COOH），也具有碱性的氨基（α-NH_2），故为两性电解质。④不同氨基酸的分子量、理化性质的差异是由各种不同氨基酸的R基团的不同所致。

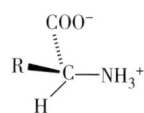

COO^-，R，C，NH_3^+，H

图1-1　α-氨基酸的结构通式

（二）氨基酸的分类

1. 根据氨基酸的侧链R基团中是否含有苯环分类　分为两类。

（1）芳香族氨基酸　氨基酸的侧链R基团中含有苯环者。

（2）脂肪族氨基酸　氨基酸的侧链R基团中不含有苯环者。

2. 根据氨基酸的侧链R基团的结构和性质的不同分类　将20种氨基酸分为四类（表1-1）。

表 1-1　氨基酸分类

类型	中文名称	简写符号	结构式	等电点
非极性中性氨基酸				
	甘氨酸	Gly	$H-\underset{NH_3^+}{\underset{\vert}{CH}}-COO^-$	5.97
	丙氨酸	Ala	$H_3C-\underset{NH_3^+}{\underset{\vert}{CH}}-COO^-$	6.00
	缬氨酸	Val	$H_3C-\underset{CH_3}{\underset{\vert}{CH}}-\underset{NH_3^+}{\underset{\vert}{CH}}-COO^-$	5.96
	亮氨酸	Leu	$H_3C-\underset{CH_3}{\underset{\vert}{CH}}-CH_2-\underset{NH_3^+}{\underset{\vert}{CH}}-COO^-$	5.98
	异亮氨酸	Ile	$(H_3C)(H_3C-CH_2)CH-\underset{NH_3^+}{\underset{\vert}{CH}}-COO^-$	6.02
	脯氨酸	Pro	$\overset{H_2}{\overset{+}{N}}$ (环) $CH-COO^-$	6.30
	苯丙氨酸	Phe	$C_6H_5-CH_2-\underset{NH_3^+}{\underset{\vert}{CH}}-COO^-$	5.48
	色氨酸	Trp	HN (吲哚环) $-CH_2-\overset{NH_3^+}{\overset{\vert}{CH}}-COO^-$	5.89
极性中性氨基酸				
	丝氨酸	Ser	$HO-CH_2-\overset{NH_3^+}{\overset{\vert}{CH}}-COO^-$	5.68
	半胱氨酸	Cys	$HS-CH_2-\overset{NH_3^+}{\overset{\vert}{CH}}-COO^-$	5.07
	甲硫氨酸	Met	$H_3C-S-CH_2-CH_2-\overset{NH_3^+}{\overset{\vert}{CH}}-COO^-$	5.74
	天冬酰胺	Asn	$H_2N-\overset{O}{\overset{\Vert}{C}}-CH_2-\overset{NH_3^+}{\overset{\vert}{CH}}-COO^-$	5.41
	谷氨酰胺	Gln	$H_2N-\overset{O}{\overset{\Vert}{C}}-CH_2-CH_2-\overset{NH_3^+}{\overset{\vert}{CH}}-COO^-$	5.65

续表

类型	中文名称	简写符号	结构式	等电点
	苏氨酸	Thr	$H_3C-CH(OH)-CH(NH_3^+)-COO^-$	5. 60
	酪氨酸	Tyr	$HO-C_6H_4-CH_2-CH(NH_3^+)-COO^-$	5. 66
酸性氨基酸				
	天冬氨酸	Asp	$^-OOC-CH_2-CH(NH_3^+)-COO^-$	2. 97
	谷氨酸	Glu	$^-OOC-CH_2-CH_2-CH(NH_3^+)-COO^-$	3. 22
碱性氨基酸				
	精氨酸	Arg	$^+H_3N-C(=NH)-NH-CH_2-CH_2-CH_2-CH(NH_3^+)-COO^-$	10. 76
	赖氨酸	Lys	$^+H_3N-CH_2-CH_2-CH_2-CH_2-CH(NH_3^+)-COO^-$	9. 74
	组氨酸	His	咪唑环$-CH_2-CH(NH_3^+)-COO^-$	7. 59

（1）非极性中性氨基酸　其 R 侧链不含有极性基团，主要为脂肪烃基、芳香环、杂环等非极性疏水基团。这类氨基酸在水中的溶解度较小。

（2）极性中性氨基酸　其 R 侧链上有极性基团，但不能进行酸解离或碱解离，如羟基、巯基、酰氨基等，能与水形成氢键。与非极性中性氨基酸相比，这类氨基酸的水溶性相对较大。

（3）酸性氨基酸　其 R 侧链上有羧基，在 pH 6～7 范围内也完全解离，释放出质子，因此带负电荷，包括天冬氨酸和谷氨酸。

（4）碱性氨基酸　其 R 侧链中有氨基、胍基和咪唑基，在生理条件下可接受质子而带正电荷，包括赖氨酸、精氨酸和组氨酸。

上述 20 种氨基酸都由特异的遗传密码编码，又称为编码氨基酸。在蛋白质翻译后修饰的过程中，脯氨酸、赖氨酸、谷氨酸和酪氨酸等氨基酸可以发生化学修饰，生成羟脯氨酸、羟赖氨酸、焦谷氨酸和碘代酪氨酸等。这些氨基酸仅存在于成熟蛋白质中。这些翻译后的修饰，改变了蛋白质的稳定性、溶解度和亚细胞定位等性质，体现了蛋白质的生物多样性。

（三）氨基酸的理化性质

1. 两性解离与等电点　所有的氨基酸都含有酸性的羧基（—COOH）和碱性的氨基

（$—NH_2$），可在酸性溶液中结合质子而呈带正电荷的阳离子，也可在碱性溶液中结合 OH^- 而呈带负电荷的阴离子，因此氨基酸是一种两性电解质，具有两性解离的特性。氨基酸如何解离取决于其所处溶液的 pH。在某一 pH 的溶液中，氨基酸解离成阳离子和阴离子的趋势及程度相等，即氨基酸分子所带的正电荷与负电荷相等，净电荷为零，此时的氨基酸分子称为氨基酸兼性离子，此时溶液的 pH 称为该氨基酸的等电点（pI）。pI 是氨基酸的特征性常数，氨基酸在等电点 pH 时，由于氨基酸的净电荷为零，所以在电场中不发生移动。氨基酸的解离状态如图 1-2 所示。

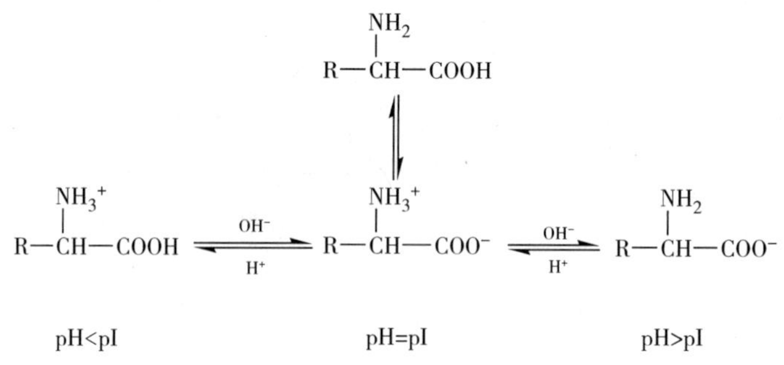

图 1-2　氨基酸的两性解离

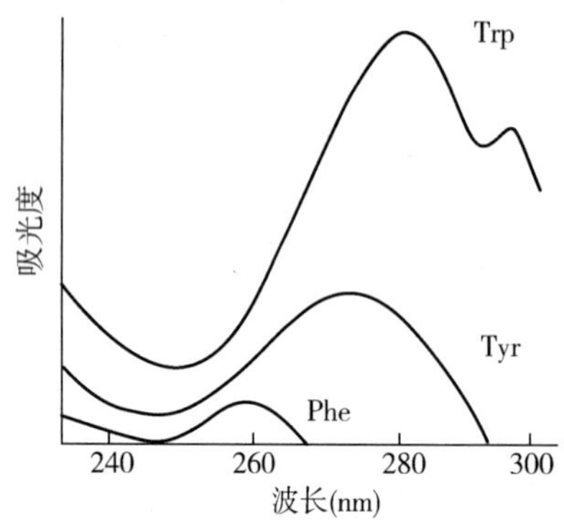

图 1-3　芳香族氨基酸的紫外吸收

2. 氨基酸的紫外吸收性质　色氨酸、苯丙氨酸和酪氨酸的侧链基团中含有苯环，有共轭双键，在 280nm 波长附近有最大吸收峰，3 种氨基酸紫外吸收的强弱顺序为：Trp>Tyr>Phe（图 1-3）。利用该性质，可对蛋白质进行定性定量测定。

3. 茚三酮反应　茚三酮和 α-氨基酸在弱酸性条件下共热时，氨基酸被氧化脱氨、脱羧，生成醛类、氨和二氧化碳；茚三酮被还原，其还原产物和氨基酸脱氨生成的氨及另一分子茚三酮缩合生成蓝紫色化合物，在 570nm 波长附近有最大吸收峰。该吸收峰值的大小与氨基酸脱氨生成的氨量呈正比，因此可用来对氨基酸进行定性定量分析。

茚三酮反应是与化合物上的游离氨基反应，因此，此反应不是氨基酸所特有的，具有游离氨基的化合物均具有此反应。脯氨酸是亚氨基酸，与茚三酮生成黄色而非蓝紫色物质。

三、蛋白质组成单位的连接方式与多肽

（一）肽键

肽键是由一分子氨基酸的 α-羧基与另一分子氨基酸的 α-氨基之间脱水生成的化学键（—CO—NH—），也称为酰胺键。（图 1-4）

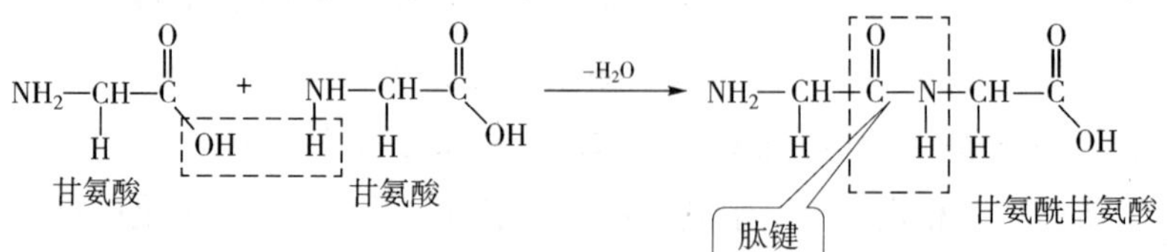

图 1-4　肽键的形成

氨基酸通过肽键相连得到的化合物称为肽。由两个氨基酸缩合而成的肽称为二肽，三个氨基酸缩合而成的肽称为三肽，以此类推。一般而言，由 10 个以内氨基酸相连而成的肽称为寡肽，而由更多的氨基酸相连而成的肽称为多肽。

多肽链拥有两端，α-氨基游离的一端称为氨基末端或 N 端，α-羧基游离的一端称为羧基末端或 C 端。肽链中的氨基酸由于脱水缩合而基团残缺不全，被称为氨基酸残基。肽的书写从 N 端开始，C 端结束。

肽的命名原则，由几个氨基酸组成的较小的肽命名为“××酰××酰……××氨基酸”。由较多氨基酸组成的肽以其功能命名，如催产素（9 肽）。

（二）生物活性肽

1. 谷胱甘肽的结构与作用　谷胱甘肽（GSH）是人体内重要的活性多肽，是由谷氨酸、半胱氨酸和甘氨酸组成的三肽，其结构式如图 1-5 所示。

GSH 分子中的巯基具有较强的还原性，是体内重要的还原剂，可保护体内一些重要物质不被氧化，如蛋白质、酶、细胞膜结构的脂质等；将细胞内产生的 H_2O_2 还原为 H_2O；GSH 的巯基还具有嗜核特性，能与外源的致癌剂或药物等嗜电子毒物结合，阻断这些化合物与 DNA、RNA 或蛋白质的结合，保护机体免受损害。

谷氨酸　半胱氨酸　甘氨酸

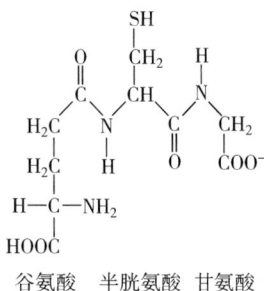

图 1-5　谷胱甘肽的结构

知识链接

药用谷胱甘肽的应用及注意事项

临床上谷胱甘肽作为保肝性药物，主要用于各种肝病，尤其是酒精中毒性肝病、药物中毒性肝病，对乙型、丙型病毒性肝炎中的慢性活动型有改善症状、体征和恢复肝功能的作用。

该药物在临床使用中，尤其是护理工作中，应注意以下几点：①和下列药物应避免混合使用：维生素 K_3、维生素 B_{12}、泛酸钙、乳清酸、抗组胺药、长效磺胺药和四环素。②溶解后的溶液应立即使用，剩余的溶液不能再用。③对本品高度过敏者禁用。

2. 其他活性多肽　机体内除谷胱甘肽外还有许多重要的肽，具有调节机体代谢、神经冲动传导等作用，如下丘脑-垂体分泌的催产素（9 肽）、升压素（9 肽）、促肾上腺皮质激素（39 肽），以及在神经传导过程中起信号转导作用的神经肽，包括脑啡肽（5 肽）、强啡肽（7 肽）和 β-内啡肽（31 肽）等，均属于生物活性肽。

扫码“看一看”

第二节　蛋白质的分子结构

蛋白质是由许多氨基酸通过肽键连接而成的生物大分子。蛋白质的分子结构可分为一级、二级、三级和四级结构，一级结构又称为基本结构，是蛋白质形成二级、三级、四级

结构的基础，二级、三级、四级结构统称空间结构或高级结构。

一、蛋白质的一级结构

在蛋白质分子中，从 N 端到 C 端的氨基酸排列顺序称为蛋白质的一级结构。蛋白质一级结构中主要的化学键为肽键，有些蛋白质还含有由两个半胱氨酸巯基连接形成的二硫键。

1953 年，英国化学家 Frederick Sanger 首次测定得到了牛胰岛素的一级结构，这是世界上第一个被确定一级结构的蛋白质。牛胰岛素包含有 51 个氨基酸残基，分子量 5733，共有两条链。其中 A 链有 21 个氨基酸残基，B 链有 30 个氨基酸残基。两条链通过 2 个链间二硫键相连。A 链内有 1 个二硫键。（图 1-6）

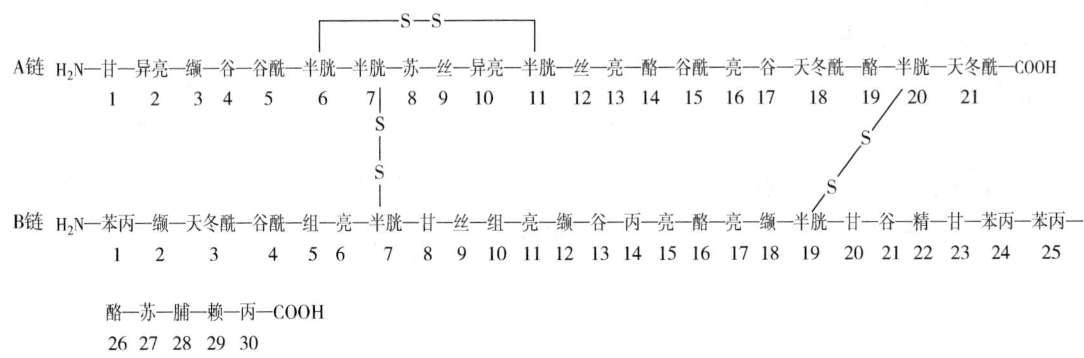

图 1-6　牛胰岛素的一级结构

蛋白质的一级结构是其空间结构和生物学功能的结构基础。各种蛋白质的氨基酸组成、氨基酸数量及氨基酸在肽链中的排列顺序不同，使得它们分别具有特定的空间构象和生物学功能。许多遗传学疾病都是由于蛋白质中个别氨基酸突变造成的，因此，蛋白质一级结构的确定，对研究某些遗传病的发病机制以及指导疾病的治疗具有非常重要的意义。

二、蛋白质的空间结构

在天然状态下，蛋白质的多肽链并非线形伸展，而是在一级结构的基础上，在三维空间盘曲折叠，形成特定的空间结构。蛋白质的空间结构又称为构象。蛋白质的空间构象决定了蛋白质的分子形状、理化特性及其特定的生物学功能。

（一）肽单元

20 世纪 30 年代末，L. Pauling 和 R. B. Corey 利用 X 射线衍射技术研究氨基酸和寡肽的晶体结构，发现肽键（—CO—NH—）中的四个原子及其相邻的两端 α 碳原子（C_{α_1}、C_{α_2}）位于同一刚性平面，且 C_{α_1}、C_{α_2} 为反式构型，故将此 6 个原子构成的平面称为肽键平面。肽键平面中的 C—N 键的键长为 0.132nm，介于 C—N 单键长 0.149nm 和 C═N 双键长 0.127nm 之间，因此具有部分双键性质，不能自由旋转。所以，肽键平面为刚性平面。C_α—N 与 C_α—C 单键均可自由旋转，其旋转角度决定了相邻的两个肽键平面的相对空间位置，所以蛋白质高级结构是以肽键平面为折叠单元形成的，故肽键平面又称为肽单元，如图 1-7 所示。

（二）蛋白质的二级结构

蛋白质的二级结构指的是多肽链骨架原子的相对空间位置，常是蛋白质分子中某一段肽链具有的空间结构，不涉及氨基酸残基侧链的构象。蛋白质的二级结构是以肽单元折叠

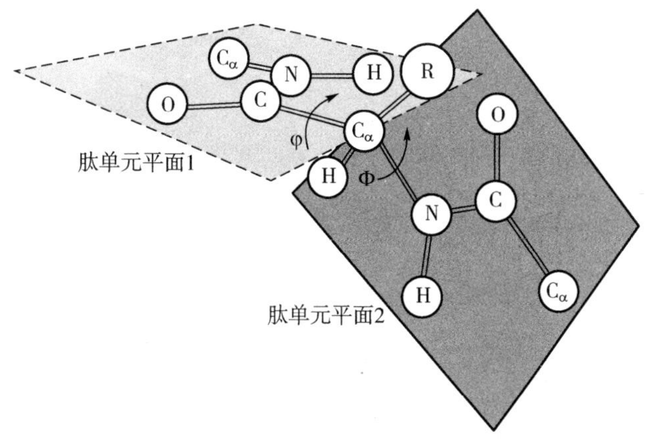

图 1-7　肽单元

形成的结构形式，主要包括 α 螺旋、β 折叠、β 转角和无规卷曲。其中 α 螺旋和 β 折叠是蛋白质二级结构的主要形式。一个蛋白质分子中可以含有多种二级结构或多个同类二级结构。稳定蛋白质二级结构的主要作用力是氢键。

1. α 螺旋　α 螺旋是指多肽链中肽单元围绕一个中心轴折叠盘曲形成的螺旋状结构，是蛋白质中含量最丰富、最常见的二级结构（图 1-8）。如血红蛋白和肌红蛋白中含有大量的 α 螺旋，毛发中的角蛋白、肌肉组织中的肌球蛋白几乎完全由 α 螺旋构成。

α 螺旋结构特点如下：①多肽链主链按右手方向盘绕形成右手螺旋。②每圈螺旋包含 3.6 个氨基酸残基，每个氨基酸残基绕螺旋轴旋转 100°，沿轴上升 0.15nm，故螺距为 0.54nm。③第一个肽键的羰基氧（C ═O）和第四个肽键的亚氨基氢（N—H）形成氢键，氢键方向与螺旋长轴基本平行。④R 基团影响 α 螺旋的形成。影响 α 螺旋稳定的因素有：a. 极大的侧链基团不易形成 α 螺旋（存在空间位阻），如亮氨酸的侧链 R 基团较大，易产生空间位阻；b. 连续存在的侧链带有相同电荷的氨基酸残基不易形成 α 螺旋（同种电荷的互斥效应），如连续存在的酸性或碱性氨基酸，会出现同种电荷的排斥作用；c. 有脯氨酸存在的部位不能形成 α 螺旋，脯氨酸为亚氨基酸，不能形成氢键。所以，多肽链中只要存在脯氨酸（或羟脯氨酸），α 螺旋即被中断。

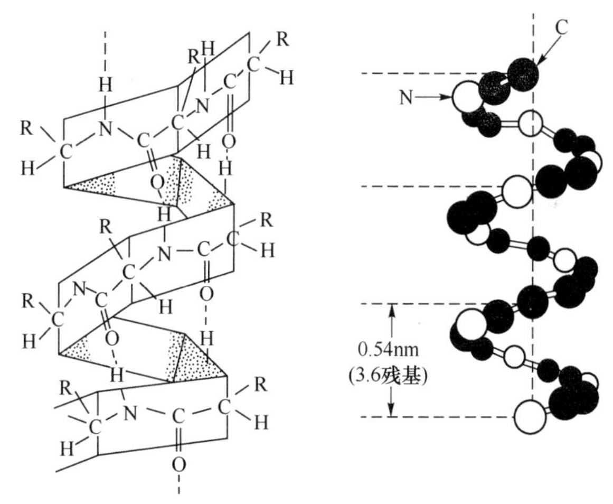

图 1-8　α 螺旋结构示意图

2. β 折叠　β 折叠是由若干条肽段或肽链平行或反平行排列组成的片状结构（图 1-9）。如蚕丝蛋白几乎全是 β 折叠结构，溶菌酶、羧肽酶等球状蛋白质中也都存在 β 折叠构象。β 折叠的结构特点如下：①由 2 条以上的多肽链平行或反平行排列组成片状结构，有顺反两种形式；②主链骨架伸展呈锯齿状，R 侧链分布于片层上下方；③借相邻主链之间的氢键维系。

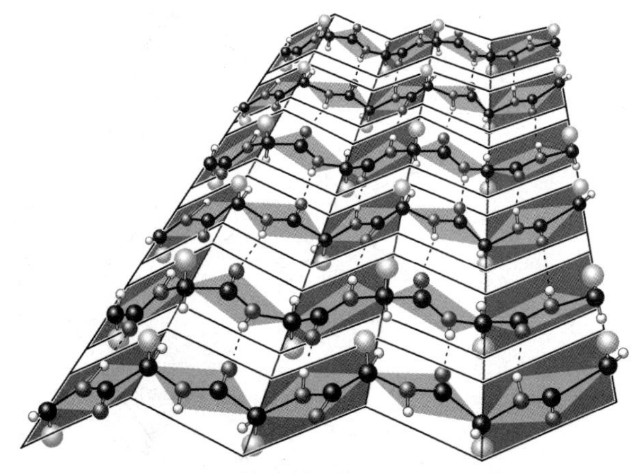

图 1-9　β 折叠结构示意图

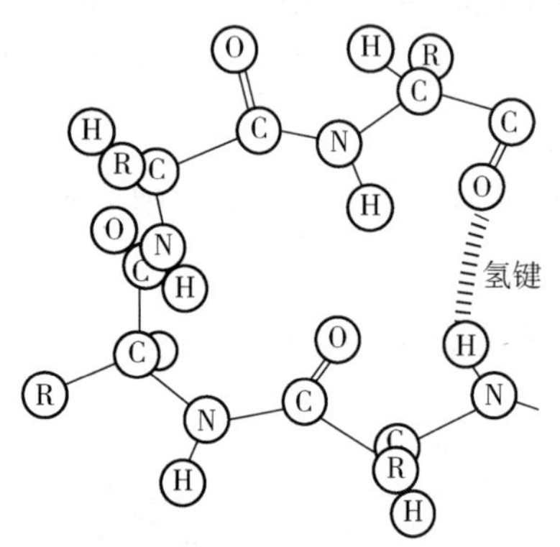

图 1-10　β 转角结构示意图

3. β 转角　β 转角是蛋白质多肽链主链发生的 180°回折，多见于球状蛋白质分子表面。β 转角的特点：①主链骨架 180°回折；②回折部分通常由四个氨基酸残基构成；③构象依靠第一残基的—CO 与第四残基的—NH 之间形成氢键来维系；④第二个氨基酸常常是脯氨酸。(图 1-10)

4. Ω 环　Ω 环是存在于球状蛋白质表面的一种二级结构，因其形状像希腊字母 Ω，所以称 Ω 环。该结构总是出现在蛋白质分子的表面，且以亲水残基为主，在分子识别中可能起重要作用。

知识拓展

超二级结构与模体

蛋白质分子结构中，常常出现多个二级结构排列在一起，形成特定的结构形式，称为超二级结构。常见的超二级结构形式有：αα、αβ、ββ。

具有特定功能的超二级结构称为模体。模体的命名是依据其分子组成和结构特点，如 DNA 结合蛋白常具有“锌指”模体或“亮氨酸拉链”模体的结构形式。

（三）蛋白质的三级结构

蛋白质的三级结构指的是多肽链在二级结构的基础上进一步盘旋折叠形成的具有一定空间构象的分子结构，即整条多肽链所有原子的空间排布。维持蛋白质三级结构的作用力主要是一些非共价键，主要包括氢键、疏水作用、离子键和范德华力。其中疏水作用是维持蛋白质三级结构稳定最主要的化学键。

肌红蛋白（Mb）由一条多肽链和一个血红素辅基构成，分子量为 16700，含有 153 个氨基酸残基。利用 X 射线晶体衍射测定其空间构象发现，多肽链中 α 螺旋占 75%，形成 8 个螺旋区（A～H），两个螺旋区之间有一段无规卷曲，脯氨酸位于转角处。由于侧链 R 基团的相互作用，多肽链盘绕折叠成一个紧密的球状结构。球状分子表面主要分布有亲水的

R 基团侧链，疏水基团主要位于分子内部，形成一个疏水口袋，血红素辅基位于口袋中。（图 1-11）

蛋白质三级结构的表面，常常折叠形成特定形状的结构区域，能够行使其特定的生物学功能，称为结构域。结构域是蛋白质发挥其功能的基础，蛋白质的每一种功能都要由其相应的结构域来完成，所以，多功能蛋白质就要有多个结构域。例如免疫球蛋白（IgG）包含有 12 个结构域，两个轻链上各有 2 个，两个重链上各有 4 个；抗原结合部位和补体结合部位位于不同的结构域中。

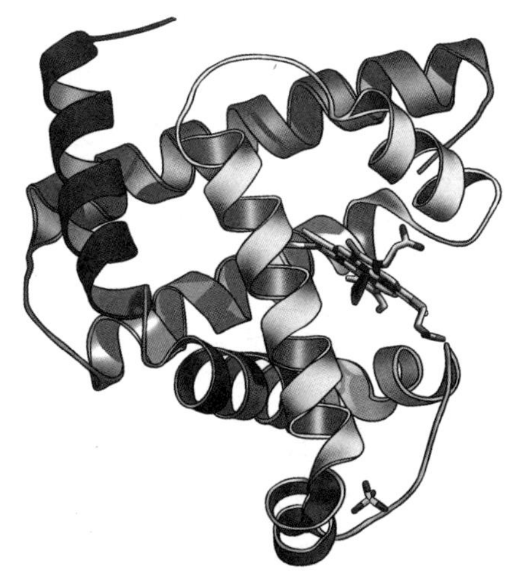

图 1-11　肌红蛋白的三级结构

（四）蛋白质的四级结构

许多蛋白质由 2 条或 2 条以上的多肽链构成，每条肽链都有独立的一级、二级、三级结构。由 2 条以上多肽链构成的蛋白质分子中，具备完整三级结构的每一条多肽链称为亚基，各个亚基之间以氢键、离子键等非共价键或二硫键连接。有些蛋白质虽然含有 2 条或多条多肽链，但是肽链间通过二硫键等共价键连接，这种结构不属于四级结构的范畴，因为每条多肽链没有独立的三级结构，不是亚基之间的相互关系，如胰岛素。由相同亚基构成的称为同二聚体，由不同亚基构成的称为异二聚体。各个亚基的立体空间排布以及各亚基之间的相互关系称为蛋白质的四级结构。具有四级结构的蛋白质中，单独的亚基一般没有生物学活性，只有聚合成四级结构才有相应的活性。如血红蛋白的四级结构由 2 个 α 亚基和 2 个 β 亚基构成（图 1-12），具有运输氧气的功能，单独的任何一个亚基都不具有此活性。

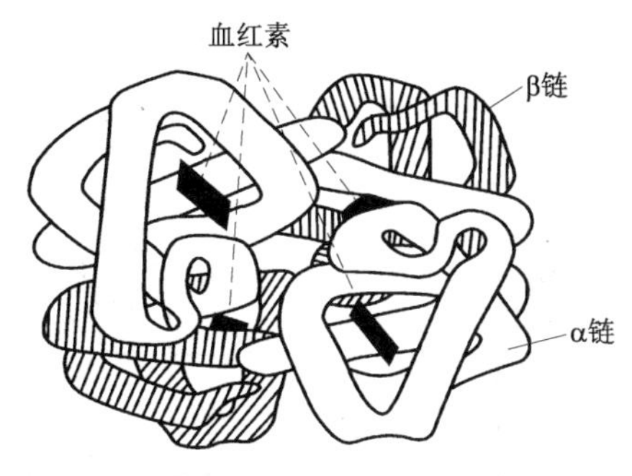

图 1-12　血红蛋白的四级结构

第三节　蛋白质结构与功能的关系

蛋白质的分子结构纷纭万象，其功能也多种多样。每种蛋白质都执行着其特定的生物学功能，而这些功能与其特异的一级结构和空间构象有着密切的联系。

一、蛋白质一级结构与功能的关系

一级结构是形成空间结构的基础，但不是唯一因素。有什么样的一级结构就会形成什么样的空间结构。一级结构的变化就会引起空间结构的改变。在某些条件下，蛋白质的一级结构并没有改变，但是环境因素造成蛋白质空间结构改变，如蛋白质热变性。

扫码“看一看”

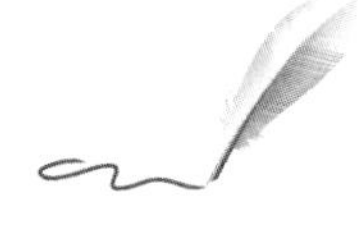

牛胰核糖核酸酶 A（RNase A）是一种由 24 个氨基酸残基组成的单链蛋白质，其中含有 8 个半胱氨酸残基，其巯基构成了 4 对二硫键。用尿素（或盐酸胍）和 β-巯基乙醇处理天然的牛胰核糖核酸酶 A 样品，破坏次级键和二硫键，该蛋白质的二、三级结构遭到破坏，

但肽键不受影响，一级结构不发生改变，此时，牛胰核糖核酸酶 A 酶活性完全丧失。利用透析的方法除去尿素和β-巯基乙醇后，牛胰核糖核酸酶 A 酶活性恢复（图 1-13）。说明牛胰核糖核酸酶 A 恢复了原来的正确空间结构。该蛋白质中构成 4 对二硫键的 8 个半胱氨酸的巯基，理论上推算有 10^5种不同的配对可能性，但只有该酶天然的配对方式才能使此酶具有活性。该实验中，唯一没有改变的只有一级结构，而去除了影响因素之后，又恢复了原来的高级结构，所以，一级结构是形成高级结构的基础。

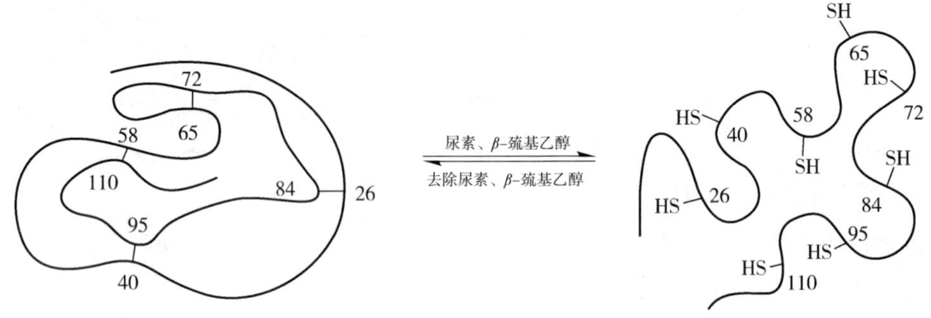

图 1-13　牛胰核糖核酸酶 A 一级结构与空间结构的关系

二、蛋白质空间结构与功能的关系

蛋白质空间结构是蛋白质发挥其功能的基础。有什么样的空间结构就会有什么样的功能。空间结构的变化就会引起功能的改变，因为蛋白质发挥功能的部位是结构域。如血红蛋白空间结构有两种构象，紧密型（T 型）和松弛型（R 型）。T 型与氧的亲和力小，不易结合氧，而 R 型与氧亲和力大，易于结合氧。

两种空间结构之间在不同的状态下可相互转变。在肺毛细血管中，氧分压高，血红蛋白的一个亚基与氧结合，由于亚基之间的相互影响，可促使血红蛋白空间结构由 T 型变为 R 型，造成血红蛋白的其他亚基在肺中快速结合氧；在组织毛细血管中，氧分压低，一旦血红蛋白的一个亚基释放氧，由于亚基之间的相互影响，可促使血红蛋白空间结构由 R 型变为 T 型，造成血红蛋白的其他亚基在组织中均快速释放氧。不同空间结构的血红蛋白与氧结合关系见图 1-14。

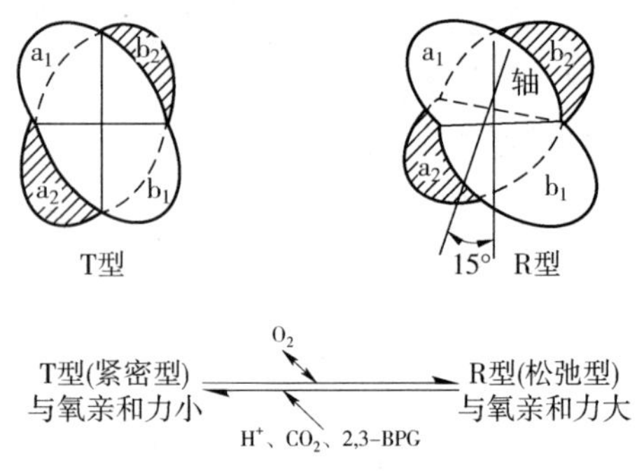

图 1-14　血红蛋白的空间结构与氧结合关系

三、蛋白质结构与医学

1. 一级结构相似的蛋白质，其高级结构和功能也相似　不同蛋白质一级结构的比较，常常用来预测蛋白质之间结构和功能的相似性。大量实验结果证明，一级结构相似的蛋白质，其高级结构和功能也相似。如不同哺乳动物的胰岛素均有 A、B 两条肽链组成，且二硫键的配对位置和高级结构都类似，仅仅在一级结构中个别氨基酸有差异（表 1-2），因此，它们都执行着相似的生物学功能，都可以降血糖。因此，人的糖尿病可以用动物的胰岛素来治疗。

表 1-2　不同哺乳动物胰岛素氨基酸序列的差异

胰岛素	氨基酸残基序号			
	A5	A6	A10	B30
人	Thr	Ser	Ile	Thr
猪	Thr	Ser	Ile	Ala
狗	Thr	Ser	Ile	Ala
兔	Thr	Gly	Ile	Ser
牛	Ala	Gly	Val	Ala
羊	Ala	Ser	Val	Ala
马	Thr	Ser	Ile	Ala

2. 蛋白质结构改变引起疾病　镰状细胞贫血患者血红蛋白 β 亚基第 6 位氨基酸残基是缬氨酸，正常人中该位置氨基酸是谷氨酸。虽然只有一个氨基酸的改变，却引起了镰状细胞贫血，是因为 β 亚基第 6 位氨基酸残基是处于血红蛋白多肽链重要位点的氨基酸，其改变会引起蛋白质空间结构的变化。谷氨酸是酸性氨基酸，其侧链带负电荷，而缬氨酸的侧链是非极性基团，谷氨酸变为缬氨酸使得血红蛋白分子表面负电荷减少，原来水溶性的血红蛋白容易聚集成丝，导致红细胞变为镰状，极易破碎，造成贫血。镰状细胞贫血是由于血红蛋白 β 链基因编码第 6 位谷氨酸的遗传密码 CTC 变为缬氨酸的遗传密码 CAC 所致（图 1-15）。由于遗传基因突变导致蛋白质分子中某些氨基酸序列发生改变，进而使得蛋白质功能发生改变的遗传病，称为分子病。

HbA β 链

N-Val · His · Leu · Thr · Pro · Glu · Glu……C（146）

HbS β 链

N-Val · His · Leu · Thr · Pro · Val · Glu……C（146）

CTC→CAC

图 1-15　镰状细胞贫血发病机制

机体内蛋白质的生物合成、加工、折叠、转运是一个复杂的过程，多肽链是否折叠为正确的天然构象对其功能发挥至关重要。如果蛋白质发生错误折叠，即便一级结构不变，只有蛋白质的空间构象发生改变，仍可影响其功能。严重时可引起疾病，称为蛋白质构象病。有些蛋白质错误折叠后互相聚集，形成抗蛋白水解酶的淀粉样纤维沉淀，产生毒性而致病。这类疾病包括阿尔茨海默症、人纹状体脊髓变性病、亨廷顿舞蹈病、疯牛病等。

第四节　蛋白质的理化性质

蛋白质是由氨基酸组成的，故其理化性质与氨基酸有相似或相近之处，如两性解离与等电点、紫外吸收性质等。但蛋白质具有氨基酸分子之间的连接键——肽键，所以蛋白质又具有肽键所引起的理化性质，如双缩脲反应。

扫码“看一看”

一、蛋白质的两性解离性质

1. 蛋白质的两性解离与等电点 蛋白质和氨基酸一样，是两性电解质，其可解离的基团除了肽链两端游离的α-氨基和α-羧基以外，侧链R基团还有一些可解离的酸性基团或碱性基团，如赖氨酸残基R基团上的—NH_2、谷氨酸和天冬氨酸残基R基团上的—COOH、精氨酸残基R基团上的胍基、组氨酸残基R上的咪唑基等，它们在一定的溶液pH条件下都可解离成带正电荷的阳离子或带负电荷的阴离子。当蛋白质溶液处于某一溶液pH时，蛋白质解离成阳离子、阴离子的趋势和程度相同，成为兼性离子形式，净电荷为零，此时溶液的pH称为蛋白质的等电点（pI）。当溶液pH>pI时，蛋白质带负电荷；当溶液pH<pI时，蛋白质带正电荷；当pH=pI时，蛋白质成为兼性离子形式，净电荷为零，不带电荷。(图1-16)

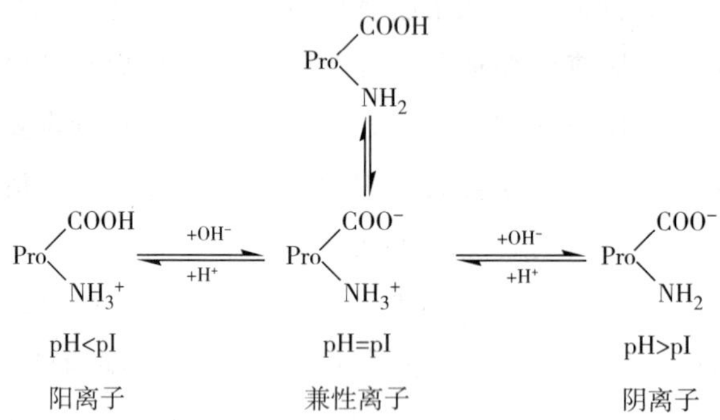

图1-16 蛋白质的解离状态

蛋白质的等电点主要由构成蛋白质的氨基酸中酸性氨基酸和碱性氨基酸的数量和比例所决定的。不同蛋白质的氨基酸排列顺序不同，其所含有的酸性氨基酸和碱性氨基酸的数量及解离程度不同，所以其等电点也各不相同。体内大多数蛋白质的等电点在pH5.0左右，在体液pH7.4环境下，大多数蛋白质解离为阴离子。少数蛋白质含有较多的碱性氨基酸，其等电点偏碱性，如鱼精蛋白、组蛋白等；少数蛋白质含有较多的酸性氨基酸，其等电点偏酸性，如胃蛋白酶、丝蛋白等。

2. 蛋白质的电泳 不同蛋白质的等电点不同，在相同pH条件下，所带电荷的性质和数量也不同。不同蛋白质分子大小和颗粒形状也不相同，因此，在电场中不同的蛋白质电泳移动的方向和移动速率也不相同，可利用这一特点对混合蛋白质进行分离纯化。常用的蛋白质电泳有醋酸纤维素薄膜电泳、聚丙烯酰胺凝胶电泳、琼脂糖凝胶电泳等电泳技术。

知识链接

蛋白质电泳的临床应用

临床上常采用电泳的方法检测不同的同工酶、血浆蛋白质、尿蛋白来诊断不同的疾病，如乳酸脱氢酶的检测、肝硬化患者血浆蛋白质电泳图谱的改变、尿蛋白电泳分类来判断肾脏疾病病变部位。

3. 离子交换层析 蛋白质是两性电解质，在某一特定pH值时，不同蛋白质的电荷量及性质不同，可以通过离子交换层析进行分离。离子交换层析，又称离子交换色谱，是将

阴离子交换树脂或阳离子交换树脂固定在层析柱（又称色谱柱）上，被分离的各种蛋白质在流经层析柱时，通过电荷的作用，与离子交换树脂所带电荷性质不同者被吸附，使不同电荷性质的蛋白质彼此分离，然后加入一定 pH 值的缓冲液，使树脂所吸附的蛋白质被洗脱，达到分离的目的。离子交换层析是目前最常用的层析方法之一，具有灵敏度高、重复性好、分离快速等优点。

二、蛋白质的胶体性质与盐析

1. 蛋白质的胶体性质　蛋白质属于生物大分子，分子量多在 1 万～10 万，分子直径可达 1～100nm，在胶体颗粒范围内，故蛋白质具有胶体的性质，如布朗运动、丁达尔现象、不能透过半透膜等。利用蛋白质胶体不能透过半透膜的性质，可以对蛋白质进行分离纯化，称为透析。当蛋白质与其他小分子物质混杂时，可将该溶液放入半透膜袋，置于蒸馏水或其他适宜的缓冲液中，小分子物质可通过半透膜逸出，而大分子蛋白质留在袋内，使蛋白质得到纯化。同样，使用正压或离心力使蛋白质溶液透过具有一定截留分子量的超滤膜，达到浓缩蛋白质溶液的目的的方法，称为超滤，是最常用的浓缩蛋白质溶液的方法。机体内的细胞膜、线粒体膜、微血管壁等都具有半透膜的性质，使不同蛋白质分布在细胞内外的不同位置。

知识拓展

血液透析

血液透析是一种血液净化的技术，其原理是利用半透膜透过扩散使血液中各种有害的小分子代谢废物（如尿素）或过多的电解质滤出体外，使血液细胞成分和蛋白质大分子得以保留，达到净化血液、纠正水和电解质酸碱平衡紊乱的目的。

2. 蛋白质溶液的稳定性与盐析　蛋白质是大分子，但是蛋白质在水溶液中非常稳定，不易沉淀，其原因是：①蛋白质颗粒表面有一层水化膜。水溶性的蛋白质分子大多呈球形，疏水性的 R 基团通过疏水作用藏在球形内部，蛋白质分子表面大多是亲水基团，与周围水分子发生水合作用，使得蛋白质表面覆盖了一层水分子，即水化膜。蛋白质颗粒之间由水化膜互相隔离，不会碰撞而聚集成更大的颗粒。②蛋白质颗粒表面带有电荷。在非等电点条件下，同一种蛋白质分子表面带有一定量的同种电荷，使得蛋白质颗粒之间存在电荷的互相排斥作用，蛋白质颗粒不易聚集。因此，蛋白质颗粒表面的水化膜和电荷是蛋白质溶液稳定的两个因素。如去除这两个因素，蛋白质就可以从溶液中沉淀析出。例如，向溶液中加入高浓度的中性盐（如硫酸钠、硫酸铵、氯化钠等）蛋白质颗粒表面的水化膜破坏，电荷被中和，使蛋白质从水溶液中析出，这种方法称为盐析。盐析并不引起蛋白质高级结构的破坏，通过透析等方法去除盐分后，可获得较纯的具有生物活性的蛋白质。

三、蛋白质的变性

1. 蛋白质变性的概念　在物理或化学因素的影响下，蛋白质空间结构被破坏，导致其理化性质发生改变，生物学功能丧失，称为蛋白质的变性。蛋白质变性后，其溶解度下降、黏度增加、结晶能力消失、生物活性丧失、易被蛋白酶水解等。蛋白质变性的本质是各种非共价键的破坏和二硫键的断裂，肽键保持不变，故不涉及蛋白质一级结构的改变，仅有

高级结构的破坏。

蛋白质变性后，疏水基团暴露在外，肽链相互缠绕而聚集，从而使蛋白质易从溶液中沉淀析出。变性的蛋白质易于沉淀，沉淀的蛋白质也不一定变性。

蛋白质经强酸、强碱作用变性后，仍能溶于强酸、强碱溶液，如将 pH 调至等电点，则变性的蛋白质立即结成絮状不溶物，此絮状物仍可溶解于强酸、强碱中。如再加热，则絮状物变为比较坚固的凝块，该凝块不再溶于强酸、强碱，此现象称为蛋白质的凝固作用。实际上凝固是蛋白质变性后进一步发展的不可逆结果。

变性的蛋白质，去除变性因素后，蛋白质可恢复到原来的空间结构和生物学活性，这一过程称为蛋白质的复性。如向牛胰核糖核酸酶 A 溶液中加入 β-巯基乙醇和尿素使其变性，通过透析去除 β-巯基乙醇和尿素后，该蛋白质又恢复其原有的构象和生物学活性。

2. 引起蛋白质变性的因素 引起蛋白质变性的原因可分为物理和化学因素两类。常见的物理因素有加热、加压、脱水、搅拌、振荡、紫外线照射、超声波的作用等；化学因素有强酸、强碱、尿素、重金属盐、十二烷基硫酸钠（SDS）、乙醇等有机溶剂等。

知识拓展

蛋白质变性与医学

在临床上，许多工作尤其是护理工作常常需要促进蛋白质变性或防止蛋白质变性。比如消毒和灭菌，使细菌或病毒的蛋白质变性，使其失去致病性和繁殖能力；手术器械及其他用品采用高温高压灭菌；手术室、病房等用紫外线灭菌。而一些蛋白质药品例如疫苗、激素、抗体血清、酶类药物、白蛋白等的保存，需要低温存放，避免阳光直射，就是为了避免蛋白质的变性，防止其生物学活性丧失。

四、蛋白质的紫外吸收性质

由于蛋白质分子中普遍含有色氨酸、酪氨酸和苯丙氨酸残基，这些氨基酸残基含有共轭双键，因此，蛋白质在 280nm 波长处具有强紫外吸收，且该波长处吸光度值的大小与蛋白质的含量成正比，由此建立了蛋白质浓度的测定方法——紫外吸收法。

五、蛋白质的呈色反应

蛋白质分子中含有肽键和一些特殊的基团，可以与一些试剂呈现一定的颜色反应。这些反应常被用于蛋白质的定性定量分析。

1. 双缩脲反应 蛋白质和多肽中的肽键在弱碱性环境中与 Cu^{2+} 共热，可生成紫红色的络合物，称为双缩脲反应。该络合物颜色的深浅与蛋白质的含量成正比，故可用于蛋白质、多肽的定量检测。临床上血清蛋白质浓度的检测方法即采用双缩脲法。双缩脲反应也可以用来检测蛋白质的水解程度。

2. 酚试剂反应 蛋白质分子中酪氨酸的酚羟基可以将酚试剂中的磷钨酸和磷钼酸还原，生成蓝色化合物。该化合物颜色的深浅与蛋白质的含量成正比，由此建立了蛋白质浓度的检测方法——酚试剂法。临床上常用该方法检测血清黏蛋白、脑脊液蛋白质浓度等。

3. 茚三酮反应 蛋白质分子中具有游离的氨基，和氨基酸一样，也可与茚三酮在弱酸

性条件下共热，生成蓝紫色化合物。

扫码“学一学”

第五节 蛋白质的分类

一、按蛋白质的组成分类

根据蛋白质分子的组成，可将蛋白质分为单纯蛋白质和结合蛋白质两大类。

1. 单纯蛋白质 单纯蛋白质只由氨基酸组成，水解产物只有氨基酸，不含有其他组分，如清蛋白等。

2. 结合蛋白质 结合蛋白质由单纯蛋白质和非蛋白质两部分组成，非蛋白质部分称为该蛋白质的辅基，如血红蛋白，其辅基为血红素。可按其辅基的不同分为糖蛋白、脂蛋白、核蛋白、金属蛋白及色蛋白等。

二、按蛋白质的分子形状分类

根据蛋白质分子形状的不同，可将蛋白质分为球蛋白和纤维状蛋白两大类。

1. 球蛋白 球蛋白分子的长轴和短轴相差不大，形状近似于球形或椭球型，大多可溶于水。生物体内的蛋白质多属于这一类，如胰岛素、血红蛋白等。

2. 纤维状蛋白 一般而言，纤维状蛋白分子的长轴是短轴的 10 倍以上，形似纤维。大多为结构蛋白质，难溶于水，如胶原蛋白、角蛋白等。

三、按蛋白质的功能分类

根据蛋白质分子功能的不同，可分为酶蛋白、调节蛋白、运输蛋白、受体蛋白等。

四、按蛋白质存在的部位分类

根据蛋白质存在的部位不同，可分为不同的蛋白质，如存在于细胞的不同部位有膜蛋白、线粒体蛋白、内质网蛋白等；存在于人体的不同部位有血浆蛋白、脑脊液蛋白、尿蛋白等。

本章小结

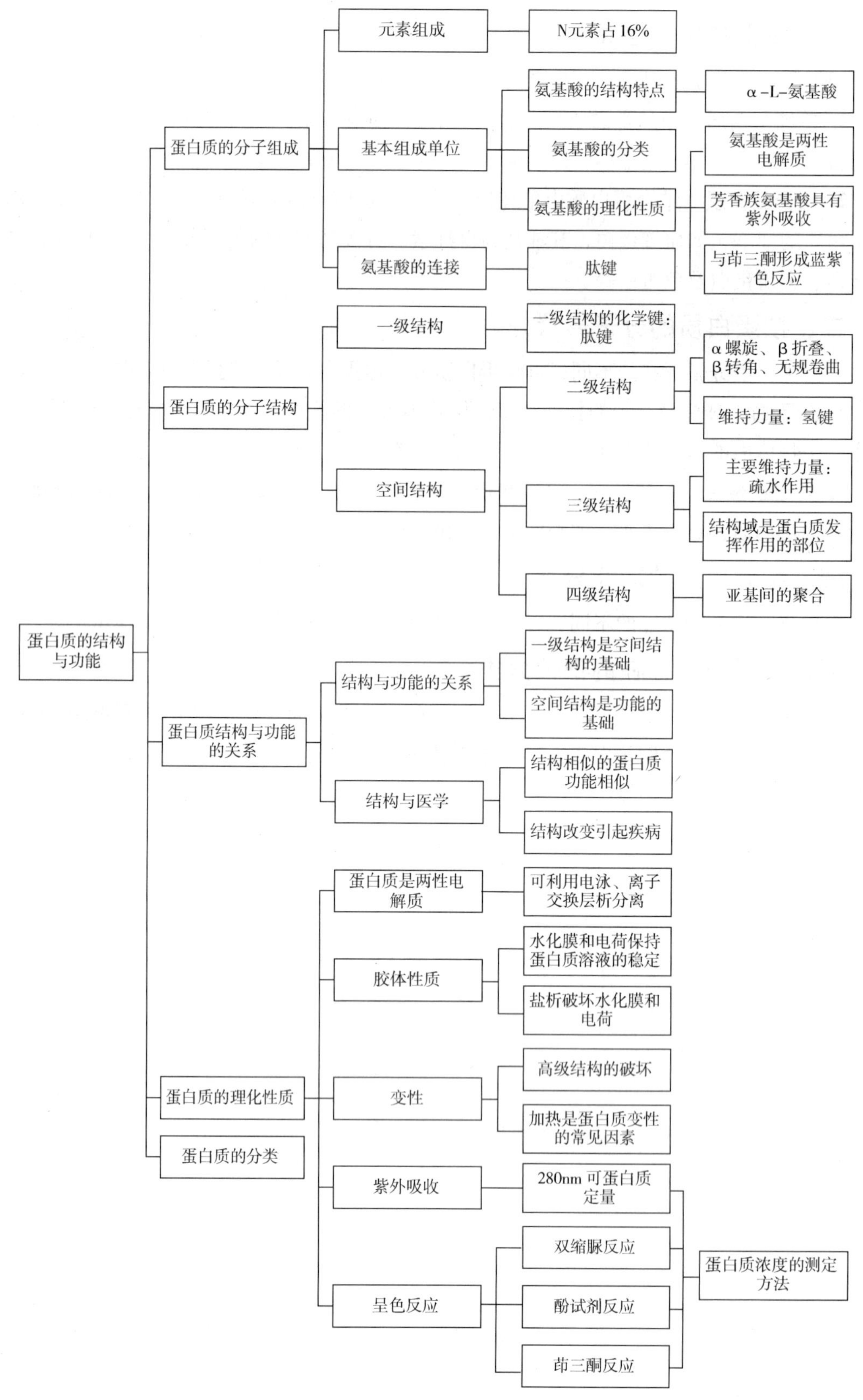

蛋白质的结构与功能
蛋白质的分子组成
元素组成
N元素占16%
基本组成单位
氨基酸的结构特点
α-L-氨基酸
氨基酸的分类
氨基酸的理化性质
氨基酸是两性电解质
芳香族氨基酸具有紫外吸收
与茚三酮形成蓝紫色反应
氨基酸的连接
肽键
蛋白质的分子结构
一级结构
一级结构的化学键：肽键
空间结构
二级结构
α螺旋、β折叠、β转角、无规卷曲
维持力量：氢键
三级结构
主要维持力量：疏水作用
结构域是蛋白质发挥作用的部位
四级结构
亚基间的聚合
蛋白质结构与功能的关系
结构与功能的关系
一级结构是空间结构的基础
空间结构是功能的基础
结构与医学
结构相似的蛋白质功能相似
结构改变引起疾病
蛋白质的理化性质
蛋白质是两性电解质
可利用电泳、离子交换层析分离
胶体性质
水化膜和电荷保持蛋白质溶液的稳定
盐析破坏水化膜和电荷
变性
高级结构的破坏
加热是蛋白质变性的常见因素
紫外吸收
280nm 可蛋白质定量
呈色反应
双缩脲反应
酚试剂反应
茚三酮反应
蛋白质浓度的测定方法
蛋白质的分类

一、选择题

【A1 型题】

1. 不是机体蛋白质合成原料的氨基酸是
   A. 半胱氨酸　B. 谷氨酸　C. 瓜氨酸　D. 甲硫氨酸　E. 丝氨酸
2. 测定 100g 天然食品中氮含量是 2g，该样品中蛋白质含量大约为
   A. 6.25%　B. 12.5%　C. 25%　D. 10%　E. 20%
3. 关于肽键的特点哪项叙述是不正确的
   A. 肽键中的 C—N 键比相邻的 N—C_α 键短
   B. 肽键的 C—N 键具有部分双键性质
   C. 与 α 碳原子相连的 N 和 C 所形成的化学键可以自由旋转
   D. 肽键的 C—N 键可以自由旋转
   E. 肽键中 C—N 键所相连的四个原子在同一平面上
4. 维持蛋白质分子一级结构的主要化学键是
   A. 离子键　B. 氢键　C. 疏水作用　D. 二硫键　E. 肽键
5. 蛋白质 α 螺旋结构每上升一圈相当于几个氨基酸
   A. 2.5　B. 2.7　C. 3.4　D. 3.6　E. 4.5
6. 关于蛋白质分子三级结构的叙述哪项是错误的
   A. 天然蛋白质分子均有这种结构
   B. 具有三级结构的多肽链都具有生物学活性
   C. 三级结构的稳定性主要由次级键维持
   D. 亲水基团大多聚集在分子的表面
   E. 决定盘绕折叠的因素是氨基酸残基
7. 关于蛋白质四级结构的论述哪项是正确的
   A. 其是由多个相同的亚基组成
   B. 其是由多个不同的亚基组成
   C. 一定是由种类相同而数目不同的亚基组成
   D. 一定是由种类不同而数目相同的亚基组成
   E. 亚基的种类和数目均可不同
8. 蛋白质的高级结构取决于
   A. 分子中氢键　B. 分子中离子键
   C. 分子内部疏水作用　D. 氨基酸的组成及顺序
   E. 氨基酸残基的性质
9. 维持蛋白质三级结构的主要作用力是
   A. 离子键　B. 二硫键　C. 疏水作用　D. 氢键　E. 肽键
10. 在 pH7.0 的缓冲液中电泳，哪种氨基酸基本不动

A. 精氨酸　B. 丙氨酸　C. 谷氨酸　D. 天冬氨酸　E. 赖氨酸

11. 下列哪种结构不属于蛋白质二级结构

A. α 螺旋　B. 双螺旋　C. β 折叠　D. β 转角　E. 无规卷曲

12. 主链碳原子骨架以 180°回折的是

A. α 螺旋　B. β 折叠　C. 无规卷曲　D. β 转角　E. 以上都不是

13. 含有疏水侧链的氨基酸有

A. 色氨酸、精氨酸　B. 精氨酸、亮氨酸

C. 苯丙氨酸、异亮氨酸　D. 天冬氨酸、丙氨酸

E. 谷氨酸、甲硫氨酸

14. 在 280nm 紫外吸收最大的氨基酸是

A. 丝氨酸　B. 半胱氨酸　C. 苯丙氨酸　D. 色氨酸　E. 酪氨酸

15. 维系蛋白质四级结构稳定的最主要化学键或作用力是

A. 二硫键　B. 疏水作用　C. 肽键　D. 范德华力　E. 离子键

16. 蛋白质二级结构 α 螺旋中，下列哪种氨基酸一定不会出现

A. 谷氨酸　B. 丙氨酸　C. 甘氨酸　D. 脯氨酸　E. 丝氨酸

17. 蛋白质的 pI 是指

A. 蛋白质分子带正电荷时溶液的 pH 值

B. 蛋白质分子带负电荷时溶液的 pH 值

C. 蛋白质分子不带电荷时溶液的 pH 值

D. 蛋白质分子净电荷为零时溶液的 pH 值

E. 以上都不是

18. 蛋白质变性时，下列哪种化学键保持不变

A. 二硫键　B. 疏水作用　C. 肽键　D. 范德华力　E. 离子键

二、思考题

扫码“练一练”

1. 蛋白质的二级结构有哪几种形式？影响蛋白质二级结构形成的因素有哪些？
2. 举例说明蛋白质的一级结构决定空间结构。
3. 比较氨基酸和蛋白质的理化性质。

（张向阳）

第二章　核酸的结构与功能

学习目标

1. **掌握**　核苷酸的基本结构；DNA 分子与 RNA 分子一级结构、二级结构的组成和特点；核酸的理化性质；核酸变性、复性的概念。

2. **熟悉**　增色效应的概念；T_m 的概念。

3. **了解**　核苷酸的功能。

自从 1864 年瑞士医生米歇尔（F. Miescher）从脓细胞中分离出核酸，核酸的研究一直是生物化学研究的热点。已经证实，核酸是遗传的物质基础。核酸包括了脱氧核糖核酸（deoxyribonucleic acid，DNA）以及核糖核酸（ribonucleic acid，RNA）两大类。除了一些简单生物如病毒只具有 DNA 或 RNA 一种核酸作为遗传物质外，其他所有的生物都同时具有两种核酸。真核生物的 DNA 存在于细胞核和线粒体内（或植物的叶绿体内），原核生物的 DNA 存在于细胞质内，其主要功能是携带遗传信息。RNA 则主要位于细胞质、细胞核和线粒体内（或植物的叶绿体内），主要参与遗传信息的表达与调控，对于只具有 RNA 的病毒而言，其功能与真核生物的 DNA 类似，也是遗传信息的载体。

扫码“学一学”

第一节　核酸的分子组成

一、核酸的元素组成

组成核酸的主要元素包括了 C、H、O、N、P，与蛋白质的元素组成相比，其特点是天然的核酸不含有 S，且核酸中的 P 含量多而稳定，P 元素的量占核酸总量的 9%～10%。因此，核酸样品中 P 的含量可以作为核酸定量分析的特征性元素。

二、核酸的基本组成单位——核苷酸

核酸分子可以在水解酶的作用下水解成核苷酸，核苷酸为核酸的基本组成单位。

（一）核苷酸的基本组成

核苷酸在水解酶的作用下被水解为核苷和磷酸，而其中的核苷可以再被水解为戊糖和碱基。核酸的水解过程见图 2-1。

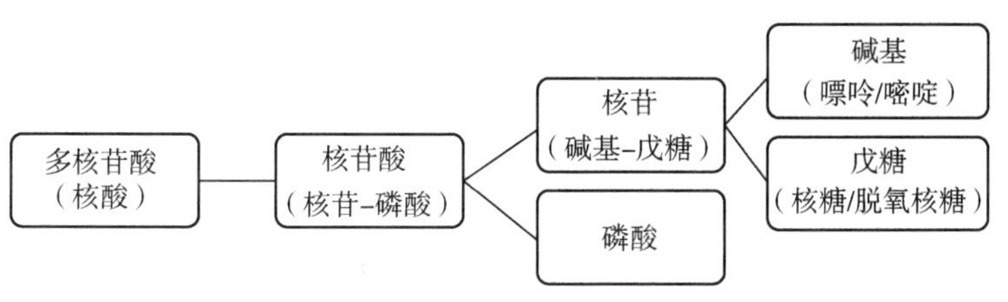

图 2-1　核酸水解的过程

1. 碱基 核酸中含氮碱基包括嘌呤和嘧啶两类。常见的嘌呤有腺嘌呤（adenine，A）和鸟嘌呤（guanine，G），常见的嘧啶有胸腺嘧啶（thymine，T）、胞嘧啶（cytosine，C）和尿嘧啶（uracil，U）。构成 DNA 的碱基为 A、G、C、T。构成 RNA 的碱基为 A、G 、C、U。除了上述五种碱基之外，核酸分子（尤其是 tRNA 分子）中还含有很多稀有碱基。它们绝大多数为上述碱基的衍生物，例如次黄嘌呤（I），7-甲基鸟嘌呤（m^7G）等。

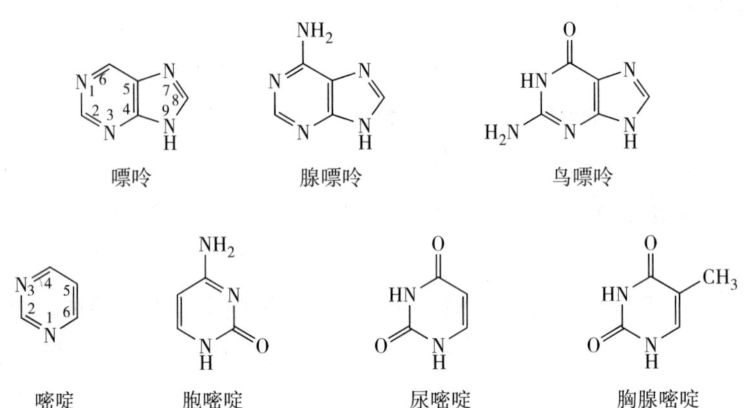

嘌呤　腺嘌呤　鸟嘌呤

嘧啶　胞嘧啶　尿嘧啶　胸腺嘧啶

2. 戊糖 核酸分子中含有两种五碳糖：核糖和脱氧核糖。RNA 中为 β-D-核糖，DNA 中为 β-D-2-脱氧核糖。RNA 和 DNA 因含不同戊糖而分类。当戊糖与碱基连接在一起时，为区别碱基与戊糖，在戊糖的元素编号相应数字上方加“′”，如 1′，2′…。

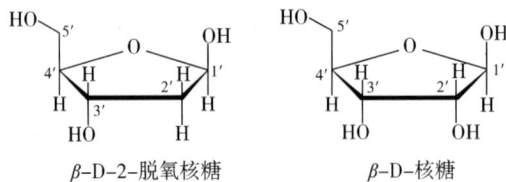

β-D-2-脱氧核糖　β-D-核糖

3. 磷酸 DNA 和 RNA 中均含有磷酸（H_3PO_4）。磷酸为三元中强酸，在一定的条件下可以通过形成酯键同时连接两个核苷酸中的戊糖，使得核苷酸聚合形成长链。

（二）核苷

核苷（nucleoside）是戊糖和碱基通过脱水缩合形成的糖苷，由戊糖的 $C_{1'}$ 的羟基与嘌呤碱 N_9 或者嘧啶碱 N_1 的氢脱水缩合而形成糖苷键。不同核糖组成的糖苷分别称为核糖核苷和脱氧核糖核苷。构成 RNA 的核糖核苷有腺苷（AR）、鸟苷（GR）、胞苷（CR）、尿苷（UR）。构成 DNA 的核糖核苷为脱氧腺苷（dAR）、脱氧鸟苷（dGR）、脱氧胞苷（dCR）、脱氧胸苷（dTR）。

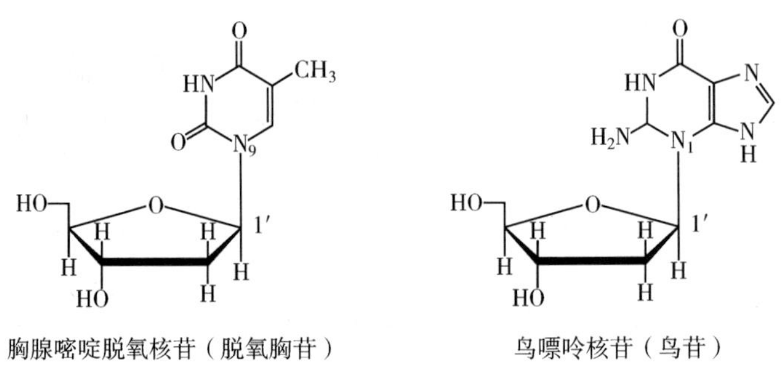

胸腺嘧啶脱氧核苷（脱氧胸苷）　鸟嘌呤核苷（鸟苷）

知识拓展

核苷类药物的应用

核苷类药物是临床上用于治疗病毒感染性疾病、肿瘤、艾滋病的一类重要的药物。目前使用的抗病毒药物中近50%是核苷类药物，抗肿瘤药物阿糖胞苷，脱氧氟尿苷等也属于核苷类 。核苷类药物也可以用于治疗神经系统疾病，有非常强的抗抑郁作用，有的药物同时可以用作治疗关节疾病的镇痛剂，对脑血管功能障碍也有效。早期临床上应用的核苷类抗病毒药物主要有碘苷、利巴韦林、阿昔洛韦等。当前，抗艾滋病病毒（HIV）药物研究不断创新，自 1987 年 3 月美国首次批准第一个抗 HIV 药齐多夫定（叠氮脱氧胸苷，Zidovudine）用于治疗 HIV 阳性感染者和艾滋病患者以来，一些抗 HIV 药物相继问世。被美国食品药品管理局（FDA）批准投入市场的抗 HIV 药物中，约 1/3 为核苷类药物。而静脉输液成为核苷类药物给药方式中最常见、最有效的一种。

（三）核苷酸

核苷酸是核苷的磷酸酯，是由核苷分子中的戊糖的羟基磷酸酯化构成。根据磷酸酯化位点的不同可以把核苷酸分为 5′-核苷酸、3′-核苷酸、2′-核苷酸，但是天然的游离核苷酸都是 5′-核苷酸。核苷酸的具体名称可以根据磷酸的个数，分别命名为“某核苷一磷酸”“某核苷二磷酸”“某核苷三磷酸”。若核苷是脱氧核糖核苷，则分别命名为“脱氧某苷一磷酸”“脱氧某苷二磷酸”“脱氧某苷三磷酸”。DNA 的基本组成单位为脱氧核糖核苷一磷酸，RNA 的基本组成单位为核糖核苷一磷酸，见表 2-1。

表 2-1　DNA 和 RNA 的基本组成单位

RNA	DNA
腺苷一磷酸（AMP）	脱氧腺苷一磷酸（dAMP）
胞苷一磷酸（CMP）	脱氧胞苷一磷酸（dCMP）
鸟苷一磷酸（GMP）	脱氧鸟苷一磷酸（dGMP）
尿苷一磷酸（UMP）	脱氧胸苷一磷酸（dTMP）

三、体内重要的游离核苷酸及其衍生物

人体内还存在一些游离的核苷酸及其衍生物，它们都具有重要的生理功能，例如 ATP（腺苷三磷酸），cAMP（环腺苷酸）等。ATP 是人体最直接的能量来源，其分子内含有两个高能磷酸键，可在水解酶催化下，高能磷酸键水解并释放能量，供人体各项生理活动使用。其结构式如图 2-2 所示。而 cAMP 虽然在人体含量极微，但是其可以作为多种激素的“第二信使”，在细胞信号转导中起重要作用。

四、核苷酸的连接方式与核酸链

核苷酸之间是通过 3′,5′-磷酸二酯键连接起来，即一个核苷酸的 3′-羟基和另一个核苷酸的 5′-磷酸脱水缩合而成。多个核苷酸以 3′,5′-磷酸二酯键连接形成核苷酸链，核苷酸链的 5′端为游离的磷酸，称为 5′-磷酸末端，简称 5′端；而 3′端带有游离的羟基，称为 3′-羟基末端，简称 3′端。核酸链的 5′端为核苷酸链的前端，居左侧；3′端为核苷酸的后端，居

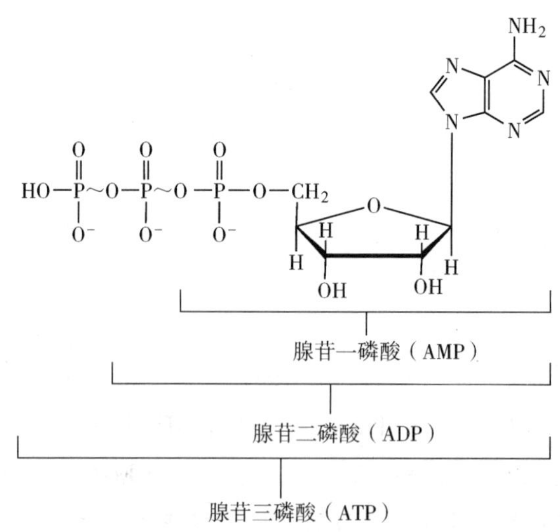

图 2-2 腺苷多磷酸

右侧。在合成核酸时，核酸链的延伸方向也是从 5′→3′方向进行。

扫码“看一看”

第二节 DNA 的结构与功能

DNA 分子是四种脱氧核苷酸通过 3′,5′-磷酸二酯键连接而形成的双链生物大分子，其主要存在于真核细胞的细胞核内，以与蛋白质结合成染色体的形式存在。原核生物的 DNA 存在于细胞质的类核区。是各种生物遗传信息的载体。

一、DNA 的一级结构

DNA 的一级结构指的是核酸链中脱氧核糖核苷酸的排列顺序。由于核苷酸的主要差异为碱基的不同，因此，DNA 的一级结构可定义为核酸链中碱基的排列顺序。DNA 的书写方式有多种，见图 2-3 所示。

二、DNA 的二级结构

1953 年，Watson 和 Crick 在总结了前人关于 DNA 空间结构研究的基础上，提出了著名的 DNA 双螺旋模型，确立了 DNA 的二级结构，并由此揭示了遗传信息是如何储存和表达的。这是生物学史上里程碑式的成果，两人也因该研究成果获得了 1962 年的诺贝尔生理学和医学奖。DNA 双螺旋模型见图 2-4。

DNA 双螺旋模型结构的特点如下：

（1）DNA 分子是由两条反向平行排列的脱氧核糖核苷酸链沿同一中心轴盘绕而成的右手双螺旋结构。

（2）两条 DNA 链中，磷酸与脱氧核糖形成的 3′,5′-磷酸二酯键位于螺旋的外侧，构成了双螺旋的基本骨架，而碱基则位于双螺旋内侧。双螺旋的表面形成了大沟（深沟）和小沟（浅沟）的结构。

（3）两条 DNA 链上的碱基严格按照碱基互补配对规律进行配对，G 和 C 配对形成三个氢键，A 和 T 配对形成两个氢键。氢键的方向与 DNA 双螺旋的长轴垂直。所以这种组成 DNA 的两条链也称为互补链。

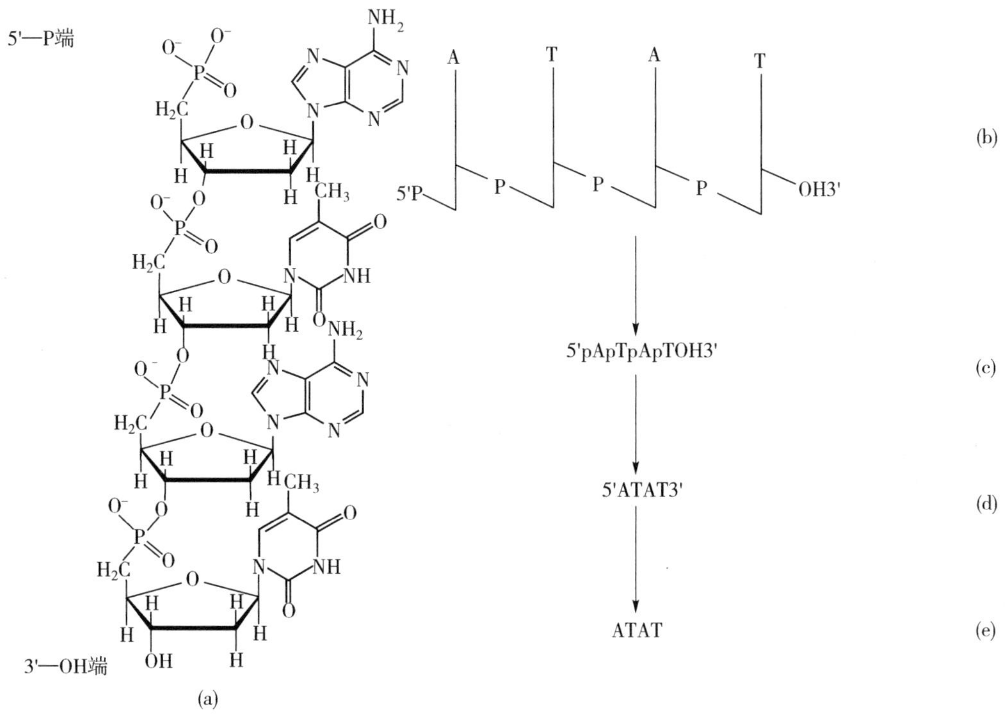

5'—P端

3'—OH端

(a)

A T A T

5'P P P P OH3'

(b)

5'pApTpApTOH3'

(c)

5'ATAT3'

(d)

ATAT

(e)

图 2-3　DNA 分子中核苷酸链的连接方式以及缩写

（a）核苷酸链的连接方式的结构式；（b）（c）（d）（e）字母式缩写

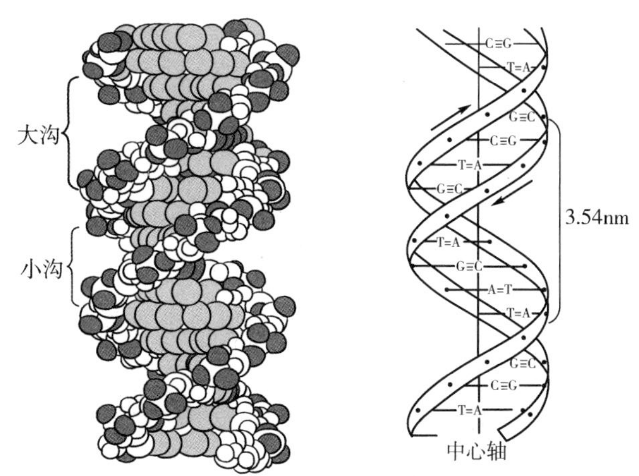

图 2-4　DNA 双螺旋结构模型

（4）DNA 双螺旋的螺旋直径为 2. 37nm，螺距为 3. 54nm，螺旋一圈包含约 10.5 个碱基对。

（5）DNA 双螺旋结构的横向稳定依赖于碱基之间形成的氢键，其纵向稳定依赖于碱基堆积力。碱基堆积力为碱基之间的疏水作用和范德华力的合力。

DNA 分子在不同的环境（湿度、离子强度等）条件下，可以呈现不同的结构。DNA 分子的双螺旋结构呈现多样性，有 A 型、B 型和 Z 型等双螺旋结构。Watson 和 Crick 发现的 DNA 双螺旋结构为 B 型结构。以上 DNA 双螺旋结构特点为 B 型 DNA 结构特点，B 型 DNA 是生理条件下最稳定的结构状态。DNA 分子的双螺旋结构不是一成不变的。在不同的条件下，不同类型的 DNA 可以互相转变。

三、DNA 的三级结构

DNA 的三级结构指的是在 DNA 双螺旋结构的基础上进一步折叠、盘旋形成更加复杂的空间结构，即 DNA 超螺旋。根据其盘绕的方向可以分为正超螺旋和负超螺旋。原核生物以及线粒体、叶绿体中的 DNA 都是共价闭合环状双螺旋。它们通过螺旋化可以形成超螺旋，天然 DNA 主要是以负超螺旋形式存在。

而进化程度高的生物体，因其 DNA 分子结构复杂，分子量大，所以其会以一种更为致密的折叠方式储存在真核细胞内。在细胞周期中，绝大部分 DNA 以染色质形式存在。染色质由一种纤维状结构的染色质丝经过多次卷曲而成。电子显微镜下，染色质丝呈串珠状结构，构成这种串珠结构的重复单位是核小体。核小体由 DNA 和组蛋白共同组成，以组蛋白为核心进一步盘绕形成核小体结构，多个核小体形成串珠状，再通过反复盘旋折叠而形成染色质，见图 2-5。

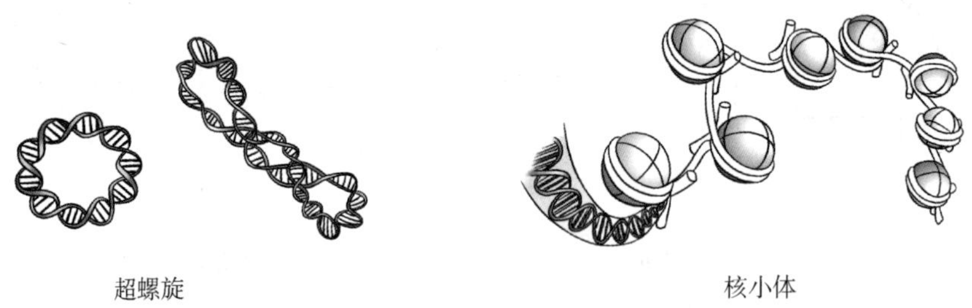

图 2-5　DNA 的超螺旋结构以及核小体结构

四、DNA 的功能

DNA 的基本功能是以基因的形式携带遗传信息。它是生命遗传的物质基础，也是个体生命活动的信息基础。

证明 DNA 是遗传物质的典型实验是肺炎双球菌转化实验。1944 年，Oswald Avery 利用致病肺炎双球菌中提取的 DNA 使另一种非致病性的肺炎球菌的遗传性状发生改变而成为致病菌，证实了 DNA 是遗传物质。DNA 结构的阐明使得它作为遗传信息载体的作用更加无可争议。

基因是指携带了特定遗传信息的 DNA 功能片段。DNA 分子中携带的遗传信息就蕴含在核苷酸链的碱基排列顺序中。DNA 是细胞内 RNA 合成的模板，部分 RNA 又是蛋白质的合成模板。DNA 的碱基序列决定了蛋白质的氨基酸顺序。DNA 通过复制将遗传信息传递给子代，并通过转录和翻译表达遗传特征。

一个生物体的所有基因成为该生物体的基因组，包含了所有编码 RNA 和蛋白质的序列及所有的非编码序列，也就是 DNA 分子的全序列。一般来讲，进化程度越高的生物体，其基因组越大越复杂。最简单生物的基因组仅含几千个碱基对，人的基因组则有 2.8×10^9 个碱基对，使可编码的信息量大大增加。

DNA 的结构特点是具有高度的复杂性和稳定性，可以满足遗传多样性和稳定性的需要。不过 DNA 分子又绝非一成不变，它可以发生各种重组和突变，适应环境变迁，为自然选择提供机会。

第三节　RNA 的结构与功能

RNA 分子的分子量较小，有的 RNA 只有几十个核苷酸序列。RNA 有相对明确的二、三级结构。由于 RNA 的种类相对较多，所以各种 RNA 分子又各具独特的空间构象。真核细胞内各种常见 RNA 分子见表 2-2。

表 2-2　真核细胞内各种常见 RNA 的名称和功能

RNA 的种类	简称	分布	功能
核内不均一 RNA	hnRNA	细胞核	成熟 mRNA 的前体
信使 RNA	mRNA	细胞核、细胞质	蛋白质合成的模板
转运 RNA	tRNA	细胞核、细胞质	转运氨基酸
核糖体 RNA	rRNA	细胞核、细胞质	构成核糖体
核内小 RNA	snRNA	细胞核	参与 hnRNA 的剪切和转运
核仁小 RNA	snoRNA	细胞核	rRNA 的加工和修饰
胞质小 RNA	scRNA	细胞核	蛋白质合成信号识别体
小干扰 RNA	SIRNA	细胞质	靶向识别及降解 mRNA
微 RNA	miRNA	细胞质	抑制翻译
催化 RNA	ribozyme	细胞核、细胞质	催化并参与 RNA 合成

一、mRNA 的结构与功能

mRNA 又叫做信使 RNA，占细胞总 RNA 的 3%。但是其分子的种类为所有 RNA 中最多，分子大小不一，从含几十个核苷酸残基到几千个核苷酸残基不等；同时也是细胞中最不稳定的一类 RNA。

真核生物的 mRNA，最初在细胞核内合成的是 hnRNA，其分子量比成熟的 mRNA 大，为 mRNA 的前体。在各种不同酶的作用下，hnRNA 被剪切拼接为成熟的 mRNA，并移动到细胞质。真核细胞成熟的 mRNA 具有以下的结构特点（图 2-6）。

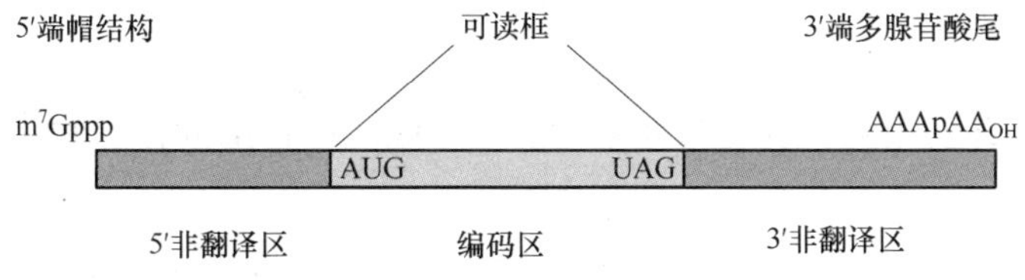

图 2-6　真核生物 mRNA 结构特征

1. 5′端帽结构　绝大多数真核细胞 mRNA 的 5′端为 7-甲基鸟嘌呤核苷三磷酸（m^7Gppp），简称为“帽”结构。该结构是在 mRNA 成熟的过程中在 5′端加上 7-甲基鸟嘌呤核苷二磷酸（m^7Gpp）形成的。它与 mRNA 稳定性息息相关，并协助其转运出细胞核；与核糖体结合，参与翻译的起始等过程。

2. 3′端多腺苷酸尾　绝大多数真核细胞 mRNA 在 3′端都有一段 20～200 个腺苷酸的多腺苷酸结构，称为多腺苷酸尾［poly(A)］。这种结构也与 mRNA 稳定性息息相关，并协助其转运出细胞核；与核糖体结合，参与翻译的起始等过程。

3. 编码区　从 mRNA 分子 5′端起始的第一个 AUG 开始，每三个相邻的核苷酸为一组，

表示一个氨基酸的信息，称之为遗传密码（codon），由于每个密码子均为三个相邻的核苷酸，所以又称为三联体密码（triplet code）。每个密码子编码一个氨基酸或者其他信息。编码区从5′端AUG到3′端UAA（或UAG、UGA）之间的核苷酸序列称为可读框（惯称开放阅读框）。

4. 非翻译区 mRNA编码区两侧均有一段非翻译区，分别称为5′非翻译区和3′非翻译区。其功能主要参与翻译的调控作用。

mRNA的功能是将细胞核中的基因信息转录后携带出来，作为指导蛋白质生物合成的模板。

二、tRNA的结构和功能

tRNA是RNA中分子量最小的RNA，其稳定性较强，占细胞RNA总量的15%。主要功能为转运氨基酸至核糖体，参与蛋白质的合成。它们无论在一级结构还是二、三级结构上都有以下一些共同特点。

1. tRNA一级结构的特点

（1）tRNA为单链结构，由70～90个核苷酸残基组成。

（2）tRNA分子中含有较多的稀有碱基，占碱基总数的10%～20%。大多数为A、G、C、U的甲基衍生物以及其他基团修饰后的碱基。例如二氢尿嘧啶（DHU）、次黄嘌呤（I）、假尿嘧啶（Ψ）等。

（3）tRNA的3′端均为CCA—OH序列。而其功能为结合以及转运氨基酸生成氨酰tRNA，活化后的氨基酸则连接在3′—OH上。

（4）tRNA的5′端则多为磷酸化的鸟嘌呤核苷酸。

2. tRNA二级结构的特点 单链tRNA通过回折形成局部的双链互补区，非互补区形成环状结构，称为茎环结构或发夹结构。

（1）tRNA二级结构为三叶草形，包括三个茎环结构、一个附加叉（可变环）和一个氨基酸臂。

（2）tRNA分子中的三个茎环结构中的环分别称为二氢尿嘧啶环（DHU环）、反密码子环和TψC环。环状结构含有较多稀有碱基。

（3）反密码子环约由七个核苷酸残基构成，中间三个连续的核苷酸残基称为反密码子，是与mRNA遗传密码互补配对的位点。

（4）附加叉又称为可变环，不同tRNA，其差异较大，为tRNA的分类标志。

（5）氨基酸臂，是tRNA5′端和3′端互补形成的双链区，其中3′端为未互补的CCA—OH序列，该序列为tRNA转录后加工形成的，是氨基酸的携带部位。tRNA二级结构的特点见图2-7。

3. tRNA三级结构的特点 tRNA三级结构都具有相似的结构，均成倒L形（图2-8）。tRNA三级结构的维系主要是依赖核苷酸之间形成的氢键。各种tRNA分子核苷酸序列和长度相差较大，但其三级结构均相似，提示这种空间结构与tRNA的功能有密切关系。

tRNA的主要功能是携带蛋白质合成所必需的氨基酸。细胞内每种氨基酸都由其相应的一种或者几种tRNA携带，每一种tRNA携带一种特定的氨基酸，在合成多肽链的过程当中，其会按照mRNA密码子的排列顺序将相应的氨基酸连接成多肽链。

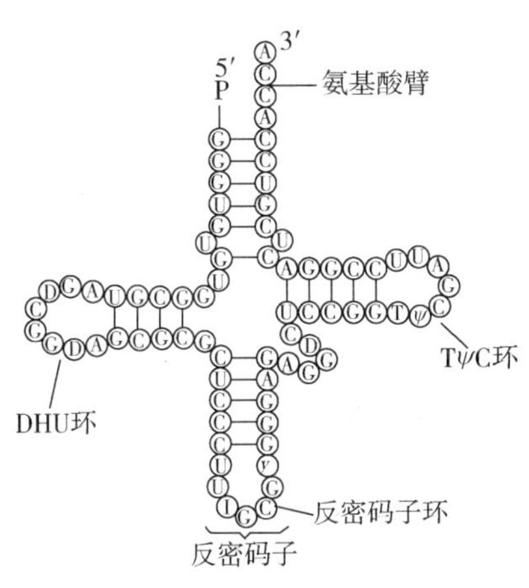

图 2-7　tRNA 的二级结构

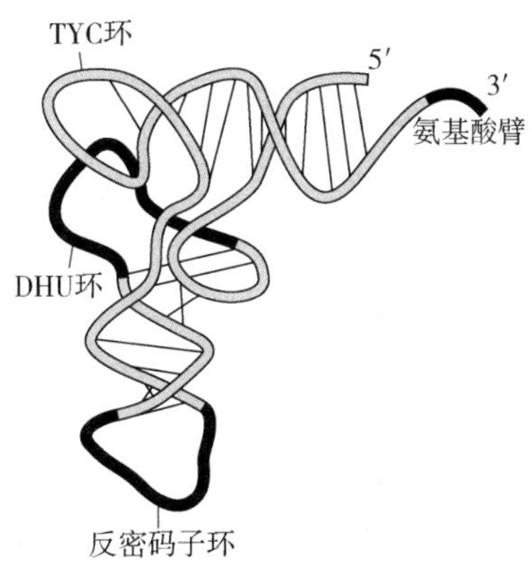

图 2-8　tRNA 的三级结构

三、rRNA 的结构与功能

核糖体 RNA（rRNA）是细胞中种类最少、含量最多的 RNA，约占细胞中 RNA 总量的 80% 以上。是一类代谢稳定、分子量最大的 RNA。rRNA 与多种核糖体蛋白质结合形成核糖体，构成蛋白质合成的场所。

原核生物和真核生物的核糖体都是由大小两个亚基所组成，而构成核糖体蛋白质的种类较多，大多分子量比较小。核糖体蛋白以及 tRNA 的大小一般用沉降系数（S）来表示（表 2-3）。

表 2-3　核糖体的组成成分

核糖体		真核生物（小鼠干细胞为例）		原核生物（大肠杆菌为例）	
小亚基		40S		30S	
	rRNA	18S	1874 个核苷酸	16S	1542 个核苷酸
	蛋白质	33 种	总重的 50%	21 种	总重 40%
大亚基		60S		50S	
	rRNA	28S	4718 个核苷酸	23S	2940 个核苷酸
		5. 85S	160 个核苷酸	5S	120 个核苷酸
		5S	120 个核苷酸		
	蛋白质	49 种	总重的 35%	31 种	总重 30%

四、核酶

核酶（ribozyme）是一类具有催化活性的 RNA。1981 年，美国科学家 T. Cech 和 S. Altman 发现了核酶，并因此获得了 1989 年诺贝尔化学奖。最早发现大肠杆菌 RNaseP 的蛋白质部分被除去后，在体外高浓度 Mg^{2+} 存在下，留下的 RNA 部分具有与全酶相同的催化活性。

核酶的作用底物可以是不同的分子，有些作用底物就是同一 RNA 分子中的某些部位。核酶的功能很多，有的能够切割 RNA，有的能够切割 DNA，有些还具有 RNA 连接酶、磷酸酶等活性。与蛋白质酶相比，核酶的催化效率较低，是一种较为原始的催化剂。大多数核酶通过催化转磷酸酯和磷酸二酯键水解反应参与 RNA 自身剪切、加工过程。与其他的 RNA 相比，核酶具有较稳定的空间结构。研究发现，具有催化作用的 RNA 的二级结构为锤头状

结构，不易受到 RNA 水解酶的攻击。更重要的是，核酶在切断 mRNA 后，又可从杂交链上解脱下来，重新结合和切割其他的 mRNA 分子。

五、其他非编码 RNA

非编码 RNA 是一类内源性且不具有蛋白质编码功能的 RNA 分子，其广泛参与了细胞的生长发育、增殖、运输等。参见表 2-2 中所列的非编码 RNA 分子。

扫码“学一学”

第四节 核酸的理化性质

一、核酸的一般性质

核酸为极性化合物，微溶于水，不溶于乙醚、乙醇等有机溶剂。其溶液的黏度较大。含有磷酸和碱基两种基团，为两性电解质。通常因其磷酸基团酸性较强，所以核酸分子的水溶液通常体现出酸性。各种核酸分子的大小以及所带电荷数不同，所以可以通过电泳和离子交换等方法分离不同的核酸。

二、核酸的紫外吸收特性

核酸分子中的碱基因含有共轭双键，所以具有吸收紫外光的能力。在波长为 260nm 处的紫外光下具有最大吸收峰。可以利用核酸紫外吸收的特点对核酸进行纯度鉴定。纯 DNA 样品的 A_{260}/A_{280} 为 1.8，而纯的 RNA 为 2.0，如果样品中的比值高于 1.8，则可能有 RNA 污染，如果低于 1.8，则是蛋白质污染。也可利用核酸的紫外吸收性质对核酸进行定量分析。

三、核酸的变性与复性

变性是核酸的重要性质。核酸变性只涉及次级键的变化，并不引起共价键的断裂。引起变性的因素很多，升高温度、过酸、过碱、纯水以及加入变性剂等可破坏氢键，妨碍碱基堆积作用和增加磷酸基团静电斥力的因素都能造成核酸变性。核酸变性后，由于碱基的暴露，其在 260nm 紫外光照射下的吸收值明显增加，这种现象称为增色效应。同时，变性的核酸溶液的黏度下降，浮力密度升高，沉降速度加快，生物学功能部分或全部丧失，这些性质可用于判断核酸变性的程度。变性的核酸在去除变性因素后，恢复到原结构的过程，称为核酸的复性。

1. DNA 的变性 DNA 的变性指的是在物理和化学因素的作用下，DNA 的双螺旋结构解螺旋成为单链的过程。常用于 DNA 变性的因素是加热。通常把由于温度升高引起 DNA 的变性称为 DNA 的热变性，一般是把 DNA 的稀盐溶液加热到 80～100℃，使 DNA 双链发生解离。而为了研究核酸热变性的特点，以 A_{260} 对温度作图，所得的曲线称为解链曲线。热变性一半时所对应的温度称为解链温度，也称为熔解温度或变性温度，以 T_m 来表示。DNA 的 G+C 含量与 T_m 值的大小密切相关。由于 G≡C 比 A＝T 碱基对更稳定，因此，富含 G≡C 的 DNA 比富含 A＝T 的 DNA 具有更高的熔解温度。通常在 DNA 链中，G+C 含量越高，T_m 越大（图 2-9）。

2. DNA 的复性 DNA 的复性指变性的 DNA 在去除了引起 DNA 变性因素的条件下，两条互补链全部或部分恢复到天然双螺旋结构的现象。热变性的 DNA 一般经缓慢冷却后即可

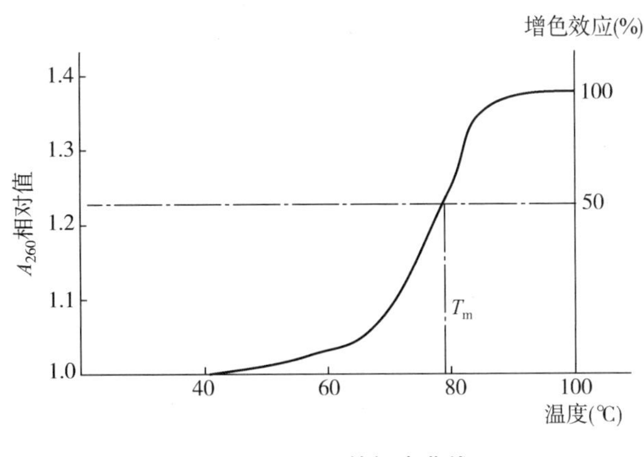

图 2-9　DNA 的解离曲线

复性，此过程称为“退火”。但是若把加热变性后的 DNA 迅速降到 4℃以下，则几乎不可能发生复性。

知识拓展

PCR 技术

聚合酶链反应（PCR）是一种用于放大扩增特定的 DNA 片段的分子生物学技术。PCR 技术是利用了 DNA 变性、复性的原理模拟体内 DNA 合成过程而建立的。1985 年由美国 Kary Bank Mullis 发明了聚合酶链反应，意味着 PCR 技术的真正诞生。到 2013 年，PCR 已发展到第三代技术。PCR 是利用 DNA 在体外 95℃高温时变性，变成单链，低温（经常是 60℃左右）时引物与单链按碱基互补配对的原则结合，再调温度至 DNA 聚合酶最适反应温度（72℃左右）合成 DNA。目前，PCR 技术已经在疾病研究、诊断等方面广泛应用。

四、核酸的分子杂交

核酸的分子杂交是利用核酸分子的碱基互补原则，根据核酸变性、复性的原理而发展起来的。不同来源的单链核酸分子只要存在碱基互补序列，即可形成杂化双链，这一过程称为核酸的分子杂交。核酸分子杂交可在 DNA 与 DNA、RNA 与 RNA 或 DNA 与 RNA 之间进行，形成 DNA-DNA、RNA-RNA 或 RNA-DNA 等不同类型的杂交分子。探针是带有标记的已知序列的单链核酸。利用核酸分子杂交技术，用探针可以对多种疾病进行检测。如对许多遗传性疾病进行产前诊断。现又用核酸分子杂交技术诊断乙型肝炎，以及研究其他病毒性疾病和癌瘤的基因结构（癌基因）等；并且在探针和杂交的基础上，建立了基因芯片技术。

知识链接

基因芯片技术

基因芯片（又称 DNA 芯片、生物芯片）技术是将各种已知的探针固定在特定的固相载体上，然后与荧光标记的待测生物样品中的靶核酸分子进行杂交，通过计算机扫描判断杂交信号的强度及分布，对基因序列及功能进行大规模、高通量的研究。如今，DNA 芯片已经在基因序列分析、基因诊断、基因表达研究、基因组研究、发现新基因及各种病原体的诊断等生物医学领域表现出巨大的应用前景。

本章小结

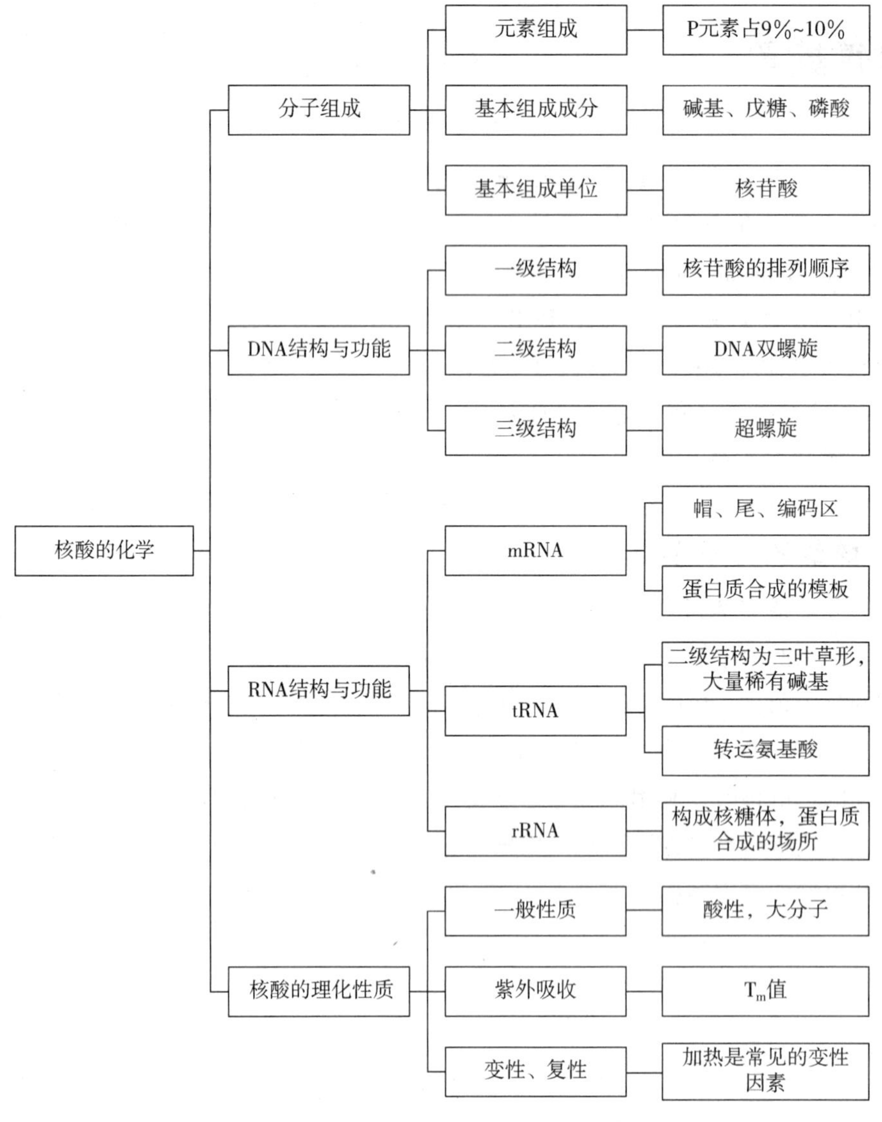

一、选择题

【A1 型题】

1. 核酸中核苷酸之间的连接方式是
   A. 2′,3′-磷酸二酯键　　B. 3′,5′ -磷酸二酯键
   C. 2′,5′ -磷酸二酯键　　D. 糖苷键
   E. 氢键
2. DNA 合成需要的原料是
   A. ATP、CTP、GTP、TTP　　B. ATP、CTP、GTP、UTP
   C. dATP、dGTP、dCTP、dUTP　　D. dATP、dGTP、dCTP、dTTP
   E. dAMP、dGMP、dCMP、dTMP
3. DNA 双螺旋结构模型的描述中哪一条不正确
   A. 腺嘌呤（A）的个数等于胸腺嘧啶（T）的个数
   B. 同种生物体不同组织细胞中的 DNA 碱基序列相同
   C. DNA 双螺旋中碱基对位于外侧
   D. 两股多核苷酸链通过 A 与 T 或 C 与 G 之间的氢键连接
   E. 维持双螺旋稳定的主要因素是碱基堆积力
4. RNA 和 DNA 彻底水解后的产物
   A. 戊糖相同，部分碱基不同　　B. 碱基相同，戊糖不同
   C. 部分碱基不同，戊糖不同　　D. 碱基不同，戊糖相同
   E. 碱基相同，部分戊糖不同
5. DNA 和 RNA 共有的成分是
   A. D-核糖　　B. D-2-脱氧核糖
   C. 鸟嘌呤　　D. 尿嘧啶
   E. 胸腺嘧啶
6. 有关 DNA 双螺旋模型的叙述哪项不正确
   A. 有大沟和小沟
   B. 维持双螺旋稳定的主要因素是氢键和碱基堆积力
   C. 两条链的碱基配对为 T＝G，A＝C
   D. 一条链是 5′→3′，另一条链是 3′→5′ 方向
   E. 两股多核苷酸链通过 A 与 T 或 C 与 G 之间的氢键连接
7. 与 mRNA 中的 ACG 密码子相对应的 tRNA 反密码子是
   A. UGC　　B. TGC　　C. GCA　　D. CGU　　E. TGC
8. tRNA 的结构特点不包括
   A. 含甲基化核苷酸　　B. 5′端具有特殊的帽结构
   C. 三叶草形的二级结构　　D. 有局部的双链结构

E. 含有二氢尿嘧啶环

9. DNA 的解链温度指的是

A. A_{260}达到最大值时的温度

B. A_{260}达到最大值的 50%时的温度

C. DNA 开始解链时所需要的温度

D. DNA 完全解链时所需要的温度

E. A_{280}达到最大值 50%时的温度

10. 在核酸测定中，可用于计算核酸含量的元素是

A. 碳　B. 氧　C. 氮　D. 氢　E. 磷

11. 在核酸中一般不含有的元素是

A. 碳　B. 氢　C. 氧　D. 硫　E. 氮

12. 腺嘌呤（A）与鸟嘌呤（G）在结构上的差别是

A. A 的 C_6 上有羟基，G 的 C_6 上有氨基

B. A 的 C_6 上有羟基，G 的 C_6 上有甲基

C. A 的 C_6 上有甲基，G 的 C_6 上有羰基

D. A 的 C_6 上有氨基，G 的 C_2 上有羰基

E. A 的 C_6 上有氨基，G 的 C_2 上有氨基

13. 胸腺嘧啶（T）与尿嘧啶（U）在结构上的差别是

A. T 的 C_2 上有氨基，U 的 C_2 上有氧

B. T 的 C_5 上有甲基，U 的 C_5 上无甲基

C. T 的 C_4 上有氧，U 的 C_4 上有氧

D. T 的 C_2 上有氧，U 的 C_2 上有氧

E. T 的 C_5 上有羟基，U 的 C_5 上无羟基

14. 通常既不见于 DNA 又不见于 RNA 的碱基是

A. 腺嘌呤　B. 黄嘌呤

C. 鸟嘌呤　D. 胸腺嘧啶

E. 尿嘧啶

15. 自然界游离核苷酸中的磷酸基最常位于

A. 戊糖的 C_1 上　B. 戊糖的 C_2 上

C. 戊糖的 C_3 上　D. 戊糖的 C_4 上

E. 戊糖的 C_5 上

16. 组成核酸的基本单位是

A. 核糖和脱氧核糖　B. 磷酸和戊糖

C. 戊糖和碱基　D. 单核苷酸

E. 磷酸、戊糖和碱基

17. 脱氧核糖核苷酸彻底水解，生成的产物是

A. 核糖和磷酸　B. 脱氧核糖和碱基

C. 脱氧核糖和磷酸　D. 磷酸、核糖和碱基

E. 脱氧核糖、磷酸和碱基

18. 下列哪种碱基只存在于 mRNA 而不存在于 DNA 中

A. 腺嘌呤　　B. 尿嘧啶

C. 鸟嘌呤　　D. 胞嘧啶

E. 胸腺嘧啶

19. DNA 的组成成分是

A. A、G、T、C、磷酸

B. A、G、T、C、核糖

C. A、G、T、C、磷酸、脱氧核糖

D. A、G、T、U、磷酸、核糖

E. A、G、T、U、磷酸、脱氧核糖

二、思考题

1. 试比较 DNA 和 RNA 的分子组成和结构上的异同点。

2. 影响核酸分子 T_m 值大小的因素是什么？为什么？

（葛　骏）

扫码“练一练”

第三章 维生素

学习目标

1. **掌握** 维生素的概念；维生素的分类；脂溶性维生素A、D、E、K的典型缺乏症；水溶性维生素及其体内活性形式；水溶性维生素的典型缺乏症。

2. **熟悉** 脂溶性维生素和水溶性维生素的特点。

3. **了解** 维生素的食物来源。

案例导入

哥伦布是16世纪意大利伟大的航海家，他常带领他的船队在大西洋上探险。那时，航海生活很艰苦，船员们在船上只能吃到面包和腌肉等简单的食物，船员们很容易得一种怪病，表现为牙齿松动出血、肌肉退化、易疲劳、体重减轻、腹泻、呕吐，严重的导致死亡。这种病非常恐怖，他们把它叫做“海上幽灵”。

有一次，船队航行不到一半的路程，船上就有十几个船员病倒了，哥伦布无可奈何将他们留在附近的荒岛上，给他们留下一些食物，继续远航，打算等船队返航的时候将他们的尸体运回家乡。几个月过去了，哥伦布的船队终于胜利返航，路过荒岛发现留下的船员仍然活着。原来为了维持生命，他们只好在岛上采摘一些能食用的野果子吃，这样才一天天活下来。后来医生们通过研究发现：野果子和其他一些水果、蔬菜中都富含一种名叫维生素C的物质，正是维生素C救了那些船员的命。

请问：

1. 船员们得的是一种什么病？

2. 为什么维生素C救了那些船员的命？

维生素是一类机体维持正常生理功能所必需，但体内不能合成或合成量少，必须由食物供给的小分子有机化合物。维生素既不是构成机体的组成成分，也不是供能物质，但维生素在调节人体物质代谢和维持正常功能等方面发挥着极其重要作用。长期缺乏某种维生素时，可导致物质代谢障碍，生理功能改变并出现相应的维生素缺乏病。

知识拓展

维生素的发现与研究

1747年前因缺乏维生素C引起的维生素C缺乏病夺去了几十万英国水手的生命。海军军医詹姆斯·林德（James Lind）建议船员远航时多吃柠檬来预防维生素C缺乏病。1912年波兰科学家丰克（Casimir Funk）从米糠提取出一种能治疗脚气病的白色物质，称维持生命的营养素，简称维生素（vitamin）。随着时间的推移，更多种维生素相继被发现，最引人注目的是发现维生素C、胡萝卜素的抗氧化作用和增强人体免疫力作用。

第一节 概 述

扫码“看一看”

一、维生素的命名与分类

1. 命名 维生素有三种命名方法：一是按其发现的先后顺序命名，如维生素 A、B、C、D、E、K 等。有些维生素在最初发现时认为是一种，但后经证明是多种维生素的混合物，命名时便在其字母下方标注 1、2、3 等数字加以区别，如维生素 B_1、维生素 B_2等；二是根据其化学结构特点命名，如视黄醇、核黄素、硫胺素等；三是根据其功能和治疗作用命名，如抗佝偻病维生素、抗糙皮病维生素、抗坏血酸等。所以，同一种维生素有多个名字，例如维生素 B_1为发现顺序命名，因其结构中含有氨基和硫元素，又称为硫胺素，该维生素具有抗脚气病的功能，所有又称为抗脚气病维生素。

2. 分类 维生素种类繁多，按其溶解性质不同可分为脂溶性维生素和水溶性维生素两大类。脂溶性维生素包括维生素 A、D、E、K；水溶性维生素包括 B 族维生素和维生素 C；B 族维生素主要有维生素 B_1、B_2、B_6、B_{12}，维生素 PP，生物素，泛酸，叶酸。

二、维生素的需要量

人体每天对维生素的需要量很少，常以毫克、微克计。水溶性维生素易溶于水，可随尿排出体外，在人体内储存量少，每天必须通过膳食供给足够的数量以满足机体的需求；缺乏时易导致人体出现相应的缺乏症。脂溶性维生素在人体内大部分储存在肝及脂肪组织中，不溶于水，溶于脂溶性溶剂中，通过胆汁代谢排出体外，如果大剂量摄入易引起机体中毒。

三、引起维生素缺乏病的原因

1. 维生素的摄入量不足 每日膳食调配不合理、严重偏食可导致维生素的摄入量不足，食物的烹调方法和储存方法不当造成食材维生素损失，也可导致某些维生素的摄入不足。如高温油炸，新鲜蔬菜、水果贮存过久，煮稀饭时加碱，米面加工过细等都可造成维生素丢失和破坏。

2. 机体的吸收利用率降低 某些原因造成的消化系统吸收功能障碍，如长期腹泻、胃酸、胆汁分泌减少等均可造成维生素的吸收、利用减少。

3. 维生素的需要量相对增加 不同的人群，维生素的需要量有所不同。在某些生理状态下，机体对维生素的需要量相对增加。如孕妇、哺乳期妇女、生长发育期的儿童、高温环境工作工人等对维生素的需要量相对增加，要及时补充。

4. 食物以外的维生素供给不足 长期服用抗生素可抑制肠道正常菌群的生长，从而影响某些维生素，如维生素 B_1、维生素 B_2、维生素 B_6、维生素 K、泛酸、生物素等的产生。日光照射不足，可使皮肤内维生素 D_3产生不足，影响钙、磷吸收，易造成儿童佝偻病或成年人软骨病。

第二节 脂溶性维生素

维生素 A、维生素 D、维生素 E、维生素 K 为疏水性化合物，溶于有机溶剂，不溶于

水。它们常伴随脂质物质吸收而吸收，在血液中与脂蛋白或特异性结合蛋白相结合而被运输，在体内有一定的储量。食物中长期缺乏此类维生素可引起缺乏症，摄入过多可发生中毒。

扫码“看一看”

一、维生素 A

（一）化学本质、性质及来源

1. 化学本质 维生素 A 又称抗眼干燥症维生素，是由β-白芷酮环和两分子异戊二烯构成的多烯化合物，天然的维生素 A 有 A_1（视黄醇）和 A_2（3-脱氢视黄醇），其结构式如下。

CH_2OH　　CH_2OH

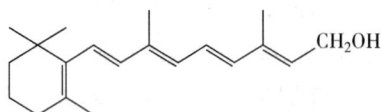

维生素A_1（视黄醇）　　维生素A_2（3-脱氢视黄醇）

2. 性质及来源 维生素 A 极易氧化，遇热和光更易氧化，动物性食品如肝、肉类、蛋黄、乳制品中维生素 A 的含量丰富。植物中不存在维生素 A，但含有称作维生素 A 原的多种胡萝卜素，其中以β-胡萝卜素最为重要。β-胡萝卜素可在小肠黏膜内的β-胡萝卜素加氧酶的作用下，加氧断裂为 2 分子的视黄醇。胡萝卜、菠菜、番茄、南瓜等都含有丰富的胡萝卜素。

（二）生化功能及缺乏症

1. 视黄醛与视蛋白结合生成视紫红质维持暗视觉 在感受弱光或暗光的视网膜杆状细胞内，维生素 A 转变成的 11-顺视黄醛，与视蛋白结合生成视紫红质。当视紫红质感光时，11-顺视黄醛迅速在异构酶作用下转变成全反型视黄醛，并引起视蛋白别构。视蛋白是 G 蛋白偶联跨膜受体，通过一系列反应产生视觉神经冲动。人从亮处到暗处，最初看不清物体，是因为杆状细胞内的视紫红质被光分解，全反型视黄醛和视蛋白分离，待重新合成后感弱光，方能看清弱光下的物体，这一过程称为暗适应。当缺乏维生素 A 时，视紫红质合成减少，对弱光敏感性降低，暗适应时间延长，严重时会发生“夜盲症”。

2. 维生素 A 维持上皮组织的功能和促进生长发育 维生素 A 缺乏时皮肤及各器官如呼吸道、消化道、腺体等的上皮组织干燥、增生和角质化，表现为皮肤粗糙、毛囊角质化等。在眼部的病变是角膜和结膜表皮细胞退变，泪液分泌减少，泪腺萎缩，失去抵抗细菌入侵的功能，称为眼干燥症，俗称干眼病。因此，维生素 A 又称为抗眼干燥症维生素。此外，维生素 A 对细胞分化、基因表达具有重要的调控作用，能促进儿童的生长发育。

3. 维生素 A 具有抗肿瘤作用 动物实验表明，维生素 A 具有诱导肿瘤细胞分化、抑制其生长、减少致癌物质的作用。

4. 维生素 A 具有抗氧化作用 维生素 A 和胡萝卜素在氧分压较低的条件下，能直接消除自由基，有助于控制细胞膜和富含脂质组织的脂质过氧化，是有效的抗氧化剂。

（三）中毒

维生素 A 摄入过多可引起中毒。维生素 A 中毒目前多见于婴幼儿，主要表现有易脱发、皮肤干燥、瘙痒、烦躁、厌食、肝大及易出血等症状。正常饮食不会引起维生素 A 中毒，引起维生素 A 中毒的原因一般是因为鱼肝油服用过多造成。

二、维生素 D

（一）化学本质、性质及活性形式

维生素 D 又称抗佝偻病维生素，是类固醇衍生物。天然维生素 D 有维生素 D_2（麦角钙化醇）和维生素 D_3（胆钙化醇）两种形式。植物中含有维生素 D_2，由麦角固醇转化而成；鱼油、蛋黄、肝等富含维生素 D_3。人体皮肤中胆固醇生成的 7-脱氢胆固醇，在紫外线照射下，可转变成维生素 D_3，故 7-脱氢胆固醇和麦角固醇称为维生素 D 原。适当的户外光照可以满足人体对维生素 D 的需要。维生素 D_2、维生素 D_3的结构式及转化如下。

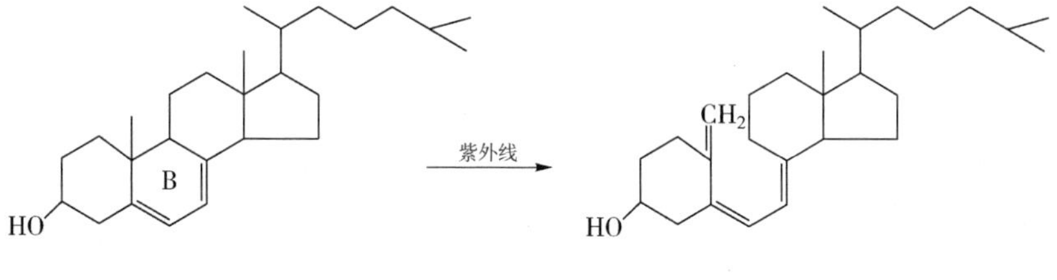

7-脱氢胆固醇　　　　维生素D_3

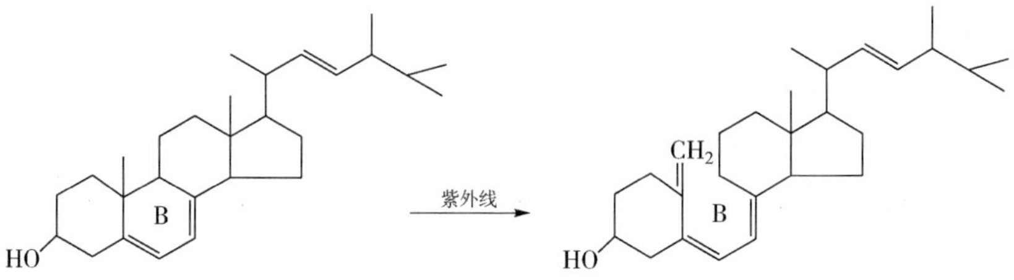

麦角固醇　　　　维生素D_2

维生素 D 被吸收后经肝和肾的羟化作用，生成 1,25-二羟维生素 D_3。1,25-二羟维生素 D_3是维生素 D_3的活性形式。

（二）生理功能及缺乏症

1,25-二羟维生素 D_3具有类固醇激素样作用，可促进肠道黏膜细胞合成钙结合蛋白，促进小肠对钙和磷的吸收，同时可促进肾小管对钙、磷的重吸收，从而维持血浆中钙、磷浓度的正常水平。1,25-二羟维生素 D_3还具有促进成骨细胞形成和骨质中磷酸钙、碳酸钙等骨盐的沉积作用，有助于骨骼和牙齿的生长发育。

维生素 D 缺乏可引起婴幼儿肠道钙、磷的吸收障碍，使血液中钙、磷含量下降，骨骼和牙齿不能正常发育，严重者导致佝偻病；成人则发生软骨病。

（三）中毒

服用过量的维生素 D 可引起中毒。维生素 D 中毒症是医源性疾病之一。主要由于在防治佝偻病时错误诊断和过量使用维生素 D 制剂。一般认为，儿童长期每天摄入 4 万国际单位维生素 D，就可引起中毒，表现为厌食、恶心、呕吐、腹泻、头痛、多尿烦渴、体重减轻与血清钙、磷的增高。血钙可大量沉积于一些软组织中，如心脏、肺、肾小管等。引起高血压和肾功能减退等症。平时服用鱼肝油等维生素 D 制剂的婴幼儿，一旦发现以上症状，家长应警惕是否为维生素 D 中毒，应立即停服。一般停止服用维生素 D 后不久，身体状况会很快恢复正常，无明显后遗作用。

三、维生素 E

（一）化学本质、性质及来源

维生素 E 又称生育酚，是苯骈二氢吡喃的衍生物，包括生育酚和生育三烯酚两大类，每类又分为 α、β、γ、δ 四种。天然维生素 E 主要存在于植物油、油性种子和麦芽中，自然界以 α-生育酚分布最广，活性最高，抗氧化作用以 δ-生育酚最强，α-生育酚最弱。生育酚和生育三烯酚的结构式如下。

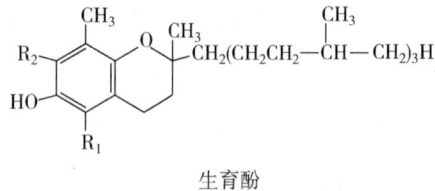

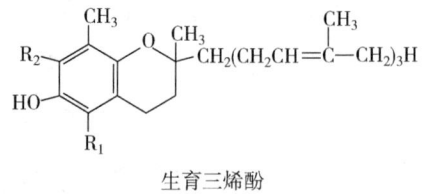

CH_3 R_2 HO R_1 O CH_3 $CH_2(CH_2CH_2—\overset{CH_3}{CH}—CH_2)_3H$

生育酚

CH_3 R_2 HO R_1 O CH_3 $CH_2(CH_2CH=\overset{CH_3}{C}—CH_2)_3H$

生育三烯酚

维生素 E 为微带黏性的淡黄色油状物，在无氧条件下较为稳定，很耐热，当温度高至 200℃ 也不被破坏，但在空气中极易被氧化，故可保护其他物质不被氧化，具有抗氧化作用。常作为食品添加剂加入食品中，以保护脂肪或维生素 A、不饱和脂肪酸不受氧化。

（二）生理功能及缺乏症

1. 维生素 E 的抗氧化作用 机体生物膜上含有较多的不饱和脂肪酸，易被氧化生成过氧化脂质，而使膜结构被破坏，功能受损。维生素 E 可清除生物膜脂质过氧化所产生的自由基，保护生物膜的结构与功能，在延缓衰老方面具有一定的作用。

2. 维生素 E 能促进血红素的合成 维生素 E 可提高血红素合成过程中的关键酶 δ-氨基-γ-酮戊酸（ALA）合酶和 ALA 脱水酶的活性，从而促进血红素的合成。

3. 其他作用 维生素 E 具有抗炎、维持正常免疫功能和抑制细胞增殖的作用，并可降低血浆低密度脂蛋白（LDL）的浓度。维生素 E 在预防和治疗冠心病、肿瘤等疾病方面具有重要作用。

缺乏维生素 E 的动物可导致生殖器官受损而不育。维生素 E 对人类生殖功能的影响不很明确，但临床上也可用于防治先兆流产和习惯性流产。

人类尚未发现维生素 E 缺乏病。维生素 E 与维生素 A 和 D 不同，即使一次服用高出常用量 50 倍的剂量，也尚未见到中毒现象。

四、维生素 K

（一）化学本质、性质及来源

维生素 K 又称凝血维生素，是 2-甲基-1,4-萘醌的衍生物。在自然界主要以维生素 K_1、K_2 两种形式存在，维生素 K_1 又称植物甲萘醌或叶绿醌，主要存在于深绿色蔬菜和植物油中；维生素 K_2 又称多异戊烯甲基萘醌，是肠道细菌的代谢产物。临床上应用的是人工合成的水溶性维生素 K_3 或 K_4，是将维生素 K_1 和 K_2 的脂溶性侧链去除后形成，其活性高于维生素 K_1 和 K_2，可口服或肌内注射。维生素 K 的结构式如下。

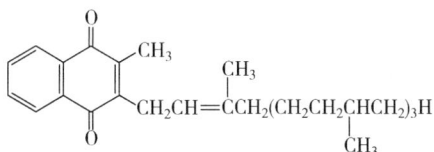

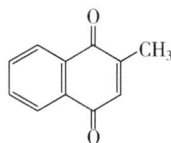

维生素K_1　　2-甲基-1,4-萘醌（维生素K_3）

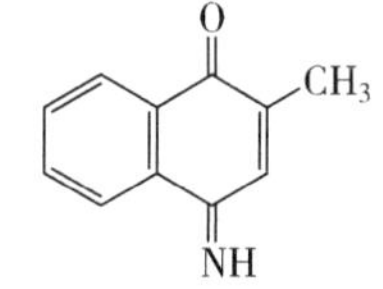

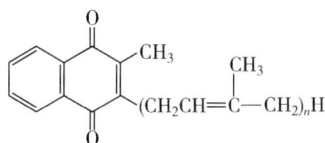

维生素K_2　　4-亚氨基-2-甲基萘醌（维生素K_4）

维生素K在肝、鱼、肉和绿叶蔬菜中含量丰富，主要在小肠吸收，经淋巴入血，并转运至肝储存。

（二）生理功能及缺乏症

1. 维生素K具有促进凝血作用　凝血因子Ⅱ、Ⅶ、Ⅸ、Ⅹ及抗凝血因子蛋白C和蛋白S在肝细胞中初合成时是无活性的前体，这些前体需要在γ-谷氨酰羧化酶的催化下转变有活性形式，而维生素K是γ-谷氨酰羧化酶的辅酶，因此维生素K具有促进凝血因子生成的作用。

2. 维生素K对骨代谢具有重要作用　骨中骨钙蛋白和骨基质G1a蛋白为维生素K依赖蛋白，可维持骨盐含量。

维生素K在绿色植物中含量丰富，且体内肠道细菌也能合成，一般不易缺乏。因维生素K不能通过胎盘，新生儿出生后肠道内又无细菌，故易发生维生素K的缺乏。胰腺、胆管疾病和小肠黏膜萎缩及脂肪便等也可引发维生素K缺乏症。长期应用广谱抗生素的人群也可引起维生素K缺乏。维生素K缺乏的主要症状是凝血障碍，皮下、肌肉及胃肠道出血。

第三节　水溶性维生素

扫码"学一学"

水溶性维生素包括B族维生素和维生素C。B族维生素主要有维生素B_1、B_2、B_6、B_{12}，维生素PP，生物素，泛酸，叶酸等。水溶性维生素的作用主要是构成酶的辅因子，直接影响某些酶的催化活性。体内过剩的水溶性维生素可随尿排出体外，体内很少蓄积，因此很少出现中毒现象，必须由膳食中不断供应。

一、维生素B_1

扫码"看一看"

（一）化学本质、性质及来源

维生素B_1又称抗脚气病维生素。由于它由含硫的噻唑环和含氨基的嘧啶环通过甲烯基连接而成，故又称硫胺素。维生素B_1极易溶于水，酸性环境中稳定，中性或碱性溶液中不稳定。在烹调食物时不宜加碱，因碱会使维生素B_1水解。维生素B_1的结构式如下。

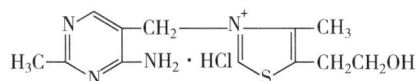

维生素B_1

维生素 B_1 易被小肠吸收，入血后主要在肝和脑组织中经硫胺素焦磷酸激酶催化生成焦磷酸硫胺素，因此，维生素 B_1 的活性形式是焦磷酸硫胺素（TPP），其结构式如下。

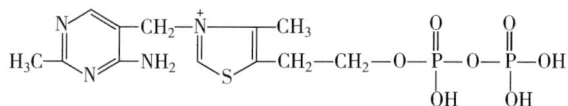

焦磷酸硫胺素

谷类、豆类的种皮、酵母、干果和坚果、蔬菜中维生素 B_1 含量高。动物的肝、肾、脑、瘦肉及蛋类中含量也较多。

（二）生化功能及缺乏症

1. TPP 作为氧化脱羧酶的辅酶，参与糖代谢 TPP 是 α-酮酸（如丙酮酸、α-酮戊二酸）氧化脱羧酶的辅酶，在糖代谢中发挥重要作用。当维生素 B_1 缺乏时，糖代谢受阻，能量供应不足，影响糖有氧氧化分解供能的神经细胞膜髓鞘磷脂合成，导致慢性末梢神经炎及其他神经病变，严重者可出现水肿、心力衰竭等，即“脚气病”，所以维生素 B_1 称为抗脚气病维生素。

2. TPP 作为转酮醇酶的辅酶，参与戊糖磷酸途径 戊糖磷酸途径可生成戊糖磷酸和 NADPH，核糖是核苷酸合成原料，而 NADPH 是脂肪酸、胆固醇等物质合成的重要供氢体。

3. 合成乙酰胆碱所需的乙酰辅酶 A 主要来自丙酮酸的氧化脱羧 维生素 B_1 缺乏时，一方面使乙酰胆碱的合成减少；另一方面对胆碱酯酶活性的抑制减弱，乙酰胆碱分解加强可影响神经正常传导，主要表现为消化液分泌减少、胃蠕动变慢、食欲不振、消化不良等。

知识拓展

脚　气　病

脚气病是由维生素 B_1 缺乏引起，以消化系统、神经系统和心血管系统症状为主的全身性疾病，又称维生素 B_1 缺乏病。在我国著名的生物化学家和营养学家侯祥川所著的《我国古书论脚气病》中提到“久食白米即可发生脚气病”，还指出“常食麸皮可避免脚气病的发生”，可见我国早就对脚气病的防治作出过很大贡献。

二、维生素 B_2

（一）化学本质、性质及来源

维生素 B_2 又称核黄素。其化学本质是核糖醇和 6,7-二甲基异咯嗪的缩合物。在 N_1 位和 N_{10} 位之间有两个活泼的双键，可反复接受或释放氢，因而具有可逆的氧化还原性。

维生素 B_2 在酸性环境中较稳定，碱性条件下或暴露于光照下不稳定，故在烹调时不宜加碱。维生素 B_2 的水溶液在紫外光激发后可产生绿黄色荧光，利用这一性质可作定性或定量分析。

维生素 B_2 广泛存在于动、植物中。奶与奶制品、肝、蛋类和肉类等含丰富维生素 B_2。

（二）生化功能及缺乏症

1. 维生素 B_2 活性形式的作用 维生素 B_2 的活性形式是黄素单核苷酸（FMN）和黄素腺嘌呤二核苷酸（FAD）。FMN 和 FAD 是体内多种氧化还原酶（琥珀酸脱氢酶、脂酰辅酶

A 脱氢酶、黄嘌呤氧化酶等）的辅基，起递氢作用，以 FMN 或 FAD 为辅基的酶称为黄素蛋白或黄素酶，广泛参与体内的各种氧化还原反应，能促进糖、脂肪和蛋白质的代谢。FMN 和 FAD 的结构式如下。

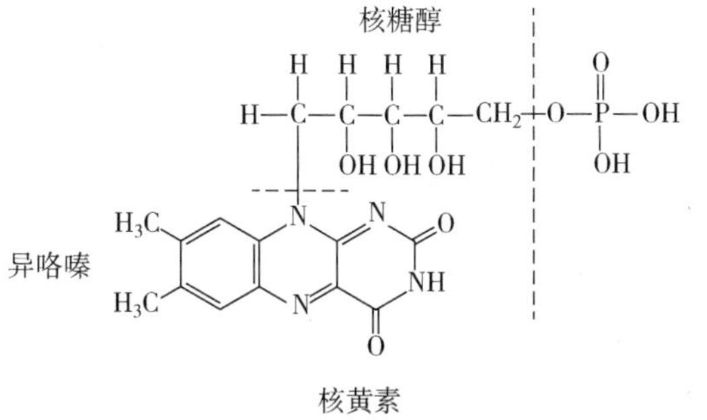

核糖醇

异咯嗪

核黄素

黄素单核苷酸（FMN）

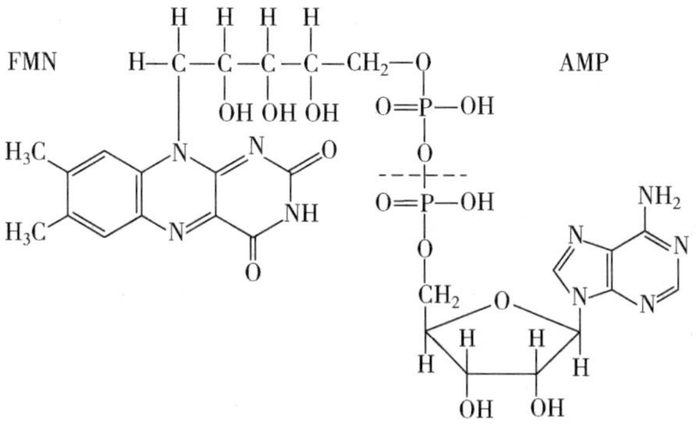

FMN

AMP

黄素腺嘌呤二核苷酸（FAD）

2. 维生素 B_2 对维持皮肤、黏膜和视觉的正常功能均有一定的作用 缺乏维生素 B_2 时可引起口角炎、舌炎、阴囊炎、眼睑炎、畏光等症。临床上用光照疗法治疗新生儿黄疸时，在破坏皮肤胆红素的同时，核黄素也可同时遭到破坏，引起新生儿维生素 B_2 缺乏症。

三、维生素 PP

（一）化学本质、性质及来源

维生素 PP 中的 PP 即抗糙皮病维生素的英文缩写，包括烟酸（曾称尼克酸）和烟酰胺（曾称尼克酰胺），两者均为吡啶的衍生物，其结构式如下。维生素 PP 性质稳定，不易被酸、碱和加热破坏。

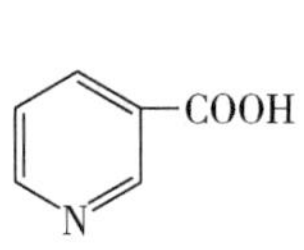

烟酸 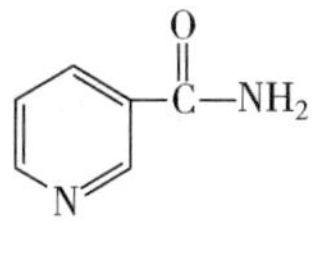　　烟酰胺

维生素 PP 广泛存在于动、植物组织中，以肉、鱼、酵母、谷类及花生中含量丰富；人体可以利用色氨酸合成少量的维生素 PP，但转化效率较低，不能满足人体需要。

（二）生化功能及缺乏症

1. 维生素 PP 的活性形式 是烟酰胺腺嘌呤二核苷酸（NAD^+），也称为辅酶Ⅰ；烟酰胺腺嘌呤二核苷酸磷酸（$NADP^+$），也称为辅酶Ⅱ。两者结构式如下。NAD^+ 和 $NADP^+$ 中烟酰胺分子的吡啶氮为五价，能够可逆地接受电子变成三价，其对侧的碳原子性质活泼，能可

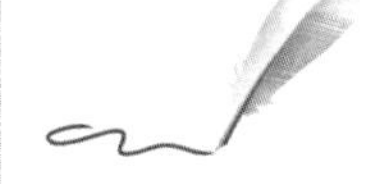

逆的加氢或脱氢。烟酰胺每次可接受一个氢原子和一个电子（另一个质子游离于介质中）。

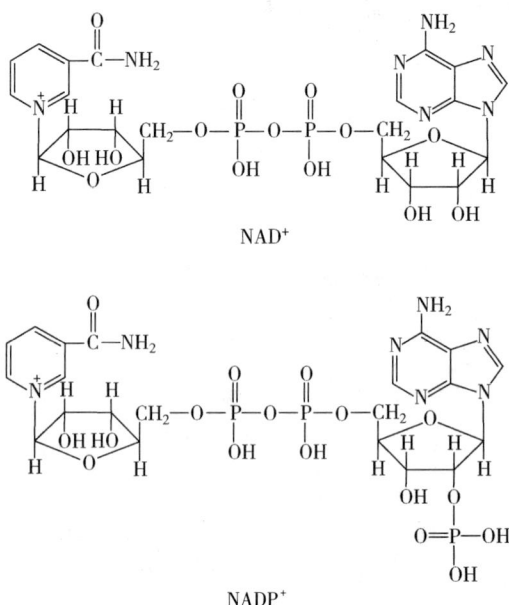

NAD^+

$NADP^+$

2. NAD^+和$NADP^+$的作用 NAD^+和$NADP^+$上是生物体内多种不需氧脱氢酶的辅酶，在人体的生物氧化过程中起传递氢的作用，广泛参与体内各种代谢。维生素PP缺乏时可引起糙皮病，其典型症状是皮肤暴露部位的对称性皮炎、腹泻和痴呆。

3. 长期以玉米为主食者易缺乏维生素PP 一方面因为玉米中色氨酸含量较低，影响烟酸合成，另一方面维生素PP在玉米中常以不宜被吸收的结合形式存在。抗结核药物异烟肼的结构与维生素PP十分相似，两者有拮抗作用，因此长期服用可引起维生素PP的缺乏。

4. 烟酸作为药物临床用于治疗高脂血症 由于烟酸能抑制脂肪动员，使肝中VLDL的合成下降，因此可降低血浆三酰甘油。但大量服用烟酸或烟酰胺（每天1～6g）会引发血管扩张、脸颊潮红、痤疮及胃肠不适等症状。长期每天服用量超过500mg可引起肝损伤。

四、维生素B_6

（一）化学本质、性质及来源

维生素B_6是吡啶的衍生物，包括吡哆醇、吡哆醛和吡哆胺三种形式，其结构式如下。维生素B_6在酸中较为稳定，但易被碱破坏，中性环境中易被光破坏，高温下可迅速被破坏。维生素B_6在动、植物中分布很广，麦胚芽、米糠、大豆、酵母、蛋黄、肝、肾、肉、鱼中及绿叶蔬菜中含量丰富。肠道细菌可合成维生素B_6，但只有少量被吸收、利用。

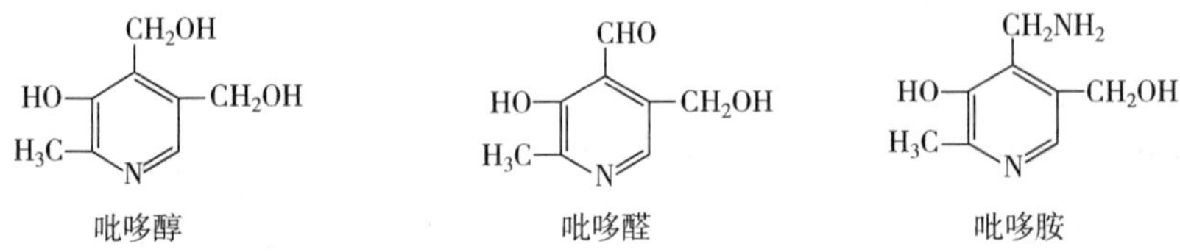

吡哆醇　　吡哆醛　　吡哆胺

（二）生化功能及缺乏症

（1）维生素B_6的活性形式是磷酸吡哆醛和磷酸吡哆胺，它们是氨基转移酶的辅酶，两者通过相互转化，在氨基酸脱氨基过程中发挥转移氨基的作用。

（2）磷酸吡哆醛是脱羧酶的辅酶，氨基酸及其衍生物通过脱羧反应可生成重要的胺

（多为神经递质）。谷氨酸脱羧生成的γ-氨基丁酸是抑制性神经递质，所以临床上常用维生素B_6治疗婴儿惊厥、妊娠呕吐和精神焦虑等。

（3）磷酸吡哆醛是δ-氨基-γ-酮戊酸（ALA）合酶的辅酶，ALA合酶是血红素合成的限速酶，因此，缺乏维生素B_6可引起小细胞低色素性贫血和血清铁含量增高。

（4）磷酸吡哆醛是同型半胱氨酸分解代谢酶的辅酶，维生素B_6缺乏时，同型半胱氨酸分解受阻，引起高同型半胱氨酸血症，可导致心脑血管疾病，如血栓生成、高血压、动脉硬化等。

（5）抗结核药异烟肼可与吡哆醛结合形成腙从尿中排出，引起维生素B_6缺乏症，故服用抗结核药异烟肼时要同时服用维生素B_6。维生素B_6用于防治因大剂量服用异烟肼导致的中枢兴奋、周围神经炎和小细胞低色素性贫血等。

五、泛酸

（一）化学本质、性质及来源

泛酸又称遍多酸，因广泛存在于自然界中分布而得名。泛酸是由二羟基二甲基丁酸借肽键与β-丙氨酸缩合而成的有机酸，其结构式如下。肠道细菌亦可合成泛酸。泛酸在中性溶液中对热稳定，对氧化剂和还原剂也极为稳定，但易被酸、碱破坏。

$$HO-CH_2-\underset{CH_3}{\overset{CH_3}{C}}-\overset{OH}{CH}-\overset{O}{\overset{\|}{C}}-\underset{H}{N}-CH_2-CH_2-COOH$$

泛酸

（二）生化功能及缺乏症

（1）泛酸是构成辅酶A（CoA）和酰基载体蛋白（ACP）的组成成分。CoA的结构式如下。

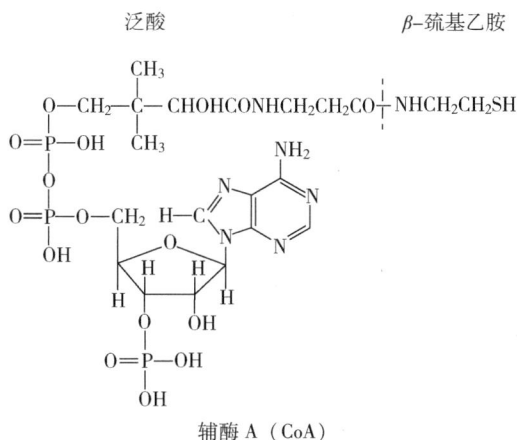

泛酸　　β-巯基乙胺

$O-CH_2-C(CH_3)_2-CHOHCONHCH_2CH_2CO \vdots NHCH_2CH_2SH$

$O{=}P-OH$

O

$O{=}P-O-CH_2$（核糖，连接腺嘌呤，3′位 $O-P(=O)(OH)-OH$）

OH

辅酶A（CoA）

（2）CoA及ACP是体内70多种酶的辅酶，广泛参与糖、脂质、蛋白质代谢及肝的生物转化作用。CoA携带酰基的部位在巯基（—SH）上，故常以HSCoA或CoASH表示。泛酸缺乏症很少见。

六、生物素

（一）化学本质、性质及来源

生物素是由噻吩环和尿素结合形成的双环化合物，侧链是戊酸。自然界存在的生物素

至少有两种：α-生物素和β-生物素。生物素为无色针状结晶，耐酸而不耐碱，常温稳定，高温或氧化剂可使其失活。

生物素在动、植物界分布广泛，如肝、肾、蛋黄、酵母、蔬菜、谷类中含量丰富。肠道细菌也能合成。

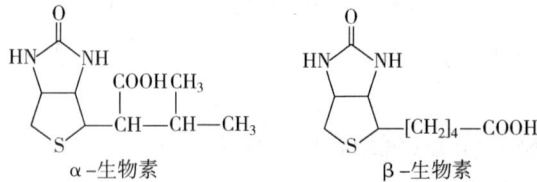

α-生物素　　β-生物素

（二）生化功能及缺乏症

（1）生物素是体内多种羧化酶的辅基，参与体内CO_2固定过程，与糖、脂肪、蛋白质和核酸的代谢有密切关系。近年研究证明，生物素还参与细胞信号转导和基因表达，影响细胞周期、转录和DNA损伤的修复。

（2）由于生物素来源广泛，人体肠道细菌也能合成，故很少出现缺乏症。新鲜鸡蛋清中有一种抗生物素蛋白，它能与生物素结合而导致生物素不能被吸收，蛋清加热后这种蛋白质遭破坏而失去作用。长期吃生鸡蛋或使用抗生素可造成生物素的缺乏，主要症状是疲乏、恶心、呕吐、食欲不振、皮炎及脱屑性红皮病等。

七、叶酸

（一）化学本质、性质及来源

叶酸又称蝶酰谷氨酸（PGA），由2-氨基-4-羟基-6-甲基蝶啶、对氨基苯甲酸（PABA）和L-谷氨酸三部分组成，其结构式如下。叶酸为黄色结晶，在酸性溶液中不稳定，在中性及碱性溶液中耐热，对光照敏感。

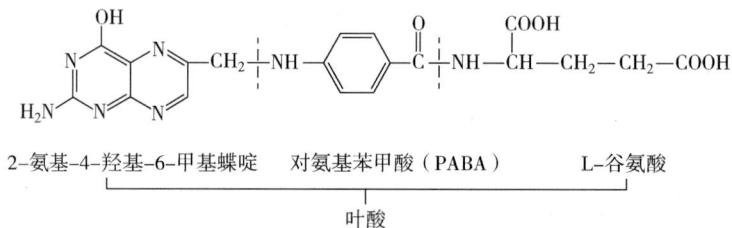

2-氨基-4-羟基-6-甲基蝶啶　对氨基苯甲酸（PABA）　L-谷氨酸

叶酸

叶酸因在绿叶中含量丰富而得名，肝、酵母、水果中含量也丰富，肠道细菌也可合成。

（二）生化功能及缺乏症

（1）叶酸的活性形式是四氢叶酸（THFA或FH_4），在体内，叶酸被二氢叶酸还原酶还原为FH_2，再进一步还原为5,6,7,8-FH_4，反应过程需要$NADPH+H^+$和维生素C参与。

（2）FH_4是体内一碳单位转移酶的辅酶，分子中N^5和N^{10}是一碳单位结合的部位，一碳单位在体内参与嘌呤、嘧啶的合成及甲硫氨酸循环等，与蛋白质和核酸代谢及红细胞、白细胞成熟有关。叶酸缺乏时，骨髓幼红细胞DNA合成减少，细胞分裂速度降低，细胞体积增大，造成巨幼细胞贫血。叶酸缺乏也可引起DNA低甲基化，增加某些癌症（如结肠、直肠癌）的危险性。

叶酸缺乏影响同型半胱氨酸甲基化生成甲硫氨酸，引起高同型半胱氨酸血症，增加动脉粥样硬化、血栓生成和高血压的危险性。

(3) 因叶酸在食物中含量丰富，肠道细菌也能合成，一般不发生缺乏症。孕妇及哺乳期妇女因代谢较旺盛，应适量补充叶酸。口服避孕药或抗惊厥药能干扰叶酸的吸收及代谢，如长期服用时应考虑补充叶酸。

八、维生素 B_{12}

（一）化学本质、性质及来源

维生素 B_{12}结构中含有金属元素钴和氨基，故又称为钴胺素，是唯一含有金属元素的维生素，其结构式如下。维生素 B_{12}在体内因结合的基团不同，可有多种存在形式，如羟钴胺素、氰钴胺素、甲钴胺素、5′-脱氧腺苷钴胺素等，后两者是维生素 B_{12}的活性形式，也是血液中存在的主要形式。

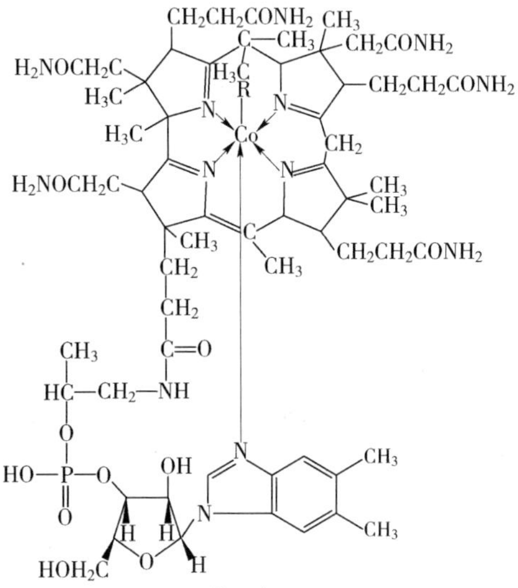

维生素 B_{12}

肝、肾、瘦肉、鱼及蛋类食物中的维生素 B_{12}含量较高，肠道细菌也能合成。

（二）生化功能及缺乏症

(1) 甲钴胺素是 N^5—CH_3—FH_4甲基转移酶（甲硫氨酸合成酶）的辅酶，参与甲基的转移，甲硫氨酸合成酶催化同型半胱氨酸甲基化生成甲硫氨酸。维生素 B_{12}缺乏时，N^5—CH_3—FH_4的甲基不能转移出去，一方面引起甲硫氨酸合成减少，造成高同型半胱氨酸血症，增加动脉硬化、血栓生成和高血压的危险性；另一方面影响 FH_4的再生，组织中游离的 FH_4含量减少，一碳单位的代谢受阻，一碳单位是核苷酸合成的原料，造成核酸合成障碍，产生巨幼细胞贫血。

(2) 5′-脱氧腺苷钴胺素是 L-甲基丙二酰辅酶 A 变位酶的辅酶，该酶催化 L-甲基丙二酰辅酶 A 转变为琥珀酰辅酶 A。维生素 B_{12}缺乏时，L-甲基丙二酰辅酶 A 大量堆积。因 L-甲基丙二酰辅酶 A 的结构与脂肪酸合成的中间产物丙二酰辅酶 A 相似，因而影响脂肪酸的正常合成。脂肪酸合成的异常可以影响神经髓鞘的转换，造成髓鞘质变性退化，引发进行性脱髓鞘。所以临床上维生素 B_{12}具有营养神经的作用。

(3) 正常膳食者很少发生维生素 B_{12}缺乏症，但偶见于有严重吸收障碍疾患的患者及长期素食者。但维生素 B_{12}的吸收需要一种由胃腺壁细胞分泌的高度特异的糖蛋白（内因子）和胰腺分泌的胰蛋白酶参与，故胃和胰腺功能障碍时可引起维生素 B_{12}的缺乏。

九、硫辛酸

（一）化学本质、性质及来源

硫辛酸的化学结构是一个含硫的八碳酸，以氧化型和还原型两种形式存在，结构式如下。氧化型在6、8位上由二硫键相连，还原型二硫键断开，形成两个巯基，故又称6,8-二氢硫辛酸。

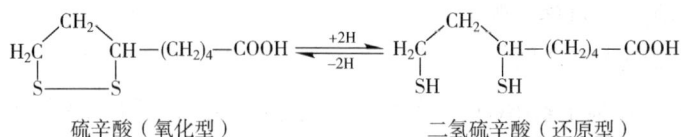

$$H_2C(-S-S-)CH-(CH_2)_4-COOH \underset{-2H}{\overset{+2H}{\rightleftharpoons}} H_2C(SH)-CH_2-CH(SH)-(CH_2)_4-COOH$$

硫辛酸（氧化型）　　二氢硫辛酸（还原型）

硫辛酸不溶于水，而溶于有机溶剂，故有人将其归为脂溶性维生素。在食物中常和维生素 B_1同时存在。

（二）生理功能及缺乏症

二氢硫辛酸是二氢硫辛酸乙酰转移酶的辅酶，参与糖代谢中 α-酮酸的氧化脱羧作用。硫辛酸很容易进行氧化还原反应，故可保护巯基酶免受金属离子的损害，还具有抗脂肪肝和降低血胆固醇的作用。

目前尚未发现人类有硫辛酸的缺乏症。

十、维生素 C

（一）化学本质、性质及来源

维生素 C 又称 L-抗坏血酸，是 L 型己糖的衍生物。抗坏血酸分子中 C_2与 C_3羟基可以氧化脱氢生成氧化型抗坏血酸，后者可接受氢再还原成抗坏血酸，两者之间的转换过程如下。

$$\text{L-抗坏血酸} \underset{+2H}{\overset{-2H}{\rightleftharpoons}} \text{氧化型抗坏血酸}$$

L-抗坏血酸：O=C—HO—C=C—OH—H—C(—O—环)—HO—C—H—CH_2OH　　氧化型抗坏血酸：O=C—O=C—O=C—H—C(—O—环)—HO—C—H—CH_2OH

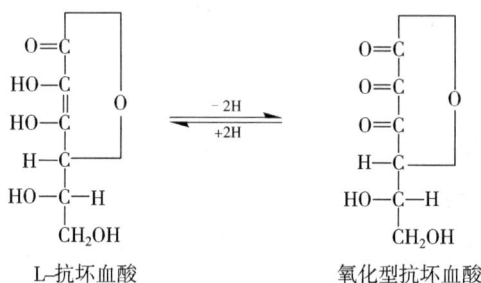

L-抗坏血酸　　氧化型抗坏血酸

维生素 C 呈酸性，对碱和热不稳定，烹饪不当可引起维生素 C 大量丧失。维生素 C 广泛存在于新鲜的蔬菜和水果中。植物中的抗坏血酸氧化酶能将维生素 C 氧化灭活为二酮古洛糖酸，所以久存的水果和蔬菜中维生素 C 含量大量减少。

（二）生理功能及缺乏症

1. 促进胶原蛋白的生成　胶原是骨、毛细血管和结缔组织的重要构成成分，维生素 C 缺乏时成熟的胶原分子合成减少，可导致坏血病，表现为毛细血管脆性增加，易破裂、牙龈出血腐烂、牙齿松动、骨折以及创伤不易愈合等症状。由于机体可储存一定量的维生素 C，坏血病的症状常在维生素 C 缺乏 3～4 个月后出现。

2. 参与胆固醇转化成胆汁酸的过程　胆固醇转变为胆汁酸时，首先羟化生成 7α-羟胆固醇，维生素 C 是催化这一反应的 7α-羟化酶的辅酶。故维生素 C 缺乏时可影响胆固醇的转化，引起体内胆固醇增多，成为动脉粥样硬化的危险因素。

3. 参与芳香族氨基酸的代谢　维生素 C 参与酪氨酸羟化、脱羧生成对羟苯丙酮酸的反

应及形成尿黑酸的反应，维生素 C 缺乏时，尿中出现大量对羟苯丙酮酸。维生素 C 还参与酪氨酸转变为儿茶酚胺，色氨酸转变为 5–羟色胺的反应。

4. 参与肉碱合成 体内肉碱合成过程需要依赖维生素 C 的羟化酶。维生素 C 缺乏时，由于脂肪酸 β 氧化减弱，患者往往出现倦怠乏力。

5. 保护细胞膜及酶的巯基 维生素 C 在谷胱甘肽还原酶作用下，使氧化型谷胱甘肽（GSSG）还原为还原型谷胱甘肽（GSH），还原型谷胱肽对保护生物膜中含巯基的蛋白质与酶等不被氧化，维持生物膜的完整性具有重要作用。

6. 抗氧化作用 维生素 C 能使红细胞中的高铁血红蛋白（MHb）还原为血红蛋白（Hb），恢复其运输氧的能力。维生素 C 还能使 Fe^{3+} 还原为易被肠黏膜细胞吸收的 Fe^{2+}，有利于食物中铁的吸收。

7. 提高人体免疫力 维生素 C 能增加淋巴细胞的生成，提高吞噬细胞的吞噬能力，促进免疫球蛋白的合成，故能提高机体免疫力。

本章小结

- 维生素
  - 维生素的概念
    - 小分子有机物，体内不能合成，机体必需
  - 维生素的分类
    - 脂溶性维生素
      - 维生素A
        - 视黄醇
        - 与暗视觉有关
      - 维生素D
        - 活性形式 1,25–二羟维生素D_3
        - 促进钙、磷吸收
      - 维生素E
        - 生育酚
        - 与生殖功能有关
      - 维生素K
        - 2–甲基–1,4–萘醌
        - 参与凝血
    - 水溶性维生素
      - 维生素B族
        - 常作为酶的辅酶，参与物质代谢
      - 维生素C
        - 抗坏血酸
        - 缺乏引起坏血病
  - 维生素缺乏症原因
    - 摄入量不足
    - 吸收障碍
    - 需要量增加
    - 供给不足

一、选择题

【A1 型题】

1. 下列关于维生素的叙述，正确的是
   A. 维生素是一类高分子有机化合物 B. 维生素每天需要量约数克
   C. 维生素主要在机体合成 D. 维生素参与机体组织细胞的构成
   E. B 族维生素的主要作用是构成辅酶或辅基
2. 儿童缺乏维生素 D 时，易患的疾病是
   A. 佝偻病 B. 坏血病 C. 糙皮病 D. 恶性贫血 E. 骨质软化症
3. 维生素 B_2参与氧化还原反应的形式是
   A. 辅酶 A B. NAD^+,$NADP^+$ C. FMN，FAD D. 辅酶Ⅰ E. 辅酶Ⅱ
4. 患脚气病时缺乏的维生素是
   A. 钴胺素 B. 生物素 C. 叶酸 D. 硫胺素 E. 遍多酸
5. 缺乏可引起坏血病的维生素是
   A. 维生素 B_1 B. 维生素 D C. 维生素 K D. 维生素 E E. 维生素 C
6. 缺乏可引起巨幼细胞贫血的维生素是
   A. 维生素 B_1 B. 维生素 D C. 维生素 K D. 维生素 E E. 维生素 B_{12}
7. 唯一含金属元素的维生素是
   A. 维生素 B_1 B. 维生素 D C. 维生素 K D. 维生素 C E. 维生素 B_{12}
8. 临床上常用哪种维生素辅助治疗婴儿惊厥和妊娠呕吐
   A. 维生素 B_{12} B. 维生素 B_6 C. 维生素 K D. 维生素 C E. 维生素 B_1
9. 下列化合物中，哪一个不含维生素
   A. HSCoA B. TPP C. $NADP^+$ D. FAD E. UDPG
10. 维生素 D 在体内的生理作用是
    A. 促进铁的吸收 B. 降低血钙、血磷的浓度
    C. 促进钙、磷的排泄 D. 促进生长发育
    E. 促进钙、磷的吸收
11. 成人严重缺乏维生素 D 可导致
    A. 佝偻病 B. 口角炎 C. 软骨症 D. 糙皮病 E. 脚气病
12. 维生素 K 与下列哪种凝血因子合成有关
    A. 凝血因子Ⅻ B. 凝血因子Ⅴ C. 凝血因子Ⅷ D. 凝血因子Ⅺ E. 凝血因子Ⅱ
13. 维生素 E 是一种什么化合物
    A. 脂肪酸 B. 生育酚 C. 类固醇 D. 尿嘧啶类似物 E. 苯醌
14. 维生素 B_6是在下列哪一代谢中发挥作用的
    A. 水代谢 B. 脂肪代谢 C. 糖代谢 D. 无机盐代谢 E. 氨基酸代谢
15. 属于脂溶性维生素的是

A. 生物素　B. 核黄素　C. 胆钙化醇　D. 烟酸　E. 叶酸

16. 磷酸吡哆醛参与

A. 脱氨基作用　B. 酰胺化作用　C. 转氨基作用　D. 羧化作用　E. 转甲基作用

17. 哪些维生素可以由人肠道内细菌合成后吸收提供

A. 维生素 A　B. 维生素 E　C. 烟酸　D. 维生素 D　E. 维生素 B_{12}

二、思考题

1. 引起维生素缺乏症的常见原因有哪些？
2. 为什么叶酸和维生素 B_{12}缺乏时患巨幼细胞贫血？
3. 长期服用抗生素应该补充哪些维生素，为什么？

（许秋菊）

扫码“练一练”

第四章　酶

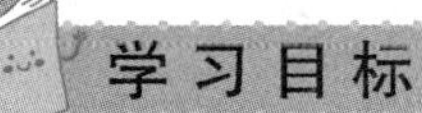

1. **掌握**　酶的概念、酶的化学本质、酶的分子组成；酶的活性中心；酶原及酶原激活的生理意义；同工酶；酶催化作用特点。

2. **熟悉**　酶促反应的机制；影响酶促反应速度的因素。

3. **了解**　酶的分类与命名；酶与医学的关系。

新陈代谢是生物体生命活动的基本特征。生物体内各种复杂而有规律的化学反应有条不紊地进行着，几乎所有的化学反应都是在特异的生物催化剂的催化下进行的。迄今为止，人们已经发现两类生物催化剂：一类是酶，其化学本质是蛋白质，是机体内各类物质代谢反应所必需的最主要的催化剂；另一类是核酶，是近年来发现的具有特异催化作用的核糖核酸。

生物体的生命活动所需的能量来自于机体内各种物质的代谢，物质代谢过程是在酶的催化作用下进行的，酶的活性大小控制了物质代谢的速度和方向。酶的含量和活性受控于机体的需要，同时又受许多外界因素的影响。人体的许多疾病与酶的异常密切相关，许多药物也通过对酶的影响达到治疗目的。随着酶学研究的深入，其成果必然对人类健康及生产实践做出更大的贡献。

第一节　概　述

扫码“学一学”

一、酶的概念

酶是由活细胞产生的、具有催化作用的蛋白质。酶所催化的化学反应称为酶促反应，被酶催化的物质称为底物，生成的物质称为产物。酶所具有的催化能力称为酶活性。酶若失去催化能力称为酶失活。酶的催化活性有高低之分，将某一代谢途径中，活性最低，限制整个途径反应速率的酶，称为限速酶，这些酶常常处于代谢途径的某些关键部位，所以，又称为关键酶。关键酶和限速酶在代谢途径中常常是同一个酶，对关键酶活性和含量的调节势必影响或控制代谢途径的代谢速度。

酶是蛋白质，因此同样具有一、二、三级以及四级结构。根据酶蛋白分子结构与功能的不同，酶可以分为单体酶、寡聚酶、多酶复合物及多功能酶。只由一条多肽链构成的酶称为单体酶，如溶菌酶；由两个或两个以上亚基构成的酶称为寡聚酶，这些亚基可以相同，也可以不同，如3-磷酸甘油醛脱氢酶；一些代谢常常由多个酶催化，这些酶常通过非共价键彼此嵌合聚合在一起形成复合物，称为多酶复合物，如丙酮酸脱氢酶复合物；某些多酶复合物在进化过程中由于基因融合，最终形成了一种酶，但是却具有多种不同催化功能，称之为多功能酶，如脂肪酸合酶在微生物中为多酶复合物，而在哺乳动物中为多功能酶。

二、酶催化作用的特点

酶是催化剂，具有一般催化剂的共同特点。它在化学反应前后都没有质和量的改变；微量的催化剂可发挥巨大的催化作用；它只能催化热力学上允许进行的化学反应；它只能加速反应的进程，而不能改变反应的平衡点。但是，酶是蛋白质，与一般催化剂相比，作为生物催化剂，除具有一般化学催化剂所没有的生物大分子特性外，还具有以下特点。

（一）酶促反应具有极高的催化效率

酶的催化效率极高，酶的催化效率通常比非催化反应高 10^8 ～ 10^{20}倍，比一般催化剂高 10^7 ～ 10^{13}倍。如脲酶催化尿素的水解速度是 H^+催化作用的 7×10^{12}倍；α-胰凝乳蛋白酶对苯酰胺的水解速度是 H^+的 6×10^6倍。因此，机体能够在 37℃近中性的环境下每分钟发生几百万次的化学反应。酶和一般催化剂加速化学反应的机制都是能降低反应中所需要的活化能。任何一种热力学允许的反应体系中，底物分子所含能量的平均水平较低，在反应的瞬间，只有那些能量较高、达到或超过一定能量水平的底物分子才有可能发生化学反应，这种能进行化学反应的底物分子称为活化分子。活化分子所具有的高出底物分子平均水平的能量称为活化能，活化能即是使底物分子从初态转变为活化态所需的能量。反应体系中活化分子越多，反应速度越快。酶作为一种高效的生物催化剂，比一般催化剂更能有效降低反应所需要的活化能，使底物分子只需要较少的能量即可进入活化状态。

（二）酶促反应具有高度的特异性

与一般催化剂不同，酶对其所催化的反应和底物都具有较严格的选择性。酶往往只能催化一种或一类化合物；或作用于一种或一类化学键。酶对底物的这种选择特性称为酶的特异性或专一性。而一般催化剂没有这样严格的选择性。根据酶对其底物选择的严格程度不同，酶的特异性可大致分为以下三种情况。

1. 绝对特异性　酶只能作用于一种特定结构的底物，催化一种专一的反应，生成一种特定结构的产物，这种特异性称为绝对特异性。如琥珀酸脱氢酶只能催化琥珀酸脱氢生成延胡索酸；脲酶只能催化尿素水解成 CO_2和 NH_3，而对与尿素结构相似的物质，如甲基尿素则无催化作用。

2. 相对特异性　有一些酶的专一性相对较差，这种酶可以作用于一类化合物或一种化学键，这种不太严格的选择性称为相对特异性。如磷酸酶对多种磷酸酯都有水解作用，因为磷酸酶选择的是磷酸酯键。蛋白酶能水解各种类型的蛋白质，因为蛋白酶选择的是肽键。蔗糖酶不仅能水解蔗糖，也能水解棉子糖中的同一糖苷键。

3. 立体异构特异性　有些酶具有立体异构特异性，仅选择立体异构体中的一种起催化作用，称为立体异构特异性。如乳酸脱氢酶仅催化 L-乳酸脱氢，而不作用于 D-乳酸。L-氨基酸氧化酶仅作用于 L-氨基酸，对 D-氨基酸则无作用。

（三）酶促反应的可调节性

酶促反应受多种因素（如底物、产物和激素等）的调控，以适应机体对不断变化的内外环境和生命活动的需要。细胞内酶的调节包括酶含量的调节和酶活性的调节。可通过合成或降解酶蛋白来调节酶的浓度；也可通过多种方式调节酶的活性，如通过激素调节酶活性；反馈抑制调节酶活性；抑制剂和激活剂调节酶活性；通过别构调节、酶原激活、酶的

可逆共价修饰调节。其中，有的可提高酶的活性，有的抑制酶的活性，从而使体内各种化学反应有条不紊、协调地进行。

（四）酶具有不稳定性

酶的化学本质是蛋白质，因此，凡是能使蛋白质变性的物理化学因素，如强酸、强碱、重金属盐、有机溶剂、温度、紫外线、剧烈震荡等都可以使酶活性发生改变，甚至使酶活性丧失。

三、酶的分类和命名

（一）酶的分类

根据国际酶学委员会规定，按照酶催化反应的性质不同，可将酶分为以下六大类。

1. 氧化还原酶类 催化底物进行氧化还原反应的酶，如细胞色素氧化酶、琥珀酸脱氢酶、过氧化氢酶、乳酸脱氢酶等，可分为氧化酶和脱氢酶两类。

2. 转移酶类 催化底物分子之间某些基团转移或交换的酶，如甲基转移酶、氨基转移酶、乙酰基转移酶等。

3. 水解酶类 催化底物水解的酶，如淀粉酶、蛋白酶、脂肪酶、磷酸酶等。

4. 裂合酶类 催化从底物上移去一个基团而形成双键的反应或其逆反应的酶，包括醛缩酶、柠檬酸合酶、碳酸酐酶等水化酶及脱氨酶等。

5. 异构酶类 催化各种同分异构体间相互转化的酶，如磷酸丙糖异构酶、消旋酶等。

6. 合成酶类 催化两分子底物合成一分子化合物，同时偶联有 ATP 的磷酸键断裂释能的酶，如谷氨酰胺合成酶、酪氨酸合成酶等。

国际酶学委员会除按上述六类将酶依次编号外，还根据酶所催化的化学键的特点和参加反应的基团不同，将每一类进一步分为亚类、亚-亚类。每个酶的分类编号都由四个数字组成，数字前冠以 EC。EC 为酶学委员会缩写，编号中第一个数字表示酶属于六大类中的哪一类；第二个数字表示酶属于哪一亚类；第三个数字表示亚-亚类；第四个数字是酶在亚-亚类中的排序。如乳酸脱氢酶的编号为（EC1. 1. 1. 27）。

（二）酶的命名

在发现和确认酶的过程中，发现者通常按照自己的喜好为酶命名，因而形成了许多习惯名称。但有的习惯名称完全不能说明酶促反应的本质。为了克服习惯名称的弊端，国际酶学委员会以酶的分类为依据，提出了系统命名法。

1. 习惯命名法 1961 年以前使用的酶的名称都是习惯沿用，称为习惯名。习惯命名法的原则是：

（1）根据酶所催化的底物命名，如水解淀粉的酶叫淀粉酶，水解蛋白质的酶叫蛋白酶。

（2）根据酶催化反应的性质及类型命名，如水解酶、氨基转移酶、脱氢酶等。

（3）结合上述两个方面命名，如乳酸脱氢酶、谷氨酸氨基转移酶。但是水解酶类的水解二字可以省略，如蛋白水解酶称为蛋白酶。

（4）有时还加上酶的来源或酶的其他特点，如胃蛋白酶、碱性磷酸酶等。

2. 系统命名法 1961 年国际酶学委员会制定了酶的系统命名法。系统命名法应明确标明酶的底物及催化反应的性质。如果一种酶催化两个底物，则在两底物之间用冒号隔开，如乙醇脱氢酶（习惯名称），它的系统名称为“乙醇：NAD^+ 氧化还原酶”。若底物之一是

水时，可将水省略不写，如乙酰辅酶 A 水解酶（习惯名称），它的系统名称为“乙酰辅酶 A：水解酶”。

第二节　酶的结构与功能

一、酶的分子组成与活性中心

（一）酶的分子组成

扫码“学一学”

根据酶的分子组成，酶可分为单纯酶和结合酶两大类。单纯酶是仅由多肽链组成的酶，如脲酶、蛋白酶、脂肪酶、淀粉酶、核糖核酸酶等。结合酶由蛋白质部分和非蛋白质部分组成，其催化作用依赖于两部分的共同参与，如氨基转移酶、乳酸脱氢酶等。生物体内大多数酶都是结合酶类，其蛋白质部分称为酶蛋白，非蛋白质部分称为辅因子。酶蛋白与辅因子结合形成全酶，单独的酶蛋白或单独的辅因子均无催化活性，只有两者结合形成全酶时才有催化活性。

辅因子通常有无机金属离子和小分子有机化合物两大类物质。金属离子是最常见的辅因子，已发现 2/3 的酶需要金属离子，如 K^+、Na^+、Mg^{2+}、Cu^{2+}、Zn^{2+}、Fe^{2+}、Fe^{3+}等。金属离子在酶促反应中的作用有：与酶蛋白结合，稳定其构象；在酶的催化过程中起传递电子的作用；介导底物和酶蛋白的结合，起桥梁作用；中和阴离子，降低酶催化过程中的电荷排斥。

作为辅因子的小分子有机化合物主要是维生素或维生素的衍生物，其主要作用是在酶的催化过程中起传递电子、质子或一些化学基团的作用，常见小分子有机化合物辅因子及功能见表 4-1。

表 4-1　某些辅因子在催化中的作用

被转移基团	辅酶或辅基	所含的维生素
氢原子（质子）	NAD^+（烟酰胺腺嘌呤二核苷酸，辅酶Ⅰ）	维生素 PP（烟酰胺）
氢原子（质子）	$NADP^+$（烟酰胺腺嘌呤二核苷酸磷酸，辅酶Ⅱ）	维生素 PP（烟酰胺）
氢原子（质子）	FMN（黄素单核苷酸）	维生素 B_2（核黄素）
氢原子（质子）	FAD（黄素腺嘌呤二核苷酸）	维生素 B_2（核黄素）
氢原子	硫辛酸	硫辛酸
醛基	TPP（焦磷酸硫胺素）	维生素 B_1（硫胺素）
酰基	辅酶 A	泛酸
烷基	钴胺素辅酶类	维生素 B_{12}
二氧化碳	生物素	生物素
氨基	磷酸吡哆醛，磷酸吡哆胺	维生素 B_6
一碳单位	四氢叶酸	叶酸

酶的小分子有机化合物类辅因子称为酶的辅酶。辅酶中与酶蛋白以共价键结合紧密的，用透析或超滤的方法不能去除的，称为辅基。

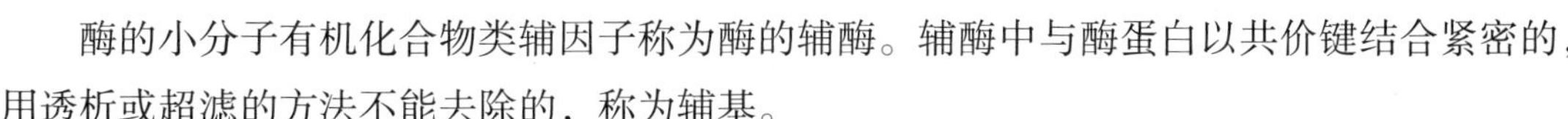

生物体内酶的种类很多，而辅酶（辅基）种类较少，通常一种酶蛋白只能结合一种辅因子，而一种辅因子常常可与多种不同的酶蛋白结合，形成不同的酶。在酶促反应中，酶

蛋白决定酶所结合的底物类型，决定酶促反应的特异性。辅因子则主要参与酶的催化过程，决定酶促反应的类型和性质。

扫码“看一看”

（二）酶的活性中心

酶分子中氨基酸残基的侧链具有许多不同的化学基团，只有少数化学基团与酶的催化活性有关，我们把这些与酶活性密切相关的化学基团称为酶的必需基团。如氨基、羧基、羟基、咪唑基、巯基等可以作为酶的必需基团。这些必需基团在一级结构上可能相距很远，甚至位于不同的肽链上，但在空间结构上彼此靠近，组成具有特定空间结构的区域，能与底物特异地结合并将底物转化为产物，这一区域称为酶的活性中心或活性部位。酶的活性中心是一个局部的空间区域，通常在酶蛋白表面形成一个裂缝或袋状结构，容纳且结合底物并起催化作用。

酶活性中心内的必需基团按功能不同分为结合基团和催化基团两种。结合基团的作用是与底物相结合，使之与酶形成复合物；催化基团的作用则是影响底物中某些化学键的稳定性，催化底物发生化学反应，并将其转变成产物。组氨酸残基的咪唑基、丝氨酸残基的羟基、半胱氨酸残基的巯基以及谷氨酸残基的 γ-羧基是构成酶活性中心的常见基团。还有些必需基团并不参与活性中心的构成，但对于维持酶活性中心的空间结构所必需，或作为调节剂的结合部位，被称为活性中心外的必需基团（图 4-1）。

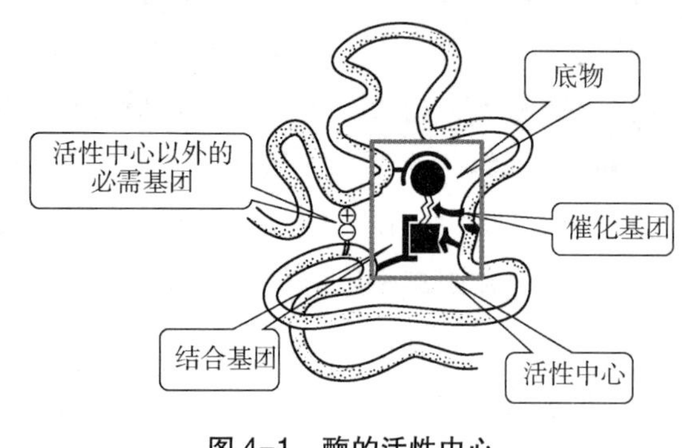

图 4-1　酶的活性中心

二、酶的作用机制

（一）酶-底物复合物的形成与诱导契合学说

酶在发挥催化作用之前，必须先与底物密切结合。酶与底物结合形成中间产物：酶-底物复合物，然后，酶-底物复合物分解，生成产物并释放酶。

$$E+S \rightleftharpoons ES \longrightarrow S+P$$

酶-底物相互结合的机制有两种学说，一种是钥匙-锁学说，认为底物和酶的关系就像钥匙和锁一样，该学说很好地解释了酶促反应的专一性，但它不能解释反应的可逆性；另一种是诱导契合学说，认为酶分子活性中心的构象与底物并不吻合，当底物分子与酶接近时，其结构相互诱导、相互变形和相互适应，进而相互结合，这一过程称为酶-底物结合的诱导契合（图 4-2）。酶在底物的诱导下，其活性中心进一步形成；底物在酶的诱导下，转化为不稳定的过渡态，易受酶的催化攻击，进而转变为产物。目前更倾向于酶的诱导契合学说，X 射线晶体结构分析有力支持了该学说，证明酶与底物结合时确有显著的构象变化。

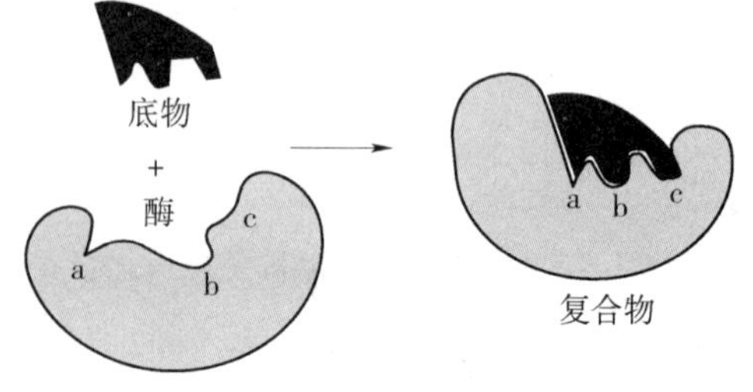

图 4-2　酶与底物的诱导契合

（二）邻近效应与定向排列

在酶促反应中，底物与酶结合形成复合物，使反应部位相互靠近，同时使反应部位具有有利于反应的正确排列趋向，有利于反应进行，这种现象称为邻近效应和定向排列。邻近效应与定向排列实际上是将分子间的反应变成类似分子内的反应，从而提高反应速率。

（三）表面效应

酶活性中心多为疏水性“口袋”，内部富含疏水基团，排除了溶剂分子对催化作用的影响，这种现象称为表面效应。底物与酶的反应常在酶分子内部疏水环境中进行，疏水环境可排除高极性的水分子对酶和底物的干扰性吸引或排斥，防止在底物和酶之间形成水化膜，利于底物与酶分子密切接触和结合，促进底物向产物的转变。

（四）多元催化

酶的催化作用的机制较为复杂，可总结为以下三种。

1. 酸碱催化　酶是两性电解质，酶活性中心的必需基团可作为酸（质子的供体），有些必需基团可作为碱（质子的受体），这些必需基团参与催化过程中质子的转移，可使催化效率提高 10^2～10^5倍，这种催化机制称为酸碱催化。

2. 共价催化　酶活性中心的必需基团可以与底物形成瞬间的共价键而将底物激活，并很容易进一步解离成产物和游离的酶，这种催化机制称为共价催化。

3. 亲核亲电子催化　酶活性中心的必需基团可作为核（结合底物的电子），有些必需基团可作为电子（结合底物的核），这些必需基团参与催化过程中电子的转移，这种催化机制称为亲核亲电子催化。

在酶促反应过程中，一种酶可采用其中的一种催化机制，也可以同时采用多种催化机制，故称为多元催化。

三、酶原与酶原的激活

有些酶在细胞内合成或初分泌时不具有生物活性，但是分泌后在适当的部位和条件下转变成有活性的酶。这种无活性的酶的前体称为酶原。酶原之所以没有活性是因为酶原没有酶的活性中心或者是酶的活性中心被掩盖在酶分子内部，不能与底物结合。酶原在一定条件下转变为有活性酶的过程称为酶原的激活。酶原的激活是酶活性中心形成或暴露的过程。如胰蛋白酶、胰凝乳蛋白酶、羧肽酶、弹性蛋白酶在初分泌时都是以无活性的酶原形式存在，必须在一定条件下水解掉一个或几个短肽，构象发生变化后才能转化成相应的有活性的酶。胰蛋白酶原在胰腺细胞分泌时并无活性，其随胰液进入小肠后，在肠激酶作用下，在 Ca^{2+}存在的条件下，第 6 位赖氨酸残基与第 7 位异亮氨酸残基之间的肽键被切断，自 N 端水解掉一个六肽，酶分子构象发生改变，酶蛋白多肽链重新折叠形成酶的活性中心，变为有活性的胰蛋白酶（图 4-3）。胰蛋白酶原被肠激酶激活后，生成的胰蛋白酶可以激活更多的胰蛋白酶原转变为有活性的胰蛋白酶。除消化道的蛋白酶外，血液中有关凝血和纤维蛋白溶解的酶类，生理条件下均以酶原的形式存在。

酶原和酶原的激活具有重要的生理意义。首先，酶原形式是物种进化过程中出现的一种自我保护现象。某些酶以酶原的形式合成或分泌，只在特定的部位、环境和特定的条件下才被激活，表现出酶的活性，如胰腺分泌的蛋白酶原，正常情况下以酶原形式被合成或分泌，可以避免胰腺组织细胞本身受蛋白酶的水解破坏，当分泌进入肠道后再被激活而发

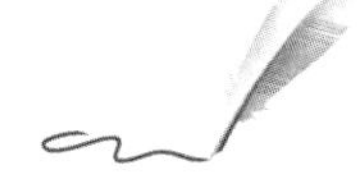

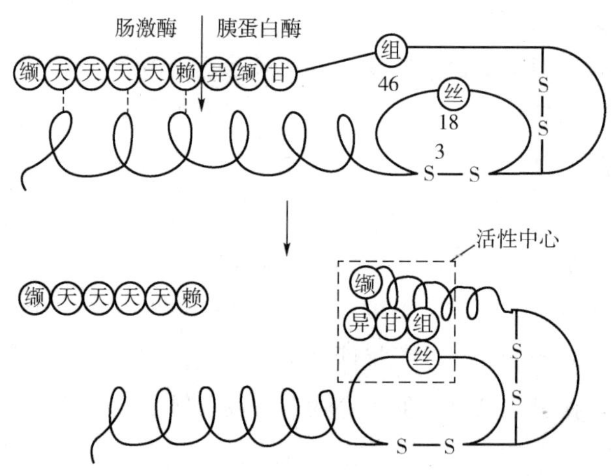

图 4-3　胰蛋白酶原激活过程

挥水解蛋白质的作用。如果胰蛋白酶在胰腺组织被异常激活，则会造成对胰腺组织的破坏作用，这就是急性胰腺炎发生的重要原因。其次，酶原还可以看作是酶的储存形式，如凝血酶和纤维蛋白溶解酶类以酶原形式在血液循环系统中运行，保证血液循环的通畅，一旦血管破损，血管周围的凝血酶原便可立即被激活转化为有活性的酶，促进血液凝固，堵塞伤口，防止大量失血，发挥其对机体的保护作用。

知识链接

急性胰腺炎

急性胰腺炎是一种常见的疾病，是多种病因导致胰酶在胰腺内被激活引起胰腺组织自身消化、水肿、出血甚至坏死的炎症反应。临床以急性上腹痛、恶心、呕吐、发热和血胰酶增高等为特点。临床症状轻重不一，轻者胰腺水肿，表现为腹痛、恶心、呕吐等，重者胰腺发生坏死或出血，可出现休克和腹膜炎。正常胰腺能分泌十几种酶，其中以胰淀粉酶、蛋白酶、脂肪酶等为主。这些酶正常情况下多以酶原的形式存在于胰腺细胞内，当胰腺在各种致病因素作用下，其自身消化的防卫作用被削弱，加之胰腺细胞受损，释放出溶酶体水解酶，使本应在肠道被激活的胰蛋白酶原和糜蛋白酶原等在胰腺内被激活，这样不仅使胰腺组织细胞受到破坏，产生胰腺坏死，而且被激活的酶还进入血液，造成严重后果。

预防急性胰腺炎首先要避免或消除胆道疾病，其次注意不要大量饮酒，不可暴饮暴食，避免上腹部损害等。急性胰腺炎患者要注意进食种类，避免吃甜食和油腻食品；不要过早下地活动；不要过早进食和饮水；不宜过早拔出胃肠减压管。护理人员护理急性胰腺炎患者时要注意保持患者呼吸道畅通，尽早建立有效的静脉通路，积极采取保证安全及治疗用药的措施。

扫码“看一看”

四、同工酶

1959 年 Market 首次用电泳分离法发现了动物乳酸脱氢酶（LDH）具有多种形式，并提出了同工酶的概念。同工酶是指能催化相同的化学反应，而酶蛋白的分子结构、理化性质乃至免疫学性质均不相同的一组酶。同工酶是生物长期进化过程中基因分化的产物。同工酶的产生有两种方式：一种是由不同基因或等位基因编码的多肽链产生的同工酶，但是这些不同的基因有共同的祖先基因。另一种是由同一基因转录生成的不同 mRNA 翻译的不同多肽链形成的同工酶。同工酶分布在同一生物的不同组织器官中或在同一生物细胞的不同亚细胞结构中。各种同工酶的同工酶谱在胎儿发育中有其规律性的变化，可作为发育过程中各组织代谢分化的一项重要指标。同工酶在酶学、生物学和医学中均占有重要地位。

现已发现百余种酶具有同工酶，包括乳酸脱氢酶、己糖激酶、丙酮酸脱氢酶、肌酸激酶、碱性磷酸酶等，其中发现最早、研究最多的同工酶是乳酸脱氢酶。该酶是四聚体，该酶的亚基有两型：富含酸性氨基酸的心肌型（H 型）和富含碱性氨基酸的骨骼肌型（M 型）。这两型亚基以不同的比例组成五种同工酶：LDH_1（H_4）、LDH_2（H_3M）、LDH_3（H_2M_2）、LDH_4（HM_3）、LDH_5（M_4）（图 4-4）。由于分子结构上的差异，这五种同工酶在碱性溶液中电泳时，电泳速率从 LDH_1 到 LDH_5 依次递减。五种同工酶都可以催化乳酸和丙酮酸之间的可逆反应。

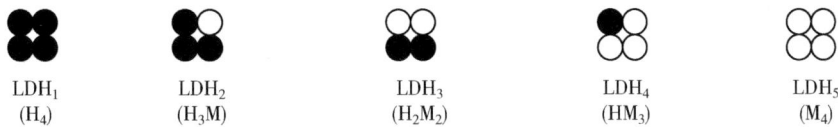

LDH_1 (H_4)　LDH_2 (H_3M)　LDH_3 (H_2M_2)　LDH_4 (HM_3)　LDH_5 (M_4)

图 4-4　乳酸脱氢酶（LDH）同工酶

●为 H 亚基　○为 M 亚基

LDH 同工酶在不同组织器官中的含量和分布比例不同，从而形成各组织特有的同工酶谱（表 4-2），心脏中以 LDH_1 为主，而肝中以 LDH_5 为主，这使不同的组织与细胞具有不同的代谢特点。当某一组织发生病变时，可以使某种同工酶释放入血，导致血清同工酶谱的改变。

表 4-2　人体器官中 LDH 同工酶的分布

组织器官	LDH_1	LDH_2	LDH_3	LDH_4	LDH_5
心肌	67	29	4	<1	<1
肾	52	28	16	4	<1
肝	2	4	11	27	56
骨骼肌	4	7	21	27	41
红细胞	42	36	15	5	2

由于同工酶分子结构和理化性质有差异，故采用电泳的技术可以将同工酶分离。同工酶的测定已应用于临床实践。当某组织发生疾病时，可能有某种特殊的同工酶释放出来，同工酶谱的改变有助于对疾病的诊断。如当急性心肌梗死或心肌细胞受损时，细胞内的 LDH_1 释放入血，血清中 LDH_1 升高；急性肝炎患者血清中 LDH_5 含量明显升高。肌酸激酶（CK）是二聚体酶，其亚基有 M 型（肌型）和 B 型（脑型），脑中含 CK_1（BB 型），骨骼肌中含 CK_3（MM 型），心肌中含 CK_2（MB 型）。测定血清 CK_2 活性对于早期诊断心肌梗死有一定意义。再如血清碱性磷酸酶同工酶的变化在临床上可用于相应疾病的诊断。

知识链接

碱性磷酸酶同工酶

国际酶学委员会按碱性磷酸酶同工酶在电泳时的迁移率，从阳极到阴极依次命名为 ALP_1、ALP_2、ALP_3及 ALP_4等，但一般习惯还是按同工酶的器官来源而命名的，分别称为肝、骨、小肠、胎盘和胆汁等同工酶。正常人血清碱性磷酸酶同工酶测定正常值：成人只出现 ALP_2及 ALP_3，$ALP_2>ALP_3$；儿童 $ALP_3>ALP_2$。

根据血清碱性磷酸酶同工酶的变化可进行相应疾病的诊断：①ALP_1（来源于肝）阳性，见于肝外阻塞性黄疸、转移性肝癌、肝脓肿、肝充血和胆总管结石等；②ALP_2增高，见于肝内胆汁瘀滞、急性肝炎、原发性肝癌等；③ALP_3增高，见于骨骼疾病，如骨肿瘤和肿瘤骨转移、Paget 病、佝偻病和骨软化症、肾性营养不良、甲状腺功能亢进等；④ALP_4（来源于胎盘）阳性：妊娠期；⑤ALP_5（来源于肠）阳性：肝硬化、乙醇中毒等；⑥ALP_6阳性：溃疡性结膜炎。

五、酶的调节

物质代谢由许多代谢途径组成。代谢途径就是一系列连续的酶促反应过程。正常情况下代谢途径的速度和方向受到精细地调控，能适应内外环境的变化有条不紊地进行。改变酶的活性与酶的含量是生物体内对酶调节的主要方式，其中酶活性的调节有别构调节和化学修饰调节。

（一）酶活性的调节

1. 别构调节　有些酶分子除了有催化部位活性中心外，还有调节部位。调节部位与某些小分子化合物结合，引起酶构象改变，进而改变酶的活性，这种调节方式称为酶的别构调节（也称为变构调节），这种酶称为别构酶（也称变构酶），导致别构调节的化合物称为别构剂（也称为变构剂）。酶的别构调节是体内快速调节的一种方式。

别构酶通常是由多个亚基组成的寡聚酶。其中与底物结合起催化作用的亚基称为催化亚基；与别构剂结合起调节作用的亚基称为调节亚基；也有的酶为单体酶，但具有催化部位和调节部位。别构剂可与调节部位结合，改变酶的构象，调节酶的活性。别构剂是通过非共价键与调节亚基或调节部位结合，引起酶的构象改变（如亚基的聚合或解聚、亚基间结合变得疏松或紧密），从而使酶的活性受到激活或抑制，从而改变物质代谢的速度和方向。

2. 共价修饰调节　酶的共价修饰是对生物体内酶快速调节的另一种方式。一个酶在另外一个酶的催化下发生共价的化学改变（某些化学基团的结合或解离），从而改变酶的活性，这一过程称为酶的共价修饰或化学修饰。一般共价调节酶都存在无活性（或低活性）和有活性（或高活性）两种形式，两种形式之间互变的反应由不同的酶催化。磷酸化与去磷酸化是共价修饰中最常见的类型，酶的磷酸化与去磷酸化分别由蛋白激酶和磷蛋白磷酸酶催化。另外还有乙酰化与去乙酰化、甲基化与去甲基化、腺苷化与去腺苷化以及—SH 与—S—S—的互变等。共价修饰调节作用快、效率高。

（二）酶含量的调节

除酶的活性调节外，生物体还可以通过改变酶的含量调节酶的活性。这种调节方式是

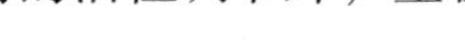

通过酶蛋白的合成或降解实现的。相对于酶活性的调节，需要的时间较长，故称为慢调节。酶蛋白的合成调节是通过酶蛋白合成的诱导或阻遏方式来进行。酶蛋白的降解有两种途径：溶酶体降解途径和非溶酶体降解途径。

六、影响酶促反应速度的因素

酶促反应动力学是研究酶促反应的速度及其影响因素的。影响酶促反应速度的因素主要有底物浓度、酶浓度、pH、温度、激活剂和抑制剂等。酶促反应动力学研究反映了酶的本质特征，是酶学研究的基本工作，具有重要的理论价值和应用价值。

（一）底物浓度对酶促反应速度的影响

酶促反应包括单底物和多底物酶促反应。本部分内容仅讨论单底物酶促反应。在酶促反应中，在其他因素不变的情况下（适合酶发挥作用的条件），底物浓度对酶促反应的影响呈矩形双曲线关系（图 4-5）。当底物浓度较低时，增加底物浓度，反应速度随底物浓度的增加而增加，两者呈正比关系；随着底物浓度进一步增加，反应速度也随之增加，但不再呈正比关系，反应速度增加的幅度逐渐变小；当底物浓度增加到一定程度时，继续增加底物浓度，反应速度不再增加，此时的反应速度称最大反应速度。根据中间产物（酶-底物复合物）学说，在酶促反应中产物的生成量与中间产物的浓度呈正比。当底物浓度很低时，绝大多数的酶呈游离状态，未与底物结合形成复合物，随着底物浓度的增加，形成酶-底物复合物的速度增加，且与底物浓度的增加呈正比例关系。所以，反应速度与底物浓度增加呈正比，为直线关系。当底物浓度增加到一定程度，绝大多数的酶与底物形成酶-底物复合物，游离的酶仍然存在，但较少，此时，再增加底物浓度，底物与酶仍然能形成复合物，但形成的速度不再与底物浓度的增加呈正比例关系，此时，表现为反应速度增加，但不再是直线关系。当反应体系中底物浓度增高到较高浓度时，此时的酶在任一时刻均以酶-底物复合物的状态存在，无游离酶存在，即酶被底物饱和，再增加底物浓度，酶-底物复合物也不再增加，此时反应速度达恒定，即达到最大反应速度，呈直线关系。

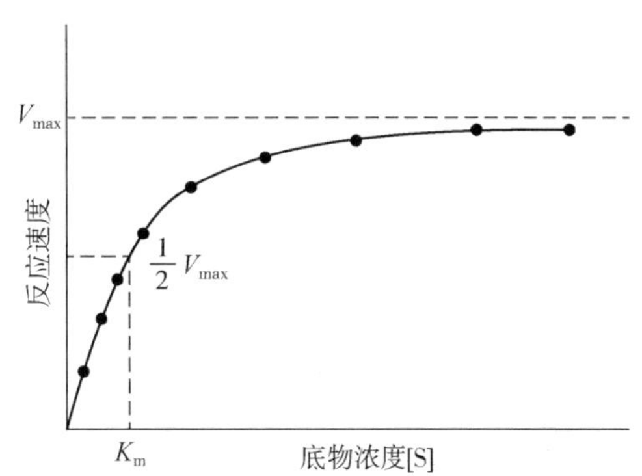

图 4-5　底物浓度对酶促反应速度的影响

1. 米-曼方程式　1913 年 L. Michaelis 和 M. L. Menten 提出了反应速度与底物浓度关系的数学方程式，即著名的米-曼方程式，简称米氏方程式（Michaelis equation）。

$$v=\frac{V_{max}[S]}{K_m+[S]}$$

式中，V_{max}为最大反应速度，[S] 为底物浓度，K_m为米氏常数，v 是在不同 [S] 时的反应速度。

2. K_m值的意义

（1）据米-曼方程式可知，当 $v=1/2V_{max}$时，代入米氏方程得：

$$\frac{1}{2}V_{max}=\frac{V_{max}[S]}{K_m+[S]}$$

$$K_m=[S]$$

K_m值等于酶促反应速度为最大反应速度一半时的底物浓度，其单位为底物浓度单位。

（2）K_m值是酶的特征性常数之一，不同的酶K_m值不同，K_m值的大小只与酶、底物的结构和反应环境（如温度、pH 值）有关，与酶的浓度无关。

（3）K_m值可表示酶对底物的亲和力。K_m值约等于酶-底物复合物解离为游离的酶和底物的解离常数，所以其大小反映了酶与底物之间的亲和力。K_m值愈小，表示达到最大反应速度时所需的底物浓度愈低，即酶与底物的亲和力愈大。反之，K_m值愈大，则酶与底物的亲和力则愈小。

（4）K_m值可用来帮助判断酶的最适底物。如果一种酶同时有几种底物时，每一种底物都有特定的K_m，其中K_m最小的底物则是该酶的最适底物。

3. V_{max} V_{max}是酶完全被底物饱和时的反应速度，与酶浓度呈正比。当酶被底物完全饱和时（V_{max}），单位时间内每个酶分子催化底物转变为产物的分子数称为酶的转换数。酶的转换数的大小反映了酶的催化能力。

（二）酶浓度对酶促反应速度的影响

当酶促反应体系处在最适条件时，在底物浓度远远大于酶浓度时，酶促反应速度与酶浓度呈正比关系（图 4-6）。即酶的浓度越大，反应速度越快。在细胞内，通过改变酶浓度来调节酶促反应速度，是细胞调节代谢速度的一种方式。

（三）温度对酶促反应速度的影响

酶促反应时，当温度很低时，酶和底物分子几乎处于静止状态，不能形成酶-底物复合物，酶不表现催化活性；当酶促反应随着反应体系温度的升高，酶和底物分子的热运动加快，分子碰撞的机会增加，酶促反应速度提高；但当温度升高达到一定临界值时，由于大多数酶的化学本质是蛋白质，所以，温度的升高可使酶蛋白变性，使酶促反应速度下降。大多数酶在 60℃时开始变性，80℃时多数酶的变性已不可逆。用反应速度和温度作图，可得到温度对酶促反应速度的影响曲线，如图 4-7 所示的钟罩形曲线。酶是生物催化剂，温度对酶促反应速度具有双重影响。一方面在一定范围内随着温度升高，反应速度加快（一般温度每增加 10℃，酶促反应速度增加 1~2 倍）；另一方面因为大多数酶是蛋白质，随着温度升高，酶逐渐变性失活。

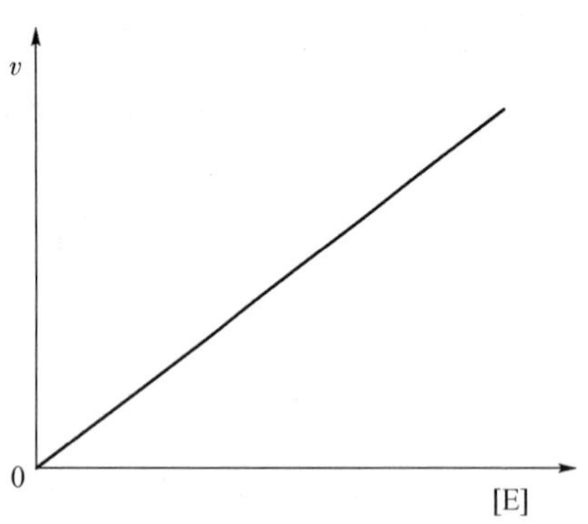

图 4-6 酶浓度对酶促反应速度的影响

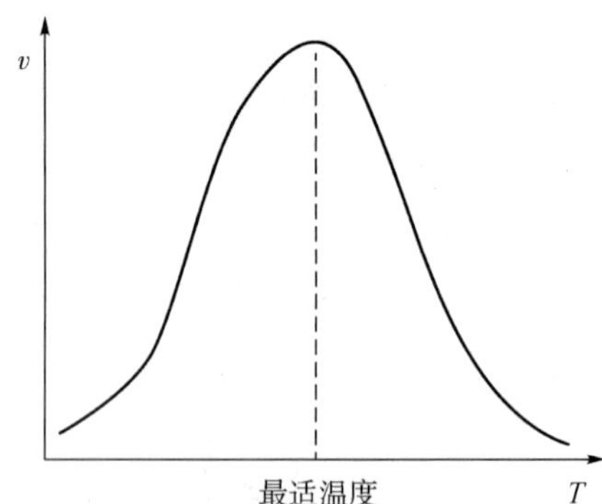

图 4-7 温度对酶促反应速度的影响

酶活性最高时的温度称为酶的最适温度。各种酶的最适温度不同，人体内大多数酶的最适温度为 35～40℃。植物细胞中酶的最适温度稍高，微生物中酶的最适温度差别较大。酶的最适温度不是酶的特征性常数，它与反应进行的时间有关。在研究和应用酶时都需要在最适温度下进行，所以测定酶的最适温度是有实用意义的。

酶的活性虽然随温度下降而降低，但低温一般不会使酶活性被破坏，温度回升后，酶的活性又能恢复。临床上低温麻醉就是利用酶的这一性质以减慢细胞代谢速度，提高机体对氧和营养物质缺乏的耐受性，有利于手术治疗及帮助患者度过危险期。低温保存菌种和生物制剂也是基于这一原理。

（四）pH 对酶促反应速度的影响

酶的催化活性受环境酸碱度的影响。pH 能影响酶和底物的解离状态，酶活性中心的某些必需基团往往仅在某一解离状态时才最容易同底物结合形成酶-底物复合物，具有最大的催化活性。因此，pH 的改变直接影响酶对底物的亲和力。此外，pH 还可以影响酶活性中心的空间构象，从而影响酶的活性。用酶促反应速度与 pH 值的变化作图，也可得到钟罩形曲线，见图 4-8。一般在某一 pH 值时酶的活性最高，此时环境的 pH 称为该酶的最适 pH。

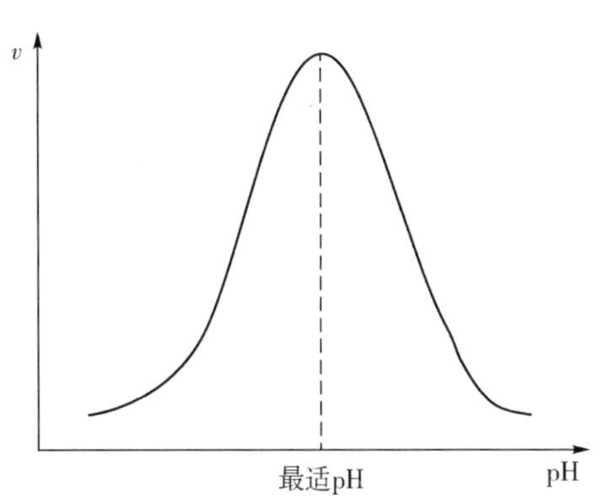

图 4-8　pH 对酶促反应速度的影响

各种酶的最适 pH 不同，人体内大多数酶的最适 pH 接近中性，但少数酶最适 pH 偏酸或偏碱，如胃蛋白酶的最适 pH 约为 1.8，肝精氨酸酶最适 pH 约为 9.8，胰蛋白酶的最适 pH 约为 8.1 等。最适 pH 不是酶的特征性常数，受底物浓度、缓冲液种类与浓度以及酶纯度等因素影响。环境 pH 高于或低于最适 pH 时，酶的活性降低，过酸或过碱还可使酶失活。

（五）激活剂对酶促反应速度的影响

使酶活性增加的物质称为酶的激活剂。激活剂大多是金属离子，如 Mg^{2+}、K^{+}、Mn^{2+}、Fe^{2+}、Zn^{2+}、Ca^{2+}等；少数是阴离子，如 Cl^{-}等；也有许多有机化合物，如胆汁酸盐等。

激活剂分为必需激活剂和非必需激活剂。必需激活剂在酶促反应中是不可缺少的，激活剂存在时，酶才具有活性，无激活剂则酶无活性，必需激活剂大多为金属离子。如 Mg^{2+}是激酶的必需激活剂。而非必需激活剂并不是酶活性所必需的，存在时，酶的活性增加；不存在时，酶仍有一定的催化活性。非必需激活剂大多为有机化合物，如胆汁酸盐是胰脂肪酶的非必需激活剂，Cl^{-}是唾液淀粉酶的非必需激活剂。

（六）抑制剂对酶促反应速度的影响

凡能降低酶的催化活性，但不引起酶蛋白变性的物质称为酶的抑制剂。抑制剂对酶促反应所起的作用称为抑制作用。有的将抑制剂除去，酶的活性可以恢复，很多药物就是通过抑制某些酶的活性而发挥作用，因此抑制作用的研究既具有理论意义又具有重要的临床意义。根据抑制剂与酶结合的紧密程度，酶的抑制剂可分为不可逆抑制剂和可逆抑制剂两类。

1. 不可逆性抑制　抑制剂通常与酶活性中心上的必需基团以共价键相结合，从而抑制酶的活性，这类抑制剂不能用超滤、透析方法去除，这种抑制剂称为不可逆抑制剂。

例如，胆碱酯酶催化乙酰胆碱水解生成胆碱和乙酸。农药有机磷杀虫剂（敌百虫、敌敌畏、1059 等）能特异地与胆碱酯酶活性中心丝氨酸羟基结合，使酶失去活性，不能催化

乙酰胆碱水解，造成对迷走神经的兴奋毒性状态，表现出恶心、呕吐、多汗、瞳孔缩小、惊厥等一系列中毒症状。对于有机磷化合物类中毒，临床上常应用解磷定（PAM）等药物置换结合于胆碱酯酶上的磷酰基，从而解除有机磷化合物对羟基酶的抑制作用。有机磷中毒及其解救机制如下。

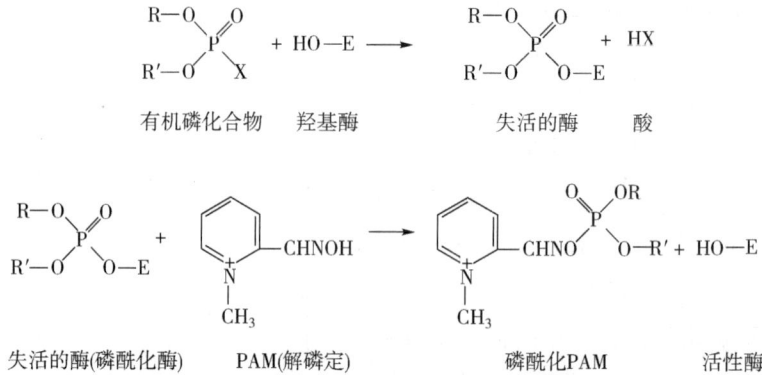

$$(R-O)(R'-O)P(=O)X + HO-E \longrightarrow (R-O)(R'-O)P(=O)-O-E + HX$$

有机磷化合物　羟基酶　失活的酶　酸

$$(R-O)(R'-O)P(=O)-O-E + \text{PAM} \longrightarrow \text{Py}^{+}(CH_3)-CH{=}NO-P(=O)(OR)-O-R' + HO-E$$

失活的酶(磷酰化酶)　PAM(解磷定)　磷酰化PAM　活性酶

再如，重金属离子（如 Pb^{2+}、Hg^{2+}、Ag^{+}等）、有机砷化合物等，可以与酶分子的巯基结合，使酶失活。例如，一种含砷的化学毒气路易士气，能与体内酶的巯基结合使其失活导致机体中毒。临床上可用二巯基丙醇、二巯基丁二酸钠等含活泼巯基的化合物置换出巯基酶上的金属离子，使酶活性恢复。路易士气对酶的抑制作用及解救如下。

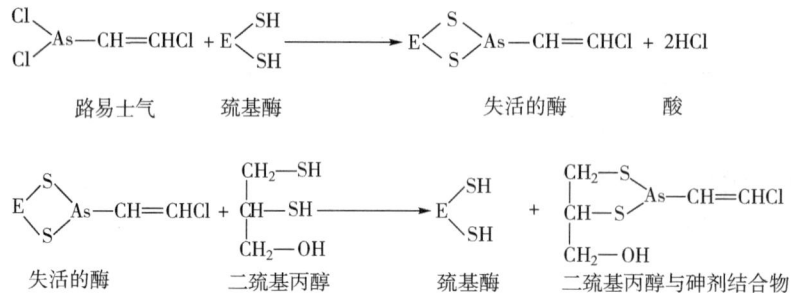

$$Cl_2As-CH{=}CHCl + E(SH)_2 \longrightarrow E(S)_2As-CH{=}CHCl + 2HCl$$

路易士气　巯基酶　失活的酶　酸

$$E(S)_2As-CH{=}CHCl + \begin{matrix}CH_2-SH\\ CH-SH\\ CH_2-OH\end{matrix} \longrightarrow E(SH)_2 + \begin{matrix}CH_2-S\\ CH-S\\ CH_2-OH\end{matrix}{>}As-CH{=}CHCl$$

失活的酶　二巯基丙醇　巯基酶　二巯基丙醇与砷剂结合物

不可逆抑制作用随着抑制剂浓度的增大而逐渐增强。当抑制剂的量大到足以和所有酶分子结合时，酶的活性被完全抑制。

2. 可逆性抑制　抑制剂与酶非共价键相结合，从而使酶活性降低。这类抑制剂能用透析或超滤等方法除去，使酶恢复活性，这种抑制剂称为可逆性抑制剂。可逆性抑制可分为以下三种类型。

（1）竞争性抑制　竞争性抑制具有以下特点：①抑制剂的结构与酶的底物结构相似；②抑制剂与底物竞争性的结合酶的活性中心，酶分子结合底物就不能结合抑制剂，结合抑制剂就不能结合底物，而且酶和抑制剂结合形成的复合物不能转化为产物，从而使酶活性下降；③抑制剂的抑制程度取决于抑制剂和底物的浓度比；④竞争性抑制的 V_{max} 不变，K_m 值增大。凡是符合以上特点的抑制，称为竞争性抑制。竞争性抑制的作用模式见图 4-9 所示。例如，丙二酸对琥珀酸脱氢酶的抑制作用是竞争性抑制作用的典型实例。酶对丙二酸的亲和力远大于酶对琥珀酸的亲和力，当丙二酸的浓度仅为琥珀酸浓度的 1/50 时，酶的活性便被抑制 50%。若增大琥珀

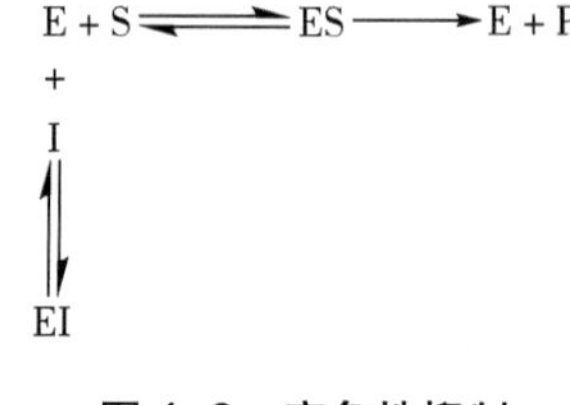

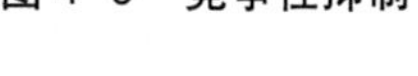
图 4-9　竞争性抑制

酸的浓度，此抑制作用可被削弱。

临床上，许多药物的设计采用竞争性抑制的原理，如许多抑菌药物、抗癌药物多是竞争性抑制剂。如甲氨蝶呤（MTX）、5-氟尿嘧啶（5-FU）、6-巯基嘌呤（6-MP）等通过竞争性抑制发挥抗肿瘤作用。

磺胺类药物是典型的抗菌药，对磺胺类药物敏感的细菌在生长繁殖时，不能利用环境中的叶酸，而是在细菌体内二氢叶酸合成酶催化下，将对氨基苯甲酸等合成为所必需的二氢叶酸（FH_2），进而合成四氢叶酸（FH_4），FH_4是细菌合成核苷酸不可缺少的辅酶。磺胺类药物的化学结构与对氨基苯甲酸相似，是二氢叶酸合成酶的竞争性抑制剂，能抑制FH_2合成，因此造成细菌核酸合成受阻，从而影响细菌生长繁殖（图4-10）。人类能直接利用食物中的叶酸，核酸的合成不受磺胺类药物的干扰。根据竞争性抑制的特点，在使用磺胺类药物时，采用首剂量加倍的方法，以保持血液中药物的高浓度，发挥其有效的竞争性抑菌作用。

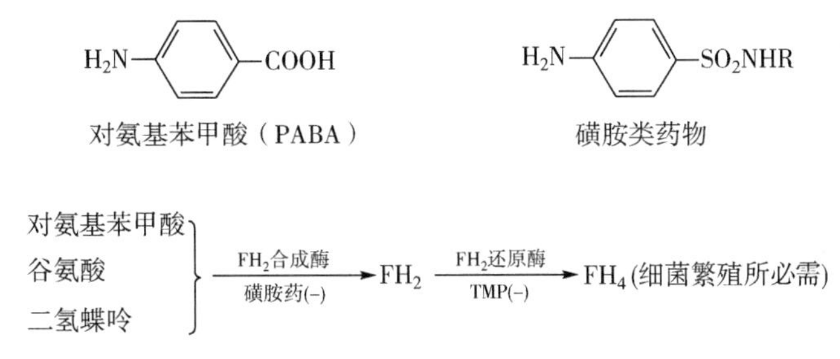

图4-10 磺胺类药物作用机制

（2）非竞争性抑制 非竞争性抑制具有以下特点：①抑制剂的结构与酶的底物结构不相似。②抑制剂与酶结合的部位位于活性中心以外。酶分子与底物的结合不影响与抑制剂的结合，同样，抑制剂与酶的结合也不影响底物与酶的结合。但是，结合了抑制剂的酶失去了催化作用。③抑制剂的抑制程度只取决于抑制剂的量。④非竞争性抑制的V_{max}降低，K_m值不变。凡是符合以上特点的，均为非竞争性抑制。非竞争性抑制的作用模式见图4-11。

（3）反竞争性抑制 反竞争性抑制具有以下特点：①抑制剂不能与游离的酶结合，只能与酶-底物复合物结合，因为游离的酶分子上无抑制剂的结合部位，但是，当酶与底物形成复合物后，底物的结合使得酶分子构象发生改变，出现了抑制剂的结合部位，抑制剂才能结合；②抑制剂的抑制程度既与抑制剂的浓度有关，也与底物的浓度有关；抑制剂浓度越大，抑制程度越大；底物浓度越大，抑制程度也越大；③反竞争性抑制的V_{max}降低，K_m值降低。凡是符合以上特点的，均为反竞争性抑制。反竞争性抑制的作用模式见图4-12。

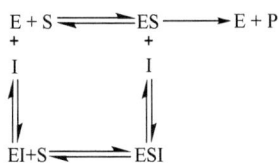

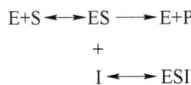

图4-11 非竞争性抑制 **图4-12 反竞争性抑制**

本章小结

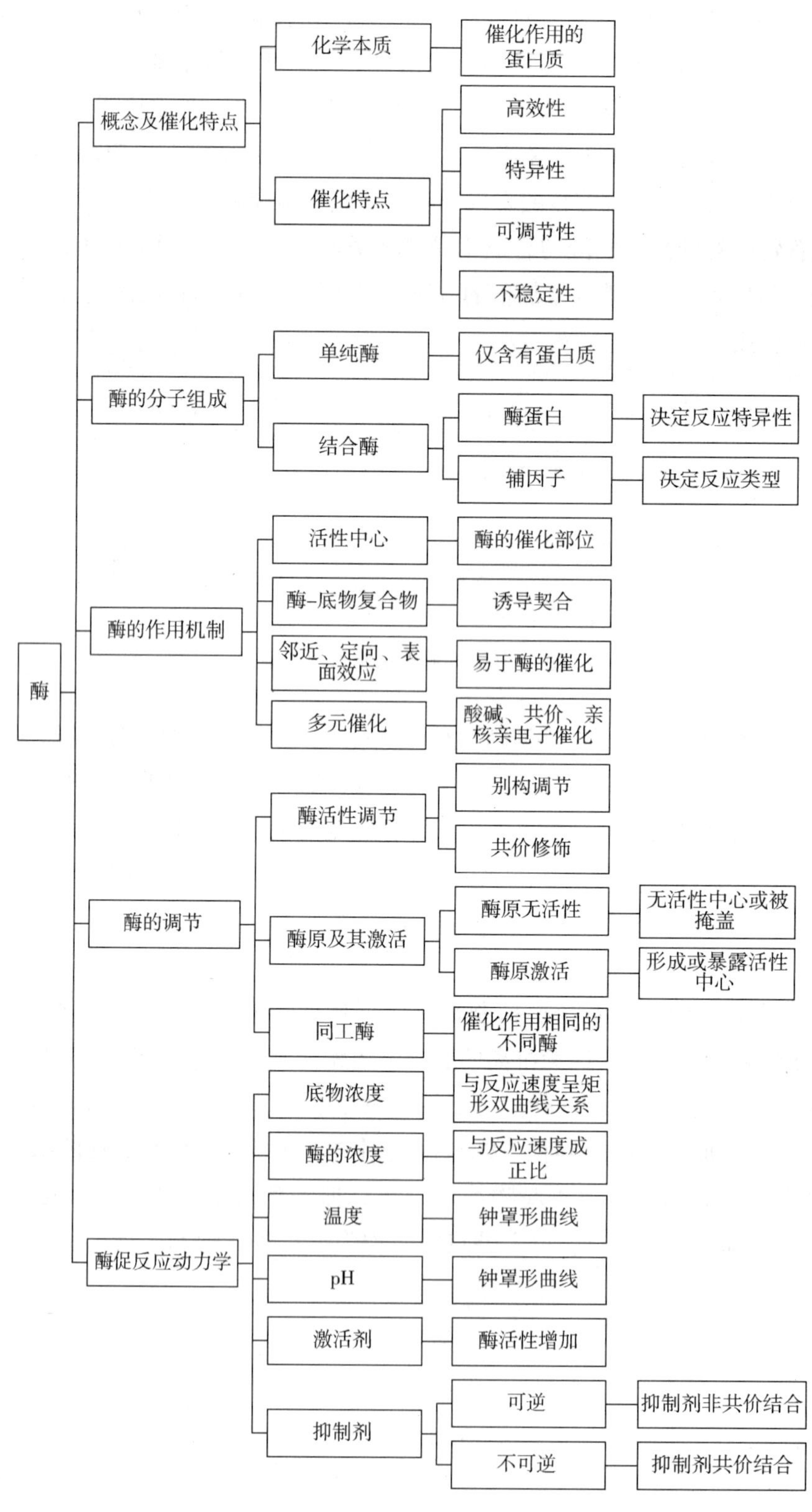
酶
概念及催化特点
化学本质
催化作用的蛋白质
催化特点
高效性
特异性
可调节性
不稳定性
酶的分子组成
单纯酶
仅含有蛋白质
结合酶
酶蛋白
决定反应特异性
辅因子
决定反应类型
酶的作用机制
活性中心
酶的催化部位
酶–底物复合物
诱导契合
邻近、定向、表面效应
易于酶的催化
多元催化
酸碱、共价、亲核亲电子催化
酶的调节
酶活性调节
别构调节
共价修饰
酶原及其激活
酶原无活性
无活性中心或被掩盖
酶原激活
形成或暴露活性中心
同工酶
催化作用相同的不同酶
酶促反应动力学
底物浓度
与反应速度呈矩形双曲线关系
酶的浓度
与反应速度成正比
温度
钟罩形曲线
pH
钟罩形曲线
激活剂
酶活性增加
抑制剂
可逆
抑制剂非共价结合
不可逆
抑制剂共价结合

一、选择题

【A1 型题】

1. 酶的化学本质是
   A. 蛋白质　B. 小分子有机物　C. 糖类　D. 脂质　E. 核酸
2. 下列关于结合酶的叙述正确的是
   A. 酶蛋白具有催化活性　B. 辅酶有催化活性
   C. 辅酶与酶蛋白结合牢固　D. 酶蛋白决定酶的专一性
   E. 辅因子决定酶反应的特异性
3. 酶的活性中心是指
   A. 结合抑制剂，使酶活性降低或丧失的部位
   B. 结合底物并催化其转变成产物的部位
   C. 结合特定的小分子化合物并调节酶活性的部位
   D. 结合激活剂使酶活性增高的部位
   E. 既结合底物又结合抑制剂的部位
4. 酶原激活的实质是
   A. 酶蛋白结构改变　B. 肽键的断裂
   C. 必需基团的存在　D. 活性中心的形成或暴露
   E. 形成高级结构
5. 心肌梗死时，血清中下列哪项的活性升高
   A. LDH_1　B. LDH_2　C. LDH_3　D. LDH_4　E. LDH_5
6. 急性肝炎患者血清中下列哪项的活性明显升高
   A. LDH_1　B. LDH_2　C. LDH_3　D. LDH_4　E. LDH_5
7. 路易士气中毒时，用二巯基丙醇解毒的机制是
   A. 中和毒物　B. 水解毒物
   C. 促进毒物排泄　D. 恢复酶的巯基
   E. 恢复酶的羟基
8. 有机磷农药中毒
   A. 氨基转移酶被抑制　B. 巯基乙醇可解毒
   C. 抑制含巯基的酶　D. 胆碱酯酶被抑制
   E. 属于可逆性抑制
9. 下列影响酶促反应速度的因素中，错误的是
   A. pH　B. 温度
   C. 底物浓度与酶活性总呈正比　D. 激活剂
   E. 抑制剂
10. 化学毒剂路易士气是

A. 一种含汞的化合物　　B. 与体内含巯基的酶结合，使酶失活

C. 可用解磷定解毒　　D. 可用巯基乙醇解毒

E. 酶的可逆抑制剂

11. 下列选项叙述正确的是

A. 酶的化学本质为核酸

B. 结合酶一定含有维生素

C. 一种辅因子只能结合一种酶蛋白

D. 催化作用中，金属离子可起到传递电子的作用

E. 辅酶可起到连接酶蛋白和底物的桥梁作用

12. 与磺胺类药物结构的类似物是

A. 四氢叶酸　　B. 二氢叶酸

C. 对氨基苯甲酸　　D. 叶酸

E. 嘧啶

13. 关于温度对酶活性的影响，以下哪项不对

A. 酶都有一个最适温度　　B. 升温只能在一定范围内加快酶促反应速度

C. 高温能使大多数的酶蛋白变性　　D. 低温（如0℃）能破坏酶蛋白而使之失活

E. 机体内酶的最适温度为37℃

14. 同工酶是指

A. 辅酶相同的酶

B. 功能和性质相同的酶

C. 催化同一种反应而酶分子结构不同的酶

D. 功能不同而酶分子结构相似的酶

E. 存在于同一个器官的酶

15. 血清中某些酶活性升高的原因是

A. 细胞受损，使细胞内酶释放入血

B. 体内代谢降低，使酶的降解减少

C. 细胞内外有些酶被激活

D. 摄取某些维生素过多，引起组织细胞内的辅酶含量增加

E. 肝功能增强

16. 酶的催化作用的机制是

A. 降低反应活化能　　B. 升高反应温度

C. 增加反应物碰撞频率　　D. 增加反应物的浓度

E. 增加反应活化能

17. K_m值是指

A. 反应速度为最大速度一半时的底物浓度

B. 反应速度为最大速度一半时的酶浓度

C. 反应速度为最大速度一半时的温度

D. 反应速度为最大速度一半时的抑制剂浓度

E. 酶-底物复合物的解离常数

18. 下列说法哪种是正确的
   A. 体内所有酶的最适 pH 均接近中性
   B. 酶分子中所有极性基团解离度最大的 pH 为酶的最适 pH
   C. 酶的最适 pH 为酶的特征性常数
   D. 溶液的 pH 高于或低于最适 pH 都会使酶的活性降低
   E. 最适 pH 时，必需基团不解离

二、思考题

1. 酶以酶原形式存在有何生物学意义？
2. 酶的化学本质是什么？酶催化作用有何特点？
3. 应用酶的竞争性抑制原理，阐明磺胺类药物的抑菌作用。

扫码“练一练”

（杨智英）

第五章　生物氧化

学习目标

1. **掌握**　生物氧化、呼吸链、氧化磷酸化、P/O 值的概念；呼吸链各复合体的组分及其作用；NADH 氧化呼吸链、琥珀酸氧化呼吸链的排列顺序。

2. **熟悉**　氧化磷酸化的影响因素；生物氧化的特点。

3. **了解**　胞质中 NADH 进入线粒体的穿梭途径；线粒体外氧化体系。

扫码"学一学"

第一节　概　述

一、生物氧化的概念与方式

（一）生物氧化的概念

糖、脂肪、蛋白质等营养物质在生物体内进行一系列氧化分解，最终生成 CO_2 和 H_2O 并释放出能量的过程称为生物氧化。生物氧化释放的能量使 ADP 磷酸化生成 ATP，供生命活动的需要。（图 5-1）

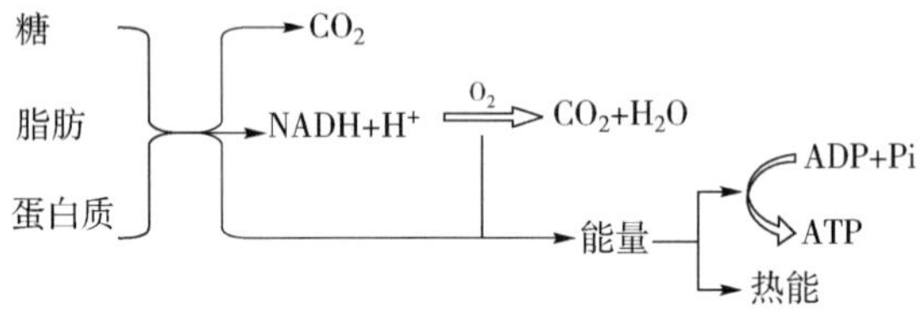

图 5-1　体内糖、脂肪、蛋白质的氧化分解

（二）生物氧化的方式

生物氧化与物质在体外的氧化方式在化学本质上没有区别。生物氧化的方式有加氧反应、脱氢反应和脱电子反应。

1. 加氧反应　底物分子中直接加入氧原子或氧分子，如醛氧化为酸。

$$\underset{\text{醛}}{RCHO} + 1/2\ O_2 \longrightarrow \underset{\text{酸}}{RCOOH}$$

2. 脱氢反应　从底物分子上脱下一对氢原子，如乳酸氧化为丙酮酸。

$$\underset{\text{乳酸}}{CH_3CH(OH)COOH} \longrightarrow \underset{\text{丙酮酸}}{CH_3COCOOH} + 2H$$

脱氢反应的另一方式是加水脱氢，即物质分子中加入 H_2O，同时脱去两个氢原子，结果是底物分子中加入了一个来自水分子的氧原子，如乙醛氧化为乙酸。

$$\underset{\text{乙醛}}{CH_3CHO} + H_2O \longrightarrow \underset{\text{乙酸}}{CH_3COOH} + 2H$$

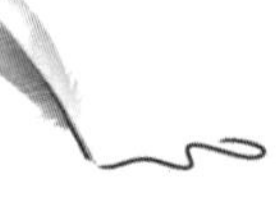

3. 脱电子反应　原子或离子在反应中失去电子，其正价数升高，如细胞色素中的 Fe^{2+}

氧化。

$$Fe^{2+} \longrightarrow Fe^{3+} + e$$

由于一个氢原子是由一个质子（H^+）和一个电子（e）组成，所以脱氢反应也包含脱电子反应，脱氢反应也可以写成下式。

$$CH_3CHO + H_2O \longrightarrow CH_3COOH + 2H^+ + 2e$$

乙醛　　　　　　　　乙酸

二、生物氧化的特点

同一物质在体内和体外氧化时所消耗的氧量、产生的终产物（CO_2、H_2O）及释放的能量均相同，但两者所进行的方式、能量的生成形式等有较大差别。与物质在体外氧化相比，生物氧化有以下特点：①生物氧化过程在细胞内进行，环境温和（体温、pH 近似中性）；②生物氧化在一系列酶的催化下逐步进行；③CO_2的产生方式为有机酸脱羧，H_2O 的产生是由底物脱下的氢经呼吸链传递最后与氧结合而成；④能量逐步释放，且有相当一部分以 ATP 的形式存在，作为机体各种生理活动需要的直接能源；⑤生物氧化的速率受体内多种因素的调节。

三、参与生物氧化的酶类

参与生物氧化的酶类有：氧化酶类、需氧脱氢酶类、不需氧脱氢酶类等。

1. 氧化酶类　氧化酶类催化代谢物脱氢，将氢直接交给氧分子生成 H_2O。氧化酶是使氧分子活化的酶类。如细胞色素氧化酶、抗坏血酸氧化酶等属于此类酶，该类酶的辅基常含有铁、铜等金属离子，作用方式如图 5-2 所示。

2. 需氧脱氢酶类　需氧脱氢酶类可催化代谢物脱氢，直接将氢传给氧生成的产物为 H_2O_2。如 L-氨基酸氧化酶、黄嘌呤氧化酶等属于此类酶。该类酶的辅基为黄素单核苷酸（FMN）和黄素腺嘌呤二核苷酸（FAD），故又称黄素酶类，作用方式如图 5-3 所示。

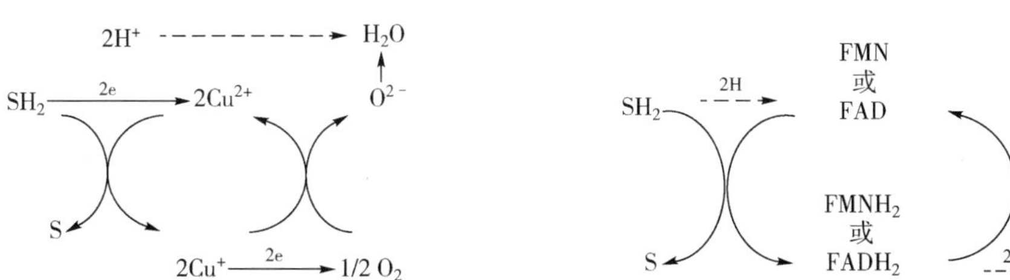

图 5-2　氧化酶的作用方式

SH_2：底物　S：产物

图 5-3　需氧脱氢酶类的作用方式

SH_2：底物　S：产物

3. 不需氧脱氢酶类　不需氧脱氢酶类指能催化代谢物脱氢，但不以氧为直接受氢体，而是将代谢物脱下的氢经一系列传递体的传递将氢交给氧，生成的产物为 H_2O。不需氧脱氢酶是体内最重要的脱氢酶，依据辅因子不同可分为两类：一是以 NAD^+（或 $NADP^+$）为辅酶的不需氧脱氢酶，如乳酸脱氢酶、苹果酸脱氢酶等；二是以 FAD（或 FMN）为辅基的不需氧脱氢酶，如琥珀酸脱氢酶、脂酰辅酶 A 脱氢酶等。不需氧脱氢酶类作用方式如图 5-4所示。

代谢物脱下的氢不以氧为直接受氢体，而以某些酶的辅酶作为直接受氢体。这些辅酶既可以接受氢被还原，又可以释放出氢被氧化，起递氢或递电子的作用，称为递氢体或递电子体。

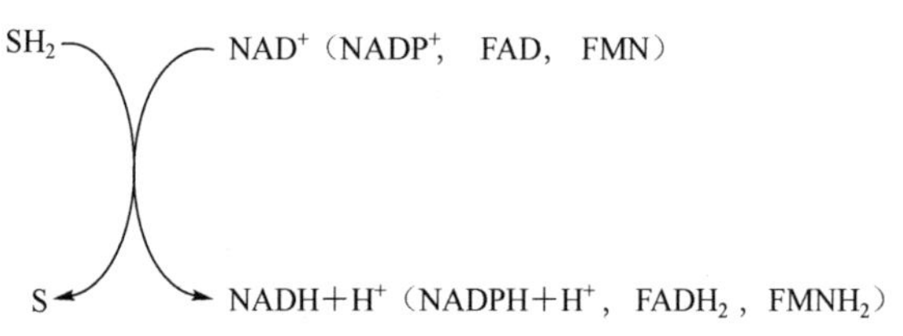

图 5-4　不需氧脱氢酶类的作用方式

SH_2：底物　S：产物

另外，体内还有一些氧化还原酶类，如单加氧酶、双加氧酶、过氧化氢酶和过氧化物酶等，这些酶类在生物体内主要参与非营养物质的代谢转变过程。

扫码"学一学"

第二节　线粒体 ATP 生成的生物氧化体系

案例导入

患者，女，45 岁，头痛、头晕、眼花、颞部压迫和搏动感，并有恶心、呕吐、烦躁、心悸和四肢无力等症状。患者于约 1 小时前在房间内用煤炉取暖，疑为煤气中毒（即 CO 中毒），随后到医院就诊入院。查体发现步态不稳和皮肤黏膜樱红，意识模糊，体温 37.6℃，脉搏 94 次/分，呼吸 22 次/分，血压 122/85mmHg。血气分析 HbCO>50%，动脉血 PaO_2、氧饱和度、动脉血 $PaCO_2$ 下降，BE 负值增大。入院诊断：CO 中毒。

请问：

1. 诊断 CO 中毒的依据是什么？
2. CO 中毒患者为什么会出现上述症状和体征？
3. CO 中毒的机制是什么？

一、氧化呼吸链

物质代谢过程中产生的 $NADH+H^+$ 和 $FADH_2$，通过多种酶催化的连锁反应逐步传递，最终与氧结合生成水，同时释放出能量生成 ATP。这个过程是在细胞线粒体内进行的。参与该过程氧化还原反应的各组分为一系列的递氢体和递电子体，它们按一定顺序整齐排列在线粒体内膜上，形成了连续的反应体系，该连锁反应体系称为氧化呼吸链，也称电子传递链。

（一）氧化呼吸链的组成成分与作用

构成呼吸链的递氢体和递电子体的成分目前已发现 20 余种。用胆酸、脱氧胆酸等反复处理线粒体内膜，可将呼吸链分离得到四种仍具有传递电子功能的蛋白酶复合体，称为复合体Ⅰ、Ⅱ、Ⅲ和Ⅳ。复合体是线粒体内膜氧化呼吸链的天然存在形式，每个复合体都由多种酶蛋白和辅因子（辅酶或金属离子）组成，并按一定的顺序排列，完成电子传递过程。其中复合体Ⅰ、Ⅲ和Ⅳ完全镶嵌在线粒体内膜上，复合体Ⅱ镶嵌在内膜的基质侧。复合体在线粒体的存在位置如图 5-5 所示。

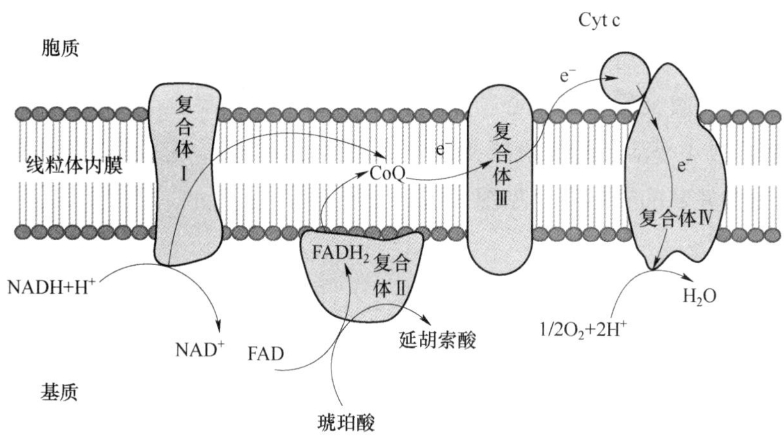

图 5-5　呼吸链各复合体的位置示意图

1. 复合体Ⅰ　又称 NADH-泛醌还原酶或 NADH 脱氢酶，可接受来自于还原型烟酰胺腺嘌呤二核苷酸（$NADH+H^+$）的电子并传递给泛醌。人类复合体Ⅰ由以黄素单核苷酸（FMN）为辅基的黄素蛋白和以铁硫簇（Fe-S）为辅基的铁硫蛋白等蛋白质组成。复合体Ⅰ有质子泵功能，每传递 2 个电子可将 4 个 H^+ 从内膜基质侧泵到胞质侧。

（1）NAD^+（辅酶Ⅰ，CoⅠ）和 $NADP^+$（辅酶Ⅱ，CoⅡ）　分子中烟酰胺（维生素 PP）中的氮（吡啶氮）为五价的氮，它能可逆地接受电子而成为三价氮，与氮对位的碳也较活泼，能可逆地加氢还原。NAD^+ 和 $NADP^+$ 的主要功能是接受从代谢物上脱下的 2H（$2H^++2e^-$），然后传给黄素蛋白。由于烟酰胺在加氢反应时只能接受 1 个氢原子和 1 个电子，将另 1 个 H^+ 游离出来，因此将还原型的 NAD^+ 和 $NADP^+$ 分别写成 $NADH+H^+$ 和 $NADPH+H^+$，见图 5-6。

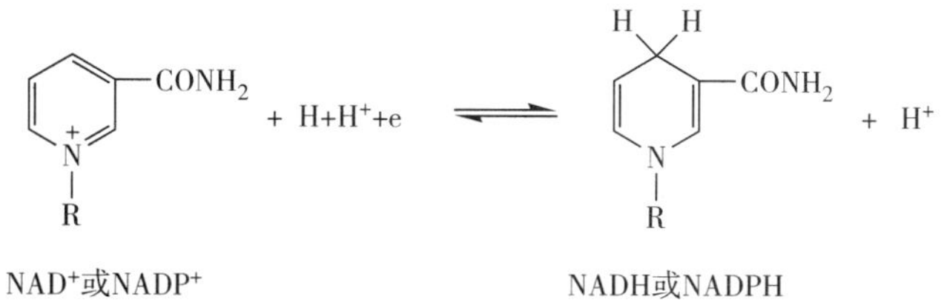

$$NAD^+或NADP^+ + H+H^++e \rightleftharpoons NADH或NADPH + H^+$$

图 5-6　NAD^+ 或 $NADP^+$ 的结构及作用机制

（2）黄素蛋白　黄素蛋白种类很多，其辅基有两种：黄素单核苷酸（FMN）和黄素腺嘌呤二核苷酸（FAD），两者均含核黄素（维生素 B_2）。

在 FAD、FMN 分子中发挥功能的结构是核黄素中的异咯嗪环，氧化型的 FAD（FMN）可接受 1 个质子和 1 个电子生成 FADH·（FMNH·），后者不稳定再接受 1 个质子和 1 个电子生成还原型 $FADH_2$（$FMNH_2$），见图 5-7。

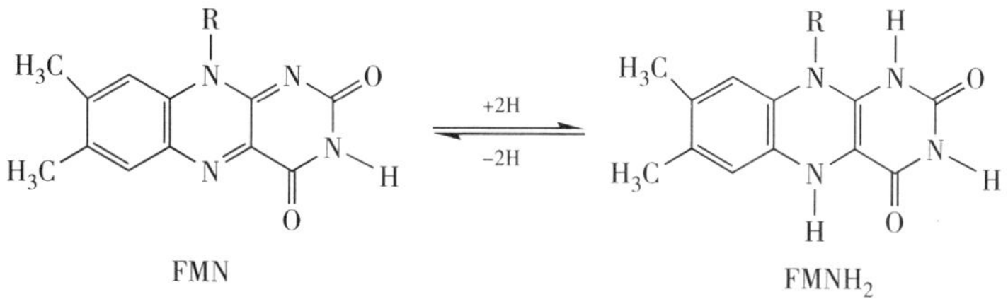

$$FMN \underset{-2H}{\overset{+2H}{\rightleftharpoons}} FMNH_2$$

图 5-7　FAD 或 FMN 的结构及作用机制

（3）铁硫蛋白　分子中含非血红素铁和对酸不稳定的硫，通常简写为 FeS 或 Fe-S。它存在于线粒体内膜上，常与其他递氢体和递电子体构成复合物，复合物中的铁硫蛋白是传递电子的反应中心，故又称铁硫中心。已发现的铁硫蛋白主要有 2 个活泼的无机硫和 2 个铁原子（Fe_2S_2）或 4 个活泼的无机硫和 4 个铁原子（Fe_4S_4），它们通过其中的铁原子和铁硫蛋白中半胱氨酸残基的硫相接，见图 5-8。

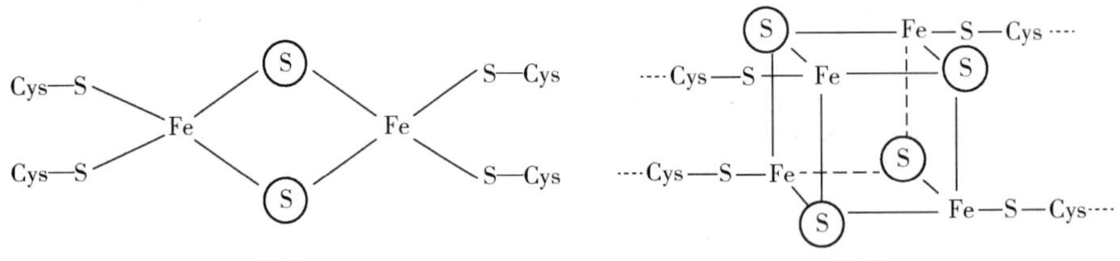

图 5-8　铁硫蛋白的结构示意图

铁硫蛋白中的铁可以呈两价的还原型，也可呈三价的氧化型，通过铁的氧化、还原而起到传递电子作用。每个铁硫中心一次传递一个电子，因此铁硫蛋白称为单电子传递体。在复合体Ⅰ中的主要功能是将 FMN 的氢质子和电子传递给泛醌。

（4）泛醌　亦称辅酶 Q（CoQ，Q），是一类广泛分布于生物界的脂溶性醌类化合物，故称泛醌。

不同来源的泛醌其异戊二烯单位的数目不同，人的泛醌其侧链由 10 个异戊二烯单位组成，用 CoQ_{10}（Q_{10}）表示。因侧链的疏水作用，它能在线粒体内膜中迅速扩散，极易从线粒体内膜分离出来，因此 CoQ 不属于复合体Ⅰ。泛醌接受 1 个电子和 1 个质子还原成半醌，再接受 1 个电子和 1 个质子则还原成二氢泛醌，后者又可脱去电子和质子而被氧化恢复为泛醌，见图 5-9。

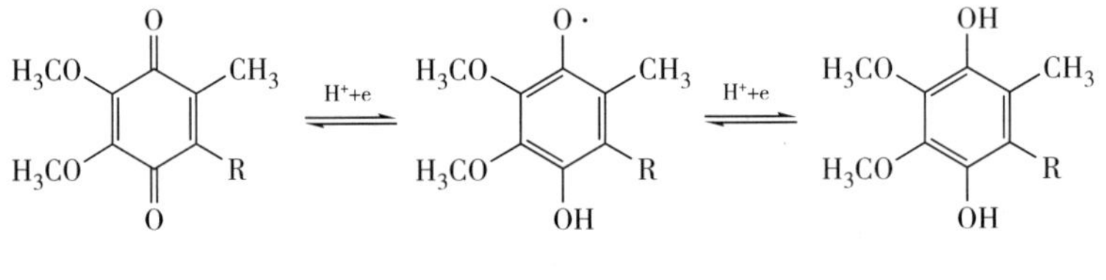

图 5-9　泛醌的结构和作用机制

$$R:\ -\!\!\left(CH_2-CH{=}\overset{\overset{\large CH_3}{|}}{C}-CH_2\right)_nH$$

CoQ 可在线粒体内膜中移动，在各复合体间募集并穿梭传递还原当量和电子，在电子传递和质子移动的偶联中起着核心作用。

2. 复合体Ⅱ　复合体Ⅱ是琥珀酸脱氢酶，又称琥珀酸-泛醌还原酶，主要功能是将电子从琥珀酸传递给泛醌。人类的复合体Ⅱ中含有以 FAD 为辅基的黄素蛋白和铁硫蛋白。复合体Ⅱ没有 H^+泵的功能。

3. 复合体Ⅲ　复合体Ⅲ可将电子从泛醌传递给细胞色素 c，称为泛醌-细胞色素 c 还原酶。人类的复合体Ⅲ含有细胞色素 b（Cyt b_{562}、Cyt b_{566}）、细胞色素 c_1和铁硫蛋白。复合体Ⅲ也有质子泵作用，每传递 2 个电子向内膜胞质侧释放 4 个 H^+。

细胞色素（Cyt）是一类以铁卟啉类化合物为辅基的催化电子传递的酶体系，均具有特殊的吸收光谱而呈现颜色，它们具有不同的吸收光谱。参与线粒体内膜中呼吸链组成的细胞色素有细胞色素 a、b、c（Cyt a、Cyt b、Cyt c）三类，每类细胞色素中又根据其最大吸收光谱的微小差别分为若干亚类，如 Cyt b_{566}、Cyt b_{562}。各种细胞色素的主要差别在于铁卟啉辅基对侧链以及铁卟啉与蛋白质部分的连接方式的不同。Cyt b 的铁卟啉都是铁原卟啉Ⅸ，与血红素相同，称为血红素 b。Cyt a 中铁原卟啉Ⅸ环含有甲酰基，一个乙烯基侧链连接的聚异戊二烯长链，称为血红素 a。Cyt c 中的血红素卟啉环上的乙烯侧链与蛋白质部分的半胱氨酸残基相连接。它们的主要作用都是传递电子，见图 5-10。

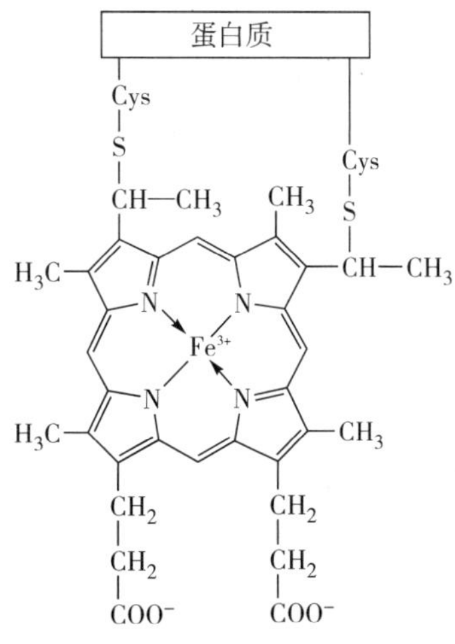

图 5-10　细胞色素 c 的辅基与酶蛋白的连接方式

Cyt c 呈水溶性，与线粒体内膜外表面结合不紧密，极易与线粒体内膜分离，故不属于任何复合体。

4. 复合体Ⅳ　复合体Ⅳ可将电子从细胞色素 c 传递给氧，称为细胞色素 c 氧化酶。人类的复合体Ⅳ中含有 Cyt a 和 Cyt a_3。Cyt a 和 Cyt a_3很难分开，故写成 Cyt aa_3，Cyt aa_3位于呼吸链的终末部位。Cyt a_3是以铜离子为辅基的电子传递体，含有 2 个铜中心 Cu_A、Cu_B，它能把电子直接交给氧分子，使其还原成氧离子，再与 $2H^+$结合成水，所以把 Cyt a_3称为细胞色素氧化酶。复合体Ⅳ也有质子泵功能，每传递 2 个电子使 2 个 H^+跨内膜向胞质侧转移。

呼吸链四种复合体的作用见表 5-1。

表 5-1　线粒体呼吸链复合体及其作用

复合体	酶名称	多肽链数	辅基	主要作用
复合体Ⅰ	NADH-泛醌还原酶	39	FMN，Fe-S	将 NADH 的氢原子传递给泛醌
复合体Ⅱ	琥珀酸-泛醌还原酶	4	FAD，Fe-S	将琥珀酸中的氢原子传递给泛醌
复合体Ⅲ	泛醌-细胞色素 c 还原酶	11	铁卟啉，Fe-S	将电子从还原性泛醌传递给细胞色素 c
复合体Ⅳ	细胞色素 c 氧化酶	13	铁卟啉，Cu	将电子从细胞色素 c 传递给氧

（二）体内两条重要的呼吸链

线粒体内重要的氧化呼吸链有：NADH 氧化呼吸链和 $FADH_2$氧化呼吸链，见图 5-11。

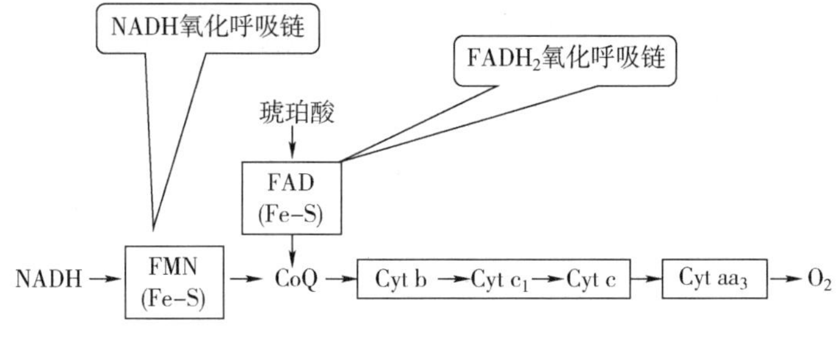

图 5-11　线粒体氧化呼吸链

1. NADH 氧化呼吸链　NADH 氧化呼吸链是线粒体最主要的呼吸链。大多数脱氢酶都以 NAD^+作辅酶，如乳酸脱氢酶、苹果酸脱氢酶等。在脱氢酶催化下底物脱下的氢交给 NAD^+生成 $NADH+H^+$，然后通过 NADH 氧化呼吸链将其携带的 2 个电子逐步传递给氧。在 NADH 脱氢酶作用下，$NADH+H^+$将两个氢原子经复合体Ⅰ传给 CoQ，生成 $CoQH_2$，此时两个氢原子解离成 $2H^+ + 2e^-$，$2H^+$游离于介质中，$2e^-$再经复合体Ⅲ传给 Cyt c，然后传至复合体Ⅳ，最后将 $2e^-$传递给 O_2。其电子传递顺序是：

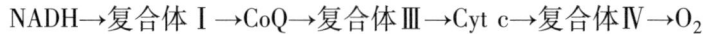

NADH→复合体Ⅰ→CoQ→复合体Ⅲ→Cyt c→复合体Ⅳ→O_2

2. $FADH_2$氧化呼吸链　$FADH_2$氧化呼吸链又称为琥珀酸氧化呼吸链。琥珀酸在琥珀酸脱氢酶作用下脱氢生成 $FADH_2$，经复合体Ⅱ传给 CoQ，生成 $CoQH_2$，此后的传递和 NADH 氧化呼吸链相同。凡是以 FAD 为辅酶的脱氢酶类均通过此呼吸链氧化。其电子传递顺序是：

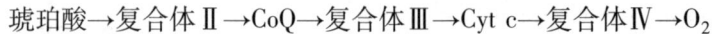

琥珀酸→复合体Ⅱ→CoQ→复合体Ⅲ→Cyt c→复合体Ⅳ→O_2

各呼吸链组分的排列顺序是由以下实验确定的：①按其组分的标准氧化还原电位高低。电子从低电位的组分向高电位的组分进行传递。②特异性抑制剂阻断氧化还原过程。阻断部位之前为还原状态，阻断部位之后为氧化状态。根据不同的抑制剂阻断后的氧化还原状态排列顺序。③各组分特有吸收光谱。④体外呼吸链组分拆开与重组实验。

二、氧化磷酸化

（一）氧化磷酸化的概念

代谢物脱下的氢，经线粒体氧化呼吸链电子传递与氧生成水，同时释放的能量使 ADP 磷酸化生成 ATP 的过程，称为氧化磷酸化。氧化磷酸化是代谢物脱下的氢生成水的氧化过程与 ADP 磷酸化生成 ATP 过程的偶联。

（二）氧化磷酸化偶联部位

氧化磷酸化是氧化与磷酸化的偶联，其偶联部位的确定可根据下述两种方法。

1. P/O 值　代谢物脱下的氢通过氧化呼吸链传递给氧生成 H_2O 的过程消耗氧，释放的能量使 ADP 生成 ATP 的磷酸化过程消耗磷酸。P/O 值是指在氧化磷酸化过程中，每消耗 1/2mol O_2所消耗的无机磷酸的摩尔数。由于消耗的无机磷酸的摩尔数与生成的 ATP 摩尔数相同，所以 P/O 值也可定义为：氧化磷酸化过程中，每消耗 1/2mol O_2所生成的 ATP 摩尔数。实验证实，代谢物脱氢反应产生的 $NADH+H^+$通过 NADH 氧化呼吸链传递，P/O 值接近 2.5，说明 NADH 氧化呼吸链可能存在 3 个 ATP 生成部位；琥珀酸脱氢测得 P/O 值接近 1.5，说明琥珀酸氧化呼吸链可能存在 2 个 ATP 生成部位，按此推算一个 ATP 的生成部位应在复合体Ⅰ(NADH)→ CoQ 之间。用抗坏血酸作为底物直接通过 Cyt c 传递电子进行氧化，P/O 值接近 1，即在 Cyt c→ O_2之间（复合体Ⅳ）存在着一个偶联部位。比较琥珀酸脱氢和抗坏血酸的氧化 P/O 值后，确定在 CoQ 与 Cyt c 之间（复合体Ⅲ）存在另一个偶联部位。实验证实，一对电子经 NADH 氧化呼吸链传递，P/O 值约为 2.5，产生 2.5 分子 ATP；一对电子经琥珀酸氧化呼吸链传递，P/O 值约为 1.5，产生 1.5 分子 ATP。

2. 自由能变化　pH7.0 时的标准自由能（$\Delta G^{\ominus\prime}$）与反应底物和产物标准氧化还原电位差值（$\Delta E^{\ominus\prime}$）之间存在下述关系：

$$\Delta G^{\ominus\prime} = -nF\Delta E^{\ominus\prime}$$

式中，n 为电子转移数目，F 为法拉第常数［96.5kJ/(mol·V)］。

从 NAD^+ 到 CoQ 测得的电位差为 0.36V，从 CoQ 到 Cyt c 电位差为 0.19V，从 Cyt aa_3 到氧分子电位差为 0.58V。计算它们相应的 $\Delta G^{\ominus\prime}$ 分别为 −69.5kJ/mol、−36.7kJ/mol、−112kJ/mol，每生成 1mol ATP 需 30.5kJ/mol 的能量，所以这 3 个部位均足以提供生成 ATP 所需的能量，说明在复合体Ⅰ、Ⅲ、Ⅳ内各存在着一个 ATP 生成部位。

（三）氧化磷酸化偶联机制

氧化和磷酸化是两个不同的概念。氧化是底物脱氢或失电子的过程，磷酸化是指 ADP 与磷酸合成 ATP 的过程。在氧化磷酸化中，氧化是磷酸化的基础，磷酸化是氧化的结果。

1. 化学渗透假说　1961 年英国科学家 P. Mitchell 提出的化学渗透假说是目前公认的有关氧化磷酸化的偶联机制。其基本要点是：电子经呼吸链传递时，将氢质子（H^+）从线粒体内膜的基质侧泵到内膜胞质侧，在膜内、外产生 H^+ 浓度梯度和跨膜电位差，当质子顺浓度梯度回流时驱动 ADP 与 Pi 合成 ATP。

递氢体和递电子体在线粒体内膜上交替排列。电子传递链在线粒体内膜中共构成 3 个回路，每个回路均具有质子泵作用。实验证实，复合体Ⅰ、Ⅲ、Ⅳ均具有质子泵作用，每传递 2 个电子，它们分别向线粒体内膜胞质侧泵出 $4H^+$、$4H^+$ 和 $2H^+$，见图 5-12。

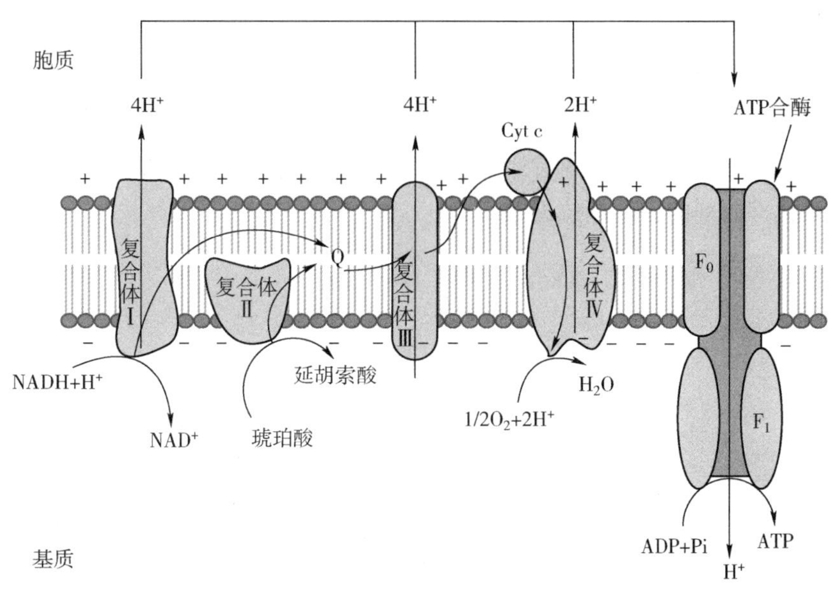

图 5-12　化学渗透假说示意图

2. ATP 合酶　线粒体内膜还存在复合体Ⅴ，即 ATP 合酶。ATP 合酶位于线粒体内膜的基质侧，形成许多颗粒状突起。该酶由疏水部分的 F_0 和亲水部分的 F_1 组成。F_1 为线粒体内膜基质侧颗粒状突起，由 $\alpha_3\beta_3\gamma\delta\varepsilon$ 亚基复合体、寡霉素敏感蛋白（OSCP）和 IF_1 等亚基组成，主要功能是催化 ATP 合成；F_0 镶嵌在线粒体内膜中，由 a、b_2、$c_{9\sim12}$ 亚基组成，形成跨内膜质子通道。当 H^+ 顺浓度梯度经 F_0 回流时，F_1 催化 ADP 与 Pi 生成并释放 ATP。ATP 合酶的结构见图 5-13。

（四）影响氧化磷酸化的因素

1. 呼吸链抑制剂　呼吸链抑制剂能在特定部位阻断呼吸链的电子传递。如鱼藤酮、粉蝶霉素 A 及异戊巴比妥等主要与复合体Ⅰ中铁硫蛋白结合，阻断电子从铁硫中心向泛醌传

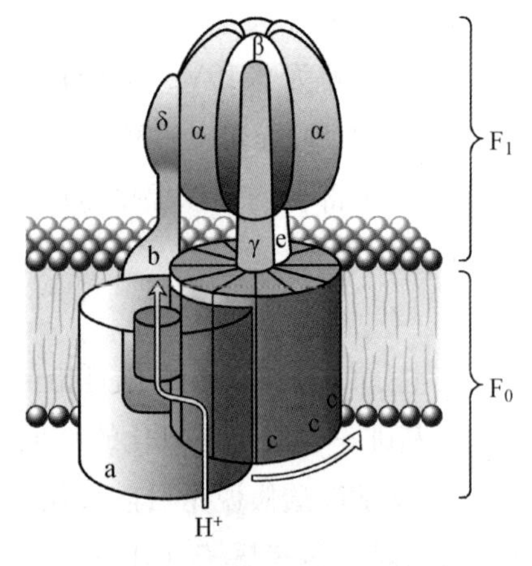

图 5-13 ATP 合酶结构

递。萎锈灵、丙二酸是复合体Ⅱ的抑制剂，CN^-可结合复合体Ⅳ中氧化型 Cyt a_3，阻断电子由 Cyt a 传递到 Cyt a_3，CO 与还原型 Cyt a_3结合，阻断电子传递给 O_2。这类抑制剂可使细胞内呼吸停止，与此相关的细胞生命活动停止，引起机体迅速死亡。

2. 解偶联剂 解偶联剂使氧化和磷酸化相互脱离，解偶联剂作用的本质是破坏电子传递过程建立的跨内膜的质子电化学梯度，电子传递过程中泵出的 H^+不经 ATP 合酶的 F_0质子通道回流，而通过其他途径返回线粒体基质，电化学梯度储存的能量只能以热能形式释放，ATP 生成受到抑制。常用的解偶联剂有二硝基苯酚等。二硝基苯酚为脂溶性物质，在线粒体内膜中可以自由移动，进入基质侧时释出 H^+，返回胞质侧时结合 H^+，从而破坏电化学梯度，使体温升高。哺乳类动物棕色脂肪组织线粒体内膜中含有丰富且独特的解偶联蛋白（UCP），在内膜上形成易化质子通道，H^+可经此通道返回线粒体基质中，通过氧化磷酸化解偶联释放热量，这对于维持动物的体温十分重要。

3. ATP 合酶抑制剂 这类抑制剂对电子传递和 ATP 的合成都有抑制作用。如寡霉素可结合 F_0单位，阻止质子从 F_0质子通道回流，从而抑制 ATP 合成。此时，由于线粒体内膜两侧质子电化学梯度增高，影响呼吸链质子泵的功能，继而抑制电子传递。

氧化磷酸化抑制剂的作用部位见图 5-14。

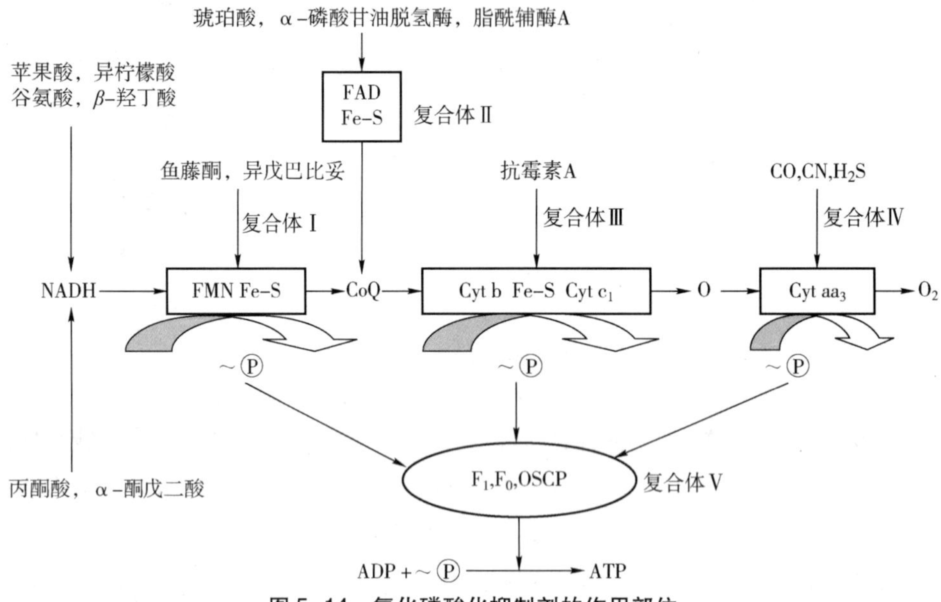

图 5-14 氧化磷酸化抑制剂的作用部位

4. 甲状腺素 甲状腺素诱导细胞膜上 Na^+,K^+-ATP 酶的合成，此酶催化 ATP 分解，释放的能量将细胞内的 Na^+泵到细胞外，而 K^+进入细胞内。酶活性增高，分解 ATP 增多，生成的 ADP 又可促进氧化磷酸化过程，另外，甲状腺素 T_3还可以使解偶联蛋白基因表达增加，引起机体耗氧并产热。所以甲状腺功能亢进患者表现为易激多食、怕热多汗，基础代

谢率增高。

知识链接

甲状腺激素的作用及甲状腺功能亢进患者的护理

甲状腺激素有以下作用：①产热效应。甲状腺激素可使绝大多数组织的耗氧率和产热量增加，甲状腺功能亢进时，产热量增加，基础代谢率增高，患者喜凉怕热，极易出汗。②对蛋白质代谢可加速蛋白质分解，特别是加速骨骼肌的蛋白质分解，从而导致血钙升高和骨质疏松，尿钙排出量增加。③对糖代谢，一方面促进小肠黏膜对糖的吸收，增强糖原分解，抑制糖原合成；另一方面，促进组织对糖的利用，可降低血糖。④对脂肪代谢，甲状腺激素促进脂肪酸氧化分解作用。

甲状腺功能亢进患者应注意以下护理。①饮食：高热量、高蛋白质、高维生素饮食。禁止摄入刺激性食物及饮料，如浓茶。避免进食含碘丰富的食物。②环境：甲状腺功能亢进患者因怕热多汗，应保持室温凉爽。③用药指导：嘱患者按剂量、按疗程服药，不可随意减量和停药。服用抗甲状腺药物开始的 3 个月，每周查血常规 1 次，每隔 1～2 个月做甲状腺功能测定，每天清晨起床前自测脉搏，定期测量体重。脉搏减慢、体重增加是治疗有效的标志。若出现高热、恶心、呕吐、腹泻、突眼加重等症状，应及时就诊。

5. ATP/ADP 值　ATP/ADP 值是影响氧化磷酸化的重要因素。线粒体内 ATP/ADP 值降低，使氧化磷酸化速度加快，ADP+Pi 接受能量生成 ATP。线粒体内 ATP/ADP 值增高，线粒体内 ADP 浓度减低就会使氧化磷酸化速度减慢。另外，ATP/ADP 值增高会抑制体内的许多关键酶，如磷酸果糖激酶、丙酮酸激酶、异柠檬酸脱氢酶、丙酮酸脱氢酶复合物和 α-酮戊二酸脱氢酶复合物，通过直接反馈作用抑制相关代谢过程。

6. 线粒体 DNA 突变　线粒体 DNA（mtDNA）呈裸露的环状双螺旋结构，缺乏蛋白质保护和损伤修复系统，容易受到损伤而发生突变，其突变率远高于核内的基因组 DNA。线粒体 DNA 突变可影响机体氧化磷酸化功能。

三、ATP 的转移与利用

（一）线粒体内膜上的腺苷酸转运

线粒体内膜上富含 ATP-ADP 转位酶又称腺苷酸移位酶，由 2 个亚基组成，主要功能是催化经内膜的 ADP 进入和 ATP 移出紧密偶联，维持线粒体腺苷酸水平平衡。此时，胞质中的 $H_2PO_4^-$ 经磷酸盐转运蛋白（磷酸盐载体）与 H^+ 同向转运到线粒体内，见图 5-15。

每分子 ATP 和 ADP 反向转运时，实现向内膜外净转移 1 个负电荷，相当于多一个 H^+ 转入线粒体基质，因此每分子 ATP 在线粒体中生成并转运到胞质，共需 4 个 H^+ 回流进入线粒体基质中。按此计算，NADH 氧化呼吸链每传递 2 个 H 泵出 10 个 H^+，生成 2.5 (10/4) 分子 ATP，琥珀酸氧化呼吸链每传递 2 个 H 泵出 6 个 H^+，生成 1.5（6/4）分子 ATP。

心肌和骨骼肌等耗能多的组织线粒体膜间隙中存在一种肌酸激酶，它催化经 ATP-ADP

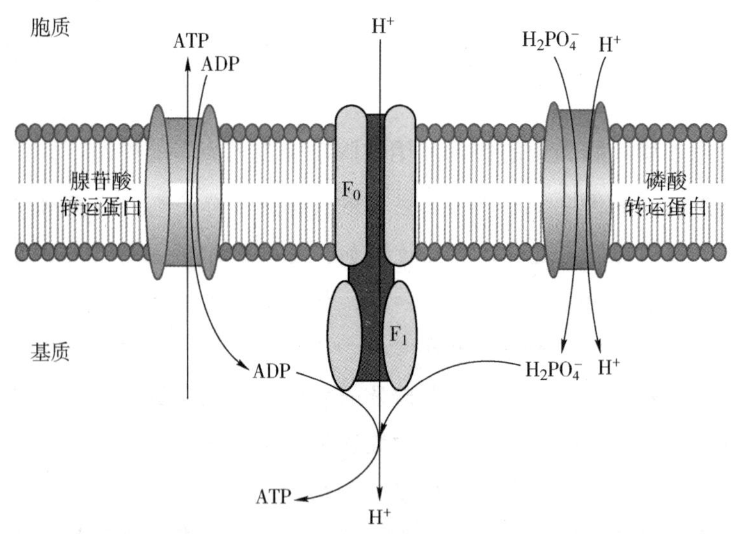

图 5-15　ATP、ADP、Pi 的转运

转位酶运到膜间隙中的 ATP 与肌酸之间～Ⓟ转移，生成的磷酸肌酸经线粒体外膜中的孔蛋白进入胞质中。进入胞质中的磷酸肌酸在细胞需能部位由相应的肌酸激酶同工酶催化，将～Ⓟ转移给 ADP 生成 ATP，供细胞利用。

（二）能量的转换和储存

1. 高能化合物　化学键水解时释放的能量大于 25kJ/mol 的化学键称为高能键，常用“～”符号表示。含有高能键的化合物称为高能化合物。机体在生物氧化过程中释放的能量，除用于生命活动及维持体温外，大约有 40% 是以化学能的形式储存于化合物中，形成高能磷酸键或高能硫酸酯键。

体内所有的高能化合物中，以 ATP 最为重要，生物体内能量的储存和利用都以 ATP 为中心，ATP 几乎是细胞能够直接利用的唯一能源。在体外 pH7.0，25℃ 条件下，每摩尔 ATP 水解为 ADP 和磷酸时释放的能量为 30.5kJ。体内 ATP 数量不多，但经 ATP/ADP 相互转换可得到源源不断的供应。

ATP 是生命活动中的直接供能物质，其水解时释放的能量可直接供给各种生命活动，如肌肉收缩、腺体分泌、离子平衡、神经传导、合成代谢、维持体温等，见图 5-16。

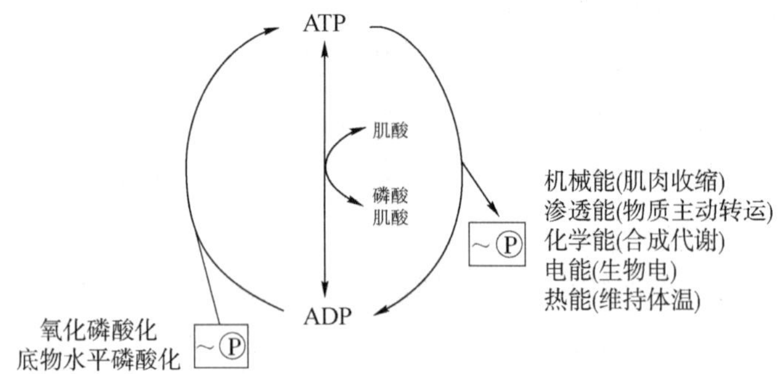

图 5-16　ATP 的生成和利用

另外一些重要的化合物也含有高能键，分解时同样可以释放大量的能量，如磷酸肌酸、

磷酸烯醇丙酮酸等。

2. ATP 的生成方式　氧化磷酸化是体内 ATP 合成的主要方式。除此以外，还有一种是与脱氢（或脱水）反应偶联，直接将高能代谢物分子中的能量转移给 ADP（或 GDP），生成 ATP（或 GTP）的过程称为底物水平磷酸化，如糖代谢的三个反应过程可通过底物水平磷酸化产生 ATP。

$$1,3\text{-双磷酸甘油酸} + ADP \xrightarrow{\text{3-磷酸甘油酸激酶}} \text{3-磷酸甘油酸} + ATP$$

$$\text{磷酸烯醇丙酮酸} + ADP \xrightarrow{\text{丙酮酸激酶}} \text{烯醇丙酮酸} + ATP$$

$$\text{琥珀酰辅酶A} + H_3PO_4 \xrightarrow[GDP \rightarrow GTP]{\text{琥珀酰辅酶A合成酶}} \text{琥珀酸} + HSCoA$$

3. ATP 的利用与储存　机体需要的能量绝大多数由 ATP 直接提供，但也有一些代谢过程需要其他高能化合物提供，如糖原合成需要 UTP，蛋白质合成需要 GTP，而磷脂合成需要 CTP。为这些合成代谢提供能量的 UTP、CTP、GTP 等，通常是在二磷酸核苷激酶的催化下，从 ATP 中获得～Ⓟ而生成。反应如下：

$$ATP + UDP \rightleftharpoons ADP + UTP$$

$$ATP + CDP \rightleftharpoons ADP + CTP$$

$$ATP + GDP \rightleftharpoons ADP + GTP$$

磷酸肌酸（CP）是机体能量的储存形式。当体内 ATP 浓度较高时，可在肌酸激酶的催化下，ATP 将其～Ⓟ转移给肌酸，生成磷酸肌酸。当机体 ATP 消耗过多而使 ADP 增多时，磷酸肌酸可将～Ⓟ转移给 ADP 形成 ATP，供机体利用。

$$\underset{\text{肌酸}}{\begin{matrix} NH_2 \\ | \\ C{=}NH \\ | \\ N{-}CH_3 \\ | \\ CH_2 \\ | \\ COOH \end{matrix}} + ATP \underset{}{\xrightleftharpoons{\text{肌酸激酶}}} \underset{\text{磷酸肌酸}}{\begin{matrix} NH{\sim}Ⓟ \\ | \\ C{=}NH \\ | \\ N{-}CH_3 \\ | \\ CH_2 \\ | \\ COOH \end{matrix}} + ADP$$

四、线粒体外 NADH 的氧化

物质氧化分解过程中，在线粒体外也产生一定量的 NADH，而 NADH 的氧化产能过程在线粒体内，因此，需先将 NADH 转运至线粒体内，再进行生物氧化。真核细胞中 NADH 及所携带的氢不能自由通过线粒体内膜，必须借助穿梭机制才能被转入线粒体。体内穿梭机制主要有 α-磷酸甘油穿梭和苹果酸-天冬氨酸穿梭两种。

1. α-磷酸甘油穿梭　α-磷酸甘油穿梭主要存在于脑及骨骼肌中，胞质中的 NADH 在磷酸甘油脱氢酶催化下，使磷酸二羟丙酮还原成 α-磷酸甘油，后者通过线粒体外膜，再经位于线粒体内膜近胞质侧的含 FAD 辅基的磷酸甘油脱氢酶催化生成磷酸二羟丙酮和 $FADH_2$，磷酸二羟丙酮可再返回线粒体外侧继续下一轮穿梭，而 $FADH_2$ 则进入琥珀酸氧化呼吸链，可产生 1.5 分子 ATP，见图 5-17。

2. 苹果酸-天冬氨酸穿梭　苹果酸-天冬氨酸穿梭主要存在于肝、肾和心肌中，胞质中 NADH 在苹果酸脱氢酶催化下，草酰乙酸还原成苹果酸，苹果酸通过线粒体内膜上的 α-酮戊二酸转运蛋白进入线粒体内。进入线粒体的苹果酸，经苹果酸脱氢酶催化又氧化生成草

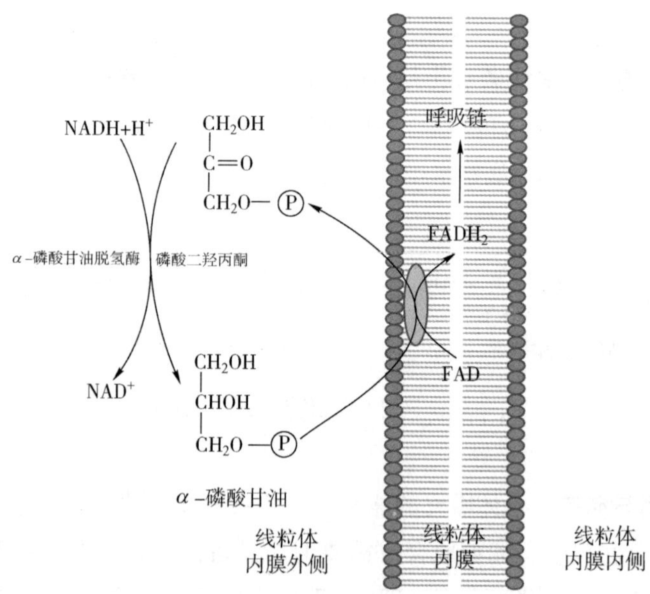

图 5-17　α-磷酸甘油穿梭

酰乙酸和 NADH，NADH 进入 NADH 氧化呼吸链，可产生 2.5 分子 ATP。线粒体内的草酰乙酸经天冬氨酸氨基转移酶作用生成α-酮戊二酸和天冬氨酸，天冬氨酸借线粒体膜上的酸性氨基酸转运蛋白运出线粒体再转变成草酰乙酸，继续重复穿梭，见图 5-18。

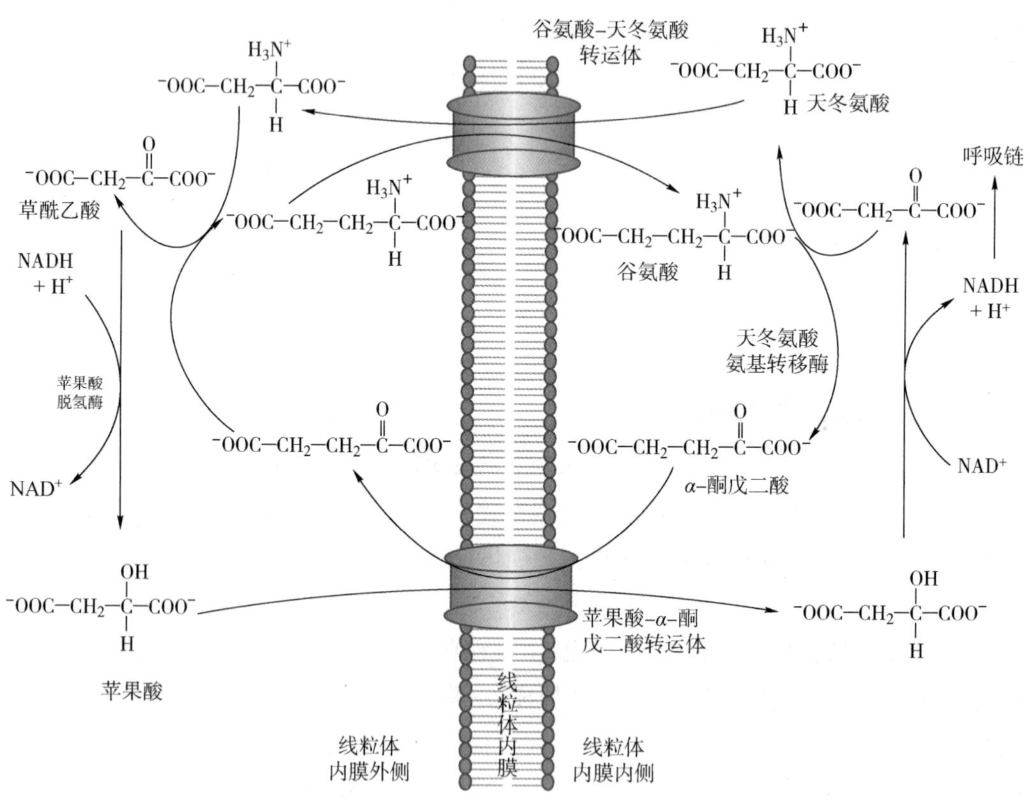

图 5-18　苹果酸-天冬氨酸穿梭

第三节 其他氧化体系

一、微粒体单加氧酶系

微粒体单加氧酶又称为混合功能氧化酶或羟化酶，存在于滑面内质网内（微粒体），由细胞色素 P_{450}、$NADPH+H^+$、NADPH-细胞色素 P_{450}还原酶组成。催化一个氧原子加到底物分子上，形成羟基化合物或环氧化合物，另一个氧原子被氢（来自 $NADPH+H^+$）还原成水。微粒体单加氧酶参与类固醇激素、胆汁酸及胆色素等的羟基化，以及药物和毒物的羟基化过程。催化反应通式如下。

$$RH + NADPH + H^+ + O_2 \longrightarrow ROH + NADP^+ + H_2O$$

上述反应需要细胞色素 P_{450}（Cyt P_{450}）参与，Cyt P_{450}属于 Cyt b 类，Cyt P_{450}有几百种同工酶，在生物中广泛分布，在肝和肾上腺的微粒体中含量最多，对被羟化的底物各有其特异性，又称细胞色素 P_{450}羟化酶系。还原型 Cyt P_{450}与 CO 结合后在波长 450nm 处出现最大吸收峰故而得名。单加氧酶作用机制见图 5-19。

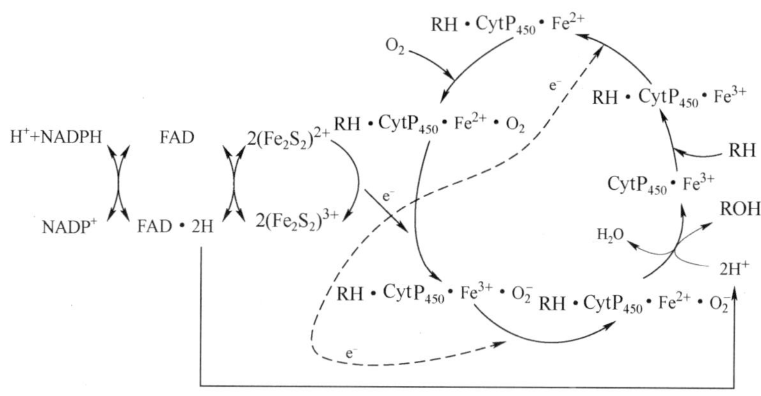

图 5-19 单加氧酶作用机制

二、抗氧化酶体系

抗氧化酶体系主要用于清除体内的过氧化氢或其他过氧化物，主要的酶类有过氧化物酶体氧化酶体系和超氧化物歧化酶（SOD）。

（一）过氧化物酶体氧化酶体系

1. 过氧化氢酶 过氧化氢酶又称触酶，其辅基含有 4 个血红素，催化反应如下。

$$2H_2O_2 \xrightarrow{\text{过氧化氢酶}} 2H_2O + O_2$$

在粒细胞和吞噬细胞中，H_2O_2可氧化杀死入侵的细菌；甲状腺细胞中产生的 H_2O_2可使 $2I^-$氧化为 I_2，进而使酪氨酸碘化生成甲状腺激素。

2. 过氧化物酶 过氧化物酶以血红素为辅基，它利用 H_2O_2直接氧化酚类或胺类化合物，反应如下。

$$2H_2O_2 + R \xrightarrow{\text{过氧化氢酶}} 2H_2O + RO$$

$$H_2O_2 + RH_2 \xrightarrow{\text{过氧化氢酶}} 2H_2O + R$$

临床上判断粪便中有无隐血时，就是利用白细胞中含有大量的过氧化物酶，能将联苯胺氧化成蓝色化合物。

（二）超氧化物歧化酶

1. 反应活性氧 正常状态下，机体内1%～5%的氧可代谢生成反应活性氧类（ROS），ROS包括氧自由基及其活性衍生物，见图5-20。

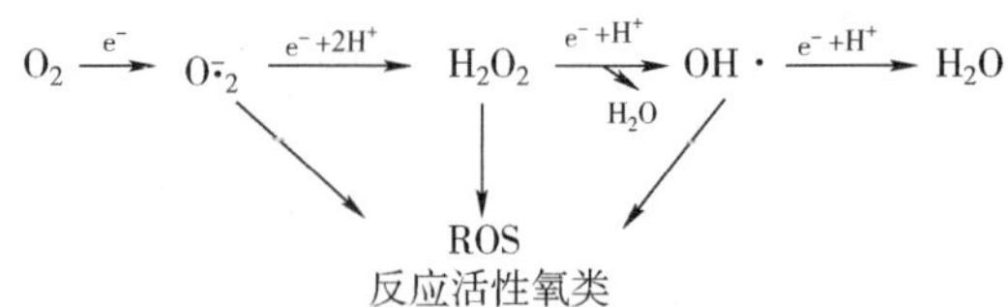

图5-20 反应活性氧产生

自由基指带有未配对电子的原子或化学基团，主要有超氧阴离子（$O_2^{\cdot}$）、羟自由基（·OH）、烷自由基（脂质自由基，$L^{\cdot}$）、烷氧自由基（脂氧自由基，$LO^{\cdot}$）和烷过氧自由基（脂过氧自由基，$LOO^{\cdot}$）等。氧自由基化学性质活泼，不稳定，具有较强的氧化还原能力，这些氧自由基可继发产生其他具有活泼生物性质的衍生物，如过氧化氢（H_2O_2）、单线态氧（$^1O_2$）、脂质过氧化物（LOOH）等。

2. SOD的作用 SOD是一组金属酶，在体内催化自由基的歧化反应，生成H_2O_2和O_2。在真核细胞质中，SOD是以Cu^{2+}、Zn^{2+}为辅基，称为Cu-Zn-SOD；线粒体内以Mn^{2+}为辅基，称为Mn-SOD。SOD是人体防御各种超氧离子损伤的重要酶类，对$O_2^{\cdot}$的清除有助于防止其他活性氧的生成。体内物质氧化时可产生$O_2^{\cdot}$，可进一步被SOD作用生成H_2O_2和O_2，反应如下：

$$2O_2^{\cdot} + 2H^+ \xrightarrow{SOD} H_2O_2 + O_2$$

SOD反应生成的H_2O_2进一步由过氧化物酶体氧化酶体系催化生成水，被清除掉。

知识链接

SOD与衰老和保健

人体内SOD的浓度随着年纪渐增而减少，以致自由基的含量偏多超过机体正常清除自由基的能力，从而使皮肤等组织造成伤害，导致衰老，主要表现为皮肤色素沉淀、体力衰退。SOD能够清除自由基，因而可以延缓衰老。

营养不均衡及年老，都会造成体内SOD合成量逐渐不足。补充SOD可升高其浓度，降低体内自由基的数量。天然SOD可见于青花菜、甘蓝与其芽、大麦草、胚芽、麦芽、豆苗、大豆、大部分绿色蔬果、蓝藻、绿藻、鲜鱼、乌鸡等食物。SOD摄取不宜过量，过量反而会造成铜、锌、锰等重金属的累积。从护理学的角度建议，可使用富含SOD等能清除自由基的护肤品延缓皮肤衰老，也可以多食用一些富含SOD的营养食品。

本章小结

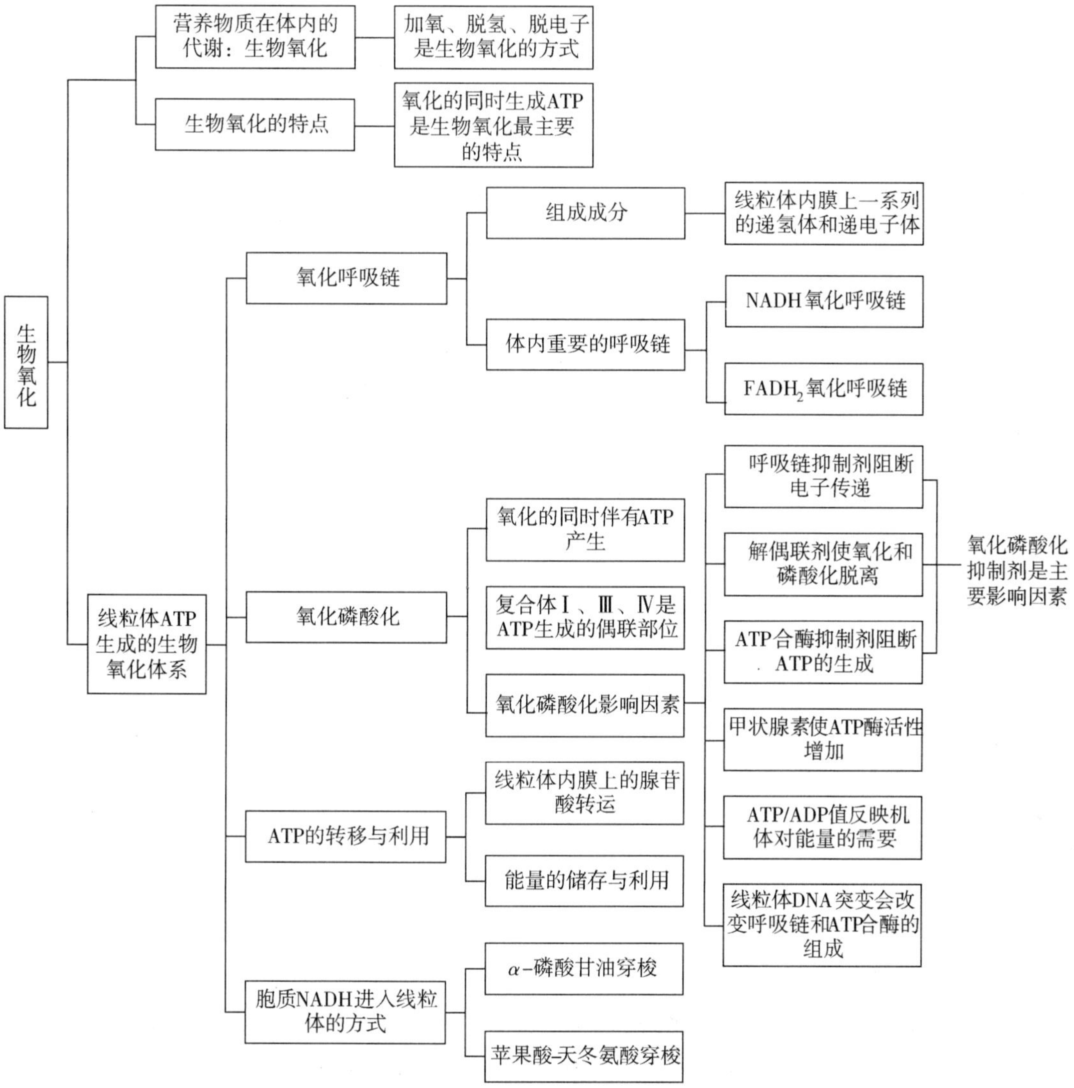

- 生物氧化
  - 营养物质在体内的代谢：生物氧化 —— 加氧、脱氢、脱电子是生物氧化的方式
  - 生物氧化的特点 —— 氧化的同时生成ATP是生物氧化最主要的特点
  - 线粒体ATP生成的生物氧化体系
    - 氧化呼吸链
      - 组成成分 —— 线粒体内膜上一系列的递氢体和递电子体
      - 体内重要的呼吸链
        - NADH氧化呼吸链
        - $FADH_2$氧化呼吸链
    - 氧化磷酸化
      - 氧化的同时伴有ATP产生
      - 复合体Ⅰ、Ⅲ、Ⅳ是ATP生成的偶联部位
      - 氧化磷酸化影响因素
        - 呼吸链抑制剂阻断电子传递
        - 解偶联剂使氧化和磷酸化脱离
        - ATP合酶抑制剂阻断ATP的生成
        - （以上三项：氧化磷酸化抑制剂是主要影响因素）
        - 甲状腺素使ATP酶活性增加
        - ATP/ADP值反映机体对能量的需要
        - 线粒体DNA突变会改变呼吸链和ATP合酶的组成
    - ATP的转移与利用
      - 线粒体内膜上的腺苷酸转运
      - 能量的储存与利用
    - 胞质NADH进入线粒体的方式
      - α-磷酸甘油穿梭
      - 苹果酸-天冬氨酸穿梭

一、选择题

【A1 型题】

1. 含有烟酰胺的物质是

   A. FMN　　B. FAD　　C. 泛醌　　D. NAD^+　　E. 辅酶 A

2. 细胞色素 aa_3除含有铁以外，还含有

   A. 锌　　B. 锰　　C. 铜　　D. 镁　　E. 钾

3. 呼吸链存在于

A. 细胞膜　B. 线粒体外膜　C. 线粒体内膜
D. 微粒体　E. 过氧化物酶体

4. 呼吸链中可被一氧化碳抑制的成分是
A. FAD　B. FMN　C. 铁硫蛋白　D. 细胞色素 aa_3　E. 细胞色素 c

5. 下列哪种物质不是 NADH 氧化呼吸链的组分
A. FMN　B. FAD　C. 泛醌　D. 铁硫蛋白　E. 细胞色素 c

6. 哪种物质是解偶联剂
A. 一氧化碳　B. 氰化物　C. 鱼藤酮　D. 二硝基苯酚　E. 硫化氰

7. ATP 生成的主要方式是
A. 肌酸磷酸化　B. 氧化磷酸化
C. 糖的磷酸化　D. 底物水平磷酸化
E. 有机酸脱羧

8. 呼吸链中细胞色素排列顺序是
A. $b \rightarrow c \rightarrow c_1 \rightarrow aa_3 \rightarrow O_2$　B. $c \rightarrow b \rightarrow c_1 \rightarrow aa_3 \rightarrow O_2$
C. $c_1 \rightarrow c \rightarrow b \rightarrow aa_3 \rightarrow O_2$　D. $b \rightarrow c_1 \rightarrow c \rightarrow aa_3 \rightarrow O_2$
E. $c \rightarrow c_1 \rightarrow b \rightarrow aa_3 \rightarrow O_2$

9. 有关 NADH 哪项是错误的
A. 可在胞质中形成　B. 可在线粒体中形成
C. 在胞质中氧化生成 ATP　D. 在线粒体中氧化生成 ATP
E. 又称还原型辅酶Ⅰ

10. 下列哪种不是高能化合物
A. GTP　B. ATP
C. 磷酸肌酸　D. 3-磷酸甘油醛
E. 1,3-双磷酸甘油酸

11. 有关生物氧化哪项是错误的
A. 在生物体内发生的氧化反应　B. 生物氧化是一系列酶促反应
C. 氧化过程中能量逐步释放　D. 线粒体中的生物氧化可伴有 ATP 生成
E. 与体外氧化结果相同，但释放的能量不同

12. 呼吸链中不具质子泵功能的是
A. 复合体Ⅰ　B. 复合体Ⅱ　C. 复合体Ⅲ
D. 复合体Ⅳ　E. 以上均不具有质子泵功能

13. 关于线粒体内膜外的 H^+ 浓度叙述正确的是
A. 浓度高于线粒体内　B. 浓度低于线粒体内
C. 可自由进入线粒体　D. 进入线粒体需主动转运
E. 进入线粒体需载体转运

14. 心肌细胞质中的 NADH 进入线粒体主要通过
A. α-磷酸甘油穿梭　B. 肉碱穿梭
C. 苹果酸-天冬氨酸穿梭　D. 丙氨酸-葡萄糖循环
E. 柠檬酸-丙酮酸循环

15. 丙酮酸脱下的氢在哪个环节上进入呼吸链
   A. 泛醌　　B. NADH-泛醌还原酶
   C. 复合体Ⅱ　　D. 细胞色素 c 氧化酶
   E. 以上均不是
16. 下列哪种维生素参与构成呼吸链
   A. 维生素 A　B. 维生素 B_1　C. 维生素 B_2　D. 维生素 C　E. 维生素 D
17. 离体线粒体中加入抗霉素 A，细胞色素 c_1 处于
   A. 氧化状态　B. 还原状态　C. 结合状态　D. 游离状态　E. 活化状态
18. 甲状腺功能亢进患者不会出现
   A. 耗氧增加　　B. ATP 生成增多
   C. ATP 分解减少　　D. ATP 分解增加
   E. 基础代谢率升高

二、思考题

1. 生物氧化与体外物质氧化的异同。
2. NADH 氧化呼吸链和琥珀酸氧化呼吸链的组成、排列顺序及氧化磷酸化的偶联部位。
3. 影响氧化磷酸化的诸因素及其作用机制。

（崔安芳）

扫码“练一练”

第六章 糖代谢

1. **掌握** 糖的无氧氧化和糖的有氧氧化的概念、过程、关键酶及生理意义；戊糖磷酸途径的关键酶和生理意义；糖异生、糖原合成与分解的概念，关键酶与生理意义。

2. **熟悉** 血糖、高血糖、低血糖的概念，血糖的来源和去路及激素对血糖的调节；糖原合成和分解的调节。

3. **了解** 糖的消化吸收；高血糖与低血糖的原因。

案例导入

患者男性，60岁，烦渴、多饮、多食3年，头晕、耳鸣半月，入院就诊。入院前出现烦渴、多饮，每日饮水约8杯（水杯容积500ml），小便量及次数增多，夜尿增多明显。伴多食，体重近半年减轻3kg。于社区医院门诊多次化验，血糖升高。入院化验报告，尿比重1.030，尿蛋白“-”，尿糖“++”。血浆生化检查：空腹血糖8.8mmol/L，餐后2小时血糖14.5mmol/L。参考化验报告作出初步临床诊断并用生化机制解释。

请问：

1. 患者健康状况如何评价？
2. 患者可以采取什么措施来改善其血糖？
3. 应给患者提出哪些合理性建议？

糖类是多羟基醛或多羟基酮及其衍生物或聚合物的总称。如葡萄糖为醛糖，果糖为酮糖。由于绝大多数的糖类化合物都可以用通式 $C_n(H_2O)_m$ 表示，所以人们一直习惯把糖类称为碳水化合物。根据糖的化学组成不同，可将糖分为以下5种。①单糖：不能被水解成更小分子的糖，如葡萄糖、半乳糖。②寡糖：由2～10个单糖分子脱水缩合而成，以双糖最为普遍，如蔗糖、麦芽糖。③多糖：由10个以上单糖分子组成的糖。由同一种单糖分子组成的多糖称为均一性多糖，如淀粉、糖原、纤维素等；由两种以上的单糖分子组成的多糖称为不均一性多糖，如透明质酸、硫酸软骨素、硫酸皮肤素等。④结合糖：也称复合糖，指糖与蛋白质、脂质等非糖物质结合形成的复合物，如糖脂、糖蛋白、蛋白聚糖等。⑤糖的衍生物，如糖醇、糖酸、糖胺等。

扫码“学一学”

第一节 概 述

一、糖的生理功能

1. 氧化供能 1mol葡萄糖彻底氧化可释放2840kJ能量，是机体重要的能量来源。人体所需能量的50%～70%来源于糖。

2. 为其他物质的合成提供碳骨架 糖代谢的某些中间产物为蛋白质、核酸、脂质的合成提供碳骨架。例如糖代谢的中间产物丙酮酸可转化为丙氨酸，用于合成蛋白质，乙酰辅酶A可参与脂肪的合成等。

3. 构成人体组织结构的重要成分 糖与蛋白质、脂质等大分子物质结合形成复合物，如糖蛋白等，是构成生物膜等重要细胞结构的组成成分。又如蛋白聚糖，构成结缔组织、软骨和骨的基质；糖蛋白参与神经组织的构成等。

4. 参与信息传递和细胞分子间的识别 细胞膜表面糖蛋白参与细胞间的信息传递，与细胞免疫、识别作用有关。还有一些具有特殊生理功能的糖蛋白，如激素、免疫球蛋白、血型物质等参与分子间的信息传递与分子识别。

二、糖的消化与吸收

体内的糖主要来自于食物中的淀粉和少量双糖及单糖。多糖及双糖都必须经过酶的催化水解成单糖才能被吸收。

淀粉是由葡萄糖构成的多糖，直链中的葡萄糖残基以α-1,4-糖苷键相连，分支处则以α-1,6-糖苷键连接。淀粉在口腔中进行初步消化，口腔中的唾液淀粉酶能够将部分淀粉水解为麦芽糖。淀粉的主要消化部位在小肠。小肠中含有α-淀粉酶、α-糊精酶和乳糖酶等多种酶，可将淀粉彻底水解为葡萄糖。一些成年人由于缺乏乳糖酶，致乳糖不耐受症，因此这些人在饮用牛奶后，由于牛奶中的乳糖不能被机体正常水解而在肠中积聚，经细菌作用后产生CH_4和乳酸等，引起腹胀、腹泻等症状。

葡萄糖的主要吸收部位是小肠上段，其吸收是一个依赖Na^+的耗能的主动摄取过程，需特定的载体蛋白参与。在小肠上皮细胞刷状缘上，存在着与细胞膜结合的Na^+-葡萄糖联合转运体，当Na^+经转运体顺浓度梯度进入小肠上皮细胞时，葡萄糖随Na^+一起被移入细胞内，这时对葡萄糖而言是逆浓度梯度转运。这个过程的能量是由Na^+的浓度梯度（化学势能）提供的，它足以将葡萄糖从低浓度转运到高浓度。当小肠上皮细胞内的葡萄糖浓度增高到一定程度，葡萄糖经小肠上皮细胞基底面单向葡萄糖转运体顺浓度梯度被动扩散到血液中。小肠上皮细胞内增多的Na^+通过钠钾泵（Na^+,K^+-ATP酶），利用ATP提供的能量，从基底面被泵出小肠上皮细胞外，进入血液，从而降低小肠上皮细胞内Na^+浓度，维持刷状缘两侧Na^+的浓度梯度，使葡萄糖能不断地被转运。

植物性食物中含有大量的纤维素，但其中的葡萄糖是以β-1,4-糖苷键连接，因人体内没有水解β-糖苷键的酶，因而不能水解利用纤维素，但纤维素具有吸附毒素、促进肠蠕动等作用，也是维持健康所必需的物质。

三、糖在体内的代谢概况

人体内最主要的糖类是葡萄糖，所以糖代谢主要是葡萄糖在体内的一系列复杂的化学反应过程，在不同的细胞、不同的机体运动状态、不同的供氧状态下差别很大。在供氧充足时，葡萄糖主要进行有氧氧化，彻底氧化成H_2O、CO_2和大量能量；在缺氧时，葡萄糖进行无氧酵解，生成乳酸和少量能量的过程会增强。此外，葡萄糖也可进入戊糖磷酸途径等进行代谢，生成其他有用的中间产物。在机体葡萄糖供应充足时，机体可将葡萄糖合成糖原贮存在肝或肌组织之中。在机体葡萄糖供应不足时，可将贮存的糖原再次分解，供机体利用。此外，有些非糖物质如乳酸、丙酮酸等还可经糖异生途径转变成

扫码“学一学”

扫码“看一看”

葡萄糖或糖原。

第二节　糖的分解代谢

葡萄糖在体内的分解代谢主要有三条途径：糖的无氧氧化、有氧氧化和戊糖磷酸途径。

一、糖的无氧氧化

在缺氧情况下，机体将葡萄糖分解生成乳酸并产生少量 ATP 的过程称为糖的无氧氧化。因为此过程与酵母中糖生醇的过程相似，故将葡萄糖分解生成丙酮酸的过程称为糖酵解。丙酮酸还原生成乳酸的过程称为乳酸发酵。催化此反应的酶都存在于细胞质中，故糖的无氧氧化的全部反应是在细胞质中进行的。

（一）糖的无氧氧化的反应过程

糖的无氧氧化的反应过程分为两个阶段：第一阶段是葡萄糖或糖原分解成丙酮酸的过程；第二个阶段是丙酮酸还原成乳酸的过程。

1. 葡萄糖磷酸化成为葡糖-6-磷酸　葡萄糖进入细胞后首先的反应是磷酸化，磷酸化后的葡萄糖不能自由通过细胞膜而逸出细胞，这是细胞的一种保糖机制。在糖代谢的整个过程中，直至净生成能量之前，中间代谢物都是磷酸化的。葡萄糖磷酸化由己糖激酶催化，消耗 1 分子 ATP，该反应不可逆，是糖的无氧氧化的第一个限速步骤。

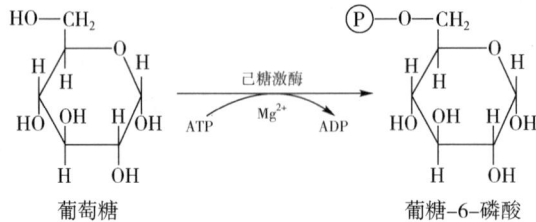

葡萄糖 —己糖激酶, Mg^{2+}, ATP→ADP→ 葡糖-6-磷酸

哺乳类动物体内已发现 4 种己糖激酶同工酶，分别命名为Ⅰ、Ⅱ、Ⅲ、Ⅳ型。Ⅰ、Ⅱ、Ⅲ型主要分布于肝外组织中；Ⅳ型酶只存在于肝细胞中，由于对葡萄糖有高度的专一性，又称葡糖激酶，但此酶对葡萄糖的亲和力较弱，只有在血糖浓度较高时才能发挥作用。因此，当餐后血中葡萄糖浓度升高时，肝中葡糖激酶的活性可随血糖浓度增高而增高，有利于葡萄糖进入肝细胞，在肝细胞内转变为肝糖原而储存和利用，维持血糖浓度恒定；当血中葡萄糖浓度正常或偏低时，肝中葡糖激酶活性低，葡萄糖进入肝细胞减少，此时，其他己糖激酶的活性仍较高，有利于肝外组织利用葡萄糖。

2. 葡糖-6-磷酸转变为果糖-6-磷酸　这是醛糖与酮糖间的异构反应，由磷酸己糖异构酶催化，反应可逆，需要 Mg^{2+} 参与。

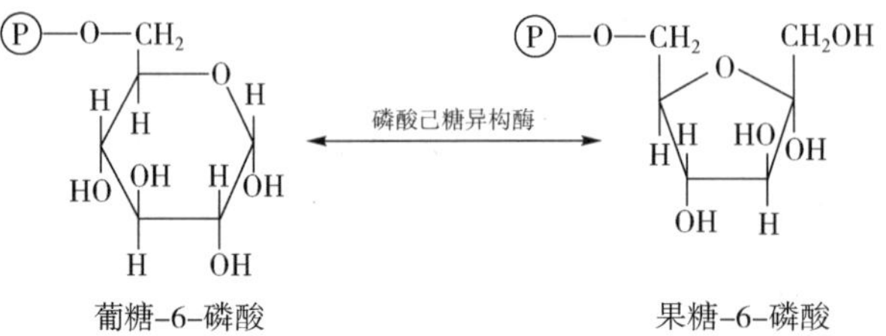

葡糖-6-磷酸　　果糖-6-磷酸

3. 果糖-6-磷酸转变为果糖-1,6-双磷酸 这是第二个磷酸化反应，需 ATP 和 Mg^{2+} 参与，是不可逆的反应。

该反应由磷酸果糖激酶-1 催化，将 ATP 中的磷酸基团转移到果糖-6-磷酸的 C_1 的羟基上，生成果糖-1,6-双磷酸，消耗了 1 个 ATP 分子。磷酸果糖激酶-1 是整个糖酵解过程中活性最低的酶。该酶的活性受 ATP、柠檬酸的抑制，AMP、ADP、果糖-2,6-双磷酸是其激活剂。

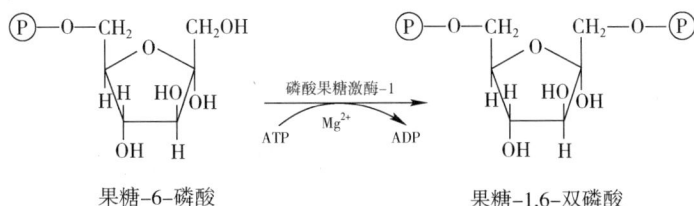

果糖-6-磷酸 —磷酸果糖激酶-1（ATP→ADP，Mg^{2+}）→ 果糖-1,6-双磷酸

4. 果糖-1,6-双磷酸裂解生成3-磷酸甘油醛和磷酸二羟丙酮 6 个碳的果糖-1,6-双磷酸在醛缩酶的作用下使 C_3 和 C_4 之间键断裂，生成 2 分子 3 个碳的磷酸丙糖，即 3-磷酸甘油醛和磷酸二羟丙酮，该反应可逆。

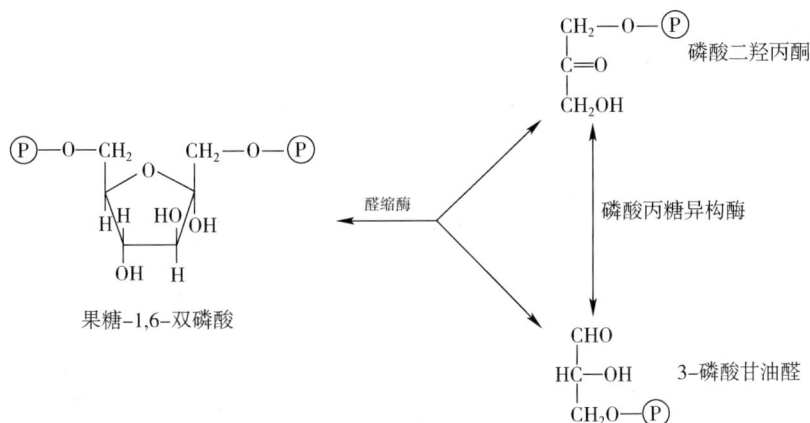

果糖-1,6-双磷酸 —醛缩酶→ 磷酸二羟丙酮 + 3-磷酸甘油醛（磷酸丙糖异构酶）

5. 磷酸二羟丙酮转变为 3-磷酸甘油醛 磷酸二羟丙酮和 3-磷酸甘油醛互为同分异构体，在磷酸丙糖异构酶的催化下可相互转化。3-磷酸甘油醛在糖的无氧氧化后续的反应中逐渐消耗，反应偏向于磷酸二羟丙酮转化为 3-磷酸甘油醛。因此，1 分子的果糖-1,6-双磷酸实际上相当于裂解生成了 2 分子的 3-磷酸甘油醛。

以上反应为糖的无氧氧化途径中的耗能阶段，共消耗 2 分子 ATP，使 1 分子葡萄糖分解生成了 2 分子的 3-磷酸甘油醛。因此从第 6 步以下的各步反应都有两分子化合物同时进行。

6. 3-磷酸甘油醛氧化为 1,3-双磷酸甘油酸 3-磷酸甘油醛在 NAD^+ 和磷酸存在下，由 3-磷酸甘油醛脱氢酶（GAPDH）催化生成 1,3-双磷酸甘油酸，这是糖的无氧氧化中唯一的一步氧化反应。

反应中 3-磷酸甘油醛的醛基脱氢氧化成羧基，脱下的氢被 NAD^+ 被接受还原成 NADH，同时生成的羧基与磷酸形成一个高能酸酐键。在下一步酵解反应中，保存在酸酐化合物中的能量可以使 ADP 转变成 ATP。

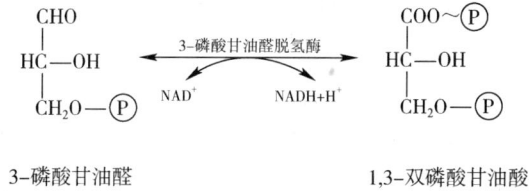

3-磷酸甘油醛 ⇌(3-磷酸甘油醛脱氢酶；NAD^+ → $NADH+H^+$) 1,3-双磷酸甘油酸

7. **1,3-双磷酸甘油酸转变成 3-磷酸甘油酸** 该反应由磷酸甘油酸激酶催化，在 Mg^{2+} 参与下，将 1,3-双磷酸甘油酸上的高能键转移给 ADP 形成 ATP 和 3-磷酸甘油酸。

本反应是糖的无氧氧化过程中第一次生成 ATP 的反应，将底物中所含的高能磷酸键（例如 1,3-双磷酸甘油酸）直接转移给 ADP 形成 ATP，这种 ATP 的生成方式称为底物水平磷酸化。本反应为可逆反应。

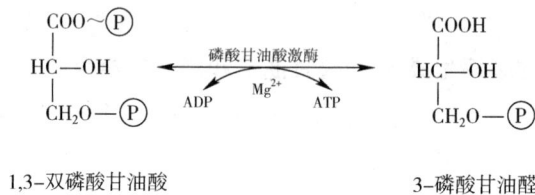

1,3-双磷酸甘油酸 ⇌(磷酸甘油酸激酶；Mg^{2+}；ADP → ATP) 3-磷酸甘油醛

8. **3-磷酸甘油酸转变为 2-磷酸甘油酸** 磷酸甘油酸变位酶催化 3-磷酸甘油酸中的磷酸在 C_3 与 C_2 之间相互转换。此步骤为可逆反应，需要 Mg^{2+} 参与。

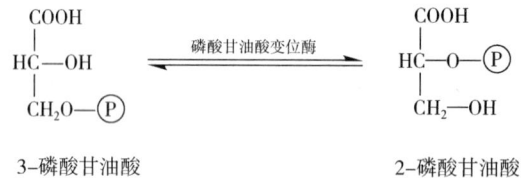

3-磷酸甘油酸 ⇌(磷酸甘油酸变位酶) 2-磷酸甘油酸

9. **2-磷酸甘油酸转变为磷酸烯醇丙酮酸** 在烯醇化酶（需要 Mg^{2+}）催化下，从 2-磷酸甘油酸脱水形成磷酸烯醇丙酮酸，反应是可逆的。此反应引起分子内部的电子重排和能量的重新分布，形成一个高能磷酸键。

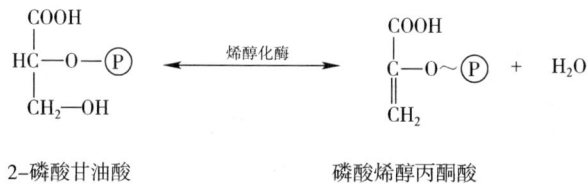

2-磷酸甘油酸 ⇌(烯醇化酶) 磷酸烯醇丙酮酸 + H_2O

10. **磷酸烯醇丙酮酸转化成丙酮酸并生成 ATP** 磷酸烯醇丙酮酸在丙酮酸激酶催化下，将高能键转移给 ADP，生成 ATP 和烯醇丙酮酸，是糖的无氧氧化中第二个底物水平磷酸化反应。烯醇丙酮酸不稳定，无需酶的催化便能转化成更稳定的丙酮酸，丙酮酸是糖的无氧氧化中第一个不再被磷酸化的化合物。本反应不可逆。

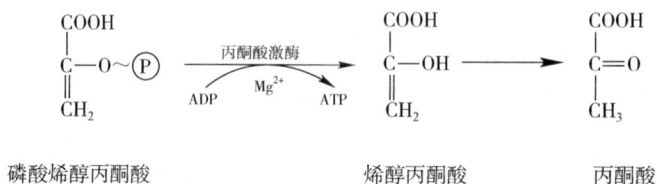

磷酸烯醇丙酮酸 →(丙酮酸激酶；Mg^{2+}；ADP → ATP) 烯醇丙酮酸 → 丙酮酸

以上从第 6 步到本步反应，2 分子的三碳糖分别进行两次底物水平磷酸化，共生成 4 分

子 ATP，减去前期消耗的 2 分子 ATP，净生成 2 分子 ATP。

从葡萄糖开始分解生成丙酮酸为止，即为糖酵解。

（二）丙酮酸转变成乳酸

在缺氧条件下，绝大多数细胞中的丙酮酸都可以由乳酸脱氢酶（LDH）催化还原为乳酸，反应所需的氢原子由第 6 步反应生成的 NADH 提供。在无氧条件下，生成的 NADH 在生成乳酸时又被消耗掉，防止了 NADH 的大量堆积，有利于糖的无氧氧化的顺利进行。

$$\underset{\text{丙酮酸}}{\begin{array}{c}COOH\\ |\\ C{=}O\\ |\\ CH_3\end{array}} \xrightleftharpoons[NADH+H^+\ \rightarrow\ NAD^+]{\text{乳酸脱氢酶}} \underset{\text{乳酸}}{\begin{array}{c}COOH\\ |\\ CH{-}OH\\ |\\ CH_3\end{array}}$$

乳酸是一种在剧烈运动后引起肌肉酸痛的物质。通过无氧酵解产生乳酸，造成乳酸堆积，从而引起血液中乳酸水平升高的现象，称为乳酸中毒。

糖的无氧氧化的过程见图 6-1。

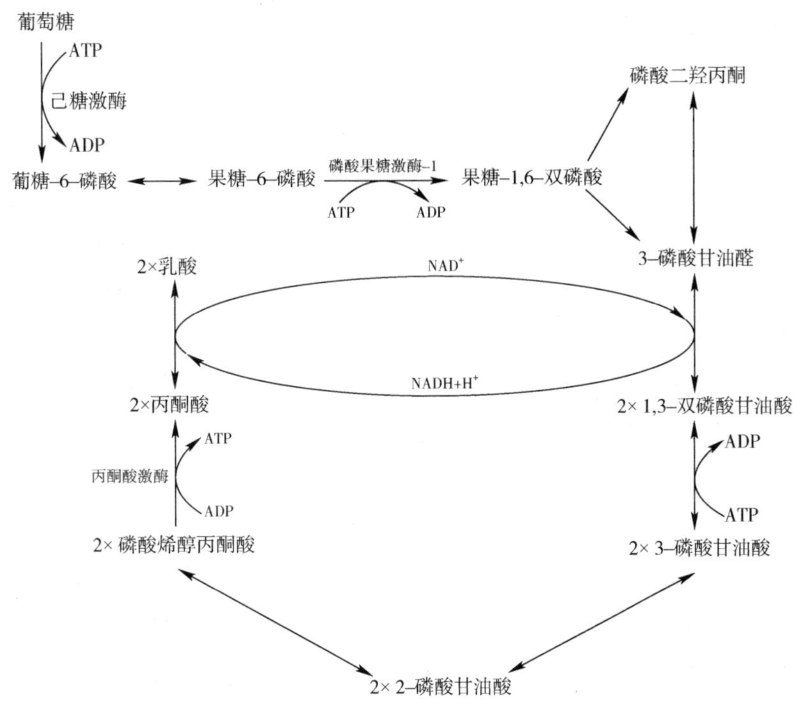

图 6-1　糖的无氧氧化

（三）糖的无氧氧化过程要点

（1）糖的无氧氧化是单糖分解代谢的共同途径。催化糖的无氧氧化的酶都位于细胞质中，因此糖的无氧氧化发生在细胞质中。

（2）糖的无氧氧化生成丙酮酸是通过己糖（消耗 ATP）和丙糖（生成 ATP）两个阶段完成的。在第一个阶段，1 分子的葡萄糖（6 碳）转换为 2 分子的 3-磷酸甘油醛（3 碳），这个阶段需要消耗能量（2 分子 ATP）；在第二个阶段，3-磷酸甘油醛转化为丙酮酸（3 碳），同时生成 NADH 和能量（4 分子 ATP），ATP 是通过底物水平磷酸化合成的。因此 1 分子的葡萄糖经糖的无氧氧化途径净产生 2 分子 ATP。

（3）在无氧条件下，生成的 NADH 在丙酮酸生成乳酸时被消耗，故整个体系中并没有 NADH 的剩余。

（4）糖的无氧氧化途径中存在 3 个不可逆反应，分别由己糖激酶、磷酸果糖激酶-1 和丙酮酸激酶催化，这 3 个酶是调控糖的无氧氧化速度的关键酶。

（四）糖的无氧氧化的生理意义

（1）糖的无氧氧化最主要的生理意义在于缺氧时补充能量，这对肌收缩更为重要。肌肉组织中 ATP 的含量较低，肌肉收缩几秒钟便可耗尽。当机体缺氧或剧烈运动时，肌肉局部血流相对不足时，能量主要通过糖的无氧氧化获得。在病理条件下，如呼吸、循环功能障碍、严重贫血或大量失血等因素造成机体缺氧时，机体的糖的无氧氧化过程便会加强，以满足机体的能量需要。但糖的无氧氧化生成的乳酸是酸性物质，过多的乳酸有可能会引发酸中毒。

（2）在正常生理状况下，也是个别组织细胞的供能方式。例如成熟的红细胞没有线粒体，不能进行有氧氧化，只能通过糖的无氧氧化获取能量。另外，个别组织细胞代谢比较活跃，如神经细胞、白细胞、骨髓细胞等，即使氧气供应充足，也常由糖的无氧氧化提供部分能量。

（五）糖的无氧氧化的调节

糖的无氧氧化中大多数反应是可逆的，这些可逆反应的方向、速率由底物和产物的浓度控制；参与这些可逆反应的酶的活性改变，并不能决定反应的方向。糖的无氧氧化途径中有三个不可逆反应，分别由己糖激酶、磷酸果糖激酶-1 和丙酮酸激酶催化。这三个反应速率最慢，是控制糖的无氧氧化速度的三个关键调节点，因此这三个酶称为糖的无氧氧化的关键酶，其活性受激素和别构效应剂的调节。

1. 激素的调节 胰岛素可诱导体内葡萄糖激酶、磷酸果糖激酶-1 和丙酮酸激酶的合成，提高其催化活性，使糖的无氧氧化过程增强。

2. 代谢物对限速酶的别构调节 体内的许多代谢物是糖的无氧氧化过程中三个关键酶的别构调节剂，可通过改变酶的空间构象影响酶的活性。其中磷酸果糖激酶-1 的催化活性最低，对磷酸果糖激酶-1 的调节是糖的无氧氧化途径中最重要的调节点。磷酸果糖激酶-1 是一个四聚体，受多种别构效应剂的影响，ATP 和柠檬酸是此酶的别构抑制剂，AMP、ADP、果糖-1,6-双磷酸是此酶的别构激活剂。当细胞内能量消耗过多，ATP 大量消耗，而 AMP 和 ADP 增多时，磷酸果糖激酶-1 被别构激活，使糖的无氧氧化速度加快，以生成更多 ATP；反之，则抑制磷酸果糖激酶-1 的活性，糖的无氧氧化被抑制，使 ATP 生成减少。果糖-1,6-双磷酸是磷酸果糖激酶-1 的反应产物，同时也是磷酸果糖激酶-1 的别构激活剂，这种产物正反馈作用是比较少见的，它有利于糖的分解。

二、糖的有氧氧化

葡萄糖彻底氧化生成 CO_2 和 H_2O，并伴有能量释放的过程，称为糖的有氧氧化。有氧氧化是糖氧化产能的主要方式，体内绝大多数组织细胞都通过此途径获得能量。

（一）糖的有氧氧化的反应过程

糖的有氧氧化过程分三阶段：第一阶段为葡萄糖在胞质中生成丙酮酸；第二阶段为丙酮酸进入线粒体内氧化脱羧生成乙酰辅酶 A；第三阶段为乙酰辅酶 A 进入三羧酸循环彻底

氧化分解，并偶联氧化磷酸化生成水和能量。第一阶段在细胞质中进行，后两个阶段在线粒体中进行。

1. 葡萄糖在细胞质中分解生成丙酮酸 该过程与糖的无氧氧化第一阶段反应相同。

2. 丙酮酸氧化脱羧生成乙酰辅酶 A 在第一阶段生成的 2 分子丙酮酸进入线粒体，在丙酮酸脱氢酶复合物的催化下，与辅酶 A 结合，生成乙酰辅酶 A。乙酰辅酶 A 分子中含有高能硫酯键，性质很活泼，可参加体内的多种代谢反应。

$$\underset{\text{丙酮酸}}{\begin{matrix}COOH\\ |\\ C{=}O\\ |\\ CH_3\end{matrix}} + HSCoA \xrightleftharpoons[NAD^+ \quad NADH+H^+]{\text{丙酮酸脱氢酶复合物}} \underset{\text{乙酰辅酶A}}{\begin{matrix}CH_3\\ |\\ CO{\sim}SCoA\end{matrix}} + CO_2$$

丙酮酸脱氢酶复合物是多酶复合体，由三种酶和五种辅助因子组成，见表 6-1。

表 6-1 丙酮酸脱氢酶复合物的组成

酶	辅酶	所含维生素
丙酮酸脱羧酶（E_1）	TPP	维生素 B_1
二氢硫辛酸乙酰转移酶（E_2）	二氢硫辛酸、辅酶 A	硫辛酸、泛酸
二氢硫辛酸脱氢酶（E_3）	FAD、NAD^+	维生素 B_2，维生素 PP

丙酮酸脱氢酶复合物的催化作用包括以下五个连续的反应：

（1）丙酮酸脱羧形成羟乙基-TPP。

（2）在二氢硫辛酸乙酰转移酶（E_2）催化下，使羟乙基-TPP 被氧化，并与硫辛酸结合，生成乙酰二氢硫辛酸。

（3）在二氢硫辛酸乙酰转移酶（E_2）催化下，将乙酰二氢硫辛酸的乙酰基转移给辅酶 A，生成乙酰辅酶 A。

（4）二氢硫辛酸脱氢酶（E_3）催化二氢硫辛酸脱下氢，脱下的 2 个 H 由 FAD 接受，生成 $FADH_2$。

（5）在二氢硫辛酸脱氢酶（E_3）催化下，将 $FADH_2$上的氢转移给 NAD^+，形成 $NADH+H^+$。

整个反应过程中，中间产物并不离开酶复合物，这使得以上的反应能够迅速完成。整个反应自由能改变较大，故反应不可逆。

3. 三羧酸循环 三羧酸循环（TAC）是从乙酰辅酶 A 和草酰乙酸缩合生成含有三个羧基的柠檬酸开始，经四次脱氢、两次脱羧最终生成两分子 CO_2、三分子 $NADH+H^+$、一分子 $FADH_2$、一分子 GTP 多步反应后，最终又生成草酰乙酸而成为循环，故称为三羧酸循环，也称为柠檬酸循环。三羧酸循环是由 Krebs 于 1937 年首先提出，故又称为 Krebs 循环。此循环在线粒体中进行，反应过程如下。

（1）三羧酸循环反应过程

1）柠檬酸的生成 柠檬酸合酶催化乙酰辅酶 A 与草酰乙酸缩合形成柠檬酸，反应所需的能量来自乙酰辅酶 A 的高能硫酯键的水解。本反应不可逆。柠檬酸合酶是三羧酸循环的第一个限速酶。

$$\underset{\text{乙酰辅酶A}}{CH_3-CO\sim SCoA} + H_2O + \underset{\text{草酰乙酸}}{HOOC-C(=O)-CH_2-COOH} \xrightarrow[\quad HSCoA\quad]{\text{柠檬酸合酶}} \underset{\text{柠檬酸}}{HO-C(CH_2-COOH)(COOH)(CH_2-COOH)}$$

2）异柠檬酸的生成　在顺乌头酸酶的催化下，柠檬酸先脱水生成顺乌头酸，然后再加水生成异柠檬酸。

$$\underset{\text{柠檬酸}}{HO-C(CH_2-COOH)(COOH)(CH_2-COOH)} \underset{}{\overset{H_2O}{\rightleftharpoons}} \underset{\text{顺乌头酸}}{CH_2(COOH)-C(COOH)=CH-COOH} \overset{H_2O}{\rightleftharpoons} \underset{\text{异柠檬酸}}{CH_2(COOH)-CH(COOH)-CH(OH)-COOH}$$

3）异柠檬酸氧化脱羧生成α-酮戊二酸　在异柠檬酸脱氢酶的催化下，异柠檬酸发生氧化脱羧反应，脱下的氢被 NAD^+接受生成 $NADH+H^+$，碳骨架部分转化为α-酮戊二酸，该反应不可逆。异柠檬酸脱氢酶是三羧酸循环的第二个关键酶，也是三羧酸循环的主要调控点。

$$\underset{\text{异柠檬酸}}{CH_2(COOH)-CH(COOH)-CH(OH)-COOH} \xrightarrow[NAD^+ \to NADH+H^+ \quad CO_2]{\text{异柠檬酸脱氢酶}} \underset{\alpha\text{-酮戊二酸}}{HOOC-CH_2-CH_2-C(=O)-COOH}$$

4）α-酮戊二酸氧化脱羧生成琥珀酰辅酶 A　这是柠檬酸循环中的第二次氧化脱羧反应。该反应由α-酮戊二酸脱氢酶复合物催化，此酶是三羧酸循环的第三个关键酶，催化的反应不可逆。反应脱下的氢被 NAD^+接受生成 $NADH+H^+$。α-酮戊二酸脱羧时释放较多的自由能，一部分能量以高能硫酯键的形式储存于琥珀酰辅酶 A 内。

$$\underset{\alpha\text{-酮戊二酸}}{HOOC-CH_2-CH_2-C(=O)-COOH} + HSCoA \xrightarrow[NAD^+ \to NADH+H^+ \quad CO_2]{\alpha\text{-酮戊二酸脱氢酶复合物}} \underset{\text{琥珀酰辅酶A}}{HOOC-CH_2-CH_2-CO\sim SCoA}$$

5）琥珀酸的生成　琥珀酰辅酶 A 是高能化合物，在琥珀酰辅酶 A 合成酶的催化下，其分子中的高能硫酯键水解，释放的能量转移给 GDP，使之磷酸化生成 GTP；琥珀酰辅酶 A 则转变成琥珀酸。GTP 在二磷酸核苷激酶催化下，将高能磷酸键转移给 ADP 生成 ATP。此过程是三羧酸循环中唯一的底物水平磷酸化反应。

$$\underset{\text{琥珀酰辅酶A}}{HOOC-CH_2-CH_2-CO\sim SCoA} \underset{GDP+Pi \to GTP}{\overset{\text{琥珀酰辅酶A合成酶}}{\rightleftharpoons}} \underset{\text{琥珀酸}}{HOOC-CH_2-CH_2-COOH} + HSCoA$$

6）琥珀酸脱氢生成延胡索酸　在琥珀酸脱氢酶催化下，琥珀酸脱氢生成延胡索酸，脱下的氢由 FAD 接受生成 $FADH_2$，该酶是三羧酸循环中唯一与线粒体内膜结合的酶。

$$\begin{array}{c}COOH\\|\\CH_2\\|\\CH_2\\|\\COOH\\ \text{琥珀酸}\end{array} \xrightleftharpoons[FAD\qquad FADH_2]{\text{琥珀酸脱氢酶}} \begin{array}{c}COOH\\|\\CH\\\|\\CH\\|\\COOH\\ \text{延胡索酸}\end{array}$$

7）延胡索酸加水生成苹果酸　该反应是由延胡索酸酶催化的可逆反应。

$$\begin{array}{c}COOH\\|\\CH\\\|\\CH\\|\\COOH\\ \text{延胡索酸}\end{array} + H_2O \xrightleftharpoons{\text{延胡索酸酶}} \begin{array}{c}COOH\\|\\CH_2\\|\\HC{-}OH\\|\\COOH\\ \text{苹果酸}\end{array}$$

8）苹果酸脱氢生成草酰乙酸　在苹果酸脱氢酶催化下，苹果酸脱氢生成草酰乙酸，脱下的氢被 NAD^+接受生成 $NADH+H^+$。生成的草酰乙酸可再次与乙酰辅酶 A 结合进入下一轮的三羧酸循环。

$$\begin{array}{c}COOH\\|\\CH_2\\|\\HC{-}OH\\|\\COOH\\ \text{苹果酸}\end{array} \xrightleftharpoons[NAD^+\qquad NADH+H^+]{\text{苹果酸脱氢酶}} \begin{array}{c}COOH\\|\\C{=}O\\|\\CH_2\\|\\COOH\\ \text{草酰乙酸}\end{array}$$

三羧酸循环过程如图 6-2。

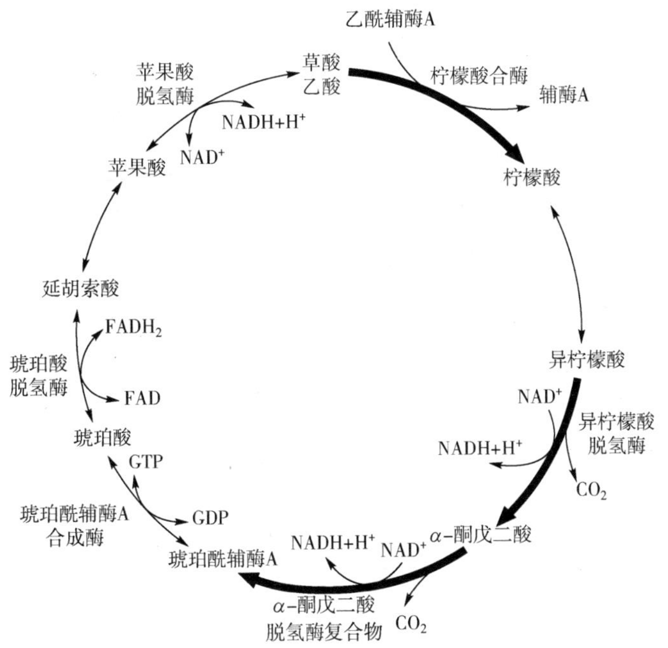

图 6-2　三羧酸循环

（2）三羧酸循环的特点

1）此循环反应在线粒体中进行，反应中有三个关键酶催化的反应为单向不可逆反应，故整个循环不可逆，这三个关键酶是柠檬酸合酶、异柠檬酸脱氢酶、α-酮戊二酸脱氢酶复合物。

2）每完成一次循环有1次底物水平磷酸化、2次脱羧、4次脱氢。2次脱羧可生成2分子CO_2；4次脱氢反应中，其中有三次脱下的氢由NAD^+接受生成3分子$NADH+H^+$，一次脱氢由FAD接受生成1分子$FADH_2$。

3）4次脱氢反应生成的$NADH+H^+$和$FADH_2$可经电子传递链进行氧化磷酸化生成水和ATP（详见第五章生物氧化）。一分子$NADH+H^+$经呼吸链传递可生成1分子水和2.5分子ATP，一分子$FADH_2$经呼吸链传递可生成1分子水和1.5分子ATP。因此，1分子乙酰辅酶A进入三羧酸循环氧化分解，经脱氢氧化及电子传递链氧化磷酸化可产生9分子ATP，再加上底物水平磷酸化生成的GTP，总共可生成10分子ATP和4分子水。

4）三羧酸循环的中间产物常因参加其他代谢反应而减少，为保证三羧酸循环的进行，故需要不断补充三羧酸循环的中间产物。

（3）三羧酸循环的生理意义

1）三羧酸循环是糖、脂质、蛋白质三大营养物质共同的产能途径，糖、脂质、蛋白质三大营养物质均可生成乙酰辅酶A通过三羧酸循环产生能量。

2）三羧酸循环是糖、脂质、蛋白质三大营养物质代谢联系的枢纽。三大营养物质通过三羧酸循环在一定程度上互相转变。例如，饱食时糖可以转变为脂肪。葡萄糖分解成丙酮酸后进入线粒体内氧化脱羧生成乙酰辅酶A，乙酰辅酶A必须再转移到细胞质以合成脂肪酸。

（二）糖的有氧氧化的生理意义

糖有氧氧化是机体获取能量的主要方式。每摩尔葡萄糖经有氧氧化彻底分解可释放2840kJ/mol的能量，其中约34%转化生成30mol或32mol ATP（表6-2）；若从糖原开始进行有氧氧化，则每摩尔葡萄糖单位分解可净生成31mol或33mol ATP。因此糖有氧氧化的正常进行，是机体大多数组织细胞获取能量的主要方式，对维持机体生命活动具有重要意义。

表6-2　葡萄糖有氧氧化时ATP的生成与消耗

反应过程	ATP生成方式	ATP数量
葡萄糖→葡糖-6-磷酸		-1
果糖-6-磷酸→果糖-1,6-双磷酸		-1
3-磷酸甘油醛→1,3-双磷酸甘油酸	NADH（$FADH_2$）氧化磷酸化	2.5（1.5）×2
1,3-双磷酸甘油酸→3-磷酸甘油酸	底物水平磷酸化	1×2
磷酸烯醇丙酮酸→丙酮酸	底物水平磷酸化	1×2
丙酮酸→乙酰辅酶A	NADH氧化磷酸化	2.5×2
异柠檬酸→α-酮戊二酸	NADH氧化磷酸化	2.5×2
α-酮戊二酸→琥珀酰辅酶A	NADH氧化磷酸化	2.5×2
琥珀酰辅酶A→琥珀酸	底物水平磷酸化	1×2
琥珀酸→延胡索酸	$FADH_2$氧化磷酸化	1.5×2
苹果酸→草酰乙酸	NADH氧化磷酸化	2.5×2
合计		30或32

（三）糖的有氧氧化的调节

葡萄糖分解生成丙酮酸过程的调节同糖的无氧氧化途径的调节。第二、第三阶段的调节是通过调节丙酮酸脱氢酶复合物及三羧酸循环中的三个关键酶的活性来实现。

1. 丙酮酸脱氢酶复合物的调节　通过别构效应和共价修饰两种方式快速调节丙酮酸脱氢酶复合物的活性。ATP 是丙酮酸脱氢酶复合物的抑制剂，乙酰辅酶 A、NADH 可反馈抑制该酶的活性；AMP、辅酶 A 和 NAD^+ 则为其激活剂。丙酮酸脱氢酶复合物还受到共价修饰调节，该酶有两个亚基，其中一个亚基上特定的丝氨酸残基经磷酸化后转变为无活性状态，去磷酸化后则转变为活性状态。

2. 三羧酸循环的调节　三羧酸循环的速率和流量受多种因素的调控。柠檬酸合酶、异柠檬酸脱氢酶和 α-酮戊二酸脱氢酶复合物是三羧酸循环的重要调节点，它们均受代谢物浓度的调节。例如，ATP、α-酮戊二酸、NADH、长链脂酰辅酶 A 是柠檬酸合酶的别构抑制剂，可抑制其活性；AMP 可对抗 ATP 的抑制作用，激活柠檬酸合酶。ADP 是异柠檬酸脱氢酶的激活剂，而 ATP、NADH 是此酶的抑制剂。ATP、GTP、NADH 和琥珀酰辅酶 A 可抑制 α-酮戊二酸脱氢酶复合物的活性（图 6-3）。再者，三羧酸循环还受细胞内能量状态的影响。当 $NADH/NAD^+$、ATP/ADP 值高时，上述三种酶的活性被反馈抑制，使三羧酸循环速度减慢。

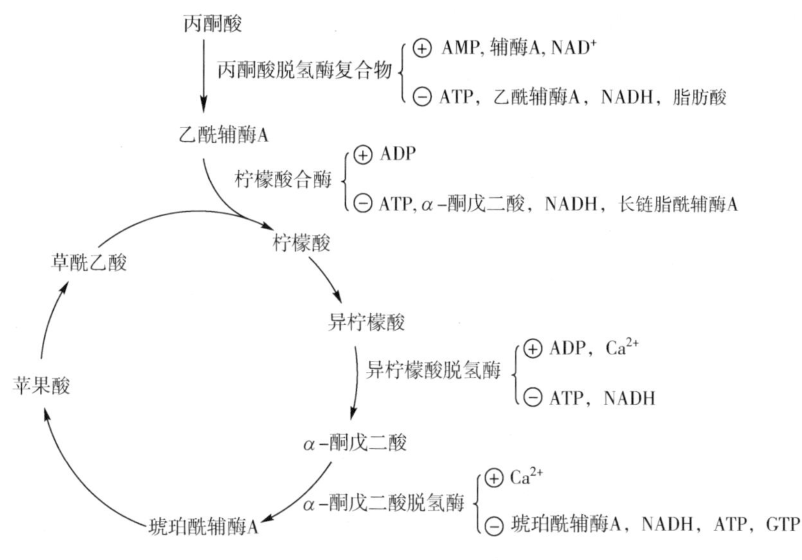

图 6-3　糖有氧氧化的调节

三、戊糖磷酸途径

经 Bernard Leonard Horecker 等人研究发现，葡萄糖的分解还存在另外的途径——戊糖磷酸途径。在某些组织，如肝、骨髓、脂肪组织、乳腺及红细胞中戊糖磷酸途径进行得比较旺盛。机体中有 30%～40% 的葡萄糖经戊糖磷酸途径进行代谢，此途径的意义在于生成核糖磷酸、NADPH 和 CO_2，而不是生成 ATP。因为此途径是从葡糖-6-磷酸开始的，所以又称为己糖磷酸支路。

（一）戊糖磷酸途径的反应过程

戊糖磷酸途径代谢反应在细胞质中进行，其过程可分为两个阶段。第一阶段是氧化阶

段，葡糖-6-磷酸经氧化脱羧生成戊糖磷酸和 NADPH；第二阶段是非氧化阶段，是一系列基团转移反应，将戊糖磷酸转变为3-磷酸甘油醛和果糖-6-磷酸。

1. 第一阶段 主要生成戊糖磷酸、NADPH 及 CO_2。首先，葡糖-6-磷酸由葡糖-6-磷酸脱氢酶催化脱氢生成葡糖酸-6-磷酸内酯，脱下的氢被 $NADP^+$ 接受生成 $NADPH+H^+$，本步反应不可逆，需要 Mg^{2+} 参与，葡糖-6-磷酸脱氢酶是戊糖磷酸途径的关键酶。葡糖-6-磷酸酸内酯在内酯酶的作用下转变为葡糖酸-6-磷酸，后者在葡糖-6-磷酸酸脱氢酶作用下再次脱氢并自发脱羧而转变为核酮糖-5-磷酸，同时生成 $NADPH+H^+$ 及 CO_2。核酮糖-5-磷酸在异构酶作用下，即转变为核糖-5-磷酸。在第一阶段葡糖-6-磷酸生成核糖-5-磷酸的过程中，同时生成2分子 NADPH 及1分子 CO_2。

葡糖-6-磷酸 —(葡糖-6-磷酸脱氢酶；H_2O，NAD^+ → $NADPH+H^+$)→ 葡糖酸-6-磷酸 —(葡糖-6-磷酸脱氢酶；$NADP^+$ → $NADPH+H^+$，CO_2)→ 核酮糖-5-磷酸 ⇌(戊糖磷酸异构酶) 核糖-5-磷酸

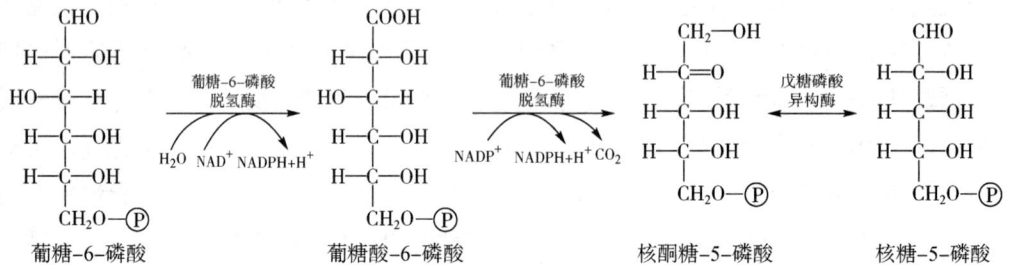

2. 第二阶段 包括一系列基团转移，此阶段反应可逆。核酮糖-5-磷酸经过一系列转酮基和转醛基反应，经过丁糖磷酸、戊糖磷酸及庚糖磷酸等中间产物，然后转变成果糖-6-磷酸和3-磷酸甘油醛而进入糖酵解途径进一步分解。

戊糖磷酸途径与其他糖代谢途径的关系见图6-4。

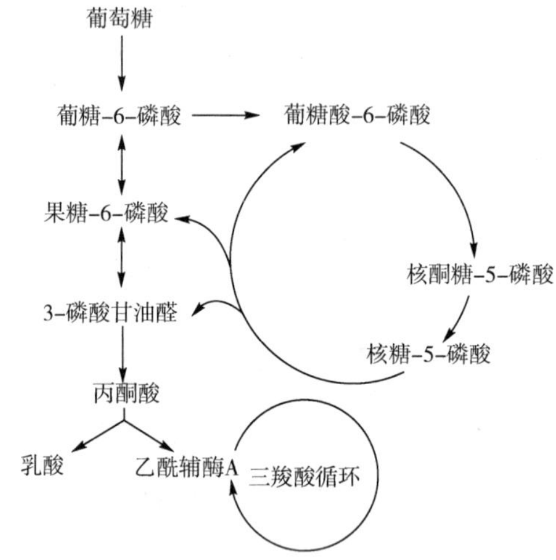

图6-4　戊糖磷酸途径与其他糖代谢途径的关系

（二）戊糖磷酸途径的特点

（1）戊糖磷酸途径反应过程中的脱氢酶是以 $NADP^+$ 为辅酶，而不是 NAD^+。

（2）戊糖磷酸途径的关键酶是葡糖-6-磷酸脱氢酶。该酶可先天性缺乏或因进食蚕豆造成缺乏。

（三）戊糖磷酸途径的生理意义

1. 生成核糖-5-磷酸 体内的核糖并不依赖从食物摄入，而是通过戊糖磷酸途径生成。葡萄糖既可经葡糖-6-磷酸脱氢、脱羧的氧化反应产生核糖磷酸，也可通过糖酵解途径的中

间产物3-磷酸甘油醛和果糖-6-磷酸经过前述的基团转移反应而生成核糖磷酸，为核酸的生物合成提供核糖。核糖磷酸的产生方式以哪一种为主因物种而异。人类主要通过戊糖磷酸途径的第一阶段生成核糖磷酸。肌组织内缺乏葡糖-6-磷酸脱氢酶，核糖磷酸靠基团转移反应生成。

2. 生成NADPH作为供氢体参与多种代谢反应 戊糖磷酸途径生成的NADPH主要用于机体一些重要物质的合成，而不是通过电子传递链氧化释出能量。

（1）NADPH是体内许多合成代谢的供氢体，如从乙酰辅酶A合成脂肪酸、胆固醇。

（2）NADPH参与体内羟化反应，有些羟化反应与生物合成有关，如从鲨烯合成胆固醇、从胆固醇合成胆汁酸等；有些羟化反应则与生物转化有关。

（3）NADPH还用于维持谷胱甘肽（GSH）的还原状态。还原型谷胱甘肽是体内重要的抗氧化剂，可以保护一些含巯基的蛋白质或酶免受氧化剂的损害，尤其是过氧化物的损害。2分子G—SH可以为氧化物提供氢，而自身被氧化成GS—SG，而后者可在谷胱甘肽还原酶催化作用下被NADPH重新还原成为还原型谷胱甘肽（GSH）。

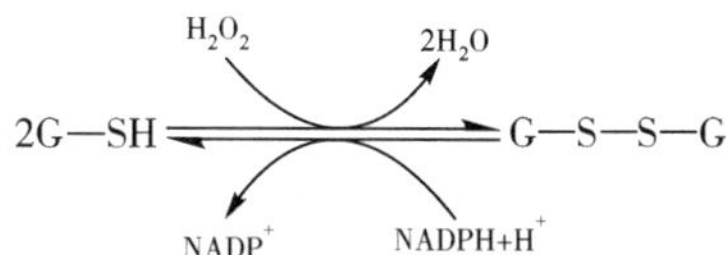

在红细胞中还原型谷胱甘肽更具有重要作用，它可以保护红细胞膜免受氧化。有些人群的红细胞内缺乏葡糖-6-磷酸脱氢酶，不能经戊糖磷酸途径生成足够的NADPH，不能保持谷胱甘肽处于还原状态，造成红细胞细胞膜过氧化，使红细胞膜的脆性增加，红细胞在通过毛细血管时易挤压、变形、破裂、溶血。这种溶血现象常在食用新鲜蚕豆后出现，故称为蚕豆病。

知识链接

蚕豆病

蚕豆病是葡糖-6-磷酸脱氢酶（G-6-PD）缺乏症的一个类型，表现为进食蚕豆后引起溶血性贫血。蚕豆病在我国西南、华南、华东和华北各地均有发现，而以广东、四川、广西、湖南、江西为最多。3岁以下患者占70%，男性占90%。成人患者比较少见，但也有少数病例至中年或老年才首次发病。由于G-6-PD缺乏属遗传性，所以40%以上的病例有家族史。本病常发生于初夏蚕豆成熟季节。绝大多数病例因进食新鲜蚕豆而发病。本病因南北各地气候不同而发病有迟有早。

有“蚕豆病”病史者，不能进食蚕豆及其制品（如粉丝、豆瓣酱），亦不能使用可能引起溶血的药物，如抗疟疾药（伯氨喹啉、奎宁）、退热药（氨基比林、非那西丁）、呋喃唑酮、磺胺类药物，如果收藏衣物使用了樟脑丸，穿衣以前要曝晒，因为萘也可引起溶血。

第三节　糖原的合成与分解

扫码“学一学”

糖原是以葡萄糖为单位通过 α-1,4-糖苷键和 α-1,6-糖苷键聚合而成的大分子物质，其结构见图 6-5。糖原是人体内糖的主要储存形式。肝和骨骼肌是储存糖原的主要组织器官。糖原作为葡萄糖储备的生物学意义在于，当机体需要葡萄糖时，它可以迅速被动用，以供急需；但肝糖原和肌糖原的生理意义有很大不同，肌糖原主要为肌肉收缩提供能量，肝糖原则是血糖的重要来源。这对于一些依赖葡萄糖作为能量来源的组织，如脑、红细胞等尤为重要。

糖原储存的主要目的是维持血糖浓度的恒定。当体内的糖和能量充足时，如进餐后，葡萄糖在肝和肌肉中合成糖原储存起来，防止血糖浓度过高。当血糖浓度下降时，如两餐之间的空腹状态时，肝糖原分解为葡萄糖，释放入血，补充血糖。

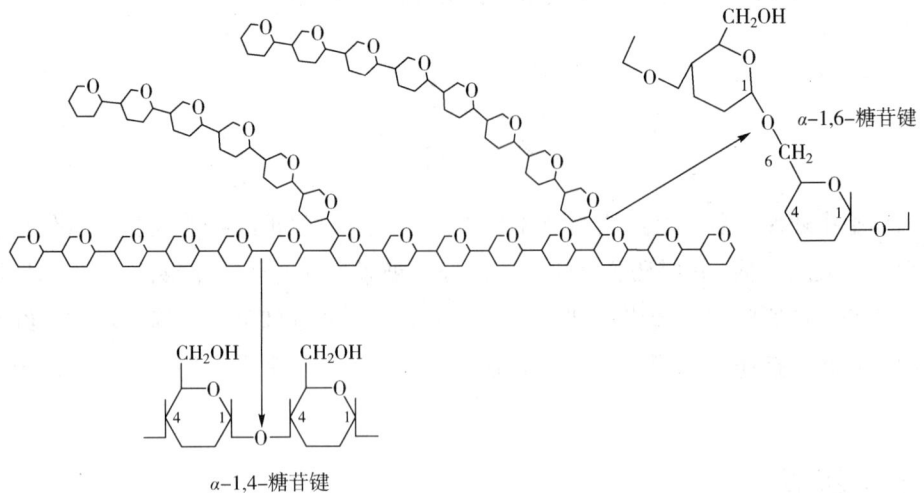

图 6-5　糖原的结构

一、糖原的合成

（一）糖原合成的概念与部位

由葡萄糖生成糖原的过程称为糖原合成。肝和肌肉是糖原合成的重要场所，反应在细胞质中进行。

（二）糖原合成过程

1. 葡萄糖经磷酸化作用形成葡糖-6-磷酸　此过程与糖的无氧氧化的第 1 步反应相同，反应不可逆，并消耗 1 分子 ATP。

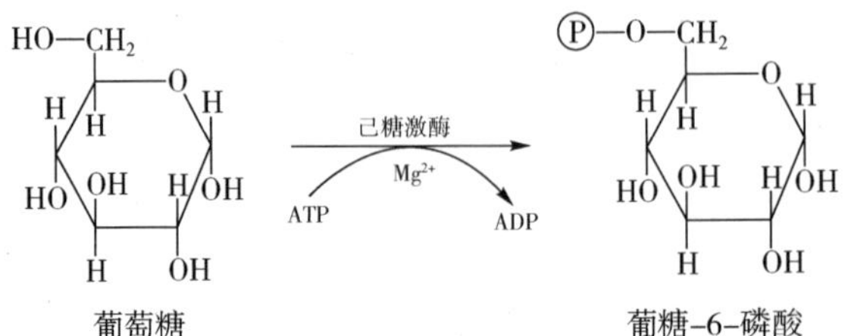

2. 葡糖-6-磷酸在变位酶作用下转变为葡糖-1-磷酸　此步反应将磷酸从第6位碳转移至第1位碳，为后续糖原合成做准备。

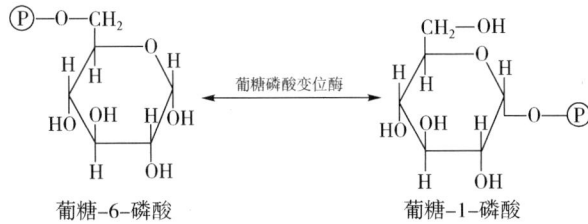

$$\text{葡糖-6-磷酸} \xrightleftharpoons{\text{葡糖磷酸变位酶}} \text{葡糖-1-磷酸}$$

3. 葡糖-1-磷酸与UTP缩合形成尿苷二磷酸葡糖　在尿苷二磷酸葡糖焦磷酸化酶的催化下，UTP作用于葡糖-1-磷酸生成尿苷二磷酸葡糖（UDPG），UDPG是糖原合成的葡萄糖供体，是糖原合成的活性形式。

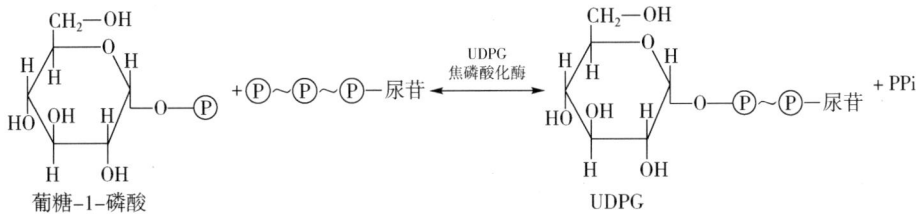

$$\text{葡糖-1-磷酸} + Ⓟ\sim Ⓟ\sim Ⓟ\text{—尿苷} \xrightleftharpoons{\text{UDPG焦磷酸化酶}} \text{UDPG} + \text{PPi}$$

4. 糖原的合成　在糖原合酶作用下，UDPG的葡萄糖基转移到糖原分子的羟基上，形成α-1,4-糖苷键，糖原分子增加一个葡萄糖基。上述反应反复进行，可使糖链不断延长。

糖原合酶不能将两个游离的UDPG直接连接，只能在原有糖原的糖链上向后延长。细胞内原有的较小的糖原分子称为糖原引物。研究发现，最初的糖原引物是一种名为糖原引物蛋白的蛋白质，糖原引物蛋白可对其自身进行共价修饰，将UDPG分子的葡萄糖结合到糖原引物蛋白分子的酪氨酸残基上，从而使其糖基化，这个结合上去的葡萄糖分子即成为糖原合成时的引物。

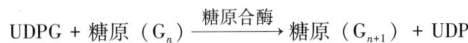

$$\text{UDPG} + \text{糖原}(G_n) \xrightarrow{\text{糖原合酶}} \text{糖原}(G_{n+1}) + \text{UDP}$$

5. 糖原分支的形成　糖原合酶只能催化α-1,4-糖苷键的形成，因此只能延长直链，不能形成分支。当糖原分子中直链连接达到12～18个葡萄糖单位时，在分支酶作用下，可将一段糖链（6～7个葡萄糖单位）转移至邻近的糖链上，以α-1,6-糖苷键连接形成分支结构（图6-6）。分支的形成不仅可增加糖原的水溶性，更重要的是可增加非还原端数目，以便磷酸化酶能迅速分解糖原。

因此在糖原合酶和分支酶的共同作用下，糖原分子不断增大，分支不断增多。

（三）糖原合成的特点

糖原合成具有以下特点：①糖原合酶是糖原合成过程的限速酶，其活性受胰岛素的调节，当餐后血糖浓度升高时，胰岛素分泌增加，糖原合成加速；②UDPG是葡萄糖的直接供体；③每增加一个葡萄糖单位，需消耗1分子ATP和1分子UTP（2个高能磷酸键）；④糖原的合成需要小分子糖原作为引物。

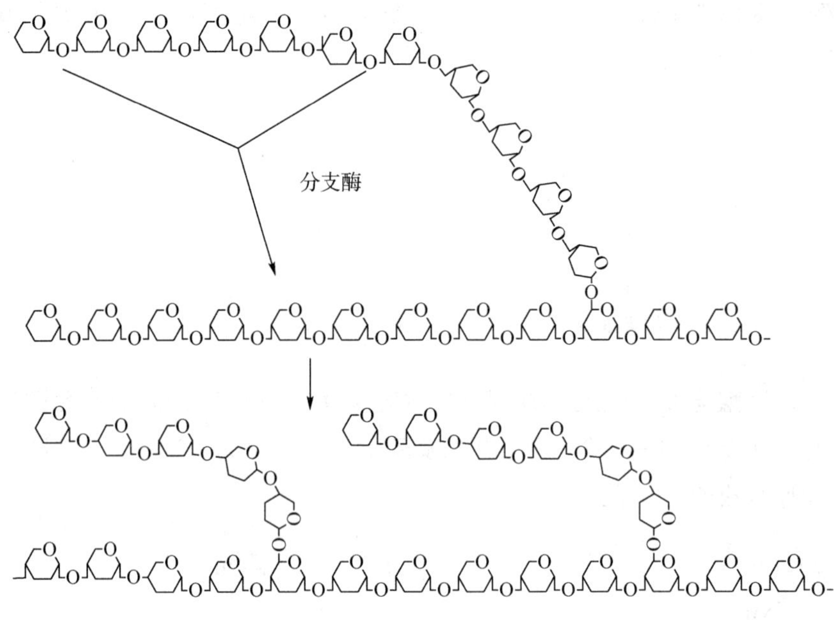

图 6-6　分支酶的作用

二、糖原的分解

肝糖原分解成葡萄糖的过程称为糖原的分解，它不是糖原合成的逆反应。具体过程如下。

1. 糖原分解成葡糖-1-磷酸　在糖原磷酸化酶催化下，使糖原非还原端末端的 α-1,4-糖苷键水解断裂，生成 1 分子葡糖-1-磷酸及少一个葡萄糖基的糖原分子。糖原磷酸化酶是糖原分解的关键酶。糖原磷酸化酶只催化糖原上的 α-1,4-糖苷键，当催化至离 α-1,6-糖苷键 4 个葡萄糖单位时就不能起作用了，此时，由脱支酶将靠近非还原端的 3 个葡萄糖单位转移至另一个分支上，剩下的 1 个葡萄糖单位由脱支酶水解掉（图 6-7）。因此脱支酶有 α-1,4-糖苷键的水解活性、α-1,4-糖苷键的合成活性及 α-1,6-糖苷键的水解活性。这样在糖原磷酸化酶和脱支酶的协同作用下，糖原分子上的葡萄糖基不断水解，糖原分子逐渐缩小。

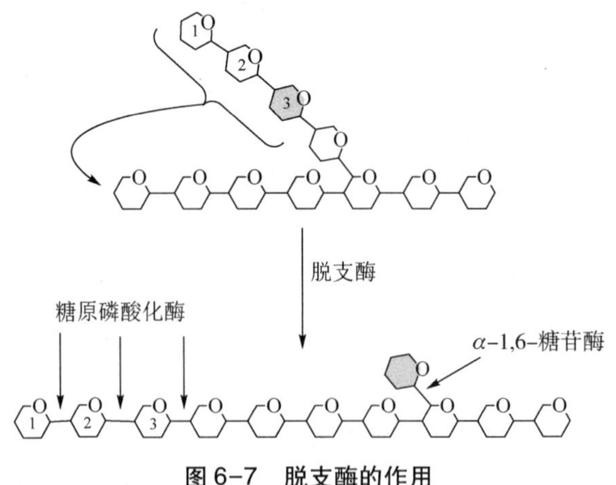

图 6-7　脱支酶的作用

2. 葡糖-1-磷酸转变为葡糖-6-磷酸　此过程由葡糖磷酸变位酶催化。

3. 葡糖-6-磷酸水解为葡萄糖 肝糖原和肌糖原生成葡糖-6-磷酸后，此后的代谢途径有所不同。在肝脏中，葡糖-6-磷酸在葡糖-6-磷酸酶作用下水解成葡萄糖，释放入血液，以补充血糖；而在肌肉中，因缺乏葡糖-6-磷酸酶而无法转化成葡萄糖，葡糖-6-磷酸进入糖的无氧氧化途径，为肌肉收缩供能。

葡糖-1-磷酸 ⇌（葡糖磷酸变位酶）葡糖-6-磷酸 →（葡糖-6-磷酸酶；H_2O → Pi）葡萄糖

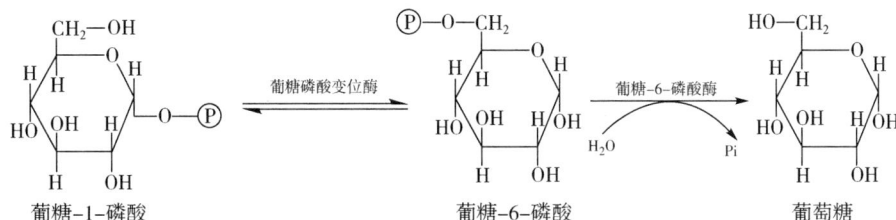

糖原合成与分解的过程见图 6-8。

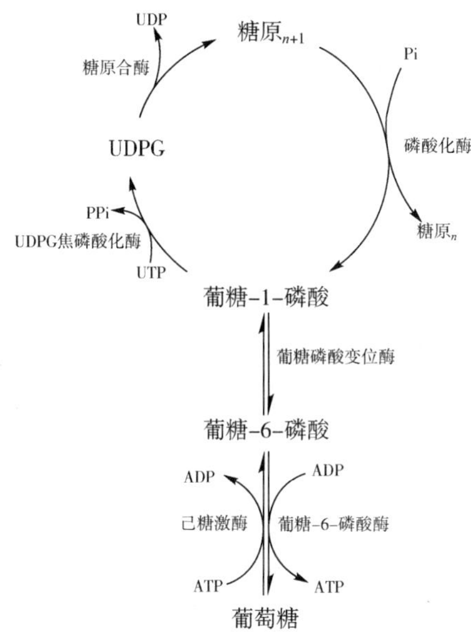

图 6-8 糖原的合成与分解

三、糖原合成与分解的调节

当糖原合成时，分解则被抑制，才能有效地合成糖原，反之亦然。

糖原合酶和磷酸化酶的活性决定糖原合成与分解代谢的速率和方向。这两种酶活性的调节均有共价修饰和别构调节两种方式。

1. 共价修饰调节 糖原合酶与糖原磷酸化酶经磷酸化后，其活性的改变是不同的。发生磷酸化的糖原合酶是无活性的（糖原合酶 b），而发生磷酸化的糖原磷酸化酶则是有活性的（糖原合酶 a）。当机体受到某些因素的影响时，如血糖水平下降、剧烈运动、应激反应状态等，肾上腺素、胰高血糖素分泌增加，与细胞膜上的特异性受体结合，使 cAMP 生成增加，进而激活蛋白激酶 A；活化的蛋白激酶 A 使糖原合酶和糖原磷酸化酶 b 激酶都发生磷酸化修饰作用。糖原合酶发生磷酸化后就变为无活性的糖原合酶 b，从而使糖原不能合成；糖原磷酸化酶 b 激酶发生磷酸化后，由原来的无活性的糖原磷酸化酶 b 激酶变为有活性的糖原磷酸化酶 b 激酶，有活性的糖原磷酸化酶 b 激酶使糖原磷酸化酶发生磷酸化，使糖原磷酸化酶激活，从而使糖原分解增强。这种双向调节的最终结果是抑制了糖原合

成，促进了糖原分解。(图 6-9)

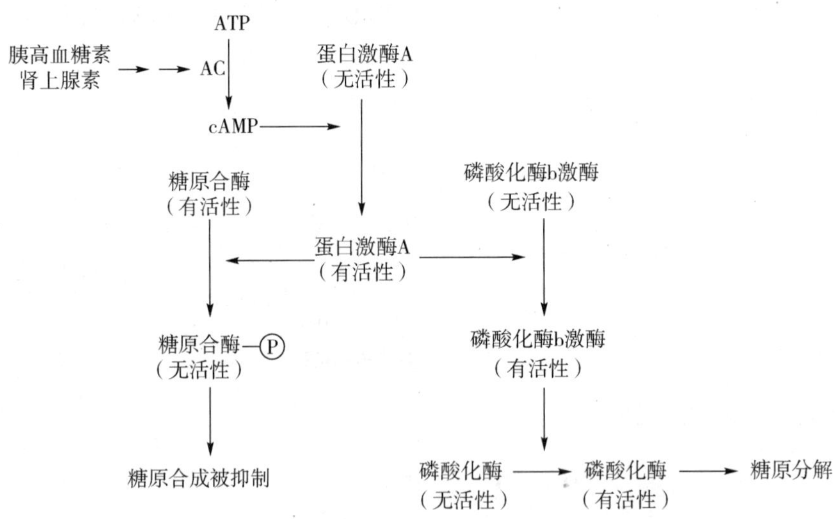

图 6-9　糖原代谢的共价修饰调节

2. 别构调节　糖原合酶与糖原磷酸化酶均为别构酶，受代谢物的别构调节。葡糖-6-磷酸是糖原合酶的别构激活剂，当血糖浓度增高时，进入组织细胞的葡萄糖增多，葡糖-6-磷酸生成增加，可激活糖原合酶，加速糖原合成。AMP 是糖原磷酸化酶的别构激活剂，当细胞内能量供应不足，AMP 浓度升高时，可使无活性的糖原磷酸化酶 b 发生别构，而易受到糖原磷酸化酶 b 激酶催化，进行磷酸化修饰，形成有活性的糖原磷酸化酶 a，加速糖原分解。反之，ATP 是糖原磷酸化酶 a 的别构抑制剂，使糖原分解减弱。此外，Ca^{2+}可激活磷酸化酶激酶，进而激活糖原磷酸化酶，促进糖原分解。

四、糖原合成与分解的生理意义

糖原合成与分解的生理意义是维持血糖水平的恒定，缓冲间断进食对血糖水平进行影响，使其保持相对稳定。但是，肝糖原的储存量有限，正常成员人肝糖原一般只有 150g 左右，约为肝重的 5%。糖原合成与分解代谢障碍会引起疾病，如糖原贮积症。

知识链接

糖原贮积症

糖原合成与分解过程中的某些酶活性缺失，会导致糖原代谢障碍，导致体内某些组织器官中有大量糖原堆积，造成组织器官功能损害，临床上称糖原贮积症。根据所缺陷的酶在糖原代谢中的作用不同、受累器官不同、糖原结构不同等，该病对健康或生命的影响程度也不相同。如肝内糖原磷酸化酶缺乏，肝糖原分解障碍，糖原沉积导致肝肿大，但婴儿仍可成长。若葡糖-6-磷酸酶缺乏，则肝糖原分解障碍，不能用以维持血糖，将对机体造成严重后果。溶酶体的 α-葡萄糖苷酶缺乏，会影响 α-1,4-糖苷键和 α-1,6-糖苷键的水解，使组织受损，甚至可导致心肌受损而引起猝死。

第四节 糖异生

一、糖异生的概念与部位

肝糖原的储备有限，正常成人每小时可由肝释放出葡萄糖 210mg/kg，按此计算，如果没有补充，餐后 10～12 小时肝糖原即被耗尽，血糖来源断绝。但事实上，即使禁食 24 小时，血糖仍能保持在正常水平。这是因为除了周围组织减少对葡萄糖的利用外，主要还依赖肝将非糖物质转变成葡萄糖，不断补充血糖。这种由非糖物质转变为葡萄糖或糖原的过程称为糖异生。能进行糖异生的非糖物质主要有乳酸、甘油及生糖氨基酸等。糖异生主要在肝、肾的细胞质和线粒体中进行。正常情况下肾的糖异生能力仅为肝的 1/10，但在长期饥饿时肾的糖异生能力可大大增强。

二、糖异生的过程

糖异生基本上是糖的无氧氧化的逆过程，但在糖的无氧氧化中有 3 步不可逆步骤。这些不可逆反应步骤，可通过另外的酶的催化，异生成糖。

1. 丙酮酸生成磷酸烯醇丙酮酸 此过程由两个反应组成，第一个反应由丙酮酸羧化酶催化，辅酶为生物素，丙酮酸生成草酰乙酸，反应消耗 1 分子 ATP；第二个反应由磷酸烯醇丙酮酸羧化激酶催化，草酰乙酸生成磷酸烯醇丙酮酸，反应消耗 1 分子 GTP。

由于丙酮酸羧化酶仅存在于线粒体内，故细胞质中的丙酮酸必须进入线粒体，才能羧化生成草酰乙酸。而磷酸烯醇丙酮酸羧化激酶在线粒体和细胞质中都存在，因此草酰乙酸可在线粒体中直接转变为磷酸烯醇丙酮酸再进入细胞质，也可在细胞质中被转变成磷酸烯醇丙酮酸。但是，草酰乙酸不能直接透过线粒体，需借助两种转运方式将其转入细胞质：一是经苹果酸脱氢酶作用，将其还原成苹果酸，然后再通过线粒体膜进入细胞质，再由细胞质中苹果酸脱氢酶将苹果酸脱氢，氧化为草酰乙酸而进入糖异生反应途径。二是经天冬氨酸氨基转移酶作用，生成天冬氨酸后逸出线粒体，进入细胞质后，经天冬氨酸氨基转移酶催化，再生成草酰乙酸。有实验表明，丙酮酸或能转变成丙酮酸的某些生糖氨基酸作为原料异生成糖时，以苹果酸通过线粒体方式进行糖异生；而乳酸进行糖异生反应时，常在线粒体生成草酰乙酸后，再转变成天冬氨酸而进入细胞质。

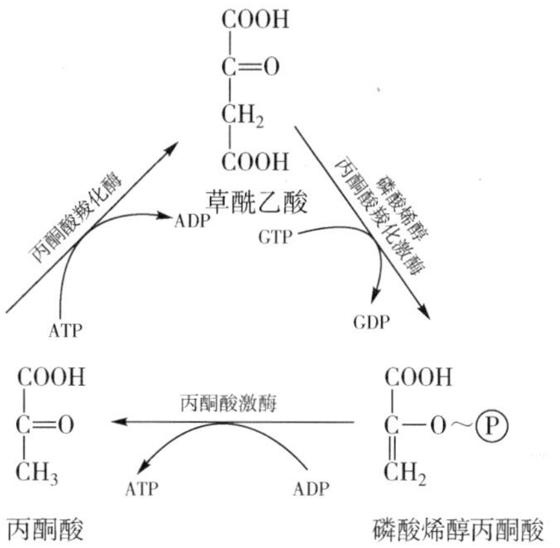

2. 果糖-1,6-双磷酸转变为果糖-6-磷酸 在果糖二磷酸酶的催化下，果糖-1,6-双磷酸 C_1 位磷酸酯键水解脱去磷酸，生成果糖-6-磷酸，催化此反应的酶是果糖二磷酸酶，反应不可逆。

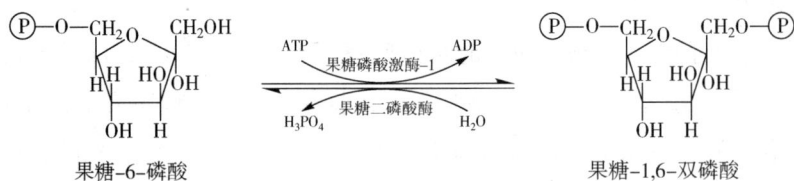

ATP —果糖磷酸激酶-1→ ADP
H_3PO_4 ←果糖二磷酸酶— H_2O

果糖-6-磷酸　　　　果糖-1,6-双磷酸

3. 葡糖-6-磷酸转变为葡萄糖 在葡糖-6-磷酸酶催化下，葡糖-6-磷酸水解为葡萄糖。此反应与肝糖原分解成葡萄糖的最后一步反应相同。

ATP —己糖激酶→ ADP
H_3PO_4 ←葡糖-6-磷酸酶— H_2O

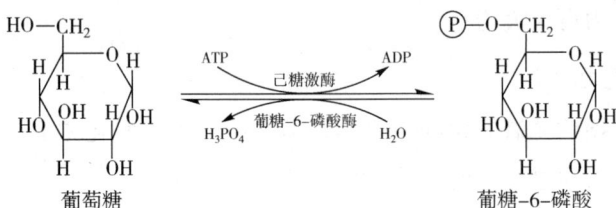

葡萄糖　　　　葡糖-6-磷酸

三、糖异生的调节

糖异生的调节主要针对以下 4 个限速酶：丙酮酸羧化酶、磷酸烯醇丙酮酸羧化激酶、果糖二磷酸酶和葡糖磷酸酶进行调节。

1. 激素对糖异生的调节 激素调节糖异生作用对维持机体的稳定状态十分重要，激素对糖异生的调节实质是调节糖异生和糖酵解这两个途径的关键酶，以及控制供应肝脏的脂肪酸，更大量的脂肪酸被肝获取氧化，减少葡萄糖的利用，促进一些有机酸转变为葡萄糖。胰高血糖素促进脂肪组织分解脂肪，增加血浆脂肪酸，所以促进糖异生；而胰岛素的作用则正相反。胰高血糖素和胰岛素都可通过影响肝酶的磷酸化修饰状态来调节糖异生作用，胰高血糖素激活腺苷酸环化酶，以产生 cAMP，进而激活 cAMP 依赖的蛋白激酶，后者磷酸化丙酮酸激酶而使之抑制，这一途径上的关键酶受抑制就刺激糖异生途径，因为阻止磷酸烯醇丙酮酸向丙酮酸转变。胰高血糖素降低果糖-2,6-双磷酸在肝脏的浓度，而促进果糖-1,6-双磷酸转变为果糖-6-磷酸，这是由于果糖-2,6-双磷酸是果糖二磷酸酶的别构抑制剂，又是果糖-6-磷酸激酶的别构激活剂，胰高血糖素能通过 cAMP 促进双功能酶（果糖-6-磷酸激酶 2/果糖-2,6- 双磷酸酶）磷酸化。这个酶经磷酸化后灭活激酶部位但活化磷酸酶部位，因而果糖-2,6- 双磷酸生成减少而被水解为果糖-6-磷酸增多。这种由胰高血糖素引致的果糖 -2,6- 双磷酸下降的结果是果糖磷酸激酶 1 活性下降，果糖二磷酸酶活性增高，果糖二磷酸转变为果糖-6-磷酸增多，有利糖异生，而胰岛素的作用正相反。

除上述胰高血糖素和胰岛素对糖异生和糖酵解的调节外，它们还分别诱导或阻遏糖异生和糖酵解的关键酶的合成，胰高血糖素/胰岛素的值高，可诱导大量磷酸烯醇丙酮酸羧化激酶合成，果糖-6-磷酸酶等糖异生酶合成而阻遏葡萄糖激酶和丙酮酸激酶的合成。

2. 代谢物对糖异生的调节

（1）糖异生原料的浓度对糖异生作用的调节　血浆中甘油、乳酸和氨基酸浓度增加时，使糖的异生作用增强。例如饥饿情况下，脂肪动员增加，组织蛋白质分解加强，血浆甘油和氨基酸增高；激烈运动时，血乳酸含量剧增，都可促进糖异生作用。

（2）乙酰辅酶 A 浓度对糖异生的影响　乙酰辅酶 A 决定了丙酮酸代谢的方向，脂肪酸氧化分解产生大量的乙酰辅酶 A 可以抑制丙酮酸脱氢酶复合物，使丙酮酸大量蓄积，为糖异生提供原料，同时又可激活丙酮酸羧化酶，加速丙酮酸生成草酰乙酸，使糖异生作用增强。

此外，乙酰辅酶 A 与草酰乙酸缩合生成柠檬酸，由线粒体内透出而进入细胞质中，可以抑制磷酸果糖激酶，使果糖-6-磷酸酶活性升高，促进糖异生。

四、糖异生的生理意义

1. 在饥饿情况下维持血糖浓度的相对恒定　空腹和饥饿时，机体首先依靠肝糖原分解成葡萄糖来补充血糖，但餐后 10～12 小时后，肝糖原就会被消耗殆尽，这时机体会利用乳酸、甘油等异生成葡萄糖，以维持血糖水平恒定。葡萄糖是人体主要的供能物质，在长期饥饿状况下，葡萄糖几乎全部由糖异生生成。

2. 有利于乳酸的再利用　在剧烈运动或某些原因导致缺氧时，肌糖原酵解增强，产生大量乳酸，这些乳酸大部分随血液运输到肝，经糖异生作用异生为葡萄糖，以补充血糖；血糖可再被肌肉摄取利用，如此形成一个循环过程，称为乳酸循环。乳酸循环的意义在于：有利于乳酸的再利用的同时，也利于防止因乳酸堆积而导致的乳酸酸中毒。

3. 协助氨基酸代谢　有些氨基酸在体内可以转化为丙酮酸、α-酮戊二酸和草酰乙酸等，进而通过糖异生作用转变为葡萄糖。实验证明，长期禁食时，糖异生作用增强，可促进组织蛋白的分解，使血中的氨基酸增加。这时，氨基酸是糖异生的主要原料来源，以维持血糖。

4. 有利于维持酸碱平衡　糖异生作用是利用大量的有机酸生成葡萄糖，使机体酸性物质减少，维持酸碱平衡。另外，长期饥饿时，肾糖异生增强，肾中 α-酮戊二酸因进行糖异生而含量减少，促进谷氨酰胺脱氨生成谷氨酸，后者再脱氨基生成 α-酮戊二酸，生成的 NH_3 分泌入管腔中，与原尿中 H^+ 结合，降低原尿中 H^+ 浓度，有利于排氢保钠作用的进行，这对防止酸中毒、维持酸碱平衡有重要作用。

第五节　血糖及其调节

扫码“学一学”

血液中的葡萄糖称为血糖。血糖水平相对恒定，正常成人空腹血糖浓度为 3.89～6.11mmol/L。餐后血糖有所上升，但是 2 小时左右便恢复正常，一般不会超过“肾糖阈”（8.89～10.0mmol/L）。血糖水平的相对恒定依赖机体对血糖来源与去路的精细调节，以维持其动态平衡。

一、血糖的来源与去路

（一）血糖的来源

1. 消化吸收的葡萄糖　食物中淀粉的消化吸收是血糖的主要来源。

2. 肝糖原的分解 空腹或短期饥饿时，肝糖原分解为葡萄糖是血糖的主要来源。

3. 糖异生作用 长期饥饿时，糖异生作用加强，将体内大量非糖物质异生成葡萄糖，补充血糖。

（二）血糖的主要去路

1. 氧化供能 氧化供能是血糖的主要去路。

2. 合成糖原 当血糖浓度较高时，葡萄糖在肝、肌肉组织中合成糖原贮存。

3. 转变为其他物质 葡萄糖在体内可转化为脂肪、部分氨基酸或是通过戊糖磷酸途径生成核糖磷酸，进而转变成核苷酸。

4. 随尿液排出 当血糖浓度超过肾糖阈时，便会有一部分葡萄糖无法重吸收而随尿液排出，称为糖尿。

血糖的来源和去路见图 6-10。

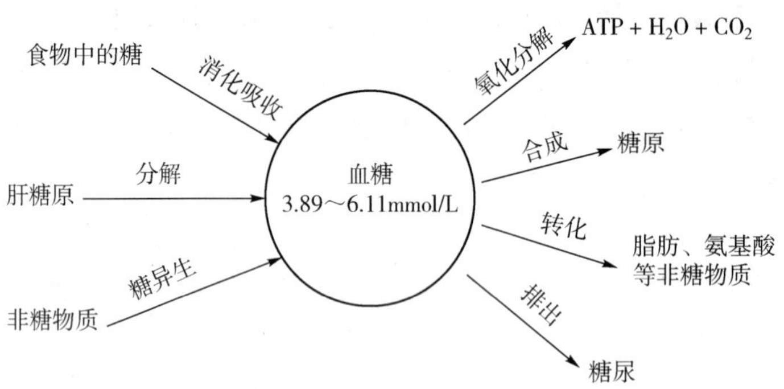

图 6-10 血糖的来源和去路

二、血糖的调节

血糖浓度能维持相对恒定是由于机体在器官、激素、神经水平有一整套高效率的调节机制，精细地控制着血糖的来源与去路，使之达到动态平衡。具体调节机制如下。

1. 器官水平的调节 肝脏是调节血糖的主要器官。进餐后血糖升高，肝脏通过加快将血中的葡萄糖转运入肝细胞以及通过促进肝糖原的合成，来降低血糖浓度；饥饿时，肝脏通过促进肝糖原的分解以及促进糖异生，以增高血糖浓度。

2. 激素的调节 调节血糖浓度的激素分为降血糖激素和升血糖激素。胰岛素是体内唯一的降血糖激素。升血糖的激素有胰高血糖素、肾上腺素、糖皮质激素等。这两类激素通过调节糖代谢途径中的关键酶的活性来影响糖代谢过程，使血糖的来源与去路保持平衡，维持血糖的相对稳定。常见的激素对血糖的调节作用见表 6-3。

表 6-3 激素对血糖的影响

激素	作用
胰岛素	促进肌肉、脂肪细胞摄取葡萄糖 加快葡萄糖的有氧氧化 加速糖原合成，抑制糖原分解 抑制肝内糖异生 促进葡萄糖转变为脂肪，并抑制脂肪动员

续表

激素	作用
胰高血糖素	抑制肝糖原合成，加速肝糖原分解 促进糖异生 促进脂肪动员
肾上腺素	加速糖原分解
糖皮质激素	促进蛋白质分解，加速糖异生

3. 神经系统的调节 交感神经兴奋时，肾上腺素分泌增加，血糖升高。迷走神经兴奋时，胰岛素分泌增多，血糖浓度降低。

三、高血糖与低血糖

正常人体血糖受到上述机制的精细调控，任何环节的功能障碍都可能引起糖代谢异常，临床上糖代谢异常主要表现高血糖和低血糖。

1. 高血糖 高血糖是指空腹血糖高于 7.0mmol/L。高血糖不一定会出现糖尿，只有当血糖超过 8.89～10.00mmol/L，高于肾小管对葡萄糖重吸收的最大能力（即肾糖阈值）时才会出现尿糖。在某些生理情况下，如情绪激动会引起交感神经系统兴奋，使肾上腺素等分泌增加，导致血糖浓度升高，出现尿糖，称为情感性尿糖。一次性食入大量糖，血糖急剧升高，出现糖尿，称为饮食性尿糖。上述两种暂时性高血糖及尿糖均为生理性高血糖及尿糖，受试者空腹时血糖浓度均在正常水平且无临床症状和意义。

临床上最常见的病理性高血糖症是糖尿病。糖尿病是一种以高血糖和糖尿为主要表现的慢性、复杂的代谢性疾病。糖尿病一般分为四型：胰岛素依赖型糖尿病（IDDM 也称为 1 型糖尿病）、非胰岛素依赖型糖尿病（NIDDM，也称为 2 型糖尿病）、妊娠糖尿病（3 型）和特殊类型糖尿病（4 型）。1 型糖尿病主要见于青少年，因胰岛 B 细胞受自身免疫攻击导致胰岛素分泌不足引起。2 型糖尿病与肥胖关系密切，可能是由细胞膜上胰岛素受体功能缺陷所致。糖尿病常伴有多种并发症，如糖尿病肾病、糖尿病视网膜病变、糖尿病周围血管病变、糖尿病性周围神经病变等。

2. 低血糖 低血糖指血糖浓度低于空腹血糖的参考水平下限，目前无统一的界定标准，多数学者建议空腹血糖浓度参考下限为 2.78mmol/L。脑组织主要以葡萄糖作为能源，对低血糖比较敏感，即使轻度低血糖也能发生头晕、倦怠，还可出现肢体与口周麻木，记忆减退和运动不协调，严重时出现意识丧失、昏迷甚至死亡。引起低血糖的原因很多，较常见的原因有：①胰岛 B 细胞增生和肿瘤等病变使胰岛素分泌过多，致血糖来源减少，去路增加，造成血糖降低；②使用胰岛素或降血糖药物过多；③腺垂体或肾上腺皮质功能减退，使对抗胰岛素或肾上腺皮质激素分泌减少，结果同胰岛素分泌过多；④肝严重损害时，不能有效地调节血糖，当糖摄入不足时很易发生低血糖；⑤长期饥饿、剧烈运动或高热患者因代谢率增加，血糖消耗过多。

本章小结

- 糖代谢
  - 概述
    - 糖的生理功能
      - 氧化供能
    - 糖的消化与吸收
    - 糖在体内的代谢概况
  - 糖的分解代谢
    - 糖的无氧氧化
      - 概念
        - 葡萄糖生成乳酸
      - 过程
      - 生理意义
        - 补充供能
      - 调节
        - 调节关键酶活性
    - 糖的有氧氧化
      - 概念
        - 葡萄糖生成CO_2、水、ATP
      - 过程
        - 糖酵解
        - 乙酰辅酶A的生成
        - 三羧酸循环
      - 意义
        - 主要供能途径
      - 调节
        - 调节关键酶活性
    - 戊糖磷酸途径
  - 糖原的合成与分解
    - 维持血糖恒定
  - 糖异生
    - 概念与部位
      - 非糖物质生糖
      - 细胞质
    - 过程
    - 意义
      - 饥饿状态补充血糖
  - 血糖及其调节
    - 来源与去路
    - 调节
      - 激素作用
    - 高血糖与低血糖
      - >7.0mmol/L
      - <2.78mmol/L

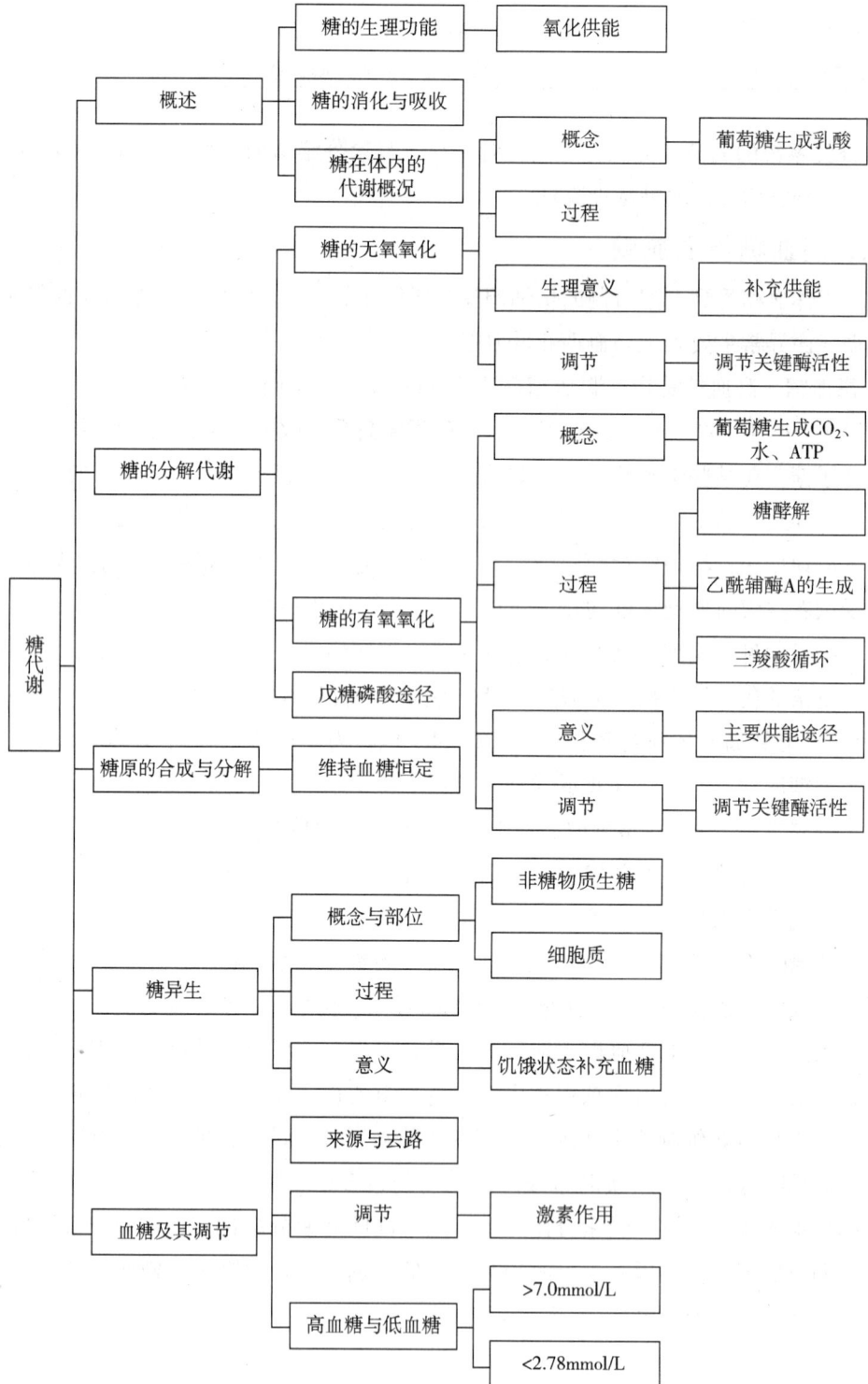

一、选择题

【A1 型题】

1. 糖的无氧氧化过程的终产物有
   A. 丙酮酸　B. 葡萄糖　C. 果糖　D. 乳糖　E. 乳酸
2. 缺氧条件下，下列哪种化合物会在哺乳动物肌肉组织中积累
   A. 丙酮酸　B. 乙醇　C. 乳酸　D. CO_2　E. ADP
3. 糖的无氧氧化途径中，下列哪种酶催化的反应不可逆
   A. 己糖激酶　B. 磷酸己糖异构酶
   C. 醛缩酶　D. 3-磷酸甘油醛脱氢酶
   E. 乳酸脱氢酶
4. 1mol 葡萄糖经糖的无氧氧化过程可净生成的乙酰辅酶 A 数是
   A. 1mol　B. 2mol　C. 3mol　D. 4mol　E. 5mol
5. 三羧酸循环的第一步反应产物是
   A. 柠檬酸　B. 草酰乙酸　C. 乙酰辅酶 A　D. CO_2　E. $NADH+H^+$
6. 糖有氧氧化的最终产物是
   A. CO_2+H_2O+能量　B. 乳酸
   C. 丙酮酸　D. 乙酰辅酶 A
   E. 柠檬酸
7. 丙酮酸脱氢酶系存在于下列哪种途径中
   A. 戊糖磷酸途径　B. 糖异生
   C. 糖的有氧氧化　D. 糖原合成与分解
   E. 糖的无氧氧化
8. 机体内 1 分子乙酰辅酶 A 经彻底氧化分解可生成 ATP 的分子数目是
   A. 6　B. 8　C. 10　D. 11　E. 20
9. 三羧酸循环中底物水平磷酸化直接生成的高能化合物是
   A. ATP　B. CTP　C. GTP　D. TTP　E. UTP
10. 1 分子乙酰辅酶 A 进入三羧酸循环和氧化磷酸化进行氧化，将发生
    A. 1 次底物水平磷酸化，4 次氧化磷酸化
    B. 1 次底物水平磷酸化，3 次氧化磷酸化
    C. 2 次底物水平磷酸化，2 次氧化磷酸化
    D. 2 次底物水平磷酸化，1 次氧化磷酸化
    E. 1 次底物水平磷酸化，5 次氧化磷酸化
11. 关于糖的有氧氧化，下述哪一项叙述是错误的
    A. 糖有氧氧化的产物是 CO_2、H_2O 及能量
    B. 糖有氧氧化是细胞获得能量的主要方式

C. 三羧酸循环是三大营养物质彻底氧化分解的共同途径

D. 有氧氧化可抑制糖的无氧氧化

E. 葡萄糖氧化成 CO_2 及 H_2O 时可生成 20 个 ATP

12. 主要在线粒体中进行的糖代谢途径是

A. 糖的无氧氧化　　B. 糖异生

C. 糖原合成　　D. 三羧酸循环

E. 戊糖磷酸途径

13. 下列哪种酶缺乏可引起蚕豆病

A. 内酯酶　　B. 戊糖磷酸异构酶

C. 戊糖磷酸差向酶　　D. 葡糖-6-磷酸脱氢酶

E. 葡糖-6-磷酸酶

14. 葡糖-6-磷酸脱氢酶的辅酶是

A. Cyt c　　B. FMN　　C. FAD　　D. NAD^+　　E. $NADP^+$

15. NADPH 的主要来源是

A. 糖的无氧氧化　　B. 氧化磷酸化

C. 脂肪酸的合成　　D. 柠檬酸循环

E. 戊糖磷酸途径

16. 由葡萄糖合成糖原时，每增加一个葡萄糖单位消耗高能磷酸键数目为

A. 1　　B. 2　　C. 3　　D. 4　　E. 5

17. 糖原合酶催化葡萄糖分子间形成的化学键是

A. α-1,6-糖苷键　　B. β-1,6-糖苷键

C. α-1,4-糖苷键　　D. β-1,4-糖苷键

E. α-1,4-糖苷键和 α-1,6-糖苷键

18. 肌糖原不能直接补充血糖的原因是

A. 缺乏葡糖-6-磷酸酶　　B. 缺乏磷酸化酶

C. 缺乏脱支酶　　D. 缺乏己糖激酶

E. 含肌糖原高，肝糖原低

19. 合成糖原时，葡萄糖的直接供体是

A. 葡糖-1-磷酸　　B. 葡糖-6-磷酸

C. CDPG　　D. UDPG

E. GDPG

20. 有关乳酸循环的描述，下列哪项是错误的

A. 肌肉产生的乳酸经血液循环至肝后糖异生为糖

B. 乳酸循环的生理意义是避免乳酸损失和因乳酸过多引起的酸中毒

C. 乳酸循环的形成是一个耗能过程

D. 乳酸在肝形成，在肌肉内糖异生为葡萄糖

E. 乳酸糖异生为葡萄糖后可补充血糖，并在肌肉中糖的无氧氧化为乳酸

21. 长期饥饿可以使肝内哪种代谢途径增强

A. 脂肪合成　　B. 糖原合成

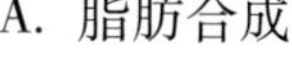

C. 糖的无氧氧化　　　　D. 糖异生

E. 戊糖磷酸途径

22. 由非糖物质生成糖的过程称为

A. 糖的无氧氧化　　　　B. 糖原分解作用

C. 糖原生成作用　　　　D. 糖异生作用

E. 戊糖磷酸途径

23. 能降低血糖浓度的激素是

A. 胰高血糖素　B. 肾上腺素　C. 甲状腺素

D. 胰岛素　　E. 肾上腺皮质激素

二、思考题

1. 糖的无氧氧化、糖的有氧氧化、戊糖磷酸途径的生理意义各是什么？
2. 糖异生的生理意义是什么？
3. 体内血糖的来源和去路各有哪些？

扫码“练一练”

（常陆林）

第七章　脂质代谢

学习目标

1. **掌握**　脂肪动员、酮体的概念；脂质的生理功能；酮体的概念、生成及氧化；血浆脂蛋白的分类及生理功能。

2. **熟悉**　脂肪酸分解代谢的关键酶及过程；酮体的代谢特点；甘油磷脂的合成；胆固醇合成的原料、关键酶、代谢去路；血浆脂蛋白的组成及代谢特点。

3. **了解**　脂肪酸合成的原料及过程；胆固醇的合成过程；血浆脂蛋白的代谢概况；甘油磷脂的分解。

案例导入

某男，IT主管，年龄58岁，5年内没进行体检。无疾病史和住院史。无服用药物和营养补充剂。家族病史：父亲61岁死于心脏病，兄弟3次心脏手术，叔叔2型糖尿病，母亲高胆固醇和三酰甘油血症。体格检查数据：血压135/90mmHg；身高182.9cm，体重97.1kg；腹围104cm；非空腹状态下胆固醇267mg/dl；HDL-C 34mg/dl；LDL-C 141mg/dl；血糖124mg/dl。

请问：

1. 如何根据患者健康状况给予整体评价。
2. 如何根据患者情况分析其血脂检查结果；给出患者膳食合理性建议。
3. 患者可以采取什么样的措施来改善其血脂?

脂质是脂肪和类脂的总称，广泛存在于自然界，其特点是不溶于水而易溶于有机溶剂。脂肪也称为三酰甘油（TAG），又称甘油三酯（TG），是由1分子甘油与3分子脂肪酸组成的酯，广泛分布于动植物组织中，人体中脂肪主要储存在脂肪组织和皮下组织，脂肪的作用主要是储存能量，也可以经氧化为机体提供能量。类脂主要包括磷脂（PL）、糖脂（GL）、胆固醇（Ch）及胆固醇酯（CE）等，是细胞的膜结构重要组分。

体内脂肪酸的来源有二：一是机体自身合成，主要是饱和脂肪酸及单不饱和脂肪酸。另一来源系食物脂肪供给，特别是某些不饱和脂肪酸，如亚麻酸、亚油酸和花生四烯酸等，这些脂肪酸是机体必需的，但是动物机体自身不能合成，需从食物中摄取，这些脂肪酸称为必需脂肪酸，主要来源于植物油类。

扫码“学一学”

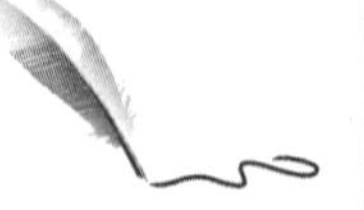

第一节　脂质的功能与消化吸收

一、脂质的生理功能

（一）脂肪的生理功能

1. 储能和供能　脂肪是体内储存能量和提供能量的重要物质。三酰甘油是疏水性物质，在体内储存时几乎不结合水，占用体积较小，为同质量的糖原所占体积的1/4，是体内的主要储能形式。人体活动所需要的能量20%～30%由三酰甘油提供。1g三酰甘油在体内氧化分解可产生38.94kJ（9.3kcal）的热量，比1g糖或蛋白质多1倍以上。因此，在饥饿或禁食等特殊情况下，三酰甘油成为机体的主要能量来源。在临床上，有些患者由于饮食障碍，需要静脉输入一些营养物质，包括脂肪酸，如脂肪乳剂的应用。

知识链接

脂肪乳剂

脂肪的营养作用主要是提供能量和必需脂肪酸，但脂肪不能像葡萄糖一样直接注入静脉，否则会产生脂肪栓塞，甚至导致死亡。因此，脂肪必须制成微细颗粒的乳剂方能注入静脉。脂肪乳剂是一种水包油型乳剂，主要由植物油、乳化剂和等渗剂组成。它不仅能提供高热量和必需脂肪酸，而且为等渗液，无利尿作用，所以成为肠外营养广泛使用的非蛋白质能源之一。脂肪乳剂常常与葡萄糖、胰岛素同时使用，但静脉输入时应注意控制速度和每日剂量，并根据不同的疾病加以选用。

2. 维持体温与保护内脏　分布在人体皮下的脂肪不易导热，可防止热量散失而维持体温。机体内脏器官周围分布有大量的脂肪组织，具有固定器官的作用，同时具有软垫作用，能缓冲外界的机械冲击，使内脏器官免受损伤。

（二）类脂的生理功能

1. 构成生物膜的结构　类脂特别是磷脂和胆固醇是细胞膜、核膜、线粒体膜、内质网膜及神经髓鞘膜等生物膜的重要组分。在膜的脂质双分子层结构中，磷脂成分约占60%以上，而胆固醇约占20%，其余为镶嵌在膜中的蛋白质。膜中的磷脂和胆固醇含量若稍有变化，都将导致膜的物理性质发生改变。可见，类脂在维持生物膜的正常结构和功能中起重要作用。

2. 作为第二信使参与代谢调节　细胞膜上的磷脂酰肌醇-4,5-二磷酸（PIP_2）被磷脂酶水解生成肌醇三磷酸（IP_3）和二酰甘油（DAG，又称甘油二酯），两者均为激素作用的第二信使，起传递信息的作用。

3. 转变成多种重要的活性物质　胆固醇在体内可转变生成肾上腺皮质激素、性激素、胆汁酸盐和维生素D_3等重要功能物质。

此外，食物中脂质的吸收可伴随着脂溶性维生素的吸收，脂质的吸收障碍会造成脂溶性维生素的吸收障碍，而引起脂溶性维生素的缺乏；食物中的脂质提供人体所需要的必需脂肪酸，主要有亚油酸、亚麻酸和花生四烯酸等多不饱和脂肪酸等。

二、脂质的消化吸收

（一）脂质的消化

食物中脂质主要为三酰甘油，约占90%，此外，还含少量磷脂及胆固醇酯等。小肠上段是脂质消化的主要场所。脂质不溶于水，必须在小肠经胆汁酸盐的作用，乳化分散成细小的微团后，才能被消化酶消化。胆汁酸盐是较强的乳化剂，能降低脂质-水界面处的表面张力，使脂肪及胆固醇酯等疏水的脂质乳化成微团，增加消化酶与脂质的接触面积，促进脂质的消化。

消化脂质的酶主要有胰腺分泌入小肠的胰脂肪酶、辅脂酶、磷脂酶A_2及胆固醇酯酶。

胰脂肪酶催化三酰甘油的1位及3位酯键水解，生成2-单酰甘油（单酰甘油又称甘油一酯）及2分子脂肪酸。胰脂肪酶只有吸附在乳化脂肪微团的脂质-水界面处，才能作用于微团中的三酰甘油。辅脂酶是胰脂肪酶消化脂肪所必需的一种蛋白质，它能与胰脂肪酶通过氢键结合，同时又可与脂肪通过疏水作用结合，这样就把胰脂肪酶固定在微团的脂质-水界面上，并可防止胰脂肪酶在界面处变性，从而促进脂肪的水解。磷脂酶 A_2 催化磷脂2位酯键水解，生成脂肪酸及溶血磷脂。胆固醇酯酶催化胆固醇酯水解生成游离胆固醇及脂肪酸。

除甘油外，脂肪及类脂的消化产物包括单酰甘油、脂肪酸、胆固醇及溶血磷脂等可与胆汁酸盐进一步乳化成更小的混合微团。在此微团中，极性小的胆固醇和脂肪酸等被包埋在核心，胆汁酸盐及磷脂等的疏水基团伸向微团中心，而亲水基团则伸向微团表面。这些微团体积更小，极性更大，易于穿过小肠黏膜上皮细胞表面的水化层屏障，被小肠黏膜上皮细胞吸收。

（二）脂质的吸收

脂质消化产物的吸收部位主要在十二指肠下段及空肠上段。脂质消化产物的吸收包括两种情况。

1. 含短链脂肪酸（2~4碳）及中链脂肪酸（6~10碳）的三酰甘油的吸收 经胆汁酸盐乳化后即可被直接吸收，然后在肠黏膜细胞内水解为脂肪酸和甘油，通过门静脉进入血液循环。

2. 含长链脂肪酸（12~26碳）的三酰甘油的吸收 在肠道分解为长链脂肪酸和单酰甘油后，再被吸收入肠黏膜细胞，然后在肠黏膜细胞的滑面内质网上，由脂酰辅酶A转移酶催化，重新合成三酰甘油。后者随即与粗面内质网上合成的载脂蛋白、磷脂、胆固醇等结合成乳糜微粒经淋巴进入血液循环。在肠黏膜细胞中由单酰甘油合成三酰甘油的途径称为单酰甘油合成途径。

三、脂质的分布

1. 脂肪的分布 脂肪主要以三酰甘油的形式存在，多分布于皮下、肠系膜、腹腔大网膜及肾周围，这部分脂肪称为储存脂，脂肪组织则称为脂库。脂肪含量因人而异，成年男性的脂肪含量占体重的10%~20%，女性稍高。体内脂肪含量因受膳食、运动、营养状况及疾病等多种因素的影响而发生变化，故又称可变脂。

2. 类脂的分布 类脂是生物膜的基本成分，约占体重的5%，主要存在于细胞的各种膜性结构中。类脂在器官组织中的含量比较恒定，一般不受营养状况和机体活动的影响，因此又被称为基本脂或固定脂。不同组织中类脂的含量、种类不同。

扫码“学一学”

扫码“看一看”

第二节　三酰甘油的代谢

一、三酰甘油的分解代谢

（一）脂肪的动员

脂肪组织中储存的三酰甘油在脂肪酶的催化下逐步水解为游离脂肪酸和甘油，并释放入血，供全身组织细胞氧化分解利用的过程称为脂肪动员。

$$\text{三酰甘油}\xrightarrow[\text{三酰甘油脂肪酶}]{H_2O\quad\text{脂肪酸}}\text{二酰甘油}\xrightarrow[\text{二酰甘油脂肪酶}]{H_2O\quad\text{脂肪酸}}\text{单酰甘油}\xrightarrow[\text{单酰甘油脂肪酶}]{H_2O\quad\text{脂肪酸}}\text{甘油}$$

脂肪组织中含有的脂肪酶包括三酰甘油脂肪酶、二酰甘油脂肪酶及单酰甘油脂肪酶。其中三酰甘油脂肪酶活性最低，是三酰甘油水解的限速酶。由于三酰甘油脂肪酶的活性受多种激素的调控，故又称为激素敏感性脂肪酶。肾上腺素、去甲肾上腺素、肾上腺皮质激素、甲状腺激素、胰高血糖素和生长素等激素，都通过增加脂肪细胞膜上腺苷酸环化酶的活性，使细胞内 cAMP 水平升高，进而激活蛋白激酶，在蛋白激酶的作用下，使无活性的三酰甘油脂肪酶磷酸化为有活性的三酰甘油脂肪酶，促进脂肪动员，因此将这些激素称为脂解激素。胰岛素既能够抑制腺苷酸环化酶的活性，又能够提高磷酸二酯酶的活性，降低细胞内 cAMP 的水平，从而使三酰甘油脂肪酶的活性下降，减少脂肪的动员，故将胰岛素称为抗脂解激素（图 7-1）。

当机体处于兴奋或饥饿时，肾上腺素分泌增加，三酰甘油的分解随之增加，于是血液中游离脂肪酸的含量升高，脂肪酸在体内通过氧化分解释放大量能量，以满足机体对能量的需求。

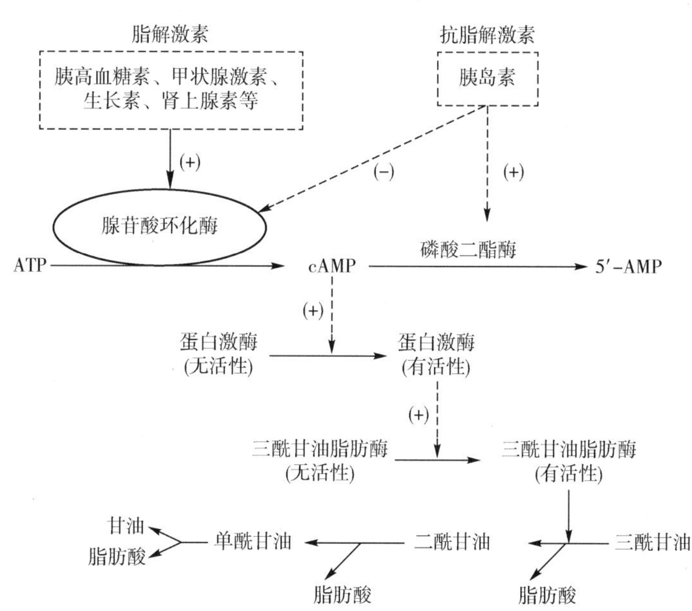

图 7-1　激素调节脂肪动员作用机制

脂肪动员生成的甘油，随血液循环运往肝、肾等组织细胞被摄取利用。甘油经甘油激酶催化，消耗 ATP，生成 α-磷酸甘油，然后在 α-磷酸甘油脱氢酶催化下转变成磷酸二羟丙酮。磷酸二羟丙酮是糖代谢的中间产物，可经糖的有氧氧化生成 CO_2、H_2O 和大量 ATP；缺氧时进入糖酵解生成乳酸；或沿糖异生途径转变为葡萄糖或糖原（图 7-2）。甘油激酶主要存在于肝、肾及小肠黏膜细胞，而脂肪组织和肌肉细胞中的甘油激酶活性很低，因此脂肪组织和肌肉不能很好利用甘油，需要经血液循环运到肝等组织进一步代谢。

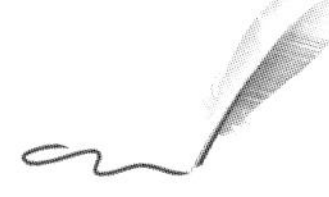

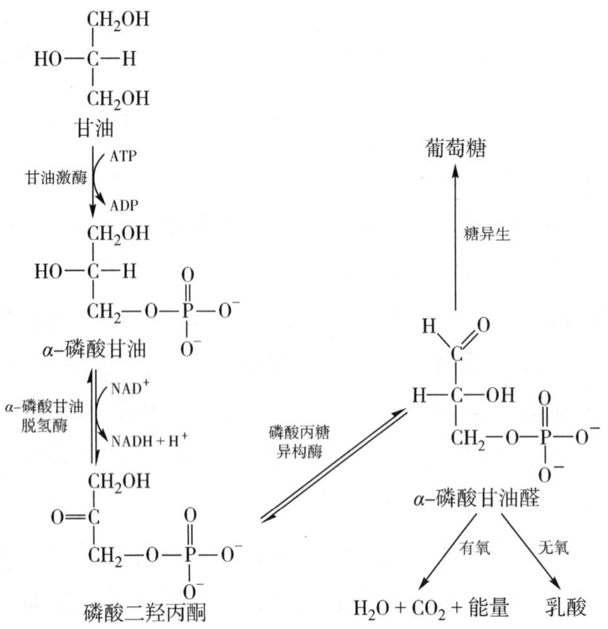

CH_2OH
HO—C—H
CH_2OH
甘油
甘油激酶 ATP ADP
CH_2OH
HO—C—H
$CH_2—O—P(=O)(O^-)—O^-$
α-磷酸甘油
α-磷酸甘油脱氢酶 NAD^+ $NADH+H^+$
CH_2OH
O=C
$CH_2—O—P(=O)(O^-)—O^-$
磷酸二羟丙酮
磷酸丙糖异构酶
H—C=O
H—C—OH
$CH_2—O—P(=O)(O^-)—O^-$
α-磷酸甘油醛
糖异生
葡萄糖
有氧 无氧
H_2O+CO_2+能量　乳酸

图 7-2　甘油的代谢途径

（二）脂肪酸的β氧化

知识链接

β氧化的发现

早在1904年，Knoop就用不能被机体分解的苯基标记脂肪酸的末端，制成各种含奇数和偶数碳原子的苯脂肪酸分别饲喂犬，然后检测尿液的代谢终产物。他发现若喂标记奇数碳原子的脂肪酸，尿中得到的代谢物都是马尿酸，即苯甲酸（C_6H_5COOH）与机体解毒剂甘氨酸的结合产物；若喂标记偶数碳原子的脂肪酸，则尿中排出的代谢物均为苯乙尿酸，即苯乙酸（$C_6H_5CH_2COOH$）与甘氨酸结合产物。据此他提出脂肪酸的氧化是从羧基端的β碳原子开始，每次断裂2个碳原子的β氧化学说。后来脂肪酸β氧化学说得到同位素示踪技术的进一步证实。

脂肪酸是机体氧化供能的重要物质，在氧供给充足的条件下，脂肪酸在体内可彻底氧化生成CO_2和H_2O并释放大量能量。在体内除脑细胞和成熟红细胞外，大多数组织都能利用脂肪酸氧化供能，但以肝和肌肉组织最为活跃。脂肪酸氧化分解的场所在细胞质和线粒体内。脂肪酸的氧化可分为脂肪酸的活化、脂酰辅酶A进入线粒体、脂酰辅酶A的β氧化过程及乙酰辅酶A的氧化等四个阶段。

1. 脂肪酸的活化　脂肪酸转变为脂酰辅酶A的过程称为脂肪酸的活化。该反应在细胞质中的内质网和线粒体外膜上进行。在ATP、HSCoA、Mg^{2+}存在条件下，游离脂肪酸由脂酰辅酶A合成酶催化生成脂酰辅酶A。

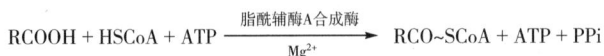

$$RCOOH + HSCoA + ATP \xrightarrow[Mg^{2+}]{\text{脂酰辅酶A合成酶}} RCO\sim SCoA + ATP + PPi$$

脂酰辅酶 A 分子中不仅含有高能硫酯键，而且水溶性强，有利于脂肪酸进一步的分解代谢。由于反应中生成的焦磷酸（PPi）立即被细胞内的焦磷酸酶水解为两分子的磷酸（Pi），阻止了逆反应的进行。因此活化 1 分子的脂肪酸需要消耗两个高能磷酸键（一般认为相当于 2 分子 ATP）。

2. 脂酰辅酶 A 进入线粒体 脂肪酸的活化在细胞质中进行，而催化脂肪酸氧化的酶系则存在于线粒体的基质内，因此活化的脂酰辅酶 A 必须进入线粒体基质才能进一步氧化分解。实验证明，脂酰辅酶 A 不能直接通过线粒体内膜，需要借助特异转运载体肉碱（或称肉毒碱）将脂酰基转运至线粒体基质。肉碱是由赖氨酸转变生成的兼性离子，其化学名称为 L-β-羟基-γ-三甲氨基丁酸。

$$(CH_3)_2\overset{+}{N}(OH)—CH_2—CH_2—CH_2—COOH$$

L-β-羟基-γ-三甲氨基丁酸

知识链接

左旋肉碱

左旋肉碱又称 L-肉碱，是一种促使脂肪转化为能量的类氨基酸。左旋肉碱主要来源食物，人体自身也可以部分合成。它由人体的肝和肾中产生，并储存在肌肉、精液、脑和心脏中。在有氧运动中，肌肉组织可以分泌左旋肉碱，如果再配合服用适量左旋肉碱，将会大大加速机体对脂肪的消耗，所以左旋肉碱已应用于保健、医药及体育等领域。

线粒体内膜的两侧存在着肉碱脂酰转移酶Ⅰ（CATⅠ）和肉碱脂酰转移酶Ⅱ（CATⅡ）。在位于线粒体内膜外侧的肉碱脂酰转移酶Ⅰ催化下，脂酰辅酶 A 转化为脂酰肉碱，后者再受线粒体内膜内侧的肉碱脂酰转移酶Ⅱ作用，转变为脂酰辅酶 A，并释放肉碱。肉碱在转运载体作用下通过线粒体内膜重新回到细胞质，脂酰辅酶 A 则在线粒体基质中酶的催化下进行 β 氧化（图 7-3）。

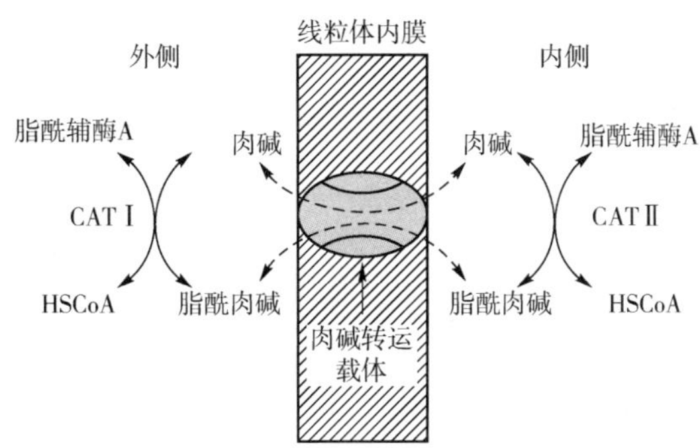

图 7-3 脂酰辅酶 A 进入线粒体基质示意图

肉碱脂酰转移酶Ⅰ和肉碱脂酰转移酶Ⅱ属于同工酶，其中肉碱脂酰转移酶Ⅰ是脂肪酸 β 氧化的限速酶。在某些生理或病理情况下，如饥饿、高脂低糖膳食或糖尿病等时，体内

糖的氧化分解作用降低，需脂肪酸氧化供能，此时肉碱脂酰转移酶Ⅰ活性增高，脂肪酸氧化加快；相反，饱食后，机体脂肪酸的合成增强，肉碱脂酰转移酶Ⅰ的活性降低，脂肪酸的氧化减慢。

3. 脂酰辅酶A的β氧化过程 脂酰辅酶A进入线粒体基质后，在脂肪酸β氧化酶系的催化下，从脂酰基的β碳原子开始进行脱氢、加水、再脱氢和硫解等四步连续酶促反应，每经过一次β氧化，生成1分子乙酰辅酶A和比原来少2个碳原子的脂酰辅酶A。其氧化过程如下。

（1）脱氢 脂酰辅酶A在脂酰辅酶A脱氢酶的催化下，α、β碳原子上各脱去1个氢原子，生成α,β-烯脂酰辅酶A，脱下的2H由FAD接受生成$FADH_2$。后经呼吸链氧化生成1.5分子ATP。

（2）加水 α,β-烯脂酰辅酶A在α,β-烯脂酰水化酶的催化下，加1分子H_2O生成β-羟脂酰辅酶A。

（3）再脱氢 β-羟脂酰辅酶A在β-羟脂酰辅酶A脱氢酶的催化下，脱去β碳原子上的2H，生成β-酮脂酰辅酶A，脱下的2H由NAD^+接受，生成$NADH+H^+$。后者经呼吸链氧化生成2.5分子ATP。

（4）硫解 β-酮脂酰辅酶A在β-酮脂酰辅酶A硫解酶的催化下，需1分子HSCoA参加，生成1分子乙酰辅酶A和比原来少2个碳原子的脂酰辅酶A。

生成的比原来少2个碳原子的脂酰辅酶A再次进行脱氢、加水、再脱氢和硫解等连续反应，如此反复进行，直至脂酰辅酶A全部氧化为乙酰辅酶A（图7-4）。

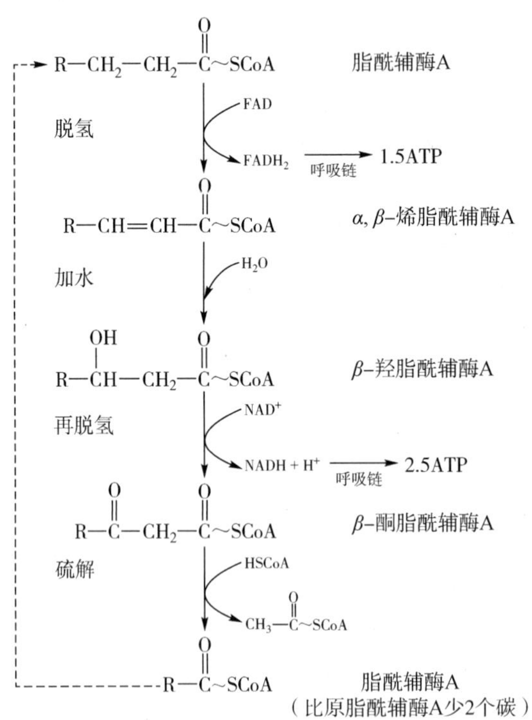

图7-4 脂肪酸β氧化的过程

4. 乙酰辅酶A的氧化 脂肪酸β氧化生成的乙酰辅酶A主要通过三羧酸循环彻底氧化生成CO_2和H_2O，并释放能量，也可以转变为其他中间代谢产物。

脂肪的重要生理功能是氧化供能，脂肪酸氧化分解是体内能量的重要来源。脂肪酸每经过一次β氧化可产生1分子$FADH_2$、1分子$NADH+H^+$及1分子乙酰辅酶A，$FADH_2$和$NADH+H^+$进入呼吸链氧化可产生4分子ATP，每分子乙酰辅酶A经三羧酸循环彻底氧化可产生10分子ATP。

现以16碳的软脂酸为例，计算其彻底氧化所释放的能量。软脂酸氧化分解的总反应式为：

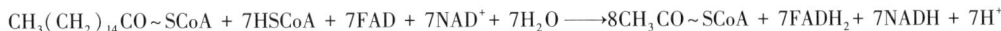

$$CH_3(CH_2)_{14}CO\sim SCoA + 7HSCoA + 7FAD + 7NAD^+ + 7H_2O \longrightarrow 8CH_3CO\sim SCoA + 7FADH_2 + 7NADH + 7H^+$$

1分子软脂酸需要进行7次β氧化，生成7分子$FADH_2$，7分子$NADH+H^+$及8分子乙酰辅酶A。因此1分子软脂酸彻底氧化共生成$7\times4ATP+8\times10ATP=108ATP$，减去脂肪酸活化时消耗的2分子ATP，净生成106分子ATP。按1mol ATP水解释放的自由能为30.54kJ，则106mol ATP生成的自由能为3237kJ，而1mol软脂酸在体外彻底氧化生成CO_2和H_2O时，释放的自由能为9790kJ，因此在正常情况下机体对软脂酸氧化的能量利用率为33%，其余以热能的形式释放，维持体温的恒定。

脂肪酸β氧化是体内脂肪酸分解的主要途径，可为机体提供大量能量。此外，脂肪酸β氧化也是脂肪酸的改造过程，因为人体所需脂肪酸碳链的长短不同，通过β氧化可将长链脂肪酸改造成长度适宜的脂肪酸，供机体所用。脂肪酸β氧化过程中生成的乙酰辅酶A是一种十分重要的中间化合物，既可以进入三羧酸循环彻底氧化供能，也可用于合成多种重要化合物，如酮体、胆固醇和类固醇化合物等。

（三）脂肪酸的其他氧化方式

脂肪酸氧化的方式除β氧化外，在机体内还发现有其他氧化方式。

1. 脂肪酸α氧化　长链脂肪酸在一定条件下氧化成α-羟脂肪酸后，再经氧化脱羧作用，生成比原来少一个碳原子的脂肪酸，此过程为脂肪酸α氧化。

2. 脂肪酸的ω氧化　在肝脏微粒体中，中、长链脂肪酸（8～12碳）末端（称为ω位）的甲基在单加氧酶的催化下，氧化生成ω-羟脂肪酸，然后进一步氧化成ω,α-二羧酸，再进入线粒体进行β氧化，最后生成的琥珀酰辅酶A，直接进入三羧酸循环而被氧化。

3. 不饱和脂肪酸的氧化　线粒体内不饱和脂肪酸的氧化分解基本类似饱和脂肪酸的β氧化，但不饱和脂肪酸均为顺式结构，而脂肪酸的β氧化生成的中间产物中，其双键必须是反式结构氧化反应才能继续进行，所以不饱和脂肪酸的氧化需要异构酶的参与。同时，与饱和脂肪酸相比，不饱和脂肪酸彻底氧化分解生成的ATP数较少。

4. 奇数碳原子脂肪酸的氧化　体内含有的极少数奇数碳原子组成的脂肪酸，经过β氧化除生成乙酰辅酶A外，最终生成了丙酰辅酶A。丙酰辅酶A通过羧化反应生成甲基丙二酸单酰辅酶A，再经异构反应生成琥珀酰辅酶A，再氧化分解。

（四）酮体的生成和利用

脂肪酸在肝外如心肌、骨骼肌等组织中经β氧化生成的乙酰辅酶A，能彻底氧化生成CO_2和H_2O，但脂肪酸在肝内β氧化生成的乙酰辅酶A大部分转变为乙酰乙酸、β-羟丁酸和丙酮，三者统称为酮体。其中β-羟丁酸最多，约占酮体总量的70%；乙酰乙酸约占30%；丙酮含量极微。这是由于肝细胞内具有活性较强的合成酮体的酶系，尤其是β-羟-β-甲基戊二酸单酰辅酶A合酶（HMG-CoA合酶）活性非常强，而又因缺乏氧化利用酮体

的酶系，因此，肝是合成酮体的器官。但是，肝缺乏氧化酮体的酶类，必须被运往肝外组织分解利用。

1. 酮体的生成 酮体生成的部位是在肝细胞的线粒体内，合成的原料为脂肪酸β氧化生成的乙酰辅酶A，合成过程的限速酶为HMG-CoA合酶。其生成过程如下（图7-5）：

（1）在乙酰乙酰辅酶A硫解酶的催化下，2分子乙酰辅酶A缩合生成乙酰乙酰辅酶A，同时释放出1分子HSCoA。

（2）在β-羟基-β-甲基戊二酸单酰辅酶A合酶（HMG-CoA合酶）催化下，乙酰乙酰辅酶A再与1分子乙酰辅酶A缩合生成羟甲基戊二酸单酰辅酶A（HMG-CoA），并释放出1分子HSCoA。

（3）在HMG-CoA裂解酶的催化下，β-羟基-β-甲基戊二酸单酰辅酶A裂解生成乙酰乙酸和乙酰辅酶A。乙酰乙酸在β-羟丁酸脱氢酶的催化下，被还原成β-羟丁酸，由NADH+H^+提供氢。极少数乙酰乙酸可在酶的催化下脱羧而生成丙酮。

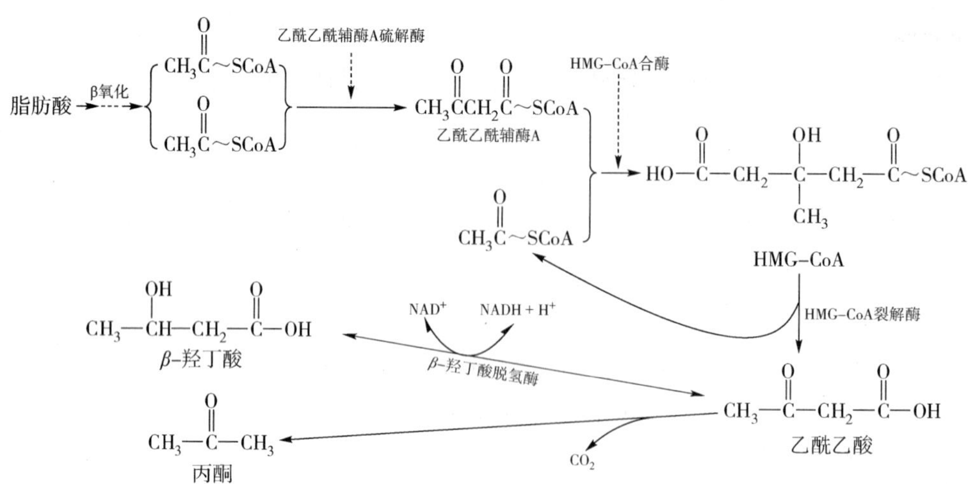

图7-5 肝中酮体的生成

2. 酮体的利用 酮体利用的酶类主要有乙酰乙酸硫激酶、琥珀酰辅酶A转硫酶、乙酰乙酰辅酶A硫解酶及β-羟丁酸脱氢酶等。在脑、心、肾和骨骼肌等肝外组织细胞线粒体中，氧化利用酮体的酶类活性很强，能够将酮体氧化分解成CO_2和H_2O，同时释放大量能量供这些组织利用。而肝细胞中没有琥珀酰辅酶A转硫酶和乙酰乙酸硫激酶，所以肝细胞不能利用酮体。酮体氧化利用的特点是肝内生成，肝外利用。

（1）乙酰乙酸的活化 乙酰乙酸的活化有两条途径：一是在ATP和HSCoA参与下，乙酰乙酸经乙酰乙酸硫激酶催化，直接活化生成乙酰乙酰辅酶A；二是在琥珀酰辅酶A转硫酶的作用下，乙酰乙酸与琥珀酰辅酶A进行高能硫酯键的交换，生成乙酰乙酰辅酶A和琥珀酸。催化乙酰乙酸活化的两个酶都分布于脑、心、肾和骨骼肌等肝外组织细胞的线粒体中。

（2）乙酰辅酶A的生成 乙酰乙酰辅酶A在乙酰乙酰辅酶A硫解酶的催化下，生成2分子乙酰辅酶A，然后进入三羧酸循环彻底氧化（图7-6）。

（3）丙酮的呼出 丙酮生成量少、挥发性强，主要通过肺部的呼吸作用排出体外。部分丙酮也可在多种酶催化下转变成丙酮酸或乳酸，或异生成糖或彻底氧化。

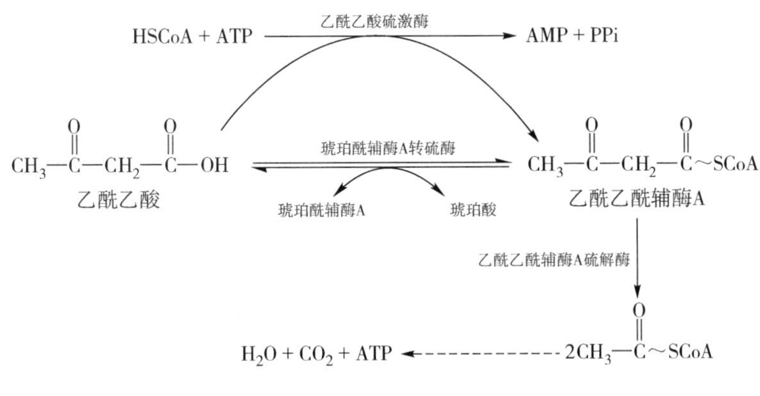

图 7-6 酮体的氧化

3. 酮体生成的生理意义 酮体是脂肪酸在肝内代谢的正常中间产物，是肝脏向肝外组织输出脂质能源的一种形式。酮体易溶于水，分子小，能够通过血-脑屏障和肌肉毛细血管壁，所以成为脑、心、肾及骨骼肌的重要能源。脑组织不能利用脂肪酸，但在血糖水平低时却能利用酮体，因此在长期饥饿或糖供应不足时，酮体可以替代葡萄糖成为脑组织的主要能量来源。

正常情况下，血中酮体含量很少，仅 0.03~0.5mmol/L。但是当机体处于长期饥饿、高脂低糖饮食及糖尿病时，肝中三酰甘油的分解氧化加强，脂肪酸氧化产生大量的乙酰辅酶A，由于糖异生作用消耗了大量的三羧酸循环的中间产物草酰乙酸，从而导致三羧酸循环减弱，乙酰辅酶 A 不能彻底氧化供能，结果生成大量酮体。肝外组织利用酮体的量与动脉血中酮体浓度成正比，血中酮体浓度达 7mmol/L 时，肝外组织的利用能力达到饱和。当肝内酮体的生成量超过肝外组织的利用能力时，可使血中酮体升高，称酮血症，如果尿中出现酮体称酮尿症。由于乙酰乙酸和β-羟丁酸是酸性物质，在体内大量蓄积时，可导致酮症酸中毒，严重时可危及生命。

4. 酮体生成的调节

（1）饱食和饥饿的影响　饱食状况下胰岛素分泌增强，胰岛素是一个增加血糖去路，促进糖原、脂肪、蛋白质合成的激素，可对这些代谢途径中关键酶的含量和活性调节（诸如增加丙酮酸脱氢酶、糖原合酶、软脂酸和三酰甘油合成酶系的活性），机体代谢以葡萄糖分解供能、糖原和脂肪合成为主，脂肪动员受抑制，血中游离脂肪酸浓度降低，肉碱脂酰转移酶 I 活性减弱，肝内 β 氧化减弱，故酮体生成减少。而饥饿状况下胰岛素分泌下降，胰高血糖素分泌增加，作用正好与上述过程相反。机体以脂肪酸氧化分解供能为主，脂肪动员增强，血中游离脂肪酸浓度升高，肉碱脂酰转移酶 I 活性增强，肝内 β 氧化增强，故酮体生成增多。

（2）丙二酸单酰辅酶 A 对生酮作用的调节　糖代谢旺盛时，产生的乙酰辅酶 A 和柠檬酸通过别构激活乙酰辅酶 A 羧化酶，促进丙二酸单酰辅酶 A 的生物合成。后者竞争性抑制肉碱脂酰转移酶 I，阻止长链脂酰辅酶 A 进入线粒体进行 β 氧化，故酮体生成减少。

二、三酰甘油的合成代谢

机体通过合成三酰甘油储存能源，以供饥饿或禁食时的能量需要。三酰甘油合成的主要场所是肝和脂肪组织，其次是小肠黏膜。脂酰辅酶 A 和 α-磷酸甘油是合成三酰甘油的主

要原料。

（一）脂肪酸的合成

1. 脂肪酸的合成部位 肝、肾、脑、乳腺及脂肪组织等均可合成脂肪酸，而肝是合成脂肪酸的主要场所。脂肪酸的合成在细胞质中进行。

2. 脂肪酸的合成原料 乙酰辅酶 A 是合成脂肪酸的主要原料，由戊糖磷酸途径提供 $NADPH+H^+$作为供氢体，此外，还需要 CO_2、Mg^{2+}、生物素和 ATP 的参与。

乙酰辅酶 A 主要来自葡萄糖有氧氧化的第二阶段，某些氨基酸的分解代谢也可提供部分乙酰辅酶 A。乙酰辅酶 A 都是在线粒体中生成的，而参与脂肪酸合成的酶系却存在于细胞质中，线粒体内的乙酰辅酶 A 必须转运到细胞质才能进行脂肪酸的合成。实验证明，乙酰辅酶 A 不能自由穿过线粒体膜，但可通过柠檬酸-丙酮酸循环将线粒体内的乙酰辅酶 A 转运到细胞质。线粒体内的乙酰辅酶 A 与草酰乙酸缩合生成柠檬酸，然后柠檬酸通过线粒体内膜上特异载体的转运进入细胞质，再由细胞质中的柠檬酸裂解酶催化生成草酰乙酸和乙酰辅酶 A。乙酰辅酶 A 用于脂肪酸的合成，而草酰乙酸则在苹果酸脱氢酶的作用下还原成苹果酸，再经线粒体内膜上的载体转运入线粒体内。苹果酸也可经苹果酸酶的作用分解为丙酮酸，再经载体转运进入线粒体。进入线粒体的苹果酸和丙酮酸最终均可转变成草酰乙酸，再参与乙酰辅酶 A 的转运（图 7-7）。

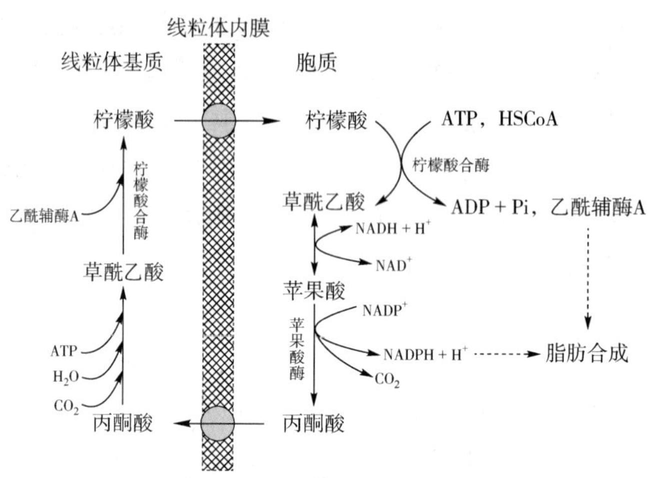

图 7-7 柠檬酸-丙酮酸循环

3. 脂肪酸的合成过程

（1）丙二酸单酰辅酶 A 的合成 乙酰辅酶 A 进入细胞质后，先经乙酰辅酶 A 羧化酶的催化生成丙二酸单酰辅酶 A，再参与脂肪酸的生物合成。反应由碳酸氢盐提供 CO_2，ATP 提供羧化过程所需的能量。其反应式如下：

$$CH_3CO\sim SCoA + HCO_3^- + ATP \xrightarrow[\text{生物素、}Mg^{2+}]{\text{乙酰辅酶 A 羧化酶}} HOOCCH_2CO\sim SCoA + ADP + Pi$$

乙酰辅酶 A 羧化酶是以生物素为辅基的别构酶，是脂肪酸生物合成的限速酶。该酶在细胞内以两种形式存在：一种是无活性的单体，分子量约为 4 万；另一种是有活性的多聚体，分子量为 60 万~80 万，通常由 10~20 个单体构成，呈线状排列，催化活性增加 10~20 倍。柠檬酸和异柠檬酸是此酶的别构激活剂，使其由无活性的单体聚合成有活性的多聚体；而软脂酰辅酶 A 和其他长链脂酰辅酶 A 为此酶的别构抑制剂，使酶由有活性的多聚体解聚

成无活性的单体。

乙酰辅酶A羧化酶除受别构调节外，也受磷酸化和去磷酸化的共价修饰调节。此酶可被一种依赖于AMP的蛋白激酶磷酸化而失活。胰高血糖素能激活这种蛋白激酶，从而抑制乙酰辅酶A羧化酶的活性；胰岛素则能通过蛋白质磷酸酶的作用使磷酸化的乙酰辅酶A羧化酶脱去磷酸而恢复活性，促进脂肪酸的合成。

（2）软脂酸的合成　软脂酸是16碳的饱和脂肪酸，即1分子乙酰辅酶A和7分子丙二酸单酰辅酶A在脂肪酸合酶系的催化下，由 $NADPH+H^+$ 提供氢合成。其总反应式为：

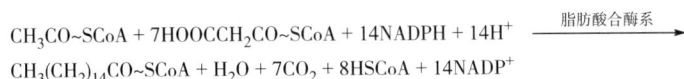

$$CH_3CO\sim SCoA + 7HOOCCH_2CO\sim SCoA + 14NADPH + 14H^+ \xrightarrow{\text{脂肪酸合酶系}} CH_3(CH_2)_{14}CO\sim SCoA + H_2O + 7CO_2 + 8HSCoA + 14NADP^+$$

在大肠杆菌中，脂肪酸合酶系是一种多酶复合物，由七种酶和酰基载体蛋白（ACP）组成，各种中间代谢产物均以酰基载体蛋白为核心合成脂肪酸。

脂肪酸合酶系中的ACP均以4′-磷酸泛酰氨基乙硫醇为辅基，辅基的4′-磷酸与ACP的丝氨酸残基通过酯键相连接；辅基的末端巯基为脂酰基携带基团，可与脂酰基结合形成硫酯键。

在哺乳动物中，脂肪酸合酶系属于多功能酶，催化脂肪酸合成的七种酶活性和酰基载体蛋白按一定顺序排列在多肽链上，更好地提高了脂肪酸的合成效率。软脂酸的合成过程是一个连续的酶促反应，每次增加2个碳原子，都要重复进行缩合、加氢、脱水和再加氢的过程。经过7次循环后，生成16碳的软脂酸ACP，最后经硫酯酶水解释放软脂酸。

4. 脂肪酸的加工改造　组成人体的脂肪酸，其碳链长短不一，而脂肪酸合酶系催化的产物是16碳的软脂酸。根据机体的需要，在细胞质中合成的软脂酸必须被进一步改造和加工，使之成为碳链长短不等、饱和度不同的多种脂肪酸。

（1）碳链长度的加工改造　碳链的延长分别在滑面内质网和线粒体中由脂肪酸延长酶系催化完成，但两个碳链延长体系在二碳单位供体、脂酰基载体以及碳链延长过程等诸多方面各不相同。内质网碳链延长体系中的碳链延长酶系以软脂酸为母体、丙二酸单酰辅酶A为二碳单位供体、HSCoA为酰基载体、$NADPH+H^+$ 为供氢体，经过脱羧缩合—加氢还原—脱水成烯—再加氢还原等步骤，使软脂酸的碳链延长，其过程与细胞质中脂肪酸合成过程基本相同。除脑组织外，内质网碳链延长系统一般以合成18碳的硬脂酸为主。脑组织因含有其他酶，可将碳链最多延长至24碳，以供脑中脂质代谢需要。线粒体碳链延长体系中，软脂酸以乙酰辅酶A为二碳单位供体、$NADPH+H^+$ 为供氢体，经过与乙酰辅酶A缩合—加氢—脱水—再加氢等步骤，使软脂酸的碳链逐步延长，其过程类似于脂肪酸β氧化的逆反应，仅烯脂酰辅酶A还原酶的辅酶为 $NADPH+H^+$ 与β氧化过程不同。线粒体碳链延长体系一般可将脂肪酸延长至24或26碳，但仍以18碳的硬脂酸最多。

（2）脂肪酸碳链的缩短　脂肪酸碳链的缩短在线粒体由β氧化酶系催化完成，每经过一次β氧化循环就可以减少两个碳原子。

体内合成的脂肪酸先要经过活化生成脂酰辅酶A后，才可参与三酰甘油的合成。

（3）脂肪酸饱和度的加工改造　人和动物组织中的不饱和脂肪酸主要有软油酸（16：1，Δ^9）、油酸（18：1，Δ^9）、亚油酸（18：2，$\Delta^{9,12}$）、亚麻酸（18：3，$\Delta^{9,12,15}$）

及花生四烯酸（20：4，$\Delta^{5,8,11,14}$）等。最普通的单不饱和脂肪酸是软油酸和油酸，它们分别由软脂酸和硬脂酸活化后经 Δ^9 去饱和酶催化脱氢而成。去饱和酶分布于滑面内质网，属混合功能氧化酶。人和动物体内质网上镶嵌有 Δ^4、Δ^5、Δ^8 及 Δ^9 去饱和酶，缺乏 Δ^9 以上的去饱和酶。因此人体能够合成软油酸、油酸等单不饱和脂肪酸，而亚油酸、亚麻酸及花生四烯酸等多不饱和脂肪酸必须从食物中摄取。植物组织中含有 Δ^{10}、Δ^{12}、Δ^{15} 去饱和酶，能够合成上述多不饱和脂肪酸。

5. 脂肪酸合成的调节

（1）代谢物的调节作用　进食高脂肪食物以后，或饥饿时脂肪动员加强时，肝细胞内脂酰辅酶 A 增多，可别构抑制乙酰辅酶 A 羧化酶，从而抑制体内脂肪酸的合成；进食糖类，糖代谢加强，NADPH 及乙酰辅酶 A 供应增多，有利于脂肪酸的合成，同时糖代谢加强使细胞内 ATP 增多，可抑制异柠檬酸脱氢酶，造成异柠檬酸及柠檬酸堆积，透出线粒体，可别构激活乙酰辅酶 A 羧化酶，使脂肪酸合成增加。此外，大量进食糖类也能增强各种与脂肪合成有关的酶活性，从而使脂肪合成增加。

（2）激素的调节作用　胰岛素是调节脂肪合成的主要激素。它能诱导乙酰辅酶 A 羧化酶、脂肪酸合酶，乃至 ATP-柠檬酸裂解酶等的合成，从而促进脂肪酸合成。同时，由于胰岛素还能促进脂肪酸合成磷脂酸，因此也能增加脂肪的合成。胰岛素能增强脂肪组织的脂蛋白脂酶活性，促使脂肪酸进入脂肪组织，从而加速脂肪合成而贮存，故易导致肥胖。

胰高血糖素通过增加蛋白激酶 A 活性，使乙酰辅酶 A 羧化酶磷酸化而降低其活性，故能抑制脂肪酸的合成，此外，也抑制三酰甘油的合成，甚至减少肝脂肪向血中释放。肾上腺素、生长素也能抑制乙酰辅酶 A 羧化酶，从而影响脂肪酸合成。

（二）α-磷酸甘油的生成

体内合成脂肪酸的 α-磷酸甘油来自于两条途径：一条途径是糖酵解产生的中间代谢产物磷酸二羟丙酮，它可在 α-磷酸甘油脱氢酶的催化下，以 $NADH+H^+$ 为辅酶，还原成 α-磷酸甘油。该反应广泛存在，是 α-磷酸甘油的主要来源。另一条途径是甘油在甘油激酶的催化下，消耗 ATP 生成的 α-磷酸甘油（图 7-8）。

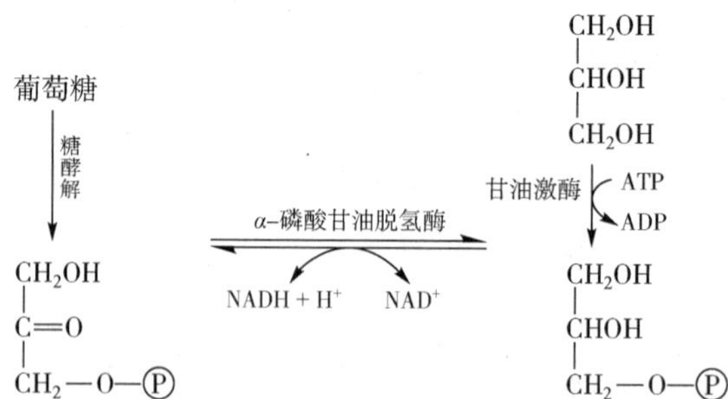

图 7-8　α-磷酸甘油的来源

（三）三酰甘油的合成

三酰甘油是以 α-磷酸甘油和脂酰辅酶 A 为原料合成。肝细胞和脂肪细胞的内质网是合成三酰甘油的主要部位，其次是小肠黏膜。三酰甘油合成有两条基本途径。

1. 单酰甘油途径　小肠黏膜上皮细胞主要以此途径合成三酰甘油。该途径主要利用消

化吸收的单酰甘油为起始物，再加上 2 分子脂酰辅酶 A，合成三酰甘油（图 7-9）。

$$R_1-\overset{O}{\overset{\|}{C}}-O-CH(CH_2OH)_2 \xrightarrow[R_2COSCoA \to HSCoA]{脂酰转移酶} R_1-\overset{O}{\overset{\|}{C}}-O-CH(CH_2-O-\overset{O}{\overset{\|}{C}}-R_2)(CH_2OH) \xrightarrow[R_3COSCoA \to HSCoA]{脂酰转移酶} R_1-\overset{O}{\overset{\|}{C}}-O-CH(CH_2-O-\overset{O}{\overset{\|}{C}}-R_2)(CH_2-O-\overset{O}{\overset{\|}{C}}-R_3)$$

2-单酰甘油　　1, 2-二酰甘油　　三酰甘油

图 7-9　单酰甘油途径合成三酰甘油

2. 二酰甘油途径　肝细胞和脂肪细胞主要由此途径合成三酰甘油。在组织细胞内质网中，1 分子 α-磷酸甘油与 1 分子脂酰辅酶 A 在 α-磷酸甘油脂酰转移酶的催化下，生成 1 分子的溶血磷脂酸，后者再与另一分子脂酰辅酶 A 反应，生成 1 分子的磷脂酸，磷脂酸经磷脂酸磷酸酶水解生成二酰甘油，然后二酰甘油与 1 分子脂酰辅酶 A 在二酰甘油脂酰转移酶的作用下，生成三酰甘油（图 7-10）。α-磷酸甘油脂酰转移酶是三酰甘油合成的限速酶。细胞内磷脂酸的含量极微，但它是机体合成三酰甘油和磷脂的重要中间产物。

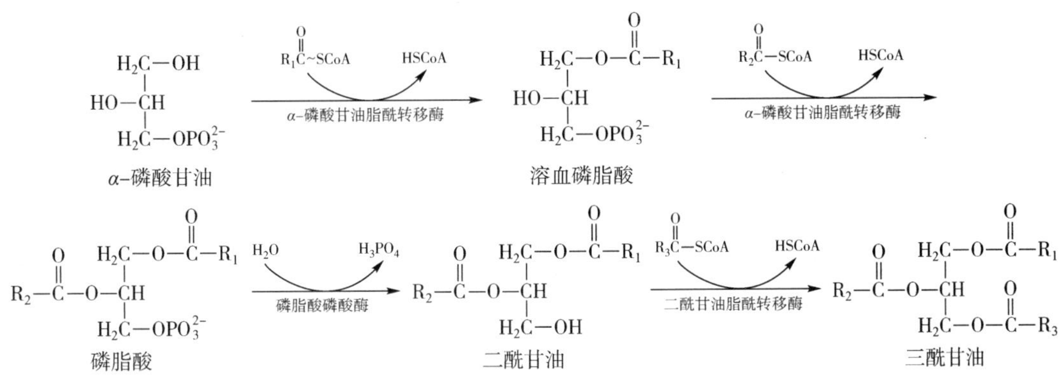

图 7-10　二酰甘油途径合成三酰甘油

当机体细胞中糖代谢加强时，α-磷酸甘油的生成量增多，有利于三酰甘油的合成。一般情况下，肝合成的三酰甘油主要以极低密度脂蛋白的形式被转运到肝外，脂肪组织合成的三酰甘油主要储存在该组织中，而小肠黏膜合成的三酰甘油被机体直接吸收。

三、不饱和脂肪酸的衍生物

前列腺素（PG）、血栓素（TX）和白三烯（LT）均由必需脂肪酸花生四烯酸转变生成，其化学本质都是二十碳不饱和脂肪酸的衍生物，是体内一类重要的生物活性物质。这类物质几乎参与所有细胞的代谢活动，可以不经过血液循环运输而直接作用于局部，发挥短暂作用后就迅速被降解，而且与机体的炎症、免疫、过敏、凝血及心血管疾病等重要病理过程有关。

（一）前列腺素、血栓素及白三烯的合成

1. 前列腺素及血栓素的合成　除红细胞外，全身各组织均有合成 PG 的酶系，血小板尚有血栓噁烷合成酶。细胞膜中的磷脂含有丰富的花生四烯酸。在各种刺激因素如血管紧张素Ⅱ、缓激肽、肾上腺素、凝血酶及某些抗原-抗体复合物等作用下，细胞膜中磷脂酶 A_2 被激活，使磷脂水解生成花生四烯酸，然后在一系列酶作用下合成 PG、TX 的各种中间产物和衍生物，如 PGG_2、PGH_2、PGD_2、PGE_2、PGF_2、PGI_2、TXA_2和 TXB_2。

2. 白三烯的合成　花生四烯酸在脂氧合酶作用下，加入 1 分子氧生成 5-氢过氧化二十碳四烯酸，然后经脱水酶作用脱去 1 分子水生成白三烯（LTA_4）。LTA_4 在酶催化作用下转变生成 C_6 上均连接一个硫原子并具有重要生物活性的化合物，如 LTB_4、LTC_4、LTD_4、LTE_4 及 LTF_4 等。

（二）前列腺素、血栓素和白三烯的生理功能

PG、TX 及 LT 可在体内合成，在细胞内含量很低，但具有很强的生理活性。

1. 前列腺素　PG 主要有以下功能：①PGE_2 能使局部血管扩张，毛细血管通透性增加，引起红、肿、痛、热等炎症表现；②PGE_2 可使支气管平滑肌松弛，而 $PGF_{2\alpha}$ 对支气管平滑肌有收缩作用；③PGE_2 和 PGA_2 也使动脉平滑肌舒张，使血压降低；④PGE_2 和 PGI_2 抑制胃酸分泌，促进胃肠平滑肌蠕动；⑤PGE_2 和 $PGF_{2\alpha}$ 使卵巢平滑肌收缩，引起排卵，而且子宫释放的 $PGF_{2\alpha}$ 能加强子宫收缩，促进分娩；⑥ PGI_2 还有舒张血管和阻止血小板凝集的作用。

2. 血栓素　TX 主要有以下功能：①血小板产生的 TXA_2 可引起血小板聚集，血管收缩，加速凝血和血栓的形成；②血管内皮细胞释放的 PGI_2 有很强的舒血管及抗血小板凝集、抑制凝血及血栓形成的作用。冠心病和心肌梗死所形成的血栓可能与 TXA_2 产生过多有关。

3. 白三烯　LT 主要有以下功能：①由肥大细胞释放的 LTC_4、LTD_4 及 LTE_4 是一类能引起过敏反应的慢反应物质，作用缓慢而持久，不仅能引起支气管平滑肌的剧烈收缩，还能引起胃肠道及子宫平滑肌收缩；②LT 能促进白细胞的游走及趋化作用，刺激腺苷酸环化酶，诱发多形核白细胞脱颗粒，使溶酶体释放水解酶类，促进炎症及过敏反应的发展。

第三节　磷脂的代谢

扫码“学一学”

一、磷脂的分类

磷脂是一类含磷酸的类脂，按其含有的醇的种类不同可分为甘油磷脂和鞘磷脂两大类。以甘油为骨架构成的磷脂称为甘油磷脂，以鞘氨醇为骨架构成的磷脂称为鞘磷脂。

甘油磷脂在体内的含量高、分布广泛，是由甘油、磷酸、脂肪酸和含氮化合物组成。

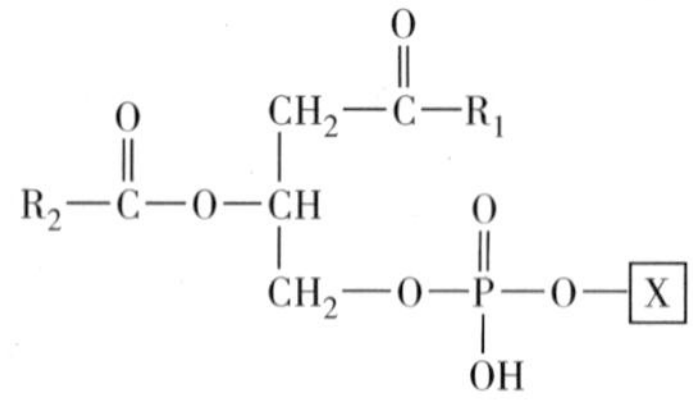

甘油磷脂

三酰甘油合成过程的中间产物磷脂酸是最简单的甘油磷脂。若在磷脂酸分子的磷酸基团上结合一分子含氮化合物，则可生成各种不同的甘油磷脂。如果含氮化合物取代基团为胆碱、乙醇胺、丝氨酸或肌醇，生成的甘油磷脂则分别为磷脂酰胆碱（卵磷脂）、磷脂酰乙醇胺（脑磷脂）、磷脂酰丝氨酸或磷脂酰肌醇（表 7-1）。

表 7-1　机体中几类重要的甘油磷脂

X—OH	X 取代基	甘油磷脂的名称
水	—H	磷脂酸
胆碱	$—CH_2CH_2N^+(CH_3)_3$	磷脂酰胆碱（卵磷脂）
乙醇胺	$—CH_2CH_2N^+H_3$	磷脂酰乙醇胺（脑磷脂）
丝醇酸	$—CH_2CHNH_2COOH$	磷脂酰丝氨酸
甘油	$—CH_2CHOHCH_2OH$	磷脂酰甘油
磷脂酰甘油	$—CH_2CHOHCH_2O—\overset{O}{\overset{\Vert}{P}}(OH)—OCH_2—HCOCOR_2—CH_2OCOR_1$	二磷脂酰甘油（心磷脂）
肌醇	肌醇环（H、OH；OH、H、H；OH、HO；H、OH；H、H）	磷脂酰肌醇

甘油磷脂分子中既有疏水基团，又含有亲水基团。甘油磷脂的 C_1 和 C_2 位的脂酰基为疏水基团，C_3 位上的磷酰含氮碱或羟基为亲水基团，故它能与极性或非极性物质结合。甘油磷脂是构成生物膜和合成血浆脂蛋白的重要物质，并能促进脂质的消化吸收。

人体含量最多的鞘磷脂是神经鞘磷脂，它是由鞘氨醇、脂肪酸及磷酸胆碱组成。神经鞘磷脂是以鞘氨醇为骨架，其氨基通过酰胺键与脂肪酸相连接，其末端羟基与磷脂酰胆碱通过磷酸酯键相连形成。神经鞘磷脂是神经髓鞘的主要成分，也是构成生物膜的重要磷脂。

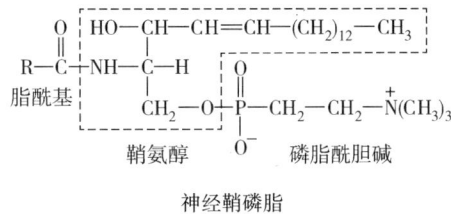

$HO—CH—CH=CH—(CH_2)_{12}—CH_3$

$R—\overset{O}{\overset{\Vert}{C}}—NH—CH—H$

$CH_2—O—\overset{O}{\overset{\Vert}{P}}(O^-)—CH_2—CH_2—\overset{+}{N}(CH_3)_3$

脂酰基　鞘氨醇　磷脂酰胆碱

神经鞘磷脂

二、甘油磷脂的代谢

（一）甘油磷脂的分解代谢

体内甘油磷脂的分解由磷脂酶催化完成。在磷脂酶的催化下，甘油磷脂逐步水解生成甘油、脂肪酸、磷酸及多种含氮化合物。根据磷脂酶作用的部位不同，可将磷脂酶分为五种，即磷脂酶 A_1、磷脂酶 A_2、磷脂酶 B、磷脂酶 C、磷脂酶 D（图 7-11）。

1. 磷脂酶 A_1　广泛分布于动物细胞溶酶体中，蛇毒及某些微生物中亦有。特异性水解甘油磷脂分子中 C_1 位酯键，产物一般为饱和脂肪酸和溶血磷脂 2。

2. 磷脂酶 A_2　广泛分布于动物细胞膜及线粒体膜上，以 Ca^{2+} 为激活剂，特异性水解甘油磷脂分子中 C_2 位上的酯键，产物一般为多不饱和脂肪酸及溶血磷脂 1。

3. 磷脂酶 B_1　又称溶血磷脂酶 1，催化溶血磷脂 1 分子中 C_1 位上的酯键水解，产物为脂肪酸、甘油磷酸胆碱或甘油磷酸乙醇胺。

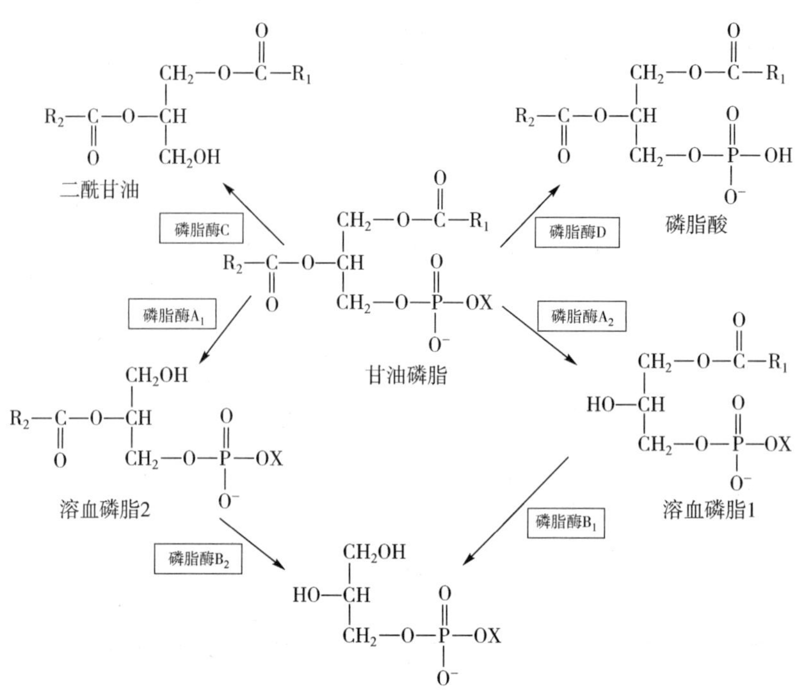

图 7-11　磷脂酶对甘油磷脂的水解

4. 磷脂酶 B_2　又称溶血磷脂酶 2，催化溶血磷脂 2 分子中 C_2位上的酯键水解，产物与磷脂酶 B_1的水解产物类似。

5. 磷脂酶 C　存在于细胞膜及某些细菌中，催化甘油磷脂分子中 C_3位上磷酸酯键水解，产物为磷酸胆碱或磷酸乙醇胺及作用物分子中的其他组分。

6. 磷脂酶 D　主要分布于植物及动物脑组织细胞中，催化磷脂分子中磷酸与取代基团（如胆碱、乙醇胺等）间的酯键断裂，释放出取代基团。

磷脂酶 A_1和磷脂酶 A_2水解甘油磷脂产生的溶血磷脂是一类较强的表面活性物质，能使红细胞膜或其他细胞膜破裂，引起溶血或细胞坏死。毒蛇体内含有磷脂酶 A_1，机体被毒蛇咬伤后会引起溶血。临床上急性胰腺炎的发病机制是由于磷脂酶 A_2的激活而使胰腺细胞膜损伤破坏所致。磷脂酶 C 能水解溶血磷脂 C_1位或溶血磷脂 C_2位上的酯键，使其失去溶解细胞膜的作用。

（二）甘油磷脂的合成代谢

1. 合成部位　人体各组织细胞的内质网中均含有合成磷脂的酶系，因此都能合成甘油磷脂，但以肝、肾及肠等组织最为活跃。

2. 合成原料　合成甘油磷脂的原料有甘油、脂肪酸、磷酸盐、丝氨酸、乙醇胺、胆碱及肌醇等物质。甘油和脂肪酸主要来自糖代谢；多不饱和脂肪酸主要从植物油中摄取；胆碱和乙醇胺既可从食物中获取，也可由丝氨酸在体内转变而来。甘油磷脂的合成还需 ATP 供能，CTP 作为合成 CDP-乙醇胺、CDP-胆碱及 CDP-二酰甘油等活化中间物的载体。

胆碱和乙醇胺分别在 ATP 参与下生成磷酸乙醇胺和磷酸胆碱，然后再分别与 CTP 作用，生成胞苷二磷酸胆碱（CDP-胆碱）和胞苷二磷酸乙醇胺（CDP-乙醇胺）（图 7-12）。

3. 合成过程　现以磷脂酰胆碱和磷脂酰乙醇胺为例介绍其合成过程。

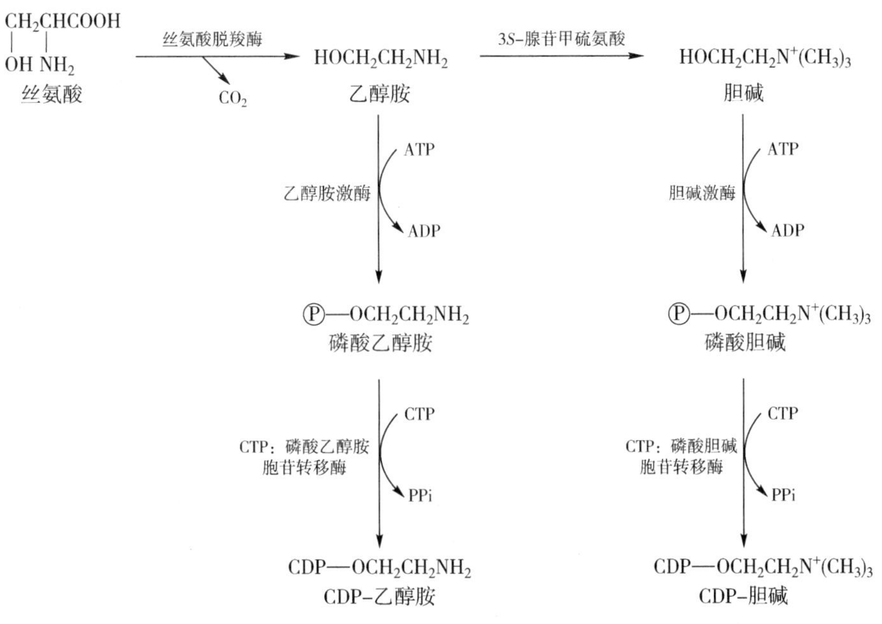

图 7-12　CDP-胆碱和 CDP-乙醇胺生成

（1）二酰甘油合成途径　磷脂酰胆碱及磷脂酰乙醇胺主要通过此途径合成。这两类磷脂在体内含量最多，占组织及血液中磷脂的 75% 以上。胆碱及乙醇胺由活化的 CDP-胆碱及 CDP-乙醇胺提供。在位于内质网膜上的磷酸胆碱脂酰转移酶或磷酸乙醇胺脂酰转移酶的催化下，CDP-胆碱和 CDP-乙醇胺分别与二酰甘油反应，生成磷脂酰胆碱（卵磷脂）和磷脂酰乙醇胺（脑磷脂）。另外，磷脂酰胆碱亦可由磷脂酰乙醇胺从 *S*-腺苷甲硫氨酸获得甲基生成，通过这种方式合成的占人肝的 10% ~15% 。磷脂酰丝氨酸可由磷脂酰乙醇胺羧化或其乙醇胺与丝氨酸交换生成。(图 7-13)

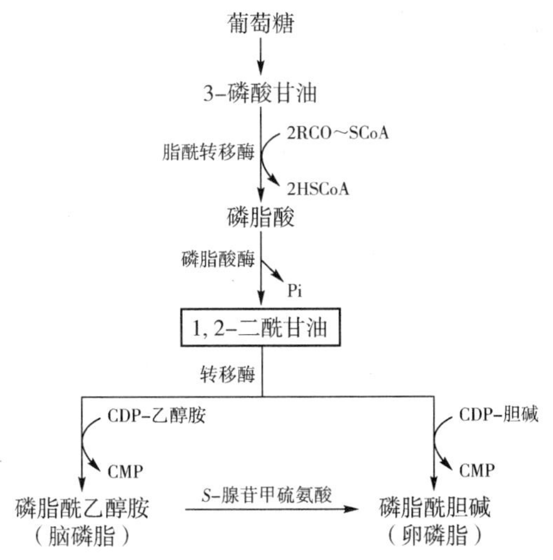

图 7-13　磷脂酰胆碱和磷脂酰乙醇胺的合成

（2）CDP-二酰甘油合成途径　磷脂酰肌醇、磷脂酰丝氨酸及二磷脂酰甘油（心磷脂）由此途径合成。由葡萄糖生成磷脂酸与上述途径相同。不同的是磷脂酸不被磷酸酶水解，本身即为合成这类磷脂的前体。然后，磷脂酸由 CTP 提供能量，在磷脂酰胞苷转移酶的催化下，生成活化的 CDP-二酰甘油。CDP-二酰甘油是合成这类磷脂的直接前体和重要中间

物，在相应合成酶的催化下，与丝氨酸、肌醇或磷脂酰甘油缩合，即生成磷脂酰肌醇、磷脂酰丝氨酸及二磷脂酰甘油（心磷脂）（图 7-14）。

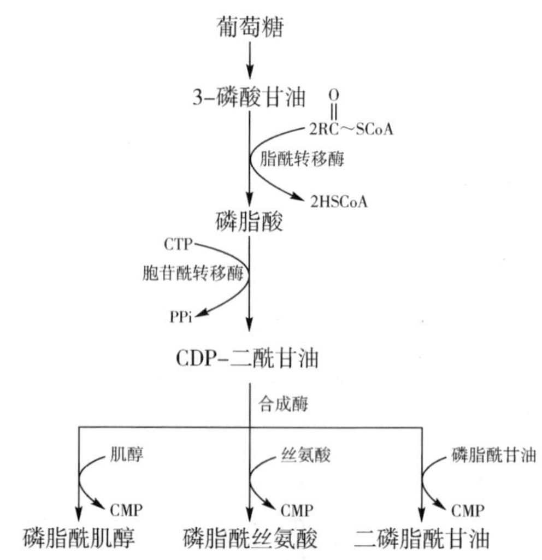

图 7-14　磷脂酰肌醇、磷脂酰丝氨酸及二磷脂酰甘油的合成

甘油磷脂的合成在内质网膜外侧面进行。已发现，在细胞质中存在一类能促进磷脂在细胞内膜之间交换的蛋白质，即磷脂交换蛋白。磷脂交换蛋白分子量为 16000~30000，等电点大多在 5.0 左右。不同的磷脂交换蛋白催化不同种类磷脂在膜之间进行交换。合成的磷脂即可通过这类蛋白质的作用转移至不同细胞器膜上，从而更新其磷脂。例如在内质网合成的心磷脂可通过这种方式转至线粒体内膜，而构成线粒体内膜特征性磷脂。

Ⅱ型肺泡上皮细胞可合成一种特殊的磷脂酰胆碱，其 1 位和 2 位均为软脂酰基，故称为二软脂酰胆碱。它是较强的表面活性剂，能保持肺泡的表面张力，有利于肺泡的伸张，能防止肺泡排出空气后的折叠塌陷。如果新生儿肺泡上皮细胞合成障碍，则会引起肺不张。

第四节　胆固醇的代谢

扫码“学一学”

胆固醇具有环戊烷多氢菲的基本结构，是人体重要的脂质物质之一。它既是生物膜及血浆脂蛋白的重要成分，又能转变成重要的生理活性物质。胆固醇分布于全身各组织中，正常人体含胆固醇 140g 左右，但其分布不均匀，肾上腺含胆固醇特别高，这与皮质激素的合成有关。脑和神经组织的胆固醇含量也很高，其量约占全身胆固醇总量的 1/4。肝、肾、肠等内脏及皮肤、脂肪组织亦含有较多的胆固醇，其中以肝脏的含量最高，肌肉组织中胆固醇的含量较低。

胆固醇的来源：人体胆固醇的来源有两条途径，一是自身合成，是机体胆固醇最主要的来源；二是从食物中摄取。正常成人每天膳食中含胆固醇 300~500mg，主要来自动物内脏、蛋黄、奶油及肉类。食物中的胆固醇被吸收后，在人体内主要以游离胆固醇及胆固醇酯的形式存在。胆固醇结构式如下：

疏水的烃基侧链

胆固醇核心

亲水的极性头部

游离胆固醇

疏水的烃基侧链

胆固醇核心

疏水的非极性头部

胆固醇酯

一、胆固醇的合成

（一）胆固醇合成的部位和原料

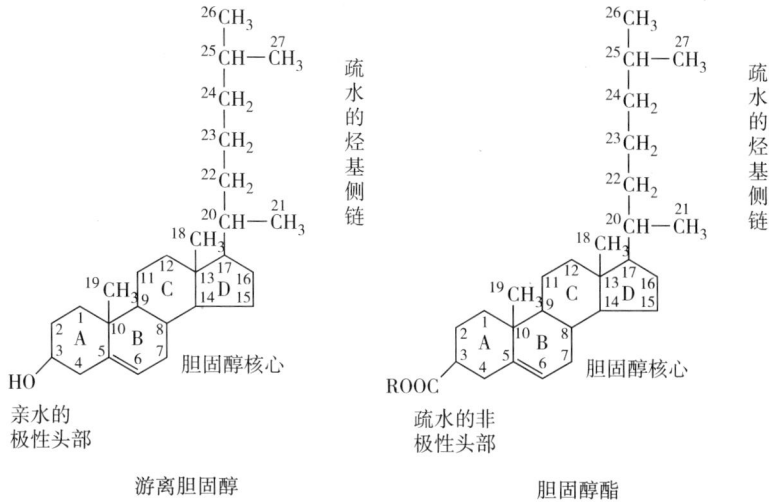

1. 合成部位　成年人除脑组织及成熟红细胞外，其他组织均可合成胆固醇。肝脏是胆固醇合成的主要场所，其合成量占总量的 70%～80%，其次为小肠，可占总量的 10%。合成胆固醇的酶系分布在细胞的细胞质及内质网上。

2. 合成原料　胆固醇合成的原料是乙酰辅酶 A，还需要 $NADPH+H^+$供氢和 ATP 供能。每合成 1 分子胆固醇需要 18 分子乙酰辅酶 A，36 分子 ATP 及 16 分子 $NADPH+H^+$。乙酰辅酶 A 和 ATP 主要来自糖的有氧氧化，而 $NADPH+H^+$则来自戊糖磷酸途径。因此，高糖饮食可使血浆中的胆固醇含量升高。

（二）胆固醇合成的基本过程

1. 甲基二羟戊酸（MVA）的生成　在细胞质中，首先由 2 分子乙酰辅酶 A 在乙酰乙酰辅酶 A 硫解酶的催化下缩合成乙酰乙酰辅酶 A，然后再与 1 分子乙酰辅酶 A 缩合生成 HMG-CoA，反应由 HMG-CoA 合酶催化。HMG-CoA 在线粒体中裂解生成酮体；在细胞质中被还原生成甲基二羟戊酸，反应由 HMG-CoA 还原酶催化，由 $NADPH+H^+$供氢。HMG-CoA 还原酶是胆固醇生物合成的限速酶。

2. 鲨烯的合成　MVA 在一系列酶的催化下，由 ATP 提供能量，先磷酸化、再脱羧基、脱羟基生成活泼的 5 碳焦磷酸化合物，然后 3 分子 5 碳焦磷酸化合物缩合成 15 碳的焦磷酸法尼酯（FPP），2 分子焦磷酸法尼酯再缩合、还原成 30 碳的多烯烃化合物——鲨烯。

3. 胆固醇的合成　鲨烯经单加氧酶、环化酶等催化，先环化成羊毛固醇，在经氧化、脱羧和还原反应，脱去 3 分子 CO_2，生成 27 碳的胆固醇（图 7-15）。

（三）胆固醇合成的调节

HMG-CoA 还原酶是胆固醇合成过程的限速酶。各种因素对胆固醇合成的调节，主要是通过影响 HMG-CoA 还原酶的活性实现的。

1. 胆固醇的反馈调节　这种反馈调节主要存在于肝脏。机体摄入高含量的外源性胆固醇，可反馈性地降低肝脏中 HMG-CoA 还原酶的活性，使内源性胆固醇的合成减少。但小肠黏膜缺乏这种反馈机制，尽管大量进食胆固醇，仍有 60% 的胆固醇在体内合成；如果长期不进食胆固醇，血浆胆固醇浓度也只能降低 10%～25%，可见仅靠限制食物中胆固醇的含量，并不能使血清胆固醇的含量大幅度降低。

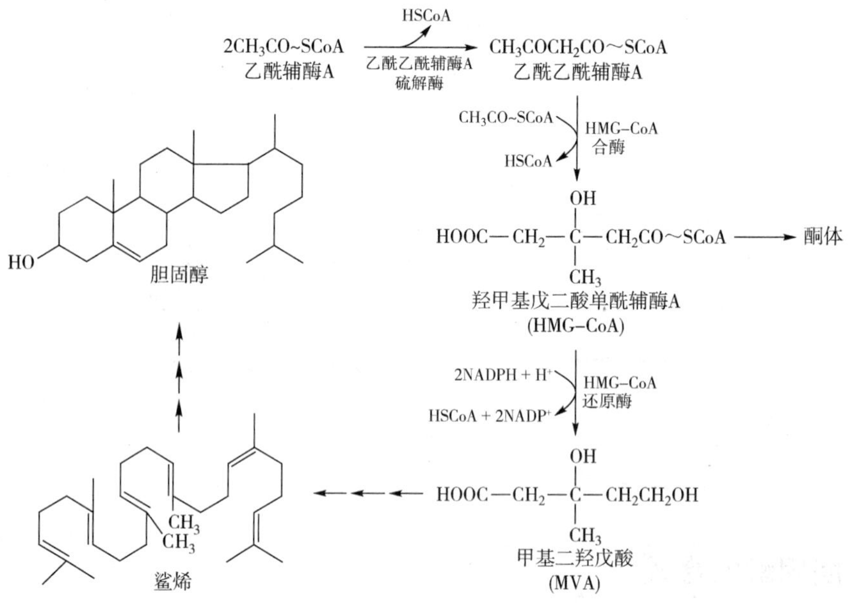

图 7-15 胆固醇的合成过程

2. 激素的调节 胰岛素、甲状腺素、胰高血糖素及糖皮质激素等均可影响胆固醇的合成。胰岛素能诱导 HMG-CoA 还原酶的合成，从而增加胆固醇的合成。胰高血糖素和糖皮质激素能抑制 HMG-CoA 还原酶的活性，使胆固醇的合成减少。甲状腺素一方面可提高 HMG-CoA 还原酶的活性，增加胆固醇的合成；另一方面还可促进胆固醇向胆汁酸转化，且后一作用较强，所以甲状腺素功能亢进患者血清胆固醇常降低。

3. 饥饿与饱食 饥饿可抑制胆固醇的合成。饥饿不仅使 HMG-CoA 还原酶的合成减少，活性降低，而且也可引起胆固醇合成原料（如乙酰辅酶 A 与 $NADPH+H^+$）不足，从而减少胆固醇的合成；相反，机体长期过多摄入糖或脂肪后，HMG-CoA 还原酶的活性升高，胆固醇的合成增加。

4. 药物作用 某些药物，如洛伐他汀或辛伐他汀等，因其结构与 HMG-CoA 相似，故能竞争性抑制 HMG-CoA 还原酶的活性，减少体内胆固醇的合成。还有一类阴离子交换树脂药物，如考来烯胺，可通过干扰肠道胆汁酸盐的重吸收，促使机体更多的胆固醇转变生成胆汁酸盐，从而降低血清中胆固醇的浓度。

（四）胆固醇的酯化

细胞内和血浆中的游离胆固醇都可以被酯化成胆固醇酯，但不同的部位催化胆固醇酯化的酶及其反应过程不同。

1. 细胞内胆固醇的酯化 细胞内的游离胆固醇可在脂酰辅酶 A 胆固醇脂酰转移酶（ACAT）的催化下，接受脂酰辅酶 A 的脂酰基形成胆固醇酯和辅酶 A。

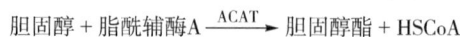

$$\text{胆固醇}+\text{脂酰辅酶A}\xrightarrow{\text{ACAT}}\text{胆固醇酯}+\text{HSCoA}$$

2. 血浆内胆固醇的酯化 血浆中，在卵磷脂-胆固醇脂酰转移酶（LCAT）的催化下，卵磷脂（磷脂酰胆碱）第 2 位碳原子的脂酰基，转移至胆固醇 3 位羟基上，生成胆固醇酯和溶血卵磷脂。LCAT 是由肝实质细胞合成，肝实质细胞有病变或损害时，可使 LCAT 活性降低，引起血浆胆固醇酯含量下降。

$$胆固醇 + 卵磷脂 \xrightarrow{LCAT} 胆固醇酯 + 溶血卵磷脂$$

二、胆固醇在体内的转化与排泄

（一）胆固醇在体内的转化

胆固醇在体内既不能彻底氧化生成 CO_2 和 H_2O，也不能作为能源物质提供能量，但胆固醇可通过对其基本结构环戊烷多氢菲的侧链氧化、还原或降解转变为其他具有环戊烷多氢菲为骨架的生理活性物质。

1. 转变成胆汁酸 胆固醇在肝脏中转变成胆汁酸，是胆固醇代谢的主要去路，是肝脏清除体内胆固醇的主要方式。正常人每天合成的胆固醇约有 40% 在肝中转变为胆汁酸，随胆汁进入肠道。胆汁酸分子中既有亲水基团，又有疏水基团，能够在肠道中与脂质消化产物形成微团，使脂质物质乳化，促进脂质的消化与吸收。

2. 转变成类固醇激素 胆固醇是肾上腺皮质、睾丸、卵巢等内分泌腺合成类固醇激素的原料。胆固醇在肾上腺皮质的球状带、束状带及网状带细胞内可以合成醛固酮、皮质醇和雄激素，在睾丸间质细胞合成睾酮，在卵巢的卵泡内膜细胞及黄体中合成雌二醇及黄体酮。

3. 转变为维生素 D_3 在人体皮肤、肝和小肠黏膜中，胆固醇可被脱氢氧化为 7-脱氢胆固醇，随血液运至皮下，经紫外线照射后转变为维生素 D_3。

（二）胆固醇的排泄

体内大部分胆固醇在肝中转变为胆汁酸，随胆汁排出，这是胆固醇排泄的主要途径。还有一部分胆固醇直接随胆汁进入肠道，其中一部分被肠黏膜重吸收，另一部分被肠道细菌还原为粪固醇，随粪便排出体外。

第五节 血脂和血浆脂蛋白

扫码“学一学”

一、血脂

血脂是血浆所含脂质的统称。它的组成包括：三酰甘油、磷脂、胆固醇和胆固醇酯以及游离脂肪酸等。血脂的来源可分为外源性和内源性两种，外源性脂质是从食物摄取的脂质经消化吸收进入血液的脂质，内源性脂质指由体内合成或脂库中三酰甘油动员后释放入血的脂质。血脂含量仅占全身脂质总量的极少部分，并且不如血糖恒定，受膳食、年龄、性别、职业以及代谢等的影响，波动范围很大。空腹时血脂相对稳定，临床测定应在禁食后 10～12 小时取血。血脂含量的测定可作为高脂血症、动脉粥样硬化及冠心病等病症的辅助诊断指标。正常成年人空腹 12～14 小时血脂的组成及含量见表 7-2。

扫码“看一看”

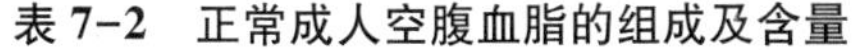

表 7-2 正常成人空腹血脂的组成及含量

脂质物质	血浆含量（mmol/L）
三酰甘油	0.11～1.69
总胆固醇	2.59～6.47
胆固醇酯	1.81～5.17
游离胆固醇	1.03～1.81
总磷脂	48.44～80.73
游离脂肪酸	0.50～0.70

二、血浆脂蛋白

脂质不溶于水，因此在血浆中不能游离存在，而要与血浆中水溶性很强的蛋白质结合形成脂蛋白，才能实现脂质在血浆中的运输。

（一）血浆脂蛋白的分类

各种脂蛋白因所含脂质及蛋白质种类和含量不同，其密度、颗粒大小、表面电荷、电泳行为及免疫性均有不同。一般用电泳法及超速离心法将血浆脂蛋白分类。

1. 电泳分类法 电泳分类法主要根据不同脂蛋白的载脂蛋白部分所带电荷不同、脂蛋白的分子大小不同而分离。不同的脂蛋白在电场中具有不同的电泳迁移率，按其电泳迁移率的大小，可将脂蛋白分为α-脂蛋白、前β-脂蛋白、β-脂蛋白及乳糜微粒四类。分离血浆脂蛋白常用的电泳方法为醋酸纤维素薄膜电泳和琼脂糖凝胶电泳或聚丙烯酰胺凝胶电泳。α-脂蛋白泳动最快，相当于α_1-球蛋白的位置；前β位于β-脂蛋白之前，相当于α_2-球蛋白的位置；β-脂蛋白相当于β-球蛋白的位置；乳糜颗粒（CM）则留在原点不动（图7-16）。

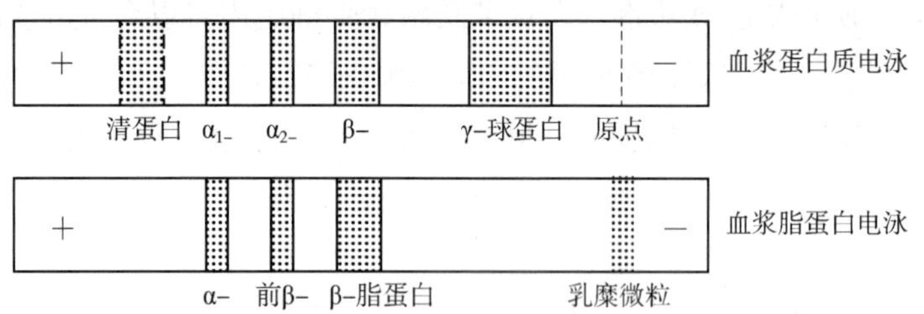

图7-16 血浆蛋白质电泳与血浆脂蛋白电泳结果的比较

2. 密度分类法 又称为超速离心法。由于各种脂蛋白含脂质及蛋白质量各不相同，因而其分子密度亦各不相同。血浆在一定的盐溶液中进行超速离心时，各种脂蛋白因密度不同而飘浮或沉降，据此，根据密度的大小将脂蛋白分为四类，密度由小到大依次为：乳糜颗粒（CM）、极低密度脂蛋白（VLDL）、低密度脂蛋白（LDL）和高密度脂蛋白（HDL）。

除上述四类脂蛋白外，还有中密度脂蛋白（IDL），它是VLDL在血浆中三酰甘油降解代谢产生的，其组成及密度介于VLDL及LDL之间。

（二）血浆脂蛋白的组成

血浆脂蛋白主要由蛋白质和脂质两大部分组成。脂质主要包括三酰甘油、磷脂、胆固醇及其酯。各类脂蛋白中所含的蛋白质的种类和数量不同，各种脂质的组成比例及含量也不相同。乳糜微粒颗粒最大，含三酰甘油最多，达80%~95%，蛋白质最少，约占1%，故密度最小，血浆静置即可漂浮。VLDL中三酰甘油为主要成分，含量达50%~70%，但蛋白质、磷脂及总胆固醇含量均高于CM，故密度较CM大。LDL含总胆固醇最多，达40%~50%，其蛋白质含量20%~25%。HDL含蛋白质最多而含三酰甘油最少，颗粒最小，密度最大（表7-3）。

表7-3 各种血浆脂蛋白的组成、性质和功能

分类	密度法	CM	VLDL	LDL	HDL
	电泳法	CM	前β-脂蛋白	β-脂蛋白	α-脂蛋白
组成（%）	蛋白质	0.5~2	5~10	20~25	50
	三酰甘油	80~95	50~70	10	5
	磷脂	5~7	15	20	25
	总胆固醇	4~5	15~19	40~50	20~23

续表

分类	密度法	CM	VLDL	LDL	HDL
	电泳法	CM	前β-脂蛋白	β-脂蛋白	α-脂蛋白
性质	密度	<0.95	0.95~1.006	1.006~1.063	1.063~1.210
	颗粒直径（mm）	80~500	20~80	20~25	7.5~10
	电泳位置	原点	α_2-球蛋白	β-球蛋白	α_1-球蛋白
合成部位		小肠	肝	血浆	肝、小肠
功能		转运外源性三酰甘油	转运内源性三酰甘油	转运内源性胆固醇到肝外组织	逆向转运胆固醇到肝内组织

（三）血浆脂蛋白的结构

各种血浆脂蛋白具有大致相似的基本结构。疏水性较强的三酰甘油和胆固醇酯均位于脂蛋白的内核，而既有极性基团又有非极性基团的蛋白质部分、磷脂及游离胆固醇则以单分子层借其非极性的疏水基团与内核的疏水键相连，覆盖于脂蛋白表面，而其极性基团朝外，呈球形，所以脂蛋白具亲水性，能溶于血浆中。CM 及 VLDL 主要以三酰甘油为内核，LDL 及 HDL 则主要以胆固醇酯为内核。（图 7-17）

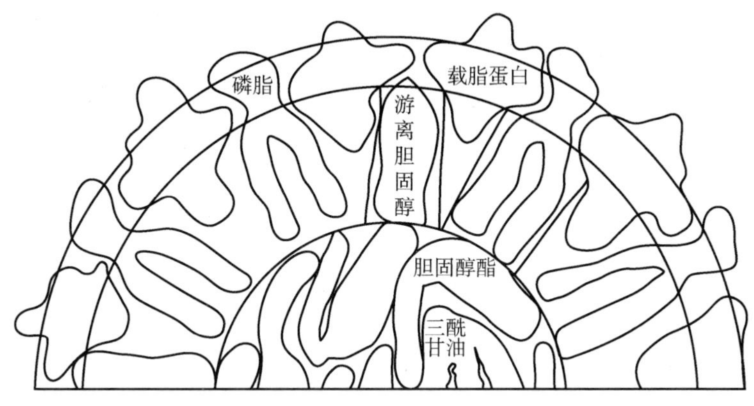

图 7-17　血浆脂蛋白的结构

三、载脂蛋白

血浆脂蛋白中的蛋白质部分称载脂蛋白（Apo）。目前已从人血浆中分离出 20 多种载脂蛋白，主要有 ApoA、ApoB、ApoC、ApoD 及 ApoE 等五类。某些载脂蛋白又分为若干亚类，如 ApoA 分为 ApoAⅠ、ApoAⅡ、ApoAⅣ及 ApoAⅤ；ApoB 又分为 ApoB100 及 ApoB48；ApoC 又分为 ApoCⅠ、ApoCⅡ、ApoCⅢ及 ApoCⅣ。不同脂蛋白含不同的载脂蛋白。如 HDL 主要含 ApoAⅠ及 ApoAⅡ；LDL 几乎只含 ApoB100；VLDL 主要含 ApoB100 和 ApoCⅡ，还含有 ApoCⅠ、ApoCⅢ及 ApoE；CM 主要含 ApoB48。人的主要载脂蛋白的基因结构、染色体定位、氨基酸序列均已确定。1986 年通过 cDNA 序列分析，确定了 ApoB100 的氨基酸组成及序列。证明 ApoB100 是由 4356 个氨基酸残基构成的单链多肽，是目前发现一级结构最长的蛋白质。

近年来的研究证明，载脂蛋白不仅在结合和转运脂质及稳定脂蛋白的结构上发挥重要作用，而且还调节脂蛋白代谢关键酶活性，参与脂蛋白受体的识别，在脂蛋白代谢上发挥

极为重要的作用。

四、血浆脂蛋白代谢

（一）参与脂蛋白代谢的主要酶类

1. 脂蛋白脂肪酶（LPL） 其功能是催化CM和VLDL核心的三酰甘油分解为脂肪酸和甘油，使脂蛋白逐渐变为直径较小的残粒。LPL的活性需要ApoCⅡ来激活。

2. 肝脂肪酶（HL） 其功能是催化小颗粒脂蛋白（如VLDL残粒、CM残粒及HDL）中三酰甘油的分解。此酶的活性不需要ApoCⅡ来激活。

3. 卵磷脂-胆固醇脂酰转移酶（LCAT） 其功能是催化胆固醇形成胆固醇酯，ApoAⅠ是此酶的激活剂。

（二）参与脂蛋白代谢的受体

血浆脂蛋白受体位于细胞膜上，与相应的脂蛋白配体有高度的亲和力，从而介导细胞对脂蛋白的摄取与代谢。

1. VLDL受体 又称ApoE受体，主要识别含ApoE丰富的脂蛋白（如CM残粒和VLDL残粒），是清除血液中CM残粒和VLDL残粒的主要受体。此受体位于肝细胞膜上，CM残粒和VLDL残粒与受体结合并被摄取进入细胞内降解。

2. LDL受体 ApoB、ApoE受体，能识别并结合含ApoB100、ApoE的脂蛋白，如LDL和IDL。此受体广泛分布于肝、动脉壁平滑肌等各组织的细胞膜表面。

3. HDL受体 能特异识别并结合HDL。此受体广泛分布于全身各组织的细胞膜上。

4. 清道夫受体 介导清除血液中修饰的LDL（如氧化修饰LDL，即ox-LDL）。此受体主要存在于巨噬细胞及血管内皮细胞表面。

（三）常见的血浆脂蛋白代谢

1. 乳糜微粒 乳糜微粒（CM）由小肠黏膜上皮细胞合成，是运输外源性三酰甘油的主要形式。食物中的脂肪经消化吸收后，进入小肠黏膜细胞，小肠黏膜细胞利用食物中摄取的三酰甘油、磷脂、胆固醇及ApoB48、ApoA等形成新生的CM。新生CM经淋巴管流入血液，接受ApoC及ApoE并脱去部分ApoA，形成成熟的CM。其中所含的ApoCⅡ可激活心肌、骨骼肌及脂肪等组织毛细血管内皮细胞表面的脂蛋白脂肪酶（LPL）。在LPL的作用下，CM中的三酰甘油逐步被水解，生成的脂肪酸被机体组织摄取利用，同时脱去其表面的ApoC和剩余的ApoA，形成富含磷脂、胆固醇酯及ApoB48和ApoE的残余颗粒。残余颗粒表面因含有ApoE，故能识别肝细胞膜表面的ApoE受体并与之结合，最终被肝细胞摄取利用（图7-18）。正常人CM在血浆中代谢迅速，半寿期仅为5~15分钟，因此空腹12~14小时后血浆中不含CM。

2. 极低密度脂蛋白 极低密度脂蛋白（VLDL）主要由肝细胞合成，小肠黏膜也有少量合成，是运输内源性三酰甘油的主要形式。肝细胞主要利用葡萄糖为原料合成三酰甘油，也可利用食物及脂肪组织动员的脂肪酸合成三酰甘油。合成的三酰甘油与磷脂、胆固醇及ApoB100等形成新生VLDL。新生VLDL进入血液循环后，接受ApoE和ApoC，转变为成熟VLDL。ApoC中的ApoCⅡ能激活肝外组织毛细血管壁内皮细胞上的LPL。在LPL的作用下，VLDL中的三酰甘油逐渐被降解，同时脱去ApoC。随着VLDL本身颗粒逐渐变小，密度逐渐增高以及ApoB100和ApoE含量的相对增加，VLDL转变为中间密度脂蛋白（IDL）。

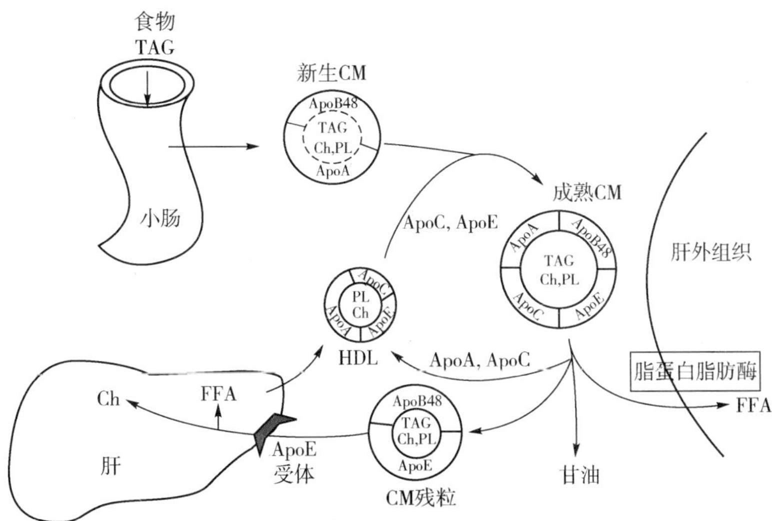

图 7-18　乳糜微粒代谢

IDL 中三酰甘油与胆固醇的含量大致相等，载脂蛋白主要是 ApoB100 和 ApoE。一部分 IDL 与肝细胞膜上的 ApoE 受体结合后被肝细胞摄取利用；另一部分 IDL 转变为 LDL，其过程为 IDL 中的三酰甘油被 LPL 与肝脂肪酶进一步水解，同时脱去其表面的 ApoE，转变为以胆固醇酯为主要组分的 LDL（图 7-19）。VLDL 在血浆中的半寿期为 6~12 小时。

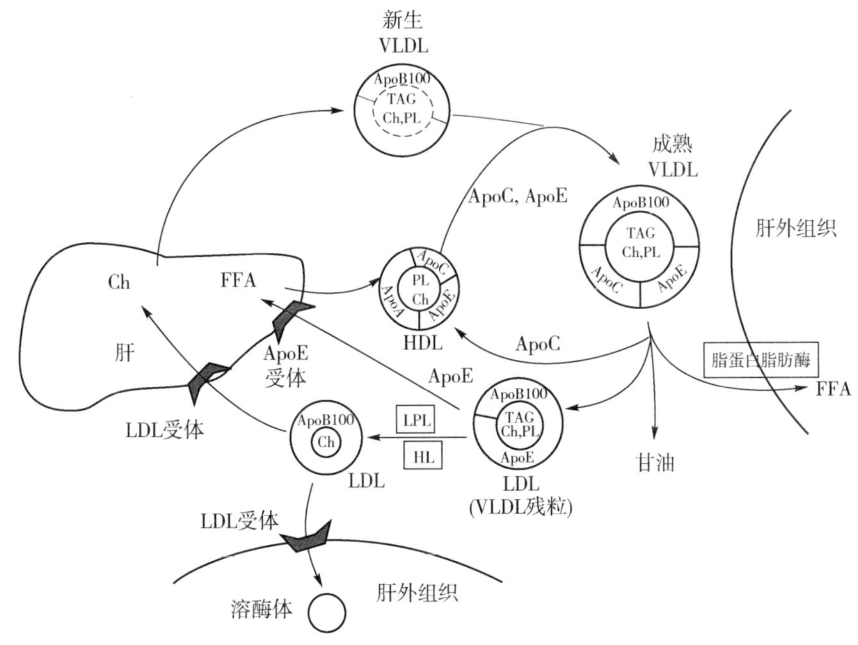

图 7-19　极低密度脂蛋白代谢

3. 低密度脂蛋白　低密度脂蛋白（LDL）由 VLDL 在血浆中转变而来，是转运肝合成的内源性胆固醇的主要形式。正常人空腹时的血浆脂蛋白主要是 LDL，可占到血浆脂蛋白总量的 2/3。LDL 在体内的代谢途径有两条：一条是 LDL 受体途径；另一条是清道夫受体途径。其中以 LDL 受体途径为主，大约 2/3 的 LDL 由 LDL 受体途径降解。LDL 在血浆中的半寿期为 2~4 天。

LDL 受体广泛分布于肝、动脉壁细胞等全身各组织的细胞膜表面，能特异识别并结合

含 ApoE 或 ApoB100 的脂蛋白。当血浆中的 LDL 与 LDL 受体结合后，受体聚集成簇，内吞入细胞并与溶酶体融合。在溶酶体中蛋白水解酶的作用下，LDL 中的 ApoB100 水解为氨基酸，其中的胆固醇酯被胆固醇酯酶水解为游离胆固醇及脂肪酸供细胞利用（图 7-20）。

单核-吞噬细胞系统中的巨噬细胞和血管内皮细胞表面具有清道夫受体（SR），可与修饰的 LDL（如氧化修饰 LDL，即 ox-LDL）结合，摄取并清除血浆中修饰的 LDL。

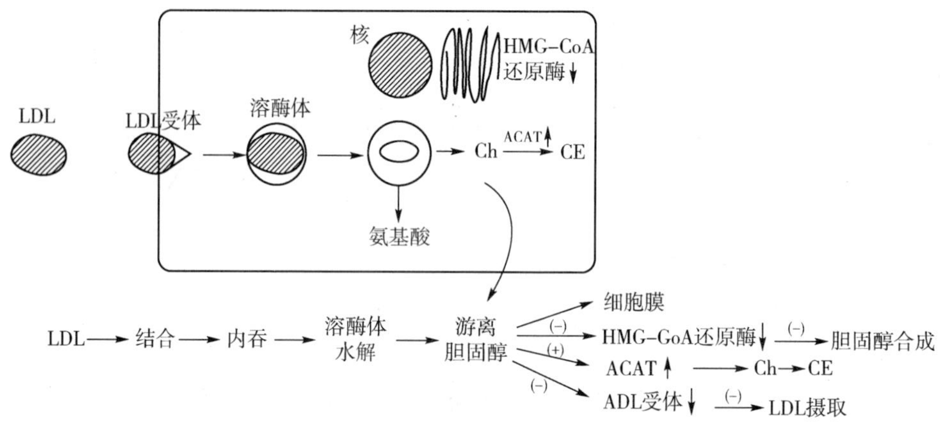

图 7-20　低密度脂蛋白代谢

4. 高密度脂蛋白　高密度脂蛋白（HDL）主要由肝细胞合成，小肠黏膜细胞亦有少量合成，此外，CM 及 VLDL 分解代谢过程中脱落的组分也可合成新生的 HDL。HDL 是机体从外周组织向肝逆向转运胆固醇的主要形式。新生 HDL 是机体从外周组织向肝逆转运胆固醇的主要形式。新生的 HDL 颗粒呈圆盘状，所含的载脂蛋白主要为 ApoA 和 ApoC，仅含少量胆固醇。新生的 HDL 进入血液循环后，在血浆中的卵磷脂胆固醇脂酰转移酶（LCAT）的催化下，HDL 表面卵磷脂的 2 位脂酰基转移至血浆中胆固醇的 3 位羟基上，生成溶血卵磷脂和胆固醇酯。在 LCAT 的作用下，生成的胆固醇酯被转移到 HDL 的内核。LCAT 由肝实质细胞合成，分泌入血，在血浆中发挥作用，HDL 表面的 ApoA Ⅰ 是 LCAT 的激活剂。随着内核胆固醇酯的不断增多，核心逐步膨胀，盘状的 HDL 转变成球状的 HDL，并脱去其表面的 ApoC 和 ApoE，转变为成熟的 HDL（图 7-21）。

HDL 主要在肝降解。成熟的 HDL 与肝细胞膜上的 HDL 受体结合，然后被肝细胞摄取，其中的胆固醇可用于合成胆汁酸或直接通过胆汁排出体外。由于 HDL 具有清除周围组织中的胆固醇及保护血管内膜不受 LDL 损害的作用，因此 HDL 有抗动脉硬化、降低心肌梗死风险的作用。HDL 在血浆中的半寿期为 3~5 天。

五、常见的血浆脂蛋白代谢异常

（一）高脂蛋白血症

由于脂质在血浆中主要以脂蛋白形式存在，因此高脂血症实际上就是高脂蛋白血症。高脂血症是指人血浆中脂质浓度高于正常范围的上限。临床上一般以成人空腹 12~14 小时血中三酰甘油（TAG）浓度超过 2.26mmol/L（200mg/dl），总胆固醇（TC）浓度超过 6.21mmol/L（240mg/dl），儿童总胆固醇浓度超过 4.14mmol/L（160mg/dl）为高脂血症的标准。1970 年世界卫生组织建议，将高脂蛋白血症分为六型，各型高脂蛋白血症的血脂与脂蛋白的变化如下（表 7-4）。

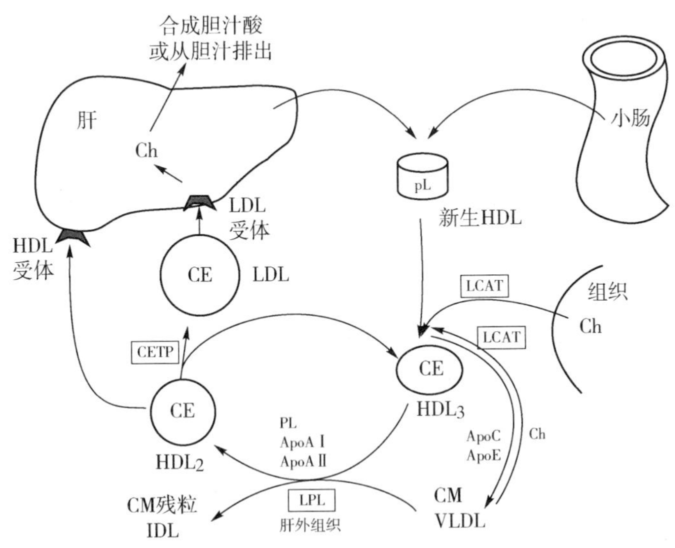

图 7-21　高密度脂蛋白代谢

表 7-4　高脂蛋白血症的类型及特点

分型	血浆脂蛋白变化	血脂变化	
Ⅰ	乳糜微粒增高	三酰甘油↑↑↑	总胆固醇↑
Ⅱa	低密度脂蛋白增加	总胆固醇↑↑	
Ⅱb	低密度及极低密度脂蛋白同时增加	总胆固醇↑↑	三酰甘油↑↑
Ⅲ	中密度脂蛋白增加	总胆固醇↑↑	三酰甘油↑↑
Ⅳ	极低密度脂蛋白增加	三酰甘油↑↑	
Ⅴ	极低密度脂蛋白及乳糜微粒同时增加	三酰甘油↑↑↑	总胆固醇↑

高脂血症又可分为原发性和继发性两大类。原发性高脂血症可能与脂蛋白代谢的酶、脂蛋白受体或载脂蛋白的先天缺陷有关。继发性高脂血症常继发于控制不良的糖尿病、肝病、肾病及甲状腺功能减退。另外，过量摄入糖、肥胖、酗酒或长期服用某些药物，也可诱发高脂蛋白血症。

高血脂是许多心脑血管疾病的独立危险因素。高血脂的发生与患者的生活饮食习惯有很大的关系，进行正确合理的日常护理对控制高脂血症患者的血脂有很重要的作用。高血脂患者在日常生活中要注意做到以下事项。

1. 低脂饮食　应多吃含蛋白质及不饱和脂肪酸多、含胆固醇及饱和脂肪酸少的食物，如瘦肉、鱼（带鱼除外）、虾、豆制品、水果及蔬菜等；少吃富含饱和脂肪酸及含胆固醇多的食物，如奶制品、蛋黄、带鱼、脑、肝、肾及肠等动物内脏。另外，应防止进食过多的糖类，包括糖果及甜食。

2. 控制总摄入热能　总脂一般仅占摄入总热能的 30%；蛋白质应占摄入总热能的 10%～20%。糖类占摄入总热能的 50%～60%。每天进食的胆固醇应<300mg；严重的高胆固醇血症患者，每天进食的胆固醇应<200mg。每天进食主要来自豆类、谷类、水果及蔬菜的纤维素应≥35g。

3. 合理减肥　原则上保持理想体重，也就是保持体质指数在 20～25。

体质指数=体重（kg）/身高^2（m^2）。体质指数>27 即为超重，应减少摄入总热能。降低体重的速度，以每周减轻 0.5～1kg 为宜。

4. 改善生活方式 戒烟，避免过度饮酒。根据年龄、性别等不同特点，适当增加体力或文体活动，消除过度的精神紧张。

（二）动脉粥样硬化

动脉粥样硬化主要是动脉内壁膜损伤，血管壁纤维化增厚，管腔变狭窄的一种病理改变。凡能增加动脉壁胆固醇内流和沉积的脂蛋白，如 LDL、VLDL 等能引起动脉粥样硬化，为致动脉粥样硬化的脂蛋白；凡能促进胆固醇从血管壁外运的脂蛋白，如 HDL，称为抗动脉硬化的脂蛋白。

血浆胆固醇水平升高，易引起脂质浸润，不仅损伤动脉血管壁内皮细胞，而且还促进胆固醇在血管壁的沉积，形成泡沫细胞，使通过动脉的血流量减少，导致组织器官发生缺血性损伤，并出现相应的临床症状，如冠状动脉硬化，会导致患者心绞痛、心肌梗死，而脑血管粥样硬化，就会导致脑溢血或脑血栓等。

（三）肥胖症

全身性的脂肪堆积过多，导致体内发生一系列病理生理变化，称为肥胖症。目前国际上用体质指数（BMI）作为肥胖度的衡量标准。我国规定 BMI 在 24~26 为轻度肥胖；26~28 为中度肥胖；大于 28 为重度肥胖。成年人肥胖表现为脂肪细胞体积增大，但数目一般不增多；生长发育期儿童肥胖则表现为脂肪细胞体积增大，数目也增多。

引起肥胖的因素很多，除了遗传因素和内分泌失调之外，常见的原因是热量摄入过多，同时体力活动过少，从而使食物中的糖、脂肪酸、甘油、氨基酸等大量转化成三酰甘油，储存于脂肪组织中。

肥胖症患者常伴有高血糖、高血脂、高血压、高胰岛素血症，并会发生一系列内分泌和代谢改变。肥胖症的防治原则主要是控制饮食和增加活动量。

（四）低脂蛋白血症

高脂蛋白血症由于与心血管疾病密切相关，一直是人们研究的热点，然而较为少见的低脂蛋白血症近年来也得到了研究者的关注。引起低脂蛋白血症的原因有脂蛋白的合成减少和脂蛋白分解旺盛。目前认为前者是低脂蛋白血症的主要原因。

血清总胆固醇浓度在 3.3mmol/L 以下或三酰甘油在 0.45mmol/L 以下者，属于低脂蛋白血症。总胆固醇和三酰甘油浓度同时降低者多见，血浆脂蛋白中多见 HDL、LDL 和 VLDL 均降低。

低脂蛋白血症也分原发性和继发性两种。原发性低脂蛋白血症产生的原因常有 ApoA Ⅰ缺乏和变异，卵磷脂-胆固醇脂酰转移酶（LCAT）缺乏。继发性低脂蛋白血症多见于内分泌疾病（如甲状腺功能亢进等）、各种低营养、吸收障碍、恶性肿瘤等患者。

（五）脂肪肝

脂肪肝是各种原因引起的肝细胞内脂肪的堆积。正常情况下，肝中脂质的含量约占肝重的 5%，其中磷脂约占 3%，三酰甘油约占 2%。如果肝中聚集过多的三酰甘油，其含量超过肝重的 5%时，为轻度脂肪肝；超过 10%时，为中度脂肪肝；超过 25%时，为重度脂肪肝。

磷脂酰胆碱（卵磷脂）是人体内含量最多的磷脂，如果胆碱的供给或合成不足，会使肝中磷脂酰胆碱的合成减少，导致极低密度脂蛋白的形成发生障碍，肝细胞内的三酰甘油因不能运出而致含量升高，同时二酰甘油转变成磷脂酰胆碱的量减少，而转变成三酰甘油的量增多，于是肝内的三酰甘油来源增多而去路减少，从而引起三酰甘油在肝细胞内的堆积，形成脂肪肝。

本章小结

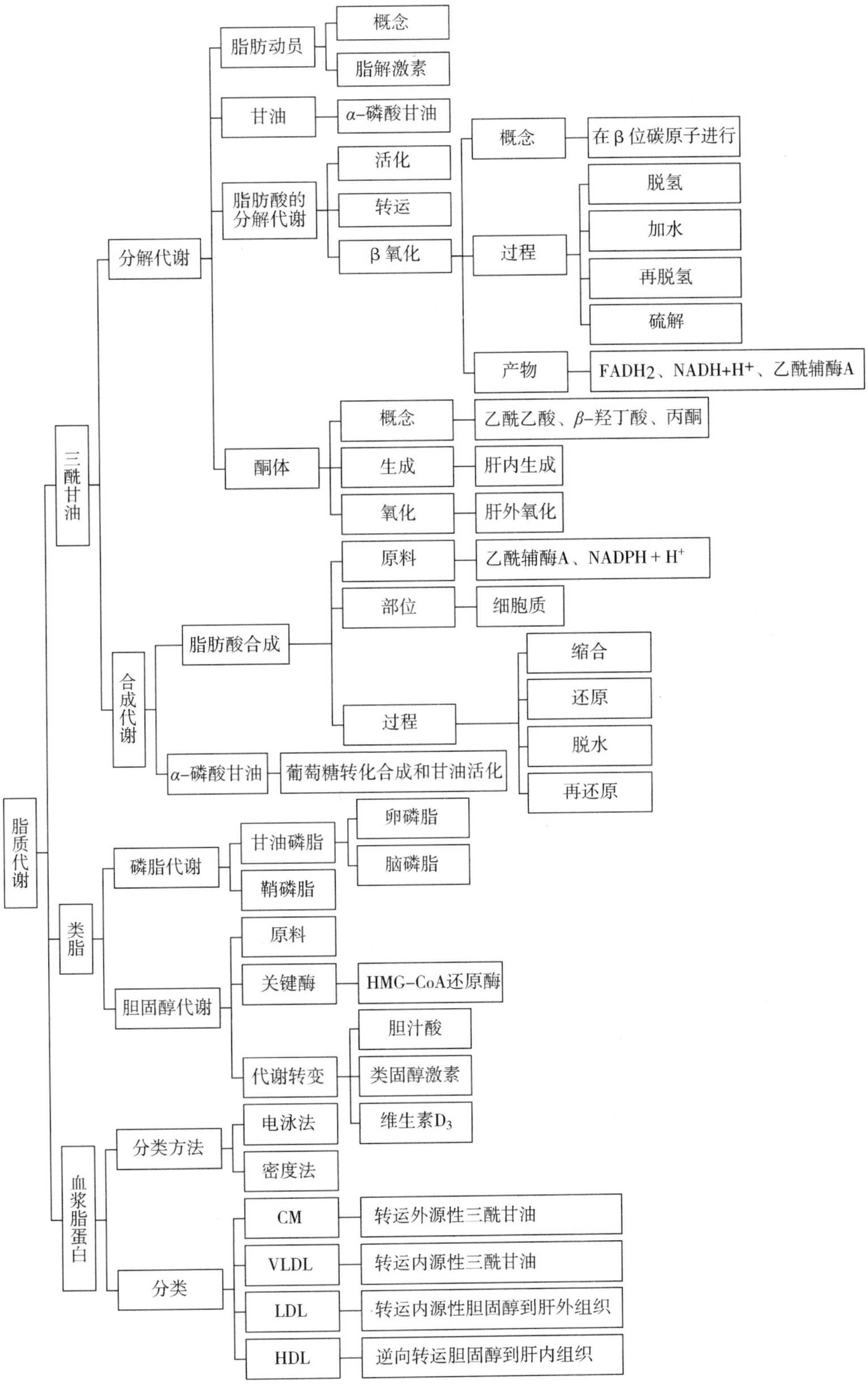

- 脂质代谢
  - 三酰甘油
    - 分解代谢
      - 脂肪动员
        - 概念
        - 脂解激素
      - 甘油
        - α-磷酸甘油
      - 脂肪酸的分解代谢
        - 活化
        - 转运
        - β氧化
          - 概念：在β位碳原子进行
          - 过程
            - 脱氢
            - 加水
            - 再脱氢
            - 硫解
          - 产物：$FADH_2$、$NADH+H^+$、乙酰辅酶A
      - 酮体
        - 概念：乙酰乙酸、β-羟丁酸、丙酮
        - 生成：肝内生成
        - 氧化：肝外氧化
    - 合成代谢
      - 脂肪酸合成
        - 原料：乙酰辅酶A、$NADPH+H^+$
        - 部位：细胞质
        - 过程
          - 缩合
          - 还原
          - 脱水
          - 再还原
      - α-磷酸甘油：葡萄糖转化合成和甘油活化
  - 类脂
    - 磷脂代谢
      - 甘油磷脂
        - 卵磷脂
        - 脑磷脂
      - 鞘磷脂
    - 胆固醇代谢
      - 原料
      - 关键酶：HMG-CoA还原酶
      - 代谢转变
        - 胆汁酸
        - 类固醇激素
        - 维生素D_3
  - 血浆脂蛋白
    - 分类方法
      - 电泳法
      - 密度法
    - 分类
      - CM：转运外源性三酰甘油
      - VLDL：转运内源性三酰甘油
      - LDL：转运内源性胆固醇到肝外组织
      - HDL：逆向转运胆固醇到肝内组织

一、选择题

【A1 型题】

1. 脂肪动员的限速酶是
   A. 三酰甘油脂肪酶　B. 血管内皮脂肪酶
   C. 卵磷脂胆固醇脂酰转移酶　D. 肝脂肪酶
   E. 胰腺脂肪酶
2. 抑制三酰甘油分解的激素是
   A. 胰高血糖素　B. 胰岛素
   C. 肾上腺素　D. 生长激素
   E. 去甲肾上腺素
3. 脂肪酸的氧化分解中，与脂肪酸活化有关的酶是
   A. HMG-CoA 合酶　B. 脂酰辅酶 A 合成酶
   C. 乙酰乙酰辅酶 A 合成酶　D. 三酰甘油脂肪酶
   E. 脂蛋白脂肪酶
4. 饥饿时尿中含量增高的物质是
   A. 丙酮酸　B. 乳酸　C. 尿酸　D. 酮体　E. 葡萄糖
5. 乙酰辅酶 A 不能参与下列哪种反应
   A. 氧化分解　B. 合成核苷酸
   C. 合成脂肪酸　D. 合成酮体
   E. 合成胆固醇
6. 下列哪种组织器官合成三酰甘油能力最强
   A. 脂肪组织　B. 肝　C. 小肠　D. 肾　E. 肌肉
7. 脂肪酸氧化分解的限速酶是
   A. 肉碱脂酰转移酶Ⅰ　B. 烯脂酰辅酶 A 水化酶
   C. 肉碱脂酰转移酶Ⅱ　D. 脂酰辅酶 A 脱氢酶
   E. 脂酰辅酶 A 羧化酶
8. 脂肪酸进行 β 氧化的部位是
   A. 细胞质　B. 线粒体基质内
   C. 微粒体　D. 线粒体内膜上
   E. 细胞核
9. 脂酰辅酶 A 的 β 氧化酶促反应的顺序为
   A. 脱氢、再脱氢、加水、硫解　B. 硫解、脱氢、加水、再脱氢
   C. 脱氢、加水、再脱氢、硫解　D. 脱氢、脱水、再脱氢、硫解
   E. 脱氢、加水、硫解、再脱氢

10. 肝细胞利用乙酰辅酶A为原料合成酮体供肝外组织利用，此过程每生成一分子乙酰乙酸要消耗多少分子的乙酰辅酶A

A. 1　　B. 2　　C. 3　　D. 4　　E. 5

11. 脂肪酸和胆固醇是以乙酰辅酶A为原料在细胞质中合成，而细胞内乙酰辅酶A都是在线粒体内产生，那么乙酰辅酶A是通过哪种机制穿过线粒体膜进入细胞质的?

A. 三羧酸循环　　B. 丙氨酸-葡萄糖循环

C. 乳酸循环　　D. 苹果酸-天冬氨酸循环

E. 柠檬酸-丙酮酸循环

12. 不能氧化利用脂肪的组织细胞是

A. 肌肉　　B. 肾　　C. 肝　　D. 成熟红细胞　　E. 心肌

13. 酮体是下列哪一组物质的总称

A. 乙酰辅酶A、β-羟丁酸、丙酮

B. 乙酰乙酸、β-羟丁酸、丙酮

C. 乙酰乙酸、β-羟丁酸、丙酮酸

D. 草酰乙酸、苹果酸、丙酮酸

E. 乳酸、β-羟丁酸、丙酮

14. 合成胆固醇的限速酶是

A. HMG-CoA合酶　　B. HMG-CoA还原酶

C. HMG-CoA裂解酶　　D. 甲羟戊酸激酶

E. 鲨烯环氧酶

15. 脂肪酸和胆固醇合成过程中的供氢体 $NADPH+H^+$ 主要来自

A. 糖酵解　　B. 戊糖磷酸通路

C. 糖的有氧氧化　　D. 脂质代谢

E. 氨基酸分解代谢

16. 下列哪一生化反应主要在线粒体内进行

A. 脂肪酸合成　　B. 脂肪酸β氧化

C. 磷脂合成　　C. 胆固醇合成

E. 三酰甘油分解

17. 脂肪酸在血浆中运输的方式

A. 与球蛋白结合　　B. 与清蛋白结合

C. 与CM结合　　D. 与VLDL结合

E. 与HDL结合

18. 正常人空腹时，血浆中主要的脂蛋白是

A. CM　　B. VLDL

C. LDL　　D. HDL

E. 脂肪酸-清蛋白复合物

19. 内源性胆固醇主要由血浆中哪一种血浆脂蛋白运输

A. HDL　　B. LDL　　C. VLDL　　D. HDL　　E. HDL3

20. 正常血浆脂蛋白按密度由低到高的正确顺序

A. LDL、VLDL、CM、HDL　　B. CM、VLDL、LDL、HDL
C. VLDL、LDL、CM、HDL　　D. CM、VLDL、LDL、IDL
E. HDL、VLDL、CM、IDL

二、思考题

1. 为什么食入过多的糖类物质会使人发胖?

2. 1 分子 18 碳的饱和一元脂肪酸需经哪些步骤才能彻底氧化分解?最终净生成多少分子 ATP?

扫码"练一练"

3. 血浆脂蛋白的分类、组成特点及其生理功能。

4. 如何以脂质代谢的理论分析酮症、脂肪肝和动脉粥样硬化的生化机制。

（常陆林）

第八章　蛋白质分解代谢

学习目标

1. **掌握**　必需氨基酸；氨基酸的脱氨基作用；体内氨的主要来源、去路和转运方式；尿素合成的部位、过程和限速酶；一碳单位的概念及常见的一碳单位。

2. **熟悉**　蛋白质的营养价值；体内氨基酸代谢概况；α-酮酸的代谢。

3. **了解**　食物蛋白质的消化吸收；氨基酸的脱羧基作用；个别氨基酸代谢。

案例导入

患者，女性，50岁，农民。因反复发作性昏迷6次，今凌晨5时出现意识丧失，发病7小时入院。体检：中度昏迷，稍偏瘦，皮肤偏黑，肝未触及，无瘫痪症，心电监测无异常，头颅CT检查无异常。立即使用甘露醇250ml静脉滴注及输液，3小时后清醒。醒后检查其记忆力、判断力、计算力等均正常。病史：患者来自血吸虫病疫区，3年前因脾大行脾切除；每次发病前均有进食高蛋白食物史，但未引起重视，本次发病前在亲戚家中进食鸡蛋2个，烧鸭约300g及少量猪肉等。实验室检查：血氨150μmol/L，血清清蛋白38.2g/L，球蛋白27.4g/L，A/G值1.4∶1，总胆红素15.2μmol/L，ALT 135U/L，AST 45U/L。B超检查：提示血吸虫性肝纤维化。

请问：

1. 该病初步诊断是什么？主要依据是什么？
2. 患者进食高蛋白食物与该病的关系如何？主要的发病机制是什么？
3. 针对该病临床上有哪些治疗护理原则？

蛋白质是生命活动的物质基础，氨基酸是蛋白质的基本组成单位。体内的蛋白质处于不断的代谢之中，正常成人平均每天有1%～2%的蛋白质降解，降解产生的氨基酸有75%～80%又被再利用合成蛋白质。因此，蛋白质的分解首先是水解为氨基酸，再进行进一步代谢，所以氨基酸代谢是蛋白质分解代谢的核心内容。为适应体内蛋白质合成的需要，通过食物摄入或体内合成的方式，在质与量上保证各种氨基酸的供应。此外，氨基酸也可进入分解途径，转变成一些生理活性物质、某些含氮化合物或作为体内能量的来源。因此，蛋白质的分解代谢即是氨基酸的分解代谢。

扫码“学一学”

第一节　蛋白质的营养作用

一、蛋白质的生理功能

（一）维持组织的生长、发育、更新和修补

蛋白质是细胞的主要组成成分。儿童的生长发育，成人的组织更新，以及组织细胞损

伤的修补等，都需要蛋白质的供给和补充。

（二）参与机体重要的生理活动

1. 催化和调控作用 新陈代谢是生命的主要特征，代谢过程中的所有化学变化几乎都是在酶的催化下进行的。蛋白质参与生物体内正常生命活动的精细维持及有效调节，也参与基因表达调控，如组蛋白、非组蛋白、阻遏蛋白、激活蛋白、多种生长因子和蛋白质类激素等。这种调节可使多种代谢途径互相配合、互相制约。

2. 协调机体运动 人体生理功能离不开肌肉收缩，即血液循环、呼吸、消化、排泄和生殖等功能都与肌肉收缩有关。肌肉收缩的物质基础是肌动蛋白、肌球蛋白、原肌球蛋白和肌原蛋白等。

3. 运输和储存作用 蛋白质在体内物质的运输和储存中起着重要作用，如血红蛋白运输 O_2，载脂蛋白运输脂质。某些蛋白质还担负着储存功能，如肌肉中的肌红蛋白有储存氧的功能，铁蛋白有储存铁的功能。

4. 机体防御功能 血浆中有各种免疫球蛋白，它们是一类抗体蛋白，可以抵御病原微生物对机体的危害。

5. 凝血和抗凝作用 大多数凝血因子是血浆蛋白质，在特定的条件下，可以促进血液凝固，防止机体失血。血浆中还有一类蛋白质起抗凝血和纤溶作用，在生理条件下发生血管内凝血时，抗凝血成分迅速发挥作用，使纤维蛋白溶解，防止血栓形成，血液循环畅通。

（三）氧化供能

机体每天约有18%的能量来自蛋白质。每1g蛋白质氧化分解释放约17kJ（约4kcal）的能量。但是糖与脂肪可以代替蛋白质提供能量，故氧化供能不是蛋白质的主要生理功能。

二、蛋白质的需要量和营养价值

（一）氮平衡与蛋白质的需要量

1. 氮平衡 机体内蛋白质代谢的概况可根据氮平衡实验来确定。蛋白质的含氮量平均约为16%，食物中的含氮物质从含量上讲几乎全部是蛋白质。蛋白质在体内分解代谢所产生的含氮物质主要由尿、粪排出。氮平衡即是测定尿、粪中的含氮量（排出氮）与摄入食物的含氮量（摄入氮）之间的比例关系，可以反映人体蛋白质的代谢概况。

（1）氮的总平衡 摄入氮=排出氮，表明机体组织蛋白质的合成与分解相当，见于正常成年人。每日从食物中摄入的蛋白质，主要用来维持机体组织蛋白质的更新与修补。

（2）氮的正平衡 摄入氮>排出氮，表明机体组织蛋白质的合成大于分解，摄入的蛋白质除了用于更新组织蛋白质外，还有部分用于合成新的组织蛋白质。儿童、孕妇和恢复期的患者属于这种情况。

（3）氮的负平衡 摄入氮<排出氮，表明机体组织蛋白质的合成小于分解，表明蛋白质摄入量减少，不足以补充消耗掉的组织蛋白质，或者机体蛋白质分解增加，见于饥饿、组织创伤和慢性消耗性疾病患者。

氮平衡反映了机体内蛋白质的合成和分解情况，它对研究食物蛋白质的营养价值和机体对蛋白质的需要量都具有重要的实用价值。

2. 蛋白质的需要量 根据氮平衡实验计算，正常成人（体重为60kg）在不摄入蛋白质的情况下，每天仍要分解蛋白质约20g。由于食物中的蛋白质与人体组成的蛋白质有差异，不能完全利用，故人体对蛋白质的每日最低生理需要量为 30~50g。为了使机体长期保持氮的总平衡，目前，我国营养学会推荐正常成人每日蛋白质摄入量为 80g。儿童、孕妇、消耗性疾病患者和手术后患者均应适当增加蛋白质的摄入量。若糖与脂肪供给不足，即热能供应不足，势必会引起蛋白质氧化分解供能，影响蛋白质的有效利用率，蛋白质的供应量还应该有增加。

知识拓展

蛋白质的营养需求

成人进食不含蛋白质的食物 8~10 天后，其每日从尿、粪及汗液中排出的氮量逐渐恒定，约为 53mg/kg 体重，以 60kg 体重计算，每天排出 3.18g 氮，即每日蛋白质最低分解量约为 20g。但由于食物蛋白质与人体蛋白质组成的差异，其不可能百分之百被利用，每人每天食用 20g 蛋白质不能保持氮的总平衡，故成人每日蛋白质的需要量最低为 30~50g。为维持长期总氮平衡及增强营养，应该在此基础上适当增加蛋白质的摄入量，目前，中国营养学会推荐成人每日蛋白质需要量为 80g/d（1.16g/kg 体重），换算成优质蛋白质食品，相当于 175~250g。可以包括 50g 猪、牛、羊肉，50g 禽肉，50g 鱼虾，50g 豆制品，一个鸡蛋及 250ml 牛奶。对于孕妇及恢复期患者，蛋白质的需要量必须按比例增加，儿童的蛋白质需要量以每千克体重计算应高于成人。推荐的蛋白质的每日需要量，也与社会生活水平相适应。

（二）蛋白质的营养价值

蛋白质的营养价值取决于蛋白质所含必需氨基酸的种类、数量和比例。构成人体蛋白质的 20 种氨基酸，有 8 种氨基酸机体不能合成，这些体内需要而又不能自身合成，必须由食物供应的氨基酸，称为营养必需氨基酸。它们是：缬氨酸、异亮氨酸、亮氨酸、苏氨酸、甲硫氨酸、赖氨酸、苯丙氨酸和色氨酸。其余 12 种氨基酸体内可以合成，不一定需要由食物供应，在营养学上称为非必需氨基酸。但对于婴幼儿而言，组氨酸和精氨酸虽能在体内合成，但合成量较少不能满足机体需要，还需要从食物中摄取一部分，若长期缺乏也能造成负氮平衡，因此有人将这两种氨基酸也归为必需氨基酸。酪氨酸和半胱氨酸在体内分别由苯丙氨酸和甲硫氨酸转变而来，食物中这两种氨基酸的量充足时，机体可减少对苯丙氨酸和甲硫氨酸的消耗，故将其称为半必需氨基酸。一般来说，含有必需氨基酸种类多，数量足，从比例上更符合人体要求的蛋白质，其营养价值高，反之营养价值低。由于动物性蛋白质所含必需氨基酸的种类和比例与人体需要相近，故营养价值高。

不同的食物蛋白质所含的必需氨基酸种类和数量上差异较大，单纯食用其营养价值较低。如果集中营养价值较低的蛋白质混合食用，其必需氨基酸可以互相补充，从而提高其营养价值，称为食物蛋白质的营养互补作用。例如，谷类食物蛋白质含赖氨酸较少，而含色氨酸较多；豆类食物蛋白质含赖氨酸较多，而含色氨酸较少；两者混合食用即可提高营养价值。临床上对无法进食、禁食、严重腹泻等患者可静脉输入氨基酸混合液，防止病情恶化。

知识拓展

氨基酸静脉营养与护理

氨基酸静脉营养是指通过静脉输入形式提供合成机体蛋白质所需要的氨基酸。氨基酸制剂是人为地按蛋白质中必需氨基酸和非必需氨基酸的含量与比例，以各种结晶氨基酸为原料配制而成的氨基酸混合液。其种类大致可分纯氨基酸营养液、营养代血浆和复合营养液。营养类药物容易受到细菌等的污染，故护理人员使用时应注意：静脉输注全过程应无菌操作；输注前应对药液进行认真检查，如果发现瓶身上有破裂或变色、漏气等情况一定要禁止使用，并且氨基酸注射液在打开后不可以再次利用；复方氨基酸注射液应避免光线直射；贮存在阴凉处；不能在复方氨基酸注射液中直接加其他药物，应分开使用。护理人员应注意观察输液中出现的不良反应。

三、蛋白质的消化、吸收与腐败

（一）蛋白质的消化

食物蛋白质的消化、吸收是人体氨基酸的主要来源。蛋白质未经消化不易被吸收，一般情况下，食物蛋白质水解成氨基酸及小分子肽后方能被机体吸收。同时，消化过程还可以消除食物蛋白质的种属特异性和抗原性，如果消化不彻底或直接输入异种蛋白质，可产生过敏反应。消化液中的蛋白酶可按水解肽键的位置不同分为两类：即内肽酶和外肽酶。内肽酶种类多，它从多肽链内部水解肽键，如胃蛋白酶、胰腺分泌的蛋白酶；外肽酶包括氨肽酶和羧肽酶，它分别从肽链的 N 端、C 端开始水解肽键。由于唾液中不含水解蛋白质的酶，所以食物蛋白质的消化从胃开始。小肠是蛋白质消化的主要场所。蛋白质水解的酶主要来自胰腺，胰腺合成分泌的分解蛋白质的酶类经胰液进入小肠。在小肠中被激活，并消化分解食物蛋白质，主要有胰蛋白酶、糜蛋白酶、弹性蛋白酶和羧肽酶。其次是小肠黏膜分泌的肠液含有肠激酶和寡肽酶（氨肽酶和二肽酶），食物蛋白质在胃内降解生成的多肽肽段（蛋白胨），后者在以上酶的共同作用下进一步降解为氨基酸。

知识链接

消化蛋白质的酶

胃肠道中蛋白水解酶初分泌时，多以酶原形式存在。酶原可被特定的物质或酶激活，转变成有活性的酶。例如胃蛋白酶原可被胃酸或胃蛋白酶激活转变成胃蛋白酶；胰蛋白酶原可被肠激酶或胰蛋白酶激活转变成胰蛋白酶；糜蛋白酶原、弹性蛋白酶原和羧肽酶原均可被胰蛋白酶激活而转变成相应的酶。

1. 胃蛋白酶 胃蛋白酶的最适 pH 为 1.5~2.5，对肽键的特异性较差，主要水解由芳香族氨基酸、甲硫氨酸及亮氨酸等所形成的肽键。胃蛋白酶可使乳汁中的酪蛋白与 Ca^{2+} 形成乳凝块，延长乳汁在胃中停留时间，有利于乳汁中蛋白质的消化。

2. 胰腺分泌的蛋白酶　胰液中的蛋白酶可分为两大类：内肽酶和外肽酶。内肽酶包括胰蛋白酶、糜蛋白酶和弹性蛋白酶，可特异地水解蛋白质肽链内部的一些肽键；外肽酶主要包括羧肽酶A和羧肽酶B，它们从肽链的羧基末端开始，每次水解掉一个氨基酸残基。

3. 肠黏膜细胞分泌的蛋白酶　肠黏膜细胞分泌的蛋白酶主要包括肠激酶、氨肽酶和二肽酶。肠激酶可特异作用于胰蛋白酶原，激活酶原生成有活性的胰蛋白酶。氨肽酶可从氨基末端开始，逐个水解出氨基酸，最后生成二肽。二肽再经二肽酶水解，最终生成氨基酸。

（二）氨基酸的吸收

氨基酸的吸收部位主要在小肠，是一个耗能的主动吸收过程。食物蛋白质的吸收形式为蛋白质水解生成的氨基酸或小肽（主要为二肽和三肽）。其吸收方式目前认为有两种：主动转运和γ-谷氨酰基循环。主动转运过程要借助肠黏膜细胞膜上的氨基酸转运载体蛋白以及Na^+、ATP共同参与，将氨基酸转运至细胞内。γ-谷氨酰基循环过程则是在γ-谷氨酰转移酶（结合在细胞膜上）的催化下，氨基酸与谷胱甘肽作用而转入细胞。胞内高浓度的游离氨基酸则可通过易化扩散的方式进入细胞间液。食物蛋白质的水解产物小肽经小肠黏膜吸收后被胞质中的二肽酶或三肽酶水解为游离氨基酸，然后进入血液循环。

此外，极少数的蛋白质可通过胞饮作用、特异性受体选择吸收等特殊途径直接被吸收，这种吸收方式有时可引起变态反应或其他免疫反应，这可能是引发食物蛋白质过敏的原因。

（三）蛋白质的肠中腐败作用

在消化过程中，有一小部分蛋白质不被消化，也有一小部分消化产物不被吸收。肠道细菌对这部分蛋白质及其消化产物所起的分解代谢作用，称为蛋白质的腐败作用。蛋白质腐败作用的大多数产物对人体有害，但也可以产生少量脂肪酸及维生素等可被机体利用的物质。

1. 胺类的生成　肠道细菌的蛋白酶使蛋白质水解成氨基酸，再经氨基酸脱羧基作用，产生胺类。例如，组氨酸脱羧基生成组胺，赖氨酸脱羧基生成尸胺，酪氨酸脱羧基生成酪胺，苯丙氨酸脱羧生成苯乙胺等。

酪胺和苯乙胺可分别形成羟酪胺（蟑胺）和苯乙醇胺，它们的化学结构与儿茶酚胺类似，称为假神经递质。假神经递质增多，可取代正常神经递质，但它们不能传递神经冲动，可使大脑发生异常抑制，这可能与肝昏迷的症状有关。

2. 氨的生成　肠道中的氨主要有两个来源：一是未被吸收的氨基酸在肠道细菌作用下脱氨基生成；二是血液中尿素渗入肠道，受肠菌尿素酶的水解生成。这些氨均可被吸收入血液，在肝合成尿素。降低肠道的pH，可减少氨的吸收。临床上，有严重肝病氨中毒的患者灌肠时需注意灌肠液的酸碱度，禁用碱性液灌肠。

3. 其他有害物质的生成　除了胺类和氨以外，通过腐败作用还可产生其他有害物质，例如苯酚、吲哚、甲基吲哚及硫化氢等。

正常情况下，上述有害物质大部分随粪便排出，只有小部分被吸收，经肝的代谢转变

而解毒，故不会发生中毒现象。当习惯性便秘和肠梗阻时，腐败作用产生的有害物质吸收增多，可导致头晕、头痛、心悸等现象。

扫码“学一学”

第二节　氨基酸的一般代谢

构成蛋白质的氨基酸具有共同的结构特点，所以它们有共同的代谢途径，即氨基酸的一般代谢途径。同时，不同的氨基酸由于结构上的差异，又存在着特殊的代谢途径。

一、体内氨基酸的代谢概况

（一）氨基酸代谢库

人体内含有的大量氨基酸分布在体液中，体液中的氨基酸称为氨基酸代谢库。正常情况下，代谢库中氨基酸的来源与去路保持着动态平衡。

（二）体内氨基酸的来源与去路

1. 来源　机体氨基酸代谢库中的氨基酸来源有三条途径：①肠道吸收的氨基酸。食物中的蛋白质在消化道由多种酶催化分解为氨基酸，由小肠吸收经门静脉进入血液，此种氨基酸称为外源性氨基酸。②体内组织蛋白质分解产生的氨基酸。人体内蛋白质处于不断降解与合成的动态平衡中。组织蛋白质经细胞内一系列蛋白酶和肽酶催化降解为氨基酸，进入氨基酸代谢库，此种氨基酸称为内源性氨基酸。③体内组织细胞合成的非必需氨基酸（内源性氨基酸之一）。体内每天经氨基酸氧化分解的逆过程合成一定量的氨基酸。

2. 去路　机体氨基酸代谢库中的氨基酸去路有四条途径：①合成蛋白质或多肽。这是氨基酸最主要的功能，也是主要的去路。②转变为其他具有生理活性的含氮化合物。例如转变为核酸的组成成分嘌呤或嘧啶、甲状腺素、肾上腺素等。③氧化分解。氨基酸分解代谢的主要途径是脱氨基作用，生成 α-酮酸和氨。α-酮酸可彻底氧化分解为 CO_2 和 H_2O，并产生能量；氨主要在肝脏合成尿素，少量转化为谷氨酰胺或其他物质；个别氨基酸还可进行脱羧基反应生成胺类和 CO_2，产生一碳单位等。④转变为糖或脂肪。氨基酸也可通过 α-酮酸转变为糖和脂肪。

体内的氨基酸主要用于合成组织蛋白质和多肽以及其他含氮物质，正常人从尿中排出的氨基酸极少。体内氨基酸代谢概况见图 8-1。

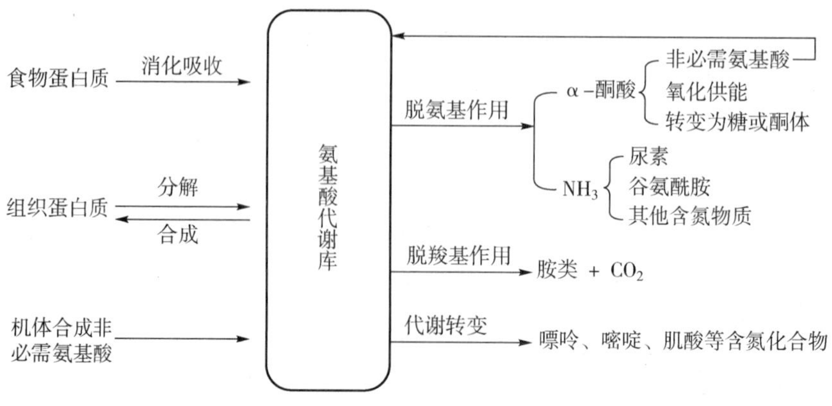

图 8-1　氨基酸代谢概况

二、氨基酸的脱氨基作用

氨基酸分解代谢的最主要方式是脱氨基作用，生成α-酮酸和氨，此反应在体内大多数细胞中都可以进行。氨基酸脱氨基的方式有转氨基作用、氧化脱氨基作用、联合脱氨基作用、嘌呤核苷酸循环，其中以联合脱氨基作用最重要。

（一）转氨基作用

在氨基转移酶的催化下，α-氨基酸$_1$的α-氨基转移到α-酮酸$_1$分子上，生成对应的α-氨基酸$_2$，而原来的α-氨基酸$_1$则转变为相应的α-酮酸$_2$的过程，称为氨基转移作用或转氨基作用。

$$\underset{\alpha\text{-氨基酸}_1}{H-\overset{R_1}{\underset{COOH}{C}}-NH_2} + \underset{\alpha\text{-酮酸}_1}{\overset{R_2}{\underset{COOH}{C}}=O} \xrightleftharpoons{\text{氨基转移酶}} \underset{\alpha\text{-酮酸}_2}{\overset{R_1}{\underset{COOH}{C}}=O} + \underset{\alpha\text{-氨基酸}_2}{H-\overset{R_2}{\underset{COOH}{C}}-NH_2}$$

氨基转移酶所催化的反应是可逆反应，平衡常数接近1。反应的实际方向决定于四种物质的相对浓度。因此转氨基作用既是氨基酸的分解代谢，又是体内合成非必需氨基酸的重要途径。

氨基转移酶（简称转氨酶）的辅酶是磷酸吡哆醛（即维生素B_6的磷酸酯），在转氨基过程中，磷酸吡哆醛先从α-氨基酸$_1$上接受α-氨基转变为磷酸吡哆胺，同时α-氨基酸$_1$转变为α-酮酸$_1$；然后，磷酸吡哆胺与另一种α-酮酸$_2$反应生成相应的α-氨基酸$_2$，磷酸吡哆胺又恢复为磷酸吡哆醛。可见磷酸吡哆醛与磷酸吡哆胺的相互转变，发挥着传递氨基的作用（图8-2）。

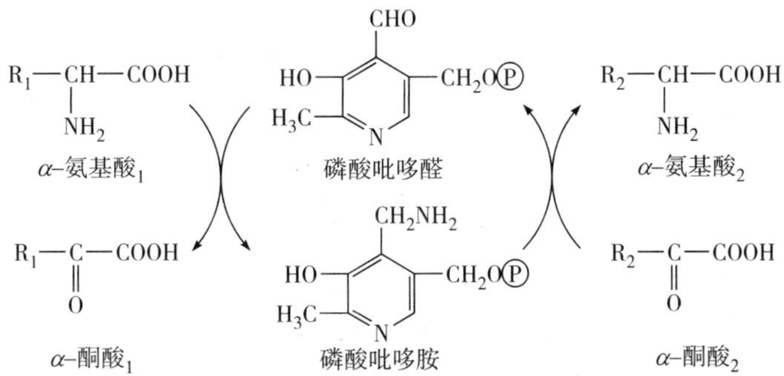

图8-2　磷酸吡哆醛与磷酸吡哆胺传递氨基作用

体内氨基转移酶的种类较多，分布广，活性高。其中最重要的是丙氨酸氨基转移酶（ALT），又称谷丙转氨酶（GPT）和天冬氨酸氨基转移酶（AST），又称谷草转氨酶（GOT）。它们在体内广泛存在，但各组织中含量不等（表8-1）。

表8-1　正常成人各组织中AST及ALT活性（单位/g湿组织）

组织	AST	ALT	组织	AST	ALT
心	156000	7100	胰腺	28000	2000
肝	142000	44000	脾	14000	1200
骨骼肌	99000	4800	肺	10000	700
肾	91000	19000	血清	20	16

ALT在肝细胞中活性最高，AST在心肌细胞中活性最高。它们都属于细胞酶，正常情

况下，仅有少量进入血液，血清中含量很低。但当肝脏或心肌细胞受损伤，细胞膜通透性增高或被破坏，大量的转氨酶释放入血，导致血清中含量明显升高。如急性肝炎，血清 ALT 含量显著升高；心肌梗死患者，血清 AST 含量升高。因此临床上通过测定血清中 ALT 与 AST 的活性，可以作为诊断疾病和判断疾病预后的参考指标之一。

氨基酸的转氨基作用仅仅是将氨基由一种分子上转移到另一种分子上，并没有真正脱掉氨基产生游离的氨，但通过转氨基作用，可以调整体内各种氨基酸之间的比例。

（二）氧化脱氨基作用

在酶的催化下，氨基酸脱氨基的同时伴有脱氢氧化生成 α-酮酸的反应，称为氧化脱氨作用。催化氨基酸氧化脱氨基的酶有多种，其中以 L-谷氨酸脱氢酶最重要。

$$\underset{\text{谷氨酸}}{HOOC-(CH_2)_2-CH(NH_2)-COOH} \xrightleftharpoons[NAD^+ \;\to\; NADH+H^+]{\text{L-谷氨酸脱氢酶}} \underset{\text{亚谷氨酸}}{HOOC-(CH_2)_2-C(=NH)-COOH} \xrightleftharpoons[-H_2O]{+H_2O} \underset{\alpha\text{-酮戊二酸}}{HOOC-(CH_2)_2-C(=O)-COOH} + NH_3$$

L-谷氨酸脱氢酶催化 L-谷氨酸氧化脱氨，生成氨和 α-酮戊二酸。L-谷氨酸脱氢酶的辅酶是 NAD^+，主要分布于肝、肾及大脑中，具有活性高、专一性强、反应可逆等特点。一般情况下，反应倾向于谷氨酸的合成，但当谷氨酸浓度高、氨浓度低时，有利于 α-酮戊二酸的生成。L-谷氨酸脱氢酶属于绝对专一性的立体异构专一性酶，只催化谷氨酸代谢，对其他氨基酸无催化作用；且此酶在骨骼肌及心肌中活性低，故催化作用有一定的局限性。

（三）联合脱氨基作用

氨基转移酶与 L-谷氨酸脱氢酶联合作用，催化氨基酸脱下 α-氨基生成 α-酮酸和游离氨的过程，称为联合脱氨基作用。其全过程是可逆反应（图 8-3）。如前所述，由于 L-谷氨酸脱氢酶的特性，在肝、肾等组织中，各种转氨酶催化氨基酸与 α-酮戊二酸反应生成相应的 α-酮酸和谷氨酸，然后由 L-谷氨酸脱氢酶催化谷氨酸进行氧化脱氨基作用，生成 α-酮戊二酸和游离的氨。在这两种酶的联合作用下，体内多种氨基酸都可进行脱氨基反应。联合脱氨基作用既是体内氨基酸分解代谢的主要途径，其逆反应又是体内合成非必需氨基酸的主要途径。

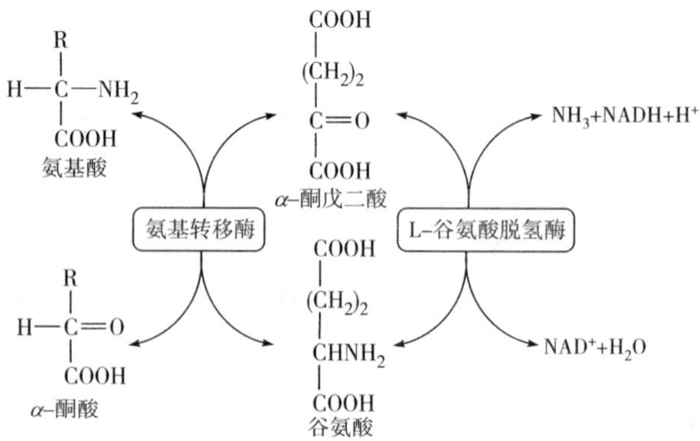

图 8-3 氨基转移酶与 L-谷氨酸脱氢酶联合脱氨基作用

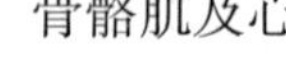

（四）嘌呤核苷酸循环

骨骼肌及心肌中 L-谷氨酸脱氢酶的活性低，很难进行上述的联合脱氨基作用，但肌细胞内存在着另一种形式的联合脱氨基方式，即嘌呤核苷酸循环。

氨基酸首先在氨基转移酶的催化下连续进行转氨基反应，将氨基转移给α-酮戊二酸，生成谷氨酸；谷氨酸在天冬氨酸氨基转移酶的催化下将氨基转移给草酰乙酸，生成天冬氨酸；在腺苷酸基琥珀酸合成酶催化下天冬氨酸与次黄嘌呤核苷酸（IMP）反应生成腺苷酸基琥珀酸（习惯称腺苷酸代琥珀酸）；后由腺苷酸基琥珀酸裂解酶催化，裂解释放出延胡索酸，并生成腺苷酸（AMP）；延胡索酸可以通过加水、脱氢反应回补生成草酰乙酸，以补充消耗的部分；腺苷酸则在腺苷酸脱氨酶的催化下脱去氨基，生成次黄嘌呤核苷酸，完成氨基酸的脱氨基作用。次黄嘌呤核苷酸则再次参加循环（图 8-4）。

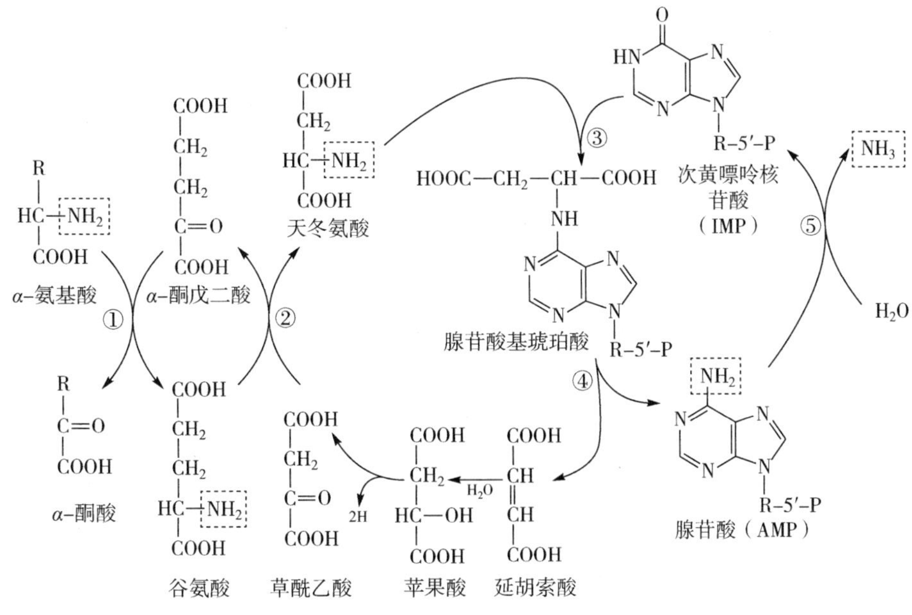

图 8-4　嘌呤核苷酸循环

①氨基转移酶　②天冬氨酸氨基转移酶　③腺苷酸基琥珀酸合成酶

④腺苷酸基琥珀酸裂解酶　⑤腺苷酸脱氨酶

腺苷酸脱氨酶在肌组织中活性很高，因此，尽管在肌组织中脱氨基作用并不如肝、肾活跃，但全身的肌肉量较多，代谢总量仍很可观，更是支链氨基酸分解的重要方式。

三、氨的代谢

氨基酸脱氨基产生氨，氨具有神经毒性，大脑对氨尤其敏感，即使少量的氨对中枢神经系统也有毒性，所以体内氨生成后，应迅速被转化才能使血氨维持在较低水平（图 8-5）。正常人血氨浓度一般不超过 60μmol/L（0.1mg/100ml）。

扫码“看一看”

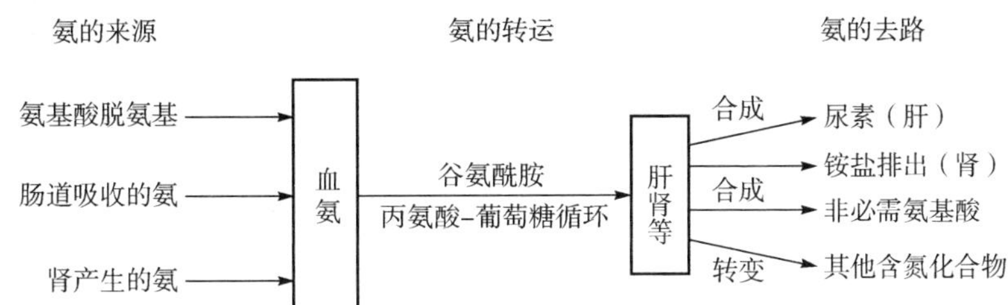

图 8-5　血氨的来源、转运和去路

（一）氨的来源

体内氨的主要来源有三个方面。

1. 氨基酸脱氨基作用产生的氨 各组织器官中氨基酸经脱氨基作用产生的氨是体内氨的主要来源。此外，胺类物质氧化分解、嘌呤及嘧啶等化合物分解代谢时也产生氨。

2. 肠道吸收的氨 肠道内氨的来源有两个方面：一是肠道内未被消化蛋白质或未被吸收的氨基酸在细菌的作用下腐败产生氨；二是血液中的尿素渗透入肠道后由细菌的尿素酶作用分解产生。

正常情况下肠道产氨的量较多，成人每天约4g。腐败作用增强时，产氨增多。肠道对氨的吸收，受肠腔pH值及氨的存在状态的影响。酸性环境下形成NH_4^+，NH_4^+不易被吸收；碱性环境下以NH_3形式存在，NH_3比NH_4^+更容易通过细胞膜而被吸收。因此，肠道pH值偏碱时，NH_3吸收增多。故临床上对高血氨患者进行结肠透析时，采用弱酸性溶液，而禁用弱碱性的肥皂水，就是减少肠道对氨的吸收。

3. 肾泌氨 在肾远曲小管上皮细胞中，谷氨酰胺酶催化谷氨酰胺水解生成谷氨酸和NH_3，NH_3分泌到肾小管的管腔液中，与原尿中的H^+结合转化为NH_4^+，以铵盐的形式随尿排出。肾小管泌NH_3作用在调节酸碱平衡方面发挥着重要作用。肾小管分泌NH_3的强弱与原尿的pH值有关，酸性尿有利于NH_3的分泌，碱性尿则妨碍NH_3的分泌，NH_3则被吸收入血，成为血氨的来源之一。因此，临床上对肝硬化产生腹水的患者应服用酸性利尿剂，不宜用碱性利尿药，以防血氨升高。

（二）氨的转运

各组织产生的氨必须以无毒的形式，经血液运输到肝、肾等器官继续代谢。血氨的运输形式主要有两种。

1. 丙氨酸-葡萄糖循环 其反应过程如下：①在肌肉组织中，蛋白质分解产生的氨基酸经转氨基作用将氨基转移给丙酮酸生成丙氨酸；②丙氨酸入血，经血液循环运到肝；③在肝细胞内，丙氨酸在ALT催化下，经联合脱氨基作用转化为丙酮酸；④产生的氨经鸟氨酸循环合成无毒的尿素，丙酮酸经糖异生作用生成葡萄糖；⑤葡萄糖进入血液，运回肌肉组织，沿着糖的氧化分解途径生成丙酮酸，丙酮酸再接受氨基生成丙氨酸。周而复始，将肝外组织产生的氨不断地运到肝脏进行代谢，故称为丙氨酸-葡萄糖循环（图8-6）。丙氨酸-葡萄糖循环既可以使有毒的氨转化为无毒的物质运输到肝代谢，肝又可以为肌肉组织提供能源物质葡萄糖。

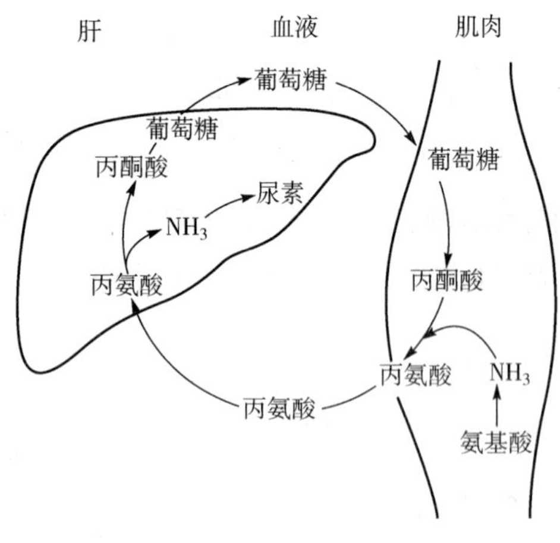

图8-6 丙氨酸-葡萄糖循环

2. 谷氨酰胺 脑、肌肉等组织产生的氨主要以谷氨酰胺的形式运输到肝或肾中进行代谢。氨与谷氨酸在谷氨酰胺合成酶的催化下，生成谷氨酰胺，经血液运输到肝或肾，再由谷氨酰胺酶催化水解释放出谷氨酸和氨。在肝中，氨经鸟氨酸循环合成尿素。在肾中，氨气分泌到肾小管管腔，以铵盐形式排泄。

$$\text{谷氨酸} + NH_3 + ATP \underset{\text{谷氨酰胺酶}}{\overset{\text{谷氨酰胺合成酶}}{\rightleftharpoons}} \text{谷氨酰胺} + ADP + Pi$$

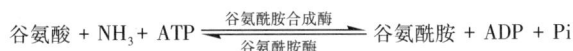

谷氨酰胺是体内氨的运输形式和储存形式，既解除了氨的毒性，同时，谷氨酰胺中的氨，又可以为某些含氮化合物（如嘌呤、嘧啶）的合成提供氮源。据此，临床上对高血氨患者可以服用或静脉输注谷氨酸盐来降低血氨浓度。

（三）氨的去路

正常情况下，氨在体内可以沿脱氨基作用的逆过程重新合成谷氨酰胺等非必需氨基酸；或参加嘧啶等其他含氮化合物的合成；还可由肾小管分泌，以铵盐的形式随尿排泄；但最主要的去路还是在肝内合成为无毒的尿素。

1. 合成尿素　肝是合成尿素的最主要器官，肾和大脑虽然有精氨酸酶，但合成量甚微。以尿素形式排出的氮量占人体排氮总量的 80%～90%，由肾排出。

肝合成尿素的过程称为鸟氨酸循环（或尿素循环），主要反应如下。

（1）氨甲酰磷酸的合成　在肝细胞线粒体内，当 Mg^{2+}、ATP 及 *N*-乙酰谷氨酸存在时，由氨甲酰磷酸合成酶Ⅰ（CPSⅠ）催化，消耗 2 分子 ATP，NH_3与 CO_2、ATP 反应生成氨甲酰磷酸。此反应是不可逆反应，*N*-乙酰谷氨酸是 CPSⅠ的别构激活剂，在线粒体内由乙酰辅酶 A 和谷氨酸合成。

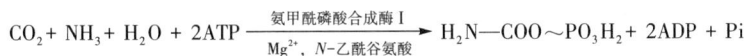

$$CO_2 + NH_3 + H_2O + 2ATP \xrightarrow[Mg^{2+},\ N\text{-乙酰谷氨酸}]{\text{氨甲酰磷酸合成酶 I}} H_2N\text{—}COO\sim PO_3H_2 + 2ADP + Pi$$

（2）瓜氨酸的合成　在鸟氨酸氨甲酰基转移酶的催化下，氨甲酰磷酸与鸟氨酸缩合成瓜氨酸。

$$\underset{\text{氨甲酰磷酸}}{NH_2\text{—}CO(=O)\sim Ⓟ} + \underset{\text{鸟氨酸}}{NH_2\text{—}(CH_2)_2\text{—}CHNH_2\text{—}COOH} \xrightarrow{\text{鸟氨酸氨甲酰基转移酶}} \underset{\text{瓜氨酸}}{NH_2\text{—}C(=O)\text{—}NH\text{—}(CH_2)_3\text{—}CHNH_2\text{—}COOH} + Pi$$

（3）精氨酸的合成　瓜氨酸合成后，由线粒体内膜上的载体转运到细胞质中，在精氨基琥珀酸合成酶的催化下，由 ATP 供能，与天冬氨酸结合成精氨基琥珀酸（习惯称精氨酸代琥珀酸）；随后再由精氨基琥珀酸裂解酶催化，裂解释放出精氨酸和延胡索酸。

$$\underset{\text{瓜氨酸}}{NH_2\text{—}C(=O)\text{—}NH\text{—}(CH_2)_3\text{—}CHNH_2\text{—}COOH} + \underset{\text{天冬氨酸}}{H_2N\text{—}CH(COOH)\text{—}CH_2\text{—}COOH} \xrightarrow[ATP \rightarrow AMP+PPi]{\text{精氨基琥珀酸合成酶}} \underset{\text{精氨基琥珀酸}}{NH_2\text{—}C(=N\text{—}CH(COOH)\text{—}CH_2\text{—}COOH)\text{—}NH\text{—}(CH_2)_3\text{—}CHNH_2\text{—}COOH} \xrightarrow{\text{精氨基琥珀酸裂解酶}} \underset{\text{精氨酸}}{NH_2\text{—}C(=NH)\text{—}NH\text{—}(CH_2)_3\text{—}CHNH_2\text{—}COOH} + \underset{\text{延胡索酸}}{COOH\text{—}CH=CH\text{—}COOH}$$

该合成反应是不可逆反应，反应中天冬氨酸起提供氨基的作用。体内的氨基转移酶可催化转氨基反应，将多种氨基酸的氨基转给谷氨酸，然后再转给天冬氨酸而使用。而延胡索酸则可经三羧酸循环途径转为草酰乙酸，后者接受氨基生成天冬氨酸。

（4）精氨酸水解生成尿素　精氨酸在精氨酸酶的催化下，水解生成尿素和鸟氨酸。

$$\underset{\text{精氨酸}}{\begin{array}{l}NH_2\\|\\C{=}NH\\|\\NH\\|\\(CH_2)_3\\|\\CHNH_2\\|\\COOH\end{array}} \xrightarrow{\text{精氨酸酶}} \underset{\text{鸟氨酸}}{\begin{array}{l}NH_2\\|\\(CH_2)_2\\|\\CHNH_2\\|\\COOH\end{array}} + \underset{\text{尿素}}{\begin{array}{l}NH_2\\|\\C{=}O\\|\\NH_2\end{array}}$$

尿素可经血液循环运到肾排出体外，鸟氨酸经线粒体内膜上的载体转运回线粒体内，参加下一次循环（图 8-7）。如此循环，尿素不断被合成。

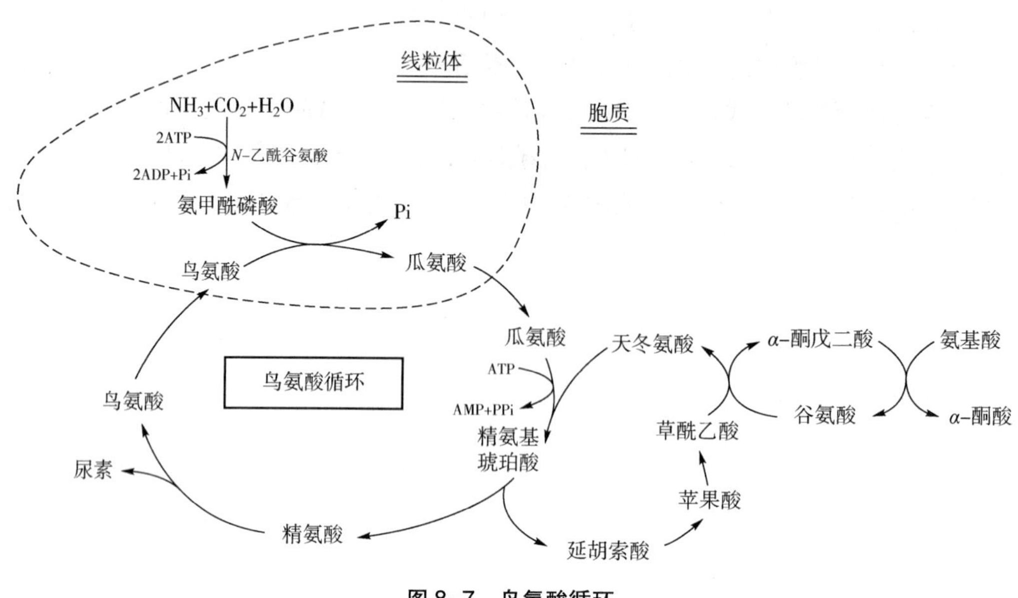

图 8-7　鸟氨酸循环

知识拓展

一氧化氮合酶支路

在体内精氨酸还可通过一氧化氮合酶（NOS）作用，直接氧化成瓜氨酸，并产生 NO，从而使天冬氨酸携带的氨不形成尿素，而被氧化成具有重要生物活性的物质 NO。目前已证实 NO 在心血管及消化道等平滑肌的松弛、感觉传入、学习记忆等方面有重要作用，是重要的信息分子，激素的第二信使。

综上所述，尿素分子中的 2 个氮原子，一个来自于 NH_3，另一个来自于天冬氨酸，而天冬氨酸又可通过转氨基作用由其他氨基酸生成。因此，尿素分子中的 2 个氮原子实际上直接或间接来源于各种氨基酸。此外，尿素的合成是不可逆的耗能反应，合成 1 分子尿素需消耗 4 分子 ATP（即 4 个高能键）。尿素的合成是体内解氨毒的主要方式。

尿素是无毒、中性、水溶性强的化合物，主要经肾随尿排出体外。故临床上测定血液中尿素氮的含量，可以作为反映肾排泄功能的指标之一。血尿素氮升高，说明尿素在体内潴留，肾排泄功能障碍。

2. 合成谷氨酰胺　机体代谢产生的氨可与谷氨酸合成为谷氨酰胺，储存或被运输到肝

或肾继续代谢。

3. 合成其他含氮化合物　氨可以通过转氨基作用的逆过程合成非必需氨基酸，也可作为氮源参与某些含氮化合物（如嘌呤、嘧啶等）的合成。

（四）高血氨及氨中毒

正常生理情况下，血氨的来源与去路保持动态平衡，其浓度处于较低的水平。肝合成尿素是维持这一平衡的关键。当肝功能严重损伤时，尿素合成障碍，血氨浓度升高，称为高氨血症。当血氨浓度升高，能够供大脑使用的血谷氨酸含量不足以将氨转变为谷氨酰胺时，大脑就用α-酮戊二酸与氨结合生成谷氨酸，使三羧酸循环的中间产物α-酮戊二酸被大量消耗，导致三羧酸循环减弱，ATP 生成减少，从而引起大脑功能障碍，严重时发生昏迷，此即肝昏迷氨中毒学说。

四、α-酮酸的代谢

氨基酸脱氨基作用生成的各种α-酮酸可以通过以下几种途径代谢。

1. 经氨基化作用再合成非必需氨基酸　α-酮酸可以与氨基合成非必需氨基酸，此过程实际上就是前述氧化脱氨基、转氨基、联合脱氨基反应的逆过程，我们称之为还原氨基化作用。这些非必需氨基酸对应的α-酮酸来自于糖、甘油和三羧酸循环等代谢的中间产物。机体之所以不能合成必需氨基酸，是因为机体不能合成相应的α-酮酸。

2. 转变为糖和脂肪　动物实验证实，若体内蛋白质、氨基酸极充足，并且能量供应又不缺乏时，α-酮酸可以转变成糖和脂肪。能转变为糖的氨基酸称为生糖氨基酸；能转变为酮体的氨基酸称为生酮氨基酸；两者兼有者称为生糖兼生酮氨基酸。人体内参加蛋白质合成的 20 种氨基酸中，亮氨酸、赖氨酸是生酮氨基酸；异亮氨酸、酪氨酸、苯丙氨酸、苏氨酸、色氨酸是生糖兼生酮氨基酸；其余十几种都属于生糖氨基酸。例如，丙氨酸脱去氨基转为丙酮酸，丙酮酸通过糖异生作用可以转变成葡萄糖，因此丙氨酸属于生糖氨基酸。见表 8-2。

表 8-2　生糖、生酮氨基酸分类

类别	氨基酸
生糖氨基酸	甘氨酸、丝氨酸、缬氨酸、组氨酸、精氨酸、半胱氨酸、脯氨酸、丙氨酸、羟脯氨酸、谷氨酸、谷氨酰胺、天冬氨酸、天冬酰胺、甲硫氨酸
生酮氨基酸	亮氨酸、赖氨酸
生糖兼生酮氨基酸	异亮氨酸、苯丙氨酸、酪氨酸、苏氨酸、色氨酸

3. 氧化供能　α-酮酸在体内可以通过三羧酸循环和氧化磷酸化途径彻底氧化成 CO_2 和 H_2O，同时释放能量，供机体进行生理活动。

第三节　个别氨基酸的代谢

扫码“学一学”

氨基酸除了上述一般代谢途径之外，有些氨基酸还有特殊的代谢途径，生成具有生理活性的物质，发挥重要的生理作用。

一、氨基酸的脱羧基作用

催化氨基酸进行脱羧基作用的酶是氨基酸脱羧酶，辅酶是磷酸吡哆醛（含维生素 B_6）。

氨基酸经脱羧基作用后，产物是胺类和 CO_2。胺类的生成量并不多，但它们具有重要的生理功能。多余的胺类在胺氧化酶的催化下氧化成 NH_3 和醛，NH_3 合成为尿素后排出体外，醛继续氧化成羧酸，再彻底分解。

1. 组胺的生成 组氨酸脱羧酶催化组氨酸脱羧生成组胺。组胺分布广泛，乳腺、肺、肝、肌肉、胃黏膜等处的肥大细胞中含量较高。

组胺是一种强烈的血管舒张剂，能增加毛细血管的通透性，使血压下降；组胺还能刺激胃酸的分泌，促进平滑肌收缩等。过敏反应、创伤性休克等与肥大细胞大量释放组胺有关。

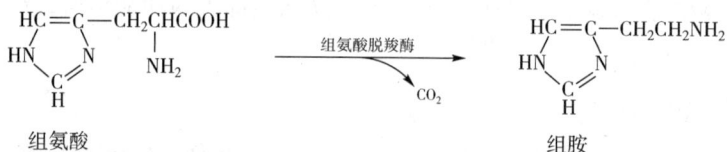

组氨酸 →（组氨酸脱羧酶，$-CO_2$）→ 组胺

HC=C—$CH_2CH(NH_2)COOH$（咪唑环：HN、N、C—H） → HC=C—$CH_2CH_2NH_2$（咪唑环：HN、N、C—H） + CO_2

2. γ-氨基丁酸的生成 L-谷氨酸脱羧酶催化谷氨酸脱去 α-羧基生成 γ-氨基丁酸（GABA），此酶在脑、肾组织中活性很高。GABA 是抑制性神经递质，对中枢神经有抑制作用。可抑制中枢的过度兴奋而具有镇静催眠、抗焦虑等作用。维生素 B_6 参与谷氨酸脱羧酶辅酶磷酸吡哆醛的生成，提高谷氨酸脱羧酶的活性，增加 GABA 的生成，故临床上使用维生素 B_6 治疗妊娠呕吐、小儿惊厥等。

$$\underset{\text{谷氨酸}}{HOOC-(CH_2)_2-CH(NH_2)-COOH} \xrightarrow[\text{磷酸吡哆醛}]{\text{谷氨酸脱羧酶}} \underset{\gamma\text{-氨基丁酸}}{H_2NCH_2-(CH_2)_2-COOH} + CO_2$$

3. 5-羟色胺的生成 色氨酸由色氨酸羟化酶催化生成 5-羟色氨酸，然后再由 5-羟色氨酸脱羧酶催化脱羧生成 5-羟色胺（5-HT）。

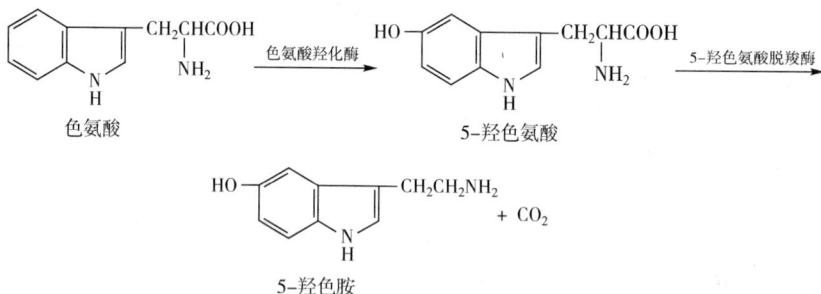

色氨酸（吲哚环—$CH_2CH(NH_2)COOH$） →（色氨酸羟化酶）→ 5-羟色氨酸（HO—吲哚环—$CH_2CH(NH_2)COOH$） →（5-羟色氨酸脱羧酶）→ 5-羟色胺（HO—吲哚环—$CH_2CH_2NH_2$） + CO_2

5-羟色胺广泛分布于体内各组织，以神经组织居多。在脑内作为神经递质，具有抑制作用；在外周组织，如胃肠、乳腺等处，具有收缩血管作用。

4. 牛磺酸的生成 半胱氨酸先氧化成磺基丙氨酸，后者再由磺基丙氨酸脱羧酶催化生成牛磺酸，反应在肝细胞内进行。牛磺酸是结合型胆汁酸的组成成分之一。研究发现，牛磺酸能够保护心肌，增强心脏功能，对肝和肠胃也有保护作用，能够增强人体的免疫功能，调节脑部的兴奋状态，并有助于修复角膜、保护视网膜和预防白内障等。牛磺酸对婴儿生

长，尤其是大脑和视网膜的发育更为重要。

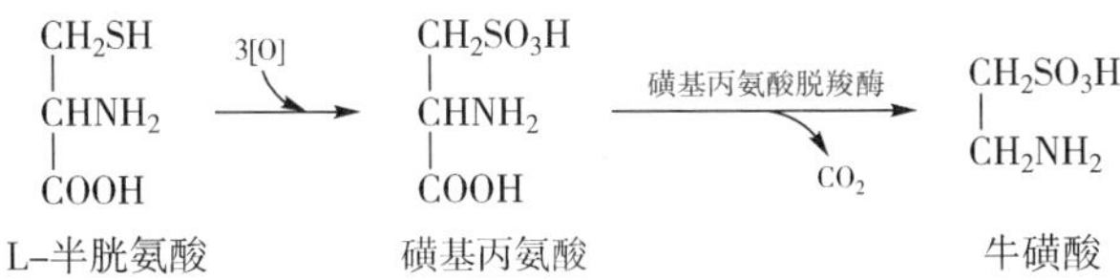

知识链接

受广泛关注的5-羟色胺

受到最广泛研究的神经递质是5-羟色胺，它是一种能产生愉悦情绪的信使，几乎影响到大脑活动的每一个方面：从调节情绪、精力、记忆力到塑造人生观。5-HT作为神经递质，主要分布于松果体和下丘脑，参与痛觉、睡眠和体温等生理功能的调节。中枢神经系统5-HT含量及功能异常可能与精神病和偏头痛等多种疾病的发病有关。5-羟色胺水平较低的人群更容易发生抑郁、冲动行为、酗酒、自杀、攻击及暴力行为。临床上通过5-HT再摄取抑制剂、单胺氧化酶抑制剂等药物提高5-HT的浓度，而达到治疗抑郁症、焦虑症、强迫症、疑病症及恐怖症等。另外，5-羟色胺还能增强记忆力，并能保护神经元免受“兴奋神经毒素”的损害。

5. 多胺的生成　多胺是含有多个氨基的物质，主要包括腐胺、精脒、精胺。多胺是调节细胞生长的重要物质。多胺类化合物是由鸟氨酸和甲硫氨酸脱羧基生成。反应如图8-8所示：

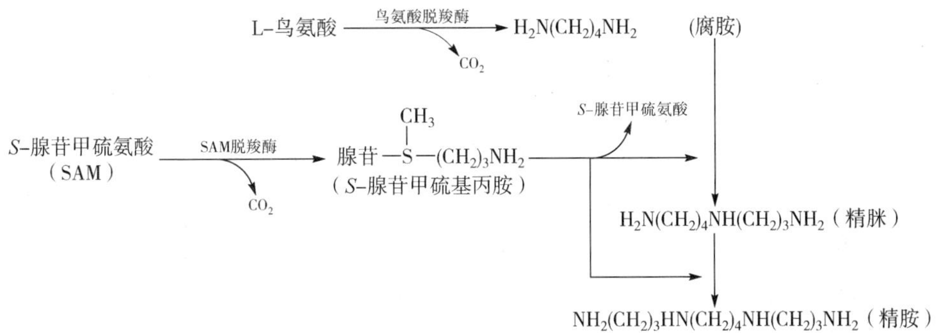

图8-8　多胺类化合物的生成

胚胎、再生肝、肿瘤等生长旺盛的组织中，合成多胺的限速酶鸟氨酸脱羧酶活性高，多胺的含量也高。目前，临床上把测定肿瘤患者血和尿中多胺的含量作为辅助诊断和观察病情的指标之一。

二、一碳单位的代谢

（一）一碳单位的概念

某些氨基酸在分解代谢过程中产生的只含一个碳原子的有机基团，称为一碳单位。主要有：甲基（$—CH_3$）、甲烯基（$—CH_2—$）、甲炔基（$—CH=$）、亚氨甲基（$—CH=NH$）、甲酰基（$—CHO$）等。

（二）一碳单位的载体

一碳单位不能游离存在，其运载体是四氢叶酸（FH_4），通常结合在N^5、N^{10}位上。四氢叶酸可以由叶酸在二氢叶酸还原酶的催化下，经过两步还原反应而生成。

叶酸 —二氢叶酸还原酶（NADPH+H⁺ → NADP⁺）→ 二氢叶酸 —二氢叶酸还原酶（NADPH+H⁺ → NADP⁺）→ 四氢叶酸

5,6,7,8-四氢叶酸（FH_4）

（三）一碳单位的生成及相互转变

一碳单位主要来源于甘氨酸、丝氨酸、组氨酸及色氨酸的分解代谢。其主要代谢特点如下：氨基酸不能直接分解生成N^5-甲基四氢叶酸；一碳单位生成后，除甲基外，其他四种通过氧化还原反应可以相互转变；都可以转变为N^5-甲基四氢叶酸；N^5-甲基四氢叶酸不能逆向反应生成其他一碳单位，在细胞内含量较高。各种一碳单位的来源及相互转变见图 8-9。

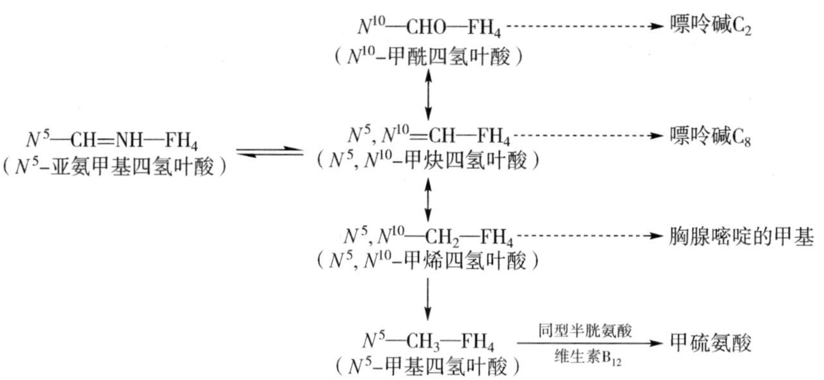

图 8-9　一碳单位的来源与相互转变

（四）一碳单位代谢的生理意义

1. 合成核苷酸的原料　一碳单位作为细胞合成嘌呤核苷酸、嘧啶核苷酸的原料，参加核酸的合成，与细胞的增殖、组织的生长等密切相关。如果人体缺乏叶酸，一碳单位无法正常转运，核苷酸合成障碍，导致红细胞 DNA 及蛋白质合成受阻，产生巨幼细胞贫血。

2. N^5-甲基四氢叶酸是甲基间接供体　N^5-甲基四氢叶酸在体内的唯一去路是把甲基转交给同型半胱氨酸生成甲硫氨酸，进入甲硫氨酸循环。一碳单位是氨基酸代谢与核酸代谢联系的枢纽。

三、含硫氨基酸的代谢

体内含硫氨基酸有甲硫氨酸、半胱氨酸、胱氨酸三种。半胱氨酸与胱氨酸可以互相转变，甲硫氨酸（蛋氨酸）可以转变为半胱氨酸，半胱氨酸不能转变为甲硫氨酸。

（一）甲硫氨酸的代谢

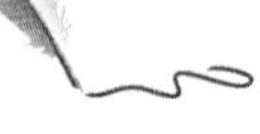

1. 甲硫氨酸循环及生理意义　甲硫氨酸以衍生物 S-腺苷甲硫氨酸的形式在细胞内发挥

转甲基的作用。甲硫氨酸在甲硫氨酸腺苷转移酶催化下接受 ATP 提供的腺苷生成 *S*-腺苷甲硫氨酸（SAM）。SAM 为活性甲硫氨酸，SAM 可为体内一些重要化合物的合成提供甲基，故称 SAM 为活性甲基供给体。

$$\underset{\text{甲硫氨酸}}{\begin{array}{l}S—CH_3\\ |\\ (CH_2)_2\\ |\\ CHNH_2\\ |\\ COOH\end{array}} + ATP \xrightarrow[\quad PPi+Pi]{\text{甲硫氨酸腺苷转移酶}} \underset{S\text{-腺苷甲硫氨酸}}{\begin{array}{l}H_3C—S^{+}—\text{腺苷}\\ |\\ (CH_2)_2\\ |\\ CHNH_2\\ |\\ COOH\end{array}}$$

SAM 在甲基转移酶的催化下，将甲基转移给另一种化合物（RH），使其甲基化（RCH_3），SAM 则变为 *S*-腺苷同型半胱氨酸，随后水解掉腺苷成同型半胱氨酸，同型半胱氨酸再接受 N^5-甲基四氢叶酸（$N^5—CH_3—FH_4$）提供的甲基，重新生成甲硫氨酸。此过程称甲硫氨酸循环，见图 8-10。

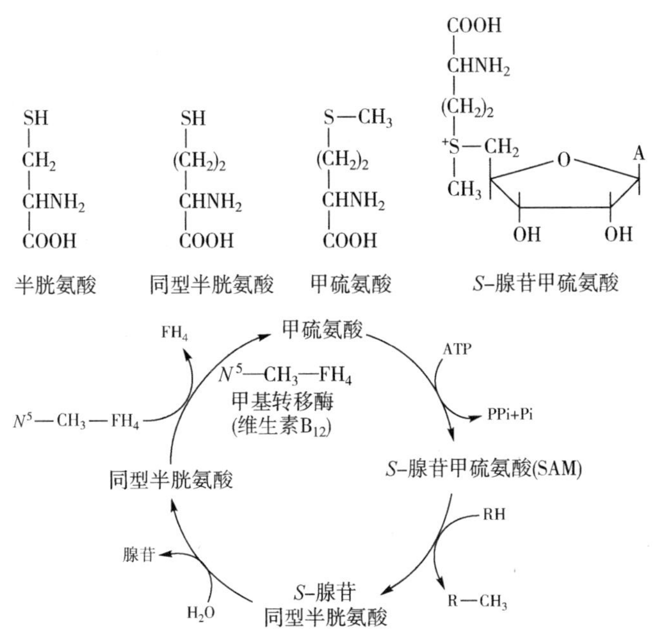

图 8-10　甲硫氨酸循环

知识链接

同型半胱氨酸与心血管疾病

同型半胱氨酸是甲硫氨酸代谢过程中的一个重要中间产物，主要通过再甲基化途径、转硫化途径释放到细胞外液代谢。它可通过损伤血管内皮细胞、促进血管平滑肌细胞增殖、影响凝血系统及脂质代谢而导致心血管疾病。B 族维生素可降低血浆同型半胱氨酸水平。1969 年，基尔默·麦克卢尔（Kilmer Mccully）提出同型半胱氨酸与动脉粥样硬化有关。此后，高同型半胱氨酸血症作为心血管疾病新的危险因素受到医学界的广泛关注。许多研究已显示，血同型半胱氨酸水平和心血管疾病呈正相关关系：血同型半胱氨酸水平高的患者更容易患心血管疾病，降低同型半胱氨酸，能降低心血管疾病的风险。

体内DNA、RNA、胆碱、肾上腺素、肌酸等约50多种物质的合成需要进行甲基化反应，通过甲硫氨酸循环生成的SAM为它们提供了甲基。在循环中，N^5—CH_3—FH_4可间接提供甲基参与体内的甲基化反应，催化该反应的甲基转移酶的辅酶是维生素B_{12}，因此维生素B_{12}缺乏，四氢叶酸不能再生，一碳单位不能利用，核酸合成障碍，影响细胞分裂，引起巨幼细胞贫血。

2. 肌酸的合成 肌酸和磷酸肌酸是肌肉组织中能量储存和利用的重要化合物。肝是合成肌酸的主要器官，由甘氨酸接受精氨酸提供的脒基、*S*-腺苷甲硫氨酸提供的甲基而合成。肌酸在肌酸激酶（CK或CPK）的催化下，转变为磷酸肌酸，并储存高能磷酸键。

肌酸和磷酸肌酸在体内自动脱水生成肌酐，由肾随尿排泄。正常成人，24小时尿中肌酐的排出量恒定。肾功能障碍时，肌酐排泄受阻，血中浓度升高。临床上测定24小时尿中肌酐的排泄量，可作为检查肾排泄功能的指标之一。

（二）半胱氨酸的代谢

半胱氨酸含有巯基，在蛋白质分子中两个半胱氨酸残基之间形成的二硫键，对维持其分子结构具有重要的作用。巯基是巯基酶的必需基团，其存在状态决定了巯基酶有无活性。2分子半胱氨酸的巯基可脱氢缩合形成胱氨酸。

1. 谷胱甘肽 谷胱甘肽是谷氨酸、半胱氨酸和甘氨酸以肽键相连形成的三肽，有还原型（GSH）和氧化型（GSSG）两种，两者可以互变。生理情况下，细胞内主要为GSH。GSH可以保护某些蛋白质及酶分子中巯基不被氧化，从而维持其生物学功能；在红细胞中可以与过氧化物及氧自由基反应，保护红细胞膜的完整性，可促使高铁血红蛋白转变为亚铁血红蛋白；在肝细胞内参与药物、毒物等非营养物质的生物转化作用。

2. 活性硫酸 含硫氨基酸中的硫可在机体内代谢生成活性硫酸。体内硫酸根主要来源于含硫氨基酸的巯基代谢。半胱氨酸直接分解脱氨基、巯基，生成丙酮酸、NH_3、H_2S。H_2S氧化生成硫酸，一部分与ATP反应转变为活性硫酸：3′-磷酸腺苷-5′-磷酰硫酸（PAPS），一部分以无机盐的形式随尿排泄。

PAPS在肝细胞内可与某些物质形成硫酸酯，参与生物转化作用；可参与硫酸角质素、硫酸软骨素及硫酸皮肤素等分子中硫酸氨基糖的生成。

四、芳香族氨基酸的代谢

芳香族氨基酸包括苯丙氨酸、酪氨酸和色氨酸。

（一）苯丙氨酸代谢

正常情况下，苯丙氨酸在苯丙氨酸羟化酶的催化下，羟化生成酪氨酸，再进一步代谢，但酪氨酸不能转变为苯丙氨酸。

若先天性缺乏苯丙氨酸羟化酶，使苯丙氨酸不能正常代谢，苯丙氨酸可在体内蓄积，导致过量的苯丙氨酸经旁路生成苯丙酮酸，后者进一步转变为苯乙酸、苯乳酸等衍生物，引起血及尿中苯丙酮酸、苯乙酸、苯乳酸等酸性代谢产物浓度升高，临床上称为苯丙酮尿症（PKU）。苯丙酮酸等酸性物质在血中堆积可毒害中枢神经系统，引起患儿智力发育障碍。该病属于代谢性遗传病，也是目前唯一通过饮食可以控制不发病的遗传病，目前有些国家规定对新生儿必须做PKU的筛查，我国某些大城市也已开展对新生儿的筛查。

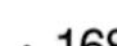

知识链接

苯丙酮尿症

苯丙酮尿症在遗传性氨基酸代谢缺陷疾病中比较常见，其遗传方式为常染色体隐性遗传。患儿出生时大多表现正常，新生儿期无明显临床症状。出生4~9个月后，患儿即可出现躯体生长发育迟缓，同时表现出智力发育迟缓。智力通常低于同龄正常儿，重型者智商低于50，语言发育障碍尤为明显。随着年龄增长，患儿智力低下越来越明显。患儿有出现肌张力增高、肌腱反射亢进、因脑萎缩而致小头畸形等，严重者可有脑性瘫痪。另外，患儿表现出头发由黑色变黄色，皮肤白，全身和尿液有特殊气味，常有湿疹。有些患儿有癫痫发作，常在18个月以前出现，可表现为婴儿痉挛性发作、点头样发作或其他形式。实验室检查可采用产前检查、新生儿筛查、尿三氯化铁试验以及DNA分析等方法。诊断一旦明确，应尽早给予积极治疗，主要是采用低苯丙氨酸饮食。开始治疗的年龄愈小，效果愈好。

（二）酪氨酸代谢

酪氨酸既可连续代谢，合成某些神经递质、激素、黑色素等，又可进行分解代谢。

1. 转变为儿茶酚胺　酪氨酸经酪氨酸羟化酶催化，生成3,4-二羟苯丙氨酸（多巴），随后在多巴脱羧酶的作用下转变为多巴胺。多巴胺是一种神经递质，若脑中缺乏会引起震颤麻痹（帕金森病）。在肾上腺髓质，多巴胺继续羟化成去甲肾上腺素，再经活性甲硫氨酸提供甲基，转变为肾上腺素。多巴胺、去甲肾上腺素、肾上腺素统称儿茶酚胺，三者均是含邻苯二酚结构的胺类。儿茶酚胺与许多神经精神疾病及高血压有关。

2. 合成黑色素和甲状腺素　在黑色素细胞中酪氨酸酶催化下，酪氨酸羟化成多巴、多巴醌，后者经连续反应转变成5,6-吲哚醌，吲哚醌的聚合物即是黑色素。若酪氨酸酶缺乏，黑色素合成障碍，患者表现为皮肤及毛发等变白、眼睛畏光，称为白化病。另外，酪氨酸在甲状腺细胞还可转变为甲状腺素。

知识链接

白　化　病

白化病是一种较常见的皮肤及其附属器官黑色素缺乏所引起的疾病，由于先天性缺乏酪氨酸酶，或酪氨酸酶功能减退，黑色素合成发生障碍所导致的遗传性白斑病。这类患者通常是全身皮肤、毛发、眼睛缺乏黑色素，因此表现为眼睛视网膜无色素，虹膜和瞳孔呈现淡粉色，怕光，看东西时总是眯着眼睛。皮肤、眉毛、头发及其他体毛都呈白色或白里带黄。目前药物治疗无效，仅能通过物理方法，如遮光等，以减轻患者不适症状；还可以通过使用光敏性药物、激素等治疗后使白斑减弱甚至消失。

3. 分解代谢　酪氨酸在酪氨酸氨基转移酶的催化下，生成对羟苯丙酮酸，再羟化成尿黑酸，尿黑酸在尿黑酸氧化酶的作用下，氧化成延胡索酸和乙酰乙酸，两者可以分别参与糖和脂肪酸的合成与分解代谢。因此苯丙氨酸与酪氨酸是生糖兼生酮氨基酸。若尿黑酸氧化酶缺陷可导致尿黑酸症，尿中的尿黑酸接触空气后氧化成棕黑色的色素，颜色加深，疾

病后期可造成结缔组织广泛色素沉着（褐黄病）、关节炎。

（三）色氨酸代谢

如前所述，色氨酸可生成5-羟色胺；生成一碳单位；也可分解产生丙酮酸和乙酰乙酰辅酶A，是一种生糖兼生酮氨基酸。此外，色氨酸还可以分解产生维生素PP，这也是体内合成维生素的特例，但产量太低，无法满足机体的需要。

本章小结

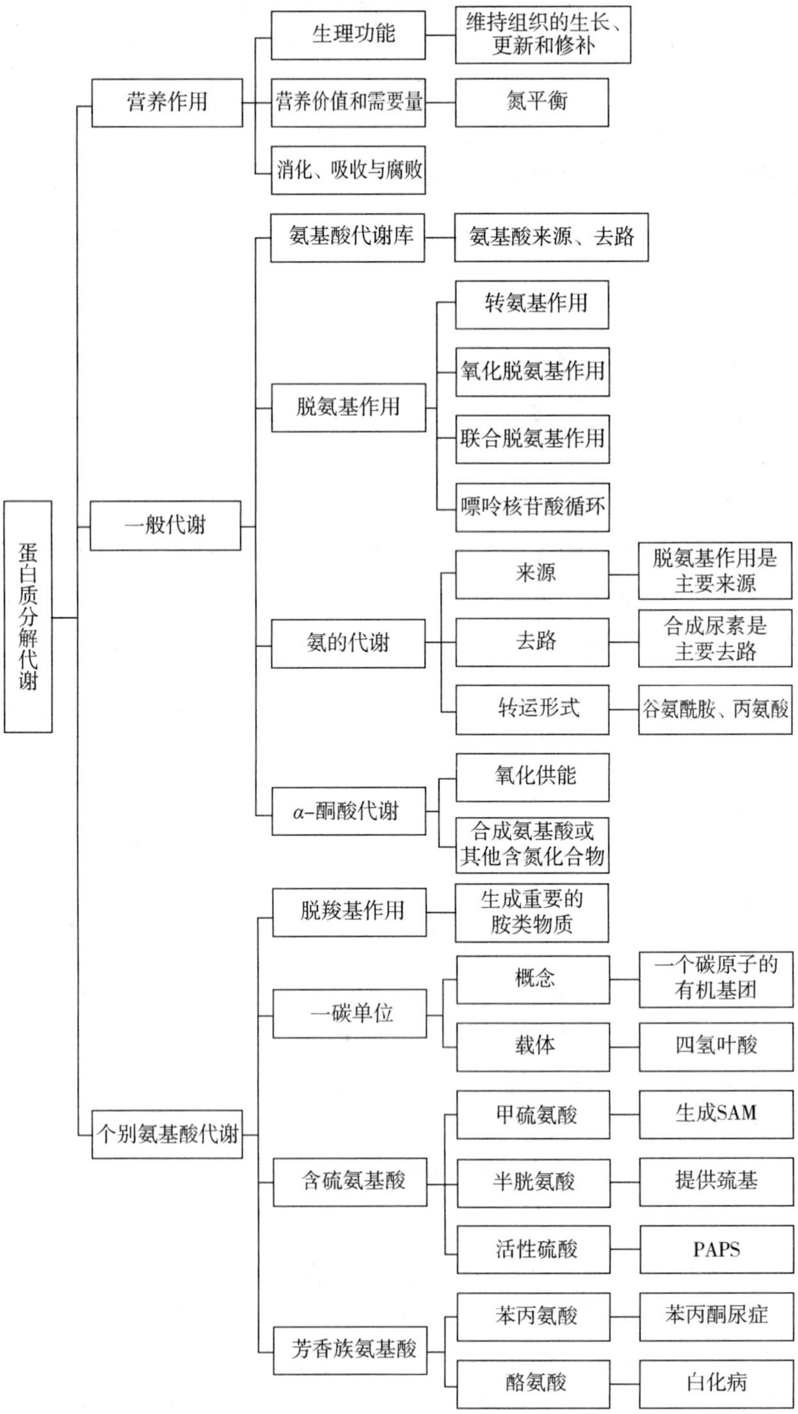

- 蛋白质分解代谢
  - 营养作用
    - 生理功能 — 维持组织的生长、更新和修补
    - 营养价值和需要量 — 氮平衡
    - 消化、吸收与腐败
  - 一般代谢
    - 氨基酸代谢库 — 氨基酸来源、去路
    - 脱氨基作用
      - 转氨基作用
      - 氧化脱氨基作用
      - 联合脱氨基作用
      - 嘌呤核苷酸循环
    - 氨的代谢
      - 来源 — 脱氨基作用是主要来源
      - 去路 — 合成尿素是主要去路
      - 转运形式 — 谷氨酰胺、丙氨酸
    - α-酮酸代谢
      - 氧化供能
      - 合成氨基酸或其他含氮化合物
  - 个别氨基酸代谢
    - 脱羧基作用 — 生成重要的胺类物质
    - 一碳单位
      - 概念 — 一个碳原子的有机基团
      - 载体 — 四氢叶酸
    - 含硫氨基酸
      - 甲硫氨酸 — 生成SAM
      - 半胱氨酸 — 提供巯基
      - 活性硫酸 — PAPS
    - 芳香族氨基酸
      - 苯丙氨酸 — 苯丙酮尿症
      - 酪氨酸 — 白化病

一、选择题

【A1 型题】

1. 下述氨基酸中属于人体必需氨基酸的是
   A. 甘氨酸　　B. 组氨酸
   C. 苏氨酸　　D. 脯氨酸
   E. 丝氨酸
2. 肌肉中最主要的脱氨基方式是
   A. 嘌呤核苷酸循环　　B. 加水脱氨基作用
   C. 氨基转移作用　　D. D-氨基酸氧化脱氨基作用
   E. L-谷氨酸氧化脱氨基作用
3. 人体内合成尿素的主要脏器是
   A. 脑　　B. 肌肉　　C. 肾　　D. 肝　　E. 心
4. 下列氨基酸在体内可以转化为组胺的是
   A. 谷氨酸　　B. 天冬氨酸
   C. 组氨酸　　D. 色氨酸
   E. 甲硫氨酸
5. 体内转运一碳单位的载体是
   A. 叶酸　　B. 维生素 B_{12}
   C. 硫胺素　　D. 生物素
   E. 四氢叶酸
6. 谷类和豆类食物的营养互补氨基酸是
   A. 赖氨酸和酪氨酸　　B. 赖氨酸和丙氨酸
   C. 赖氨酸和甘氨酸　　D. 赖氨酸和谷氨酸
   E. 赖氨酸和色氨酸
7. 白化病是因为缺乏
   A. 苯丙氨酸羟化酶　　B. 酪氨酸酶
   C. 氨基转移酶　　D. 尿黑酸氧化酶
   E. 色氨酸羟化酶
8. 体内血氨升高的主要原因是
   A. 肠道吸收的氨增加　　B. 蛋白质摄入过多
   C. 肝功能障碍　　D. 尿素水解增加
   E. 肾功能障碍
9. 氨的储存和运输形式是
   A. Asp　　B. Asn　　C. Glu　　D. Gln　　E. Tyr
10. 通过脱羧基作用可产生抑制性神经递质 GABA 的氨基酸是

A. Glu　B. Asp　C. Gln　D. Asn　E. Lys

11. ALT（GPT）活性最高的组织是

A. 心肌　B. 脑　C. 骨骼肌　D. 肝　E. 肾

12. AST（GOT）活性最高的组织是

A. 心肌　B. 脑　C. 骨骼肌　D. 肝　E. 肾

13. 下列哪个不是一碳单位

A. $—CH_3$　B. CO_2

C. $—CH_2—$　D. —CH═NH—

E. —CH═

14. 氨基酸分解产生的 NH_3 在体内主要的存在形式是

A. 尿素　B. 天冬氨酸

C. 谷氨酰胺　D. 氨甲酰磷酸

E. 苯丙氨酸

15. 氨中毒的根本原因是

A. 肠道吸收氨过量　B. 氨基酸在体内分解代谢增强

C. 肾衰竭排出障碍　D. 肝功能损伤，不能合成尿素

E. 合成谷氨酰胺减少

16. 在尿素合成过程中下列哪步反应需要 ATP

A. 鸟氨酸 + 氨甲酰磷酸──→瓜氨酸 + 磷酸

B. 瓜氨酸 + 天冬氨酸──→精氨基琥珀酸

C. 精氨基琥珀酸──→精氨酸 + 延胡索酸

D. 精氨酸──→鸟氨酸 + 尿素

E. 草酰乙酸 + 谷氨酸──→天冬氨酸 + α-酮戊二酸

17. 肾产生的氨主要来自

A. 氨基酸的联合脱氨基作用　B. 谷氨酰胺的水解

C. 尿素的水解　D. 氨基酸的非氧化脱氨基作用

E. 胺的氧化

18. 下列哪组反应在线粒体中进行

A. 鸟氨酸与氨甲酰磷酸反应　B. 瓜氨酸与天冬氨酸反应

C. 精氨酸生成反应　D. 延胡索酸生成反应

E. 精氨酸分解成尿素反应

19. 蛋白质的互补作用是指

A. 糖和蛋白质混合食用，以提高食物的营养价值

B. 脂肪和蛋白质混合食用，以提高食物的营养价值

C. 几种营养价值低的蛋白质混合食用，以提高食物的营养价值

D. 糖、脂肪、蛋白质及维生素混合食用，以提高食物的营养价值

E. 用糖和脂肪代替蛋白质的作用

20. 下列哪组为生酮氨基酸

A. 丙氨酸、色氨酸　B. 苯丙氨酸、甲硫氨酸

C. 鸟氨酸、精氨酸　　D. 亮氨酸、赖氨酸
E. 组氨酸、赖氨酸

21. 与黑色素合成有关的氨基酸是
A. 酪氨酸　　B. 丙氨酸
C. 组氨酸　　D. 甲硫氨酸
E. 苏氨酸

22. 消耗性疾病恢复期的患者体内氮平衡的状态是
A. 摄入氮<排出氮　　B. 摄入氮≤排出氮
C. 摄入氮>排出氮　　D. 摄入氮≥排出氮
E. 摄入氮=排出氮

23. 下列化合物中哪个不是鸟氨酸循环的成员
A. 鸟氨酸　　B. α-酮戊二酸
C. 瓜氨酸　　D. 精氨基琥珀酸
E. 精氨酸

24. 苯丙氨酸和酪氨酸代谢缺陷时可能导致
A. 苯丙酮尿症、蚕豆病　　B. 苯丙酮尿症、白化病
C. 尿黑酸症、蚕豆病　　D. 镰状细胞贫血、白化病
E. 白化病、蚕豆病

25. 关于腐败作用的叙述哪项是错误的
A. 是指肠道细菌对蛋白质及其产物的代谢过程
B. 腐败能产生有毒物质
C. 形成假神经递质的前体
D. 腐败作用形成的产物不能被机体利用
E. 肝功能低下时，腐败产物易引起中毒

26. 临床上对于某些肝昏迷患者用左旋多巴（L-Dopa）治疗，其原因是
A. 能保护肝细胞　　B. 能降低血氨
C. 能促进脑组织中氨转变　　D. 能抑制苯乙醇胺的作用
E. 能转变为多巴胺，补充正常的神经递质

二、思考题

1. 对高血氨患者为什么不能采用碱性肥皂水灌肠，而采用弱酸性透析液做结肠透析？
2. 体内氨的来源和去路。
3. 高血氨的原因及肝性脑病的发病机制。
4. 尿素合成的部位、原料、限速酶以及 ATP 消耗。

扫码“练一练”

（马　强）

第九章　核苷酸代谢

学习目标

1. **掌握**　核苷酸的从头合成的特点、调节酶；嘌呤环和嘧啶环的各元素来源；核苷酸分解代谢的终产物。

2. **熟悉**　嘌呤核苷酸和嘧啶核苷酸的从头合成和补救合成的概念；核苷酸抗代谢物的药物治疗作用机制；核苷酸的生理功能。

3. **了解**　核苷酸从头合成的过程。

扫码“学一学”

核苷酸是核酸的基本组成单位，体内核苷酸的来源主要包括两条途径：①可来自于食物；②可以通过机体自身合成。其中机体自身合成是体内核苷酸的主要来源途径。食物中的核酸多以核蛋白的形式存在，在胃中受到胃酸的作用，分解生成核酸和蛋白质。核酸进入小肠后，在胰液和肠液的作用下，逐步发生水解，生成产物核苷酸。在肠黏膜细胞中核苷酸可以分解为核苷和磷酸。核苷又可在核苷酶的作用下，水解生成碱基和戊糖，核苷酸及其水解产物均可被细胞吸收。戊糖可以通过糖代谢途径中的戊糖磷酸途径进行代谢；嘌呤碱和嘧啶碱有少部分可以参与补救合成途径，被机体再利用，而其中大部分则经分解后排出体外，具体过程如图 9-1 所示。

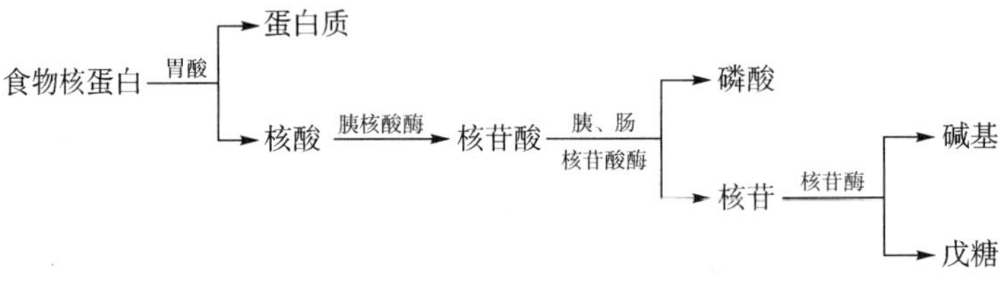

图 9-1　核酸的消化

实际上食物来源的嘌呤和嘧啶很少能被机体吸收利用，这与必需脂肪酸和必需氨基酸被机体利用不同，人体内的核苷酸主要由机体自身合成。所以，核酸不属于必需营养物质。

知识拓展

正确认识核酸保健品的营养功效

市面上售卖有各种品牌的核酸保健产品，宣称可以提高人体免疫力，调节机体核酸的正常代谢，适用于体弱多病、体乏无力、抵抗力低下的人群。那么外源性核酸真的有这么神奇的功效吗？

首先，从体内核酸的消化过程来看，外源性核酸进入人体后，会被核苷酶分解为碱基、戊糖和磷酸。大部分碱基经代谢后排出体外，仅有少部分可以参与合成核苷酸。因此外源性的核酸很少被机体吸收利用，体内核苷酸的来源主要是由机体细胞自身合成。其次，食物中嘌呤和嘧啶非常普遍，只要消化、吸收功能正常的人并不容易引起核苷酸缺乏。因此核酸保健品对于一般人群来讲，营养作用很有限，仅适用于生长迅速的婴儿、青少年，老年体弱多病者或手术恢复期患者。第三，嘌呤核苷酸分解代谢的终产物是尿酸，血尿酸含量升高会诱发痛风症，因此核酸保健品的禁忌人群为痛风症患者。世界卫生组织规定，人体每日摄入核酸的量不应超过2g。

体内核苷酸的分布非常广泛。在细胞中分布着核糖核苷酸和脱氧核糖核苷酸，一般情况下，核糖核苷酸的浓度在毫摩尔的范围，而脱氧核糖核苷酸的浓度仅在微摩尔范围之内。因此，核糖核苷酸的浓度远远大于脱氧核糖核苷酸的浓度。在同一种细胞中，尽管不同种类的核酸含量有所不同，但核苷酸的总含量基本是一致的。在不同类型的细胞中，各种核苷酸的含量就具有巨大差异。在细胞分裂周期中，细胞内不同种类的核苷酸稳定性也不相同。核糖核苷酸的浓度相对比较稳定，但脱氧核糖核苷酸含量波动则比较大。

核苷酸具有多种生物学功能：①可以作为核酸合成的原料，参与体内核酸的合成。这是核苷酸最主要的功能。②可以作为体内能量的利用形式。ATP 是体内能量的直接利用形式，其他核苷三磷酸也能提供能量，如 GTP、CTP 水解也能产生能量。③参与物质代谢的调节。例如 cAMP、cGMP 作为体内的第二信使，可以参与细胞膜受体激素调节。④参与构成辅酶。例如腺苷酸可作为 NAD^+、FAD、辅酶 A 等多种辅酶的组成成分。⑤参与物质代谢。核苷酸被活化为中间产物，参与物质代谢。如 UDPG 可作为活性葡萄糖供体参与糖原的合成；*S*-腺苷甲硫氨酸（SAM）可作为甲基的直接供体，参与体内甲基化反应，CDP-二酰甘油可作为合成磷脂的活性原料。

第一节　核苷酸的合成代谢

由于食物来源的核苷酸基本不被人体吸收利用，因此，体内的核苷酸主要依靠机体自身合成。体内核苷酸的合成途径有两条：从头合成途径和补救合成途径。从头合成途径是指利用核糖-5-磷酸、一碳单位、氨基酸等简单物质为原料，经过一系列酶促反应合成核苷酸的过程。补救合成途径是指利用体内游离的碱基或核苷，经简单的反应合成核苷酸的过程。两条合成途径在不同的组织中进行，其重要性也不相同。例如肝主要进行从头合成途径，而脑和骨髓等则进行补救合成途径。两条途径相对比，则从头合成途径是机体主要的合成途径。

核苷酸分为嘌呤核苷酸和嘧啶核苷酸两类，因此核苷酸的合成也从嘌呤核苷酸的合成和嘧啶核苷酸的合成两方面进行详述。

一、嘌呤核苷酸的合成

（一）嘌呤核苷酸的从头合成途径

1. 从头合成的基本原料　嘌呤碱的前身物均为一些简单物质，包括核糖-5-磷酸、甘氨酸、天冬氨酸、谷氨酰胺、一碳单位和 CO_2。根据同位素示踪实验，合成嘌呤环的各元素来源如图 9-2 所示。

嘌呤环中 N_1 来自天冬氨酸；C_2 来自 N^5-甲酰四氢叶酸，C_8 来自 N^5,N^{10}-甲炔四氢叶酸，

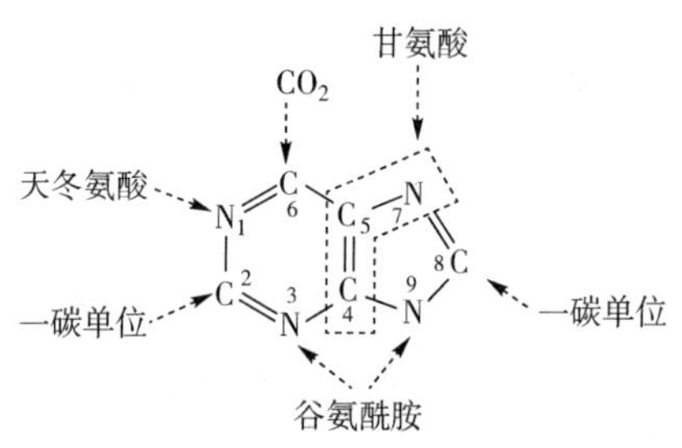

图 9-2 嘌呤环合成元素的来源

由于 N^5-甲酰四氢叶酸和 N^5,N^{10}-甲炔四氢叶酸都属于一碳单位，因此 C_2、C_8均来自一碳单位；N_3、N_9来自谷氨酰胺，C_4、C_5、N_7来自甘氨酸，C_6来自 CO_2。嘌呤环中元素来源可以采用口诀进行记忆：一天二碳三谷氨，四五七是甘氨酸，第六位是二氧化碳，八九位上同二三。

2. 从头合成的部位 现已证明，并不是所有的细胞都具有从头合成嘌呤核苷酸的能力。肝是嘌呤核苷酸从头合成途径的主要器官，其次是小肠黏膜和胸腺。整个合成过程发生在胞质中。

3. 从头合成的过程 生物体内嘌呤核苷酸的合成过程中，不是首先合成嘌呤环，再与核糖-5-磷酸连接合成嘌呤核苷酸，而是在核糖-5-磷酸的基础上经多步反应，直接合成嘌呤核苷酸，其过程是核糖-5-磷酸在磷酸核糖基焦磷酸合成酶（PRPP 合成酶）的作用下，先生成磷酸核糖基焦磷酸（PRPP），再以 PRPP 为基础，在 PRPP 酰胺转移酶作用下，逐步加上谷氨酰胺、甘氨酸、一碳单位、二氧化碳、天冬氨酸等环化后合成次黄嘌呤核苷酸（IMP）。从头合成过程生成的是 IMP，然后 IMP 再转化生成 AMP 和 GMP。

（1）次黄嘌呤核苷酸的合成 IMP 的合成需要 11 步反应完成，在底物核糖-5-磷酸基础上，由 ATP 提供能量，在 PRPP 合成酶的催化下，先合成 PRPP，然后在 PRPP 酰胺转移酶催化下，加上谷氨酰胺生成甘氨酰胺核苷酸（PRA），再依次加入甘氨酸、N^5,N^{10}-甲炔四氢叶酸、谷氨酰胺、CO_2、天冬氨酸、N^{10}-甲酰四氢叶酸，环化形成次黄嘌呤核苷酸。其简要合成过程见图 9-3。

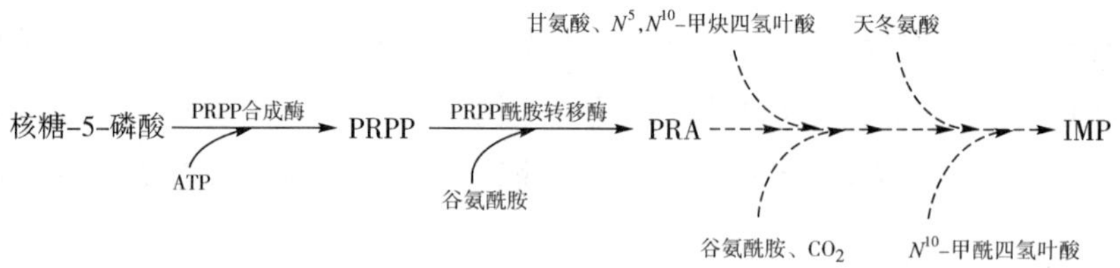

图 9-3 次黄嘌呤的合成

PRPP 合成酶和 PRPP 酰胺转移酶是嘌呤核苷酸合成过程中重要的调节酶，可被合成产物 IMP、AMP 和 GMP 反馈调节。嘌呤核苷酸的从头合成过程是体内提供核苷酸的主要途径，但整个过程需要消耗大量的氨基酸及 ATP 等能源物质，因此，机体对其合成进行精准调节具有重要的生理意义：一方面这种调节可以满足合成核酸对嘌呤核苷酸的需要，另一方面也可以避免“供大于求”，以节省营养物质及能量的消耗。

（2）AMP 和 GMP 的生成 IMP 在腺苷酸基琥珀酸合成酶及腺苷酸基琥珀酸裂解酶

的连续作用下，接受天冬氨酸提供的氨基，消耗 1mol GTP 先生成腺苷酸基琥珀酸，再分解生成 AMP 和延胡索酸；IMP 经 IMP 脱氢酶催化，加水脱氢后转变生成黄嘌呤核苷酸（XMP），然后接受谷氨酰胺提供的氨基，消耗 1mol ATP 后生成 GMP，具体过程见图 9-4。因此尽管 IMP 不是核酸分子的主要组成成分，但它确是嘌呤核苷酸合成的重要中间产物。

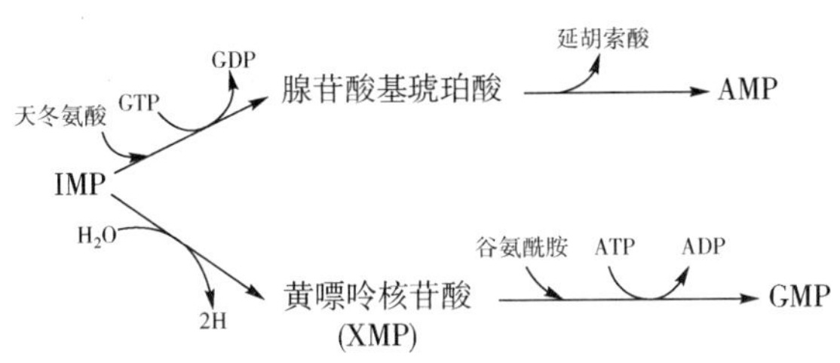

图 9-4　IMP 转变为 AMP 及 GMP

（3）ATP 和 GTP 的生成　在激酶的催化下，AMP 和 GMP 经过两步磷酸化反应分别生成 ATP 和 GTP。

$$\mathrm{AMP} \xrightarrow[\mathrm{ATP}\quad \mathrm{ADP}]{\text{激酶}} \mathrm{ADP} \xrightarrow[\mathrm{ATP}\quad \mathrm{ADP}]{\text{激酶}} \mathrm{ATP}$$

$$\mathrm{GMP} \xrightarrow[\mathrm{ATP}\quad \mathrm{ADP}]{\text{激酶}} \mathrm{GDP} \xrightarrow[\mathrm{ATP}\quad \mathrm{ADP}]{\text{激酶}} \mathrm{GTP}$$

（二）嘌呤核苷酸的补救合成途径

尽管嘌呤核苷酸的从头合成过程是体内提供核苷酸的主要途径，但脑、骨髓、红细胞等组织器官由于缺乏从头合成嘌呤核苷酸的酶系，只能进行嘌呤核苷酸补救合成，不能进行嘌呤核苷酸从头合成途径。因此在这些组织器官进行嘌呤核苷酸补救合成就具有重要的生理意义。

嘌呤核苷酸补救合成途径是细胞利用现有的嘌呤碱或嘌呤核苷重新合成核苷酸的过程。嘌呤核苷酸的补救合成过程有两种方式。

1. 嘌呤碱直接与 PRPP 结合生成嘌呤核苷酸　由 PRPP 提供核糖磷酸，在腺嘌呤磷酸核糖转移酶（APRT）和黄嘌呤-鸟嘌呤磷酸核糖转移酶（HGPRT）催化下，腺嘌呤、次黄嘌呤、鸟嘌呤分别生成 AMP、IMP 和 GMP。

$$\text{腺嘌呤} + \mathrm{PRPP} \xrightarrow{\mathrm{APRT}} \mathrm{AMP} + \mathrm{PPi}$$

$$\text{次黄嘌呤} + \mathrm{PRPP} \xrightarrow{\mathrm{HGPRT}} \mathrm{IMP} + \mathrm{PPi}$$

$$\text{鸟嘌呤} + \mathrm{PRPP} \xrightarrow{\mathrm{HGPRT}} \mathrm{GMP} + \mathrm{PPi}$$

在嘌呤核苷酸的补救合成途径中，APRT 和 HGPRT 可以受到其产物的反馈调节，即 APRT 受到 AMP 的反馈抑制调节，而 HGPRT 受到 IMP 和 GMP 的反馈抑制调节。

2. 嘌呤核苷的重新利用　在核苷激酶的作用下，嘌呤核苷由 ATP 磷酸化生成嘌呤核苷酸，如在人体内，嘌呤核苷酸的重新利用只有腺嘌呤核苷在腺苷激酶作用下，由 ATP 提供磷酸基，磷酸化生成腺嘌呤核苷酸。

嘌呤核苷酸的补救合成途径与从头合成途径一样，具有重要的生理意义，表现在以下

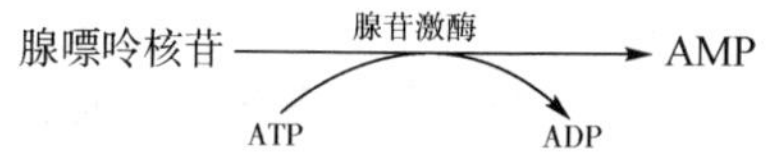

两方面：一方面，补救合成途径可以节省从头合成途径中所需的能量和氨基酸等原料，防止体内营养物质及能量的大量消耗；另一方面，体内某些组织，例如脑和骨髓等由于缺乏从头合成途径中的相关酶系，只能进行嘌呤核苷酸的补救合成途径。如由于基因缺陷而导致 HGPRT 完全缺失的患儿，表现为自毁性综合征，这是一种遗传代谢病。

知识链接

自毁性综合征

自毁性综合征，又被称莱施-奈恩综合征（Lesch-Nyhan）综合征，其病因是体内嘌呤核苷酸代谢中的次黄嘌呤-鸟嘌呤磷酸核糖转移酶（HGPRT）遗传缺陷引起。由于它是一种伴 X 染色体隐性遗传病，患者仅见于男性，女性仅为无症状的基因携带者。患儿典型的临床表现为尿酸增高及神经异常，如脑发育不全、智力低下。患者会出现攻击和自残行为，先是咬伤自己的嘴唇、口腔黏膜，进而发展到不可克制地咬伤手指、咬人等行为，甚至会毁坏自己的容貌。目前治疗仅能用别嘌呤醇和谷氨酸钠、叶酸等药物对症支持治疗，降低患儿尿酸；对神经症状尚无有效的治疗方法。

（三）嘌呤核苷酸的相互转变

为保持嘌呤核苷酸之间的彼此相对平衡，体内核苷酸可以相互进行转变。IMP 可以转变为 XMP、AMP 和 GMP。在腺苷酸基琥珀酸合成酶催化下，由 GTP 提供能量，天冬氨酸提供氨基，IMP 先生成产物腺苷酸基琥珀酸，在腺苷酸基琥珀酸裂解酶催化下，腺苷酸基琥珀酸裂解为延胡索酸和 AMP；在 IMP 脱氢酶催化下，IMP 加水脱氢先生成 XMP，在 GMP 合成酶催化下，由谷氨酰胺提供氨基，ATP 提供能量，XMP 氨基化生成 GMP。反之，AMP 和 GMP 也能转变为 IMP。AMP 在腺苷酸脱氨酶催化下脱氨后转变生成 IMP，GMP 在鸟苷酸还原酶作用下由 NADPH 提供氢，脱氨后可转变生成 IMP。其转变过程见图 9-5。

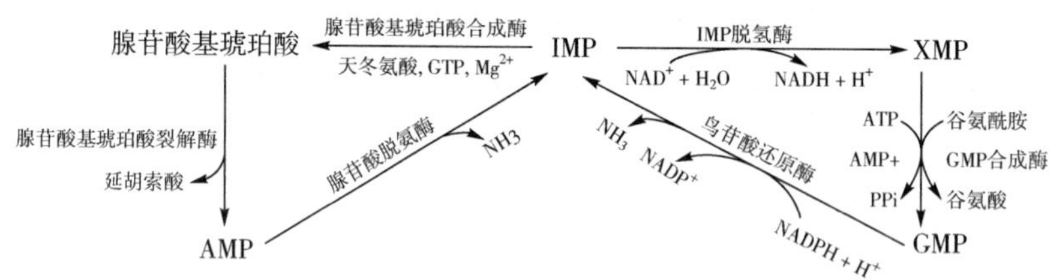

图 9-5　IMP、GMP、AMP 的相互转变

从图 9-5 可知，AMP 在生成过程中需要由 GTP 提供能量，而 GMP 的生成过程中则由 ATP 来提供能量，因此，GTP 可以促进 AMP 的生成，而 ATP 则可以促进 GMP 的生成，这种交叉调节作用对维持 AMP 和 GMP 的浓度平衡具有重要作用。

二、嘧啶核苷酸的合成

与嘌呤核苷酸的合成途径一样，体内嘧啶核苷酸的合成也包括从头合成和补救合成两条途径。

（一）嘧啶核苷酸的从头合成途径

1. 从头合成的基本原料　包括核糖-5-磷酸、谷氨酰胺、天冬氨酸和 CO_2。根据同位素示踪实验，合成嘧啶环的各元素来源如图 9-6 所示。

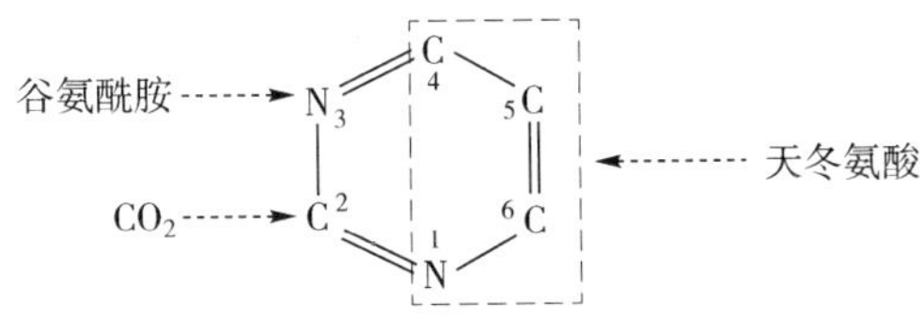

图 9-6　嘧啶环合成元素的来源

嘧啶环中 N_1、C_4、C_5、C_6来自天冬氨酸，C_2来自 CO_2，N_3来自谷氨酰胺。嘧啶环中元素来源可以采用口诀进行记忆：天冬氨酸右边站，谷酰直往左上窜，剩余废物二氧化碳。

2. 从头合成的部位　嘧啶核苷酸从头合成途径主要在肝细胞的胞质中进行。

3. 从头合成的过程　嘧啶核苷酸从头合成的最主要特点是首先合成嘧啶环，然后再与核糖-5-磷酸连接生成尿嘧啶核苷酸（UMP），UMP 经激酶催化，再转化为 UTP，UTP 再生成其他嘧啶核苷酸。这是与嘌呤核苷酸从头合成过程不同的，嘌呤核苷酸合成时并不是先合成嘌呤环，而是在核糖磷酸分子上先生成磷酸核糖基焦磷酸（PRPP），再以 PRPP 为基础，逐步加上谷氨酰胺、甘氨酸、一碳单位、二氧化碳、天冬氨酸等环化后合成次黄嘌呤核苷酸（IMP），然后 IMP 再转化生成 AMP 和 GMP。

（1）UMP 的合成　嘧啶环的合成始于氨甲酰磷酸的生成，谷氨酰胺与 CO_2在氨甲酰磷酸合成酶Ⅱ的催化下，由 ATP 提供能量生成氨甲酰磷酸。尿素合成的原料也是氨甲酰磷酸，但尿素合成所需的氨甲酰磷酸是在肝细胞线粒体内经氨甲酰磷酸合成酶Ⅰ催化生成的。氨甲酰磷酸合成酶Ⅰ和氨甲酰磷酸合成酶Ⅱ有很多性质是不同的，氨甲酰磷酸合成酶Ⅰ主要分布在线粒体，而氨甲酰磷酸合成酶Ⅱ主要分布在细胞质中；氨甲酰磷酸合成酶Ⅰ催化底物生成尿素时，氮源是 NH_3，而氨甲酰磷酸合成酶Ⅱ催化底物生成嘧啶时，氮源是谷氨酰胺；氨甲酰磷酸合成酶Ⅰ催化生成的产物是尿素，而氨甲酰磷酸合成酶Ⅱ催化生成的产物是嘧啶。两种氨甲酰磷酸合成酶的区别具体见表 9-1。

表 9-1　两种氨甲酰磷酸合成酶的比较

	氨甲酰磷酸合成酶Ⅰ	氨甲酰磷酸合成酶Ⅱ
存在部位	线粒体	细胞质
氨甲酰磷酸的氮源	NH_3	谷氨酰胺
氨甲酰磷酸的用途	合成尿素	合成嘧啶

氨甲酰磷酸结合天冬氨酸在天冬氨酸氨甲酰转移酶催化下生成氨甲酰天冬氨酸，氨甲酰天冬氨酸在二氢乳清酸酶催化下脱水生成具有嘧啶环的二氢乳清酸，然后脱氢生成乳清酸。乳清酸虽然不是构成核酸的嘧啶碱，但它可与 PRPP 在乳清酸磷酸核糖转移酶催化下生成乳清酸核苷酸（OMP），在乳清酸核苷酸脱羧酶作用下经脱羧后生成尿嘧啶核苷酸（UMP），其代谢简要过程见图 9-7。

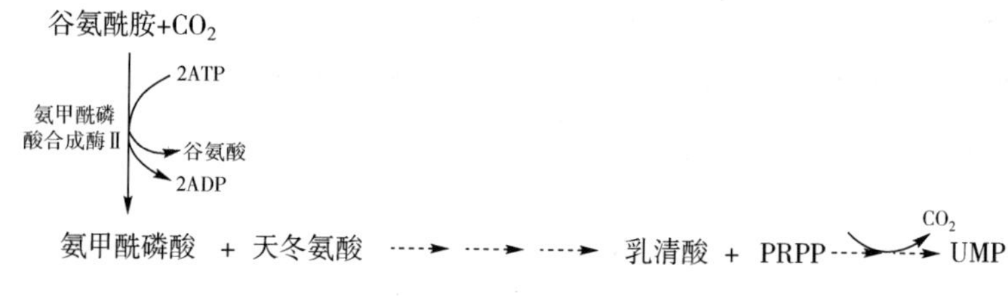

图 9-7 尿嘧啶核苷酸的合成

知识拓展

乳清酸尿症

乳清酸尿症是一种嘧啶从头合成途径障碍引起的疾病，可以是先天遗传疾病，也可能是后天引起的。先天性乳清酸尿症是常染色体隐性遗传病，因乳清酸磷酸核糖转移酶和乳清酸核苷酸脱羧酶先天缺失，导致尿嘧啶合成被阻断，体内乳清酸不能转变为UMP，患者血液和尿液中乳清酸升高，从而从尿中排出也随之增多，引起乳清酸尿症。先天性乳清酸尿症患者出生5个月后就会开始出现低色素巨细胞性贫血，智力和身体发育障碍等症状。用铁剂、叶酸和维生素B_{12}治疗无效，用尿嘧啶核苷酸治疗可以缓解症状；后天性乳清酸尿症常见于药物治疗后的副作用，如6-氮杂尿核苷治疗白血病、别嘌呤醇治疗痛风后。

（2）CMP的合成 在尿苷酸激酶和二磷酸核苷激酶的作用下UMP生成UTP，在CTP合成酶催化下，UTP接受谷氨酰胺上的氨基，消耗1分子ATP，转变生成了CTP，CTP经两次脱磷酸，最后生成CMP，其代谢简要过程如下。

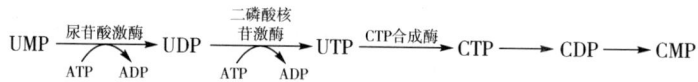

UMP —(尿苷酸激酶；ATP→ADP)→ UDP —(二磷酸核苷激酶；ATP→ADP)→ UTP —(CTP合成酶)→ CTP → CDP → CMP

在体内，嘧啶核苷酸的生物合成受一系列反馈系统的调节。首先，嘧啶核苷酸合成过程中调节的酶主要是氨甲酰磷酸合成酶Ⅱ，它受产物UMP的反馈抑制调节。其次，PRPP合成酶是嘧啶与嘌呤两类核苷酸合成过程中共同需要的酶，它可同时受到嘧啶核苷酸和嘌呤核苷酸的反馈抑制调节。

（二）嘧啶核苷酸的补救合成途径

与嘌呤核苷酸的补救合成途径相似，嘧啶核苷酸的补救合成途径指的是尿嘧啶、尿嘧啶核苷和胸腺嘧啶分别在嘧啶磷酸核糖转移酶和尿苷激酶、胸苷激酶的作用下，生成相应的嘧啶核苷酸的过程，但对胞嘧啶无作用。

嘧啶（除胞嘧啶）+ PRPP —(嘧啶磷酸核糖转移酶)→ 磷酸嘧啶核苷 + PPi

尿嘧啶核苷 —(尿苷激酶；ATP→ADP)→ UMP

脱氧胸苷 —(胸苷激酶；ATP→ADP)→ dTMP

从上述反应方程式可以看出，参与嘧啶核苷酸补救合成的主要酶是嘧啶磷酸核糖转移酶和尿苷激酶，使机体能迅速合成UMP。

脱氧胸苷可通过胸苷激酶生成 dTMP。胸苷激酶在正常肝中活性很低，而在再生肝中活性会升高，恶性肿瘤中则升高更明显，并与其恶性程度有关。

三、脱氧核糖核苷酸的合成

DNA 是由各种脱氧核苷酸组成的，当细胞分裂旺盛时，脱氧核苷酸的含量就会明显升高，以满足 DNA 合成的需要。脱氧核苷酸包括嘌呤脱氧核苷酸和嘧啶脱氧核苷酸两类，现已证明，除 dTMP 外，其他脱氧核糖核苷酸结构式中的脱氧核糖并非先形成后再结合到脱氧核苷酸分子上，而是通过相应的核糖核苷酸直接还原后，以氢取代其核糖分子中 C_2上的羟基而生成的。脱氧核苷酸是由核糖核苷酸在核苷二磷酸（NDP，N 代表 A、G、C、U 等碱基）基础上还原生成，此反应由核糖核苷酸还原酶催化，由 NADPH+H$^+$提供2H，生成的脱氧核苷二磷酸在激酶催化下，由 ATP 提供磷酸基团，磷酸化生成三磷酸脱氧核苷酸，其代谢简要过程如下。

$$\text{NDP}\xrightarrow[\text{NADPH+H}^+\ \rightarrow\ \text{NADP}^+]{\text{核糖核苷酸还原酶}}\text{dNDP}\xrightarrow[\text{ATP}\ \rightarrow\ \text{ADP}]{\text{激酶}}\text{dNTP}$$

核糖核苷酸还原酶在 DNA 合成旺盛、分裂速度较快的细胞中活性较强，因此细胞可通过控制核糖核苷酸还原酶的活性来调节脱氧核糖核苷酸的浓度。另外，不同种类的 NDP 还原成 dNDP 时，需要不同的 NTP 参与调节，因此，根据此种调节，NTP 种类的不同，使合成的四种脱氧核苷酸能得到相对比较适合的比例。

脱氧胸腺嘧啶核苷酸（dTMP）是由脱氧尿嘧啶核苷酸（dUMP）经甲基化生成的，反应由胸苷酸（TMP）合酶催化，N^5,N^{10}-甲烯四氢叶酸提供甲基。N^5,N^{10}-甲烯四氢叶酸提供甲基后生成的二氢叶酸又可以在二氢叶酸还原酶的作用下重新生成四氢叶酸。胸苷酸合成酶和二氢叶酸合成酶是常见的癌瘤化疗靶点。胸苷酸合酶是化疗药物的一个非常重要的理想作用靶点，因为肿瘤细胞内的 DNA 合成水平显著高于正常细胞，肿瘤细胞在没有外源性的胸腺嘧啶的情况下，抑制胸苷酸合酶活性会引起细胞内胸腺嘧啶的缺失，从而使 DNA 不能正常合成，随之产生缺陷的 DNA 及细胞凋亡。因此，胸苷酸合酶抑制剂具有较强的抗肿瘤作用，特别是对肝癌的治疗具有显著疗效。

dUMP 的来源有两条途径：其中主要的一条途径是来自 dCMP 脱氨基；另一条途径是 dUDP 水解，其代谢简要过程见图 9-8。

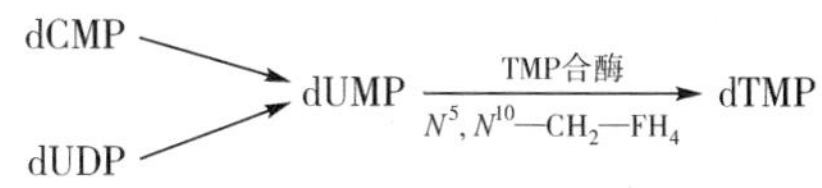

图 9-8　dTMP 的生成

四、核苷酸的抗代谢物

核苷酸的抗代谢物是一些与核苷酸合成代谢的中间产物结构类似、可以抑制核苷酸合成的物质，其机制主要以竞争性抑制的方式干扰或阻断核苷酸的合成，从而进一步阻止核酸和蛋白质的生物合成，因此，在临床上常作为抗病毒或抗肿瘤药物。常用的核苷酸抗代谢物包括五大类：嘌呤类似物、氨基酸类似物、叶酸类似物、核苷类似物和嘧啶类似物。

1. 嘌呤类似物　嘌呤类似物主要有 6-巯基嘌呤（6-MP）、6-巯基鸟嘌呤（硫鸟嘌呤）、2,6-二氨基嘌呤等，均是嘌呤类似物。如 6-MP 的化学结构与次黄嘌呤类似，唯一不同的是分子结构中 C_6位上原来的羟基被巯基取代。其作用机制为：可以竞争性地抑制次黄嘌呤-鸟嘌呤磷酸核糖转移酶，阻止 IMP 和 GMP 的补救合成；6-MP 还可以与 PRPP 反应生成 6-巯基嘌呤核苷酸，抑制催化 IMP 向 AMP 和 GMP 转化的酶类，阻止 AMP 和 GMP 的

合成。此外，6-巯基嘌呤核苷酸由于结构与 IMP 相似，还可以反馈抑制 PRPP 酰胺转移酶，而干扰磷酸核糖胺的形成，从而阻断嘌呤核苷酸的从头合成。6-巯基嘌呤是一种常用的抗肿瘤药，临床上可以用于治疗急性白血病、慢性粒细胞白血病，但对于急性白血病疗效较好；也可用于绒毛膜上皮癌、恶性葡萄胎等的治疗；其次对恶性淋巴瘤、多发性骨髓瘤等也有一定疗效。

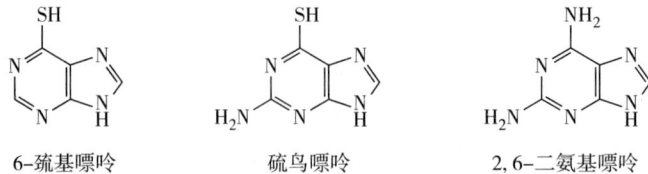

6-巯基嘌呤　　硫鸟嘌呤　　2, 6-二氨基嘌呤

2. 氨基酸类似物　氨基酸类似物有氮杂丝氨酸、6-重氮-5-氧-正亮氨酸，它们的结构与谷氨酰胺结构相似，可干扰谷氨酰胺在嘌呤环中 N_3 及 N_9 的合成，抑制 IMP 转变为 GMP，从而抑制嘌呤核苷酸的生成。

$$NH_2-\overset{\overset{\displaystyle O}{\|}}{C}-CH_2-CH_2-\overset{\overset{\displaystyle NH_2}{|}}{CH}-COOH$$ 谷氨酰胺

$$N^+\equiv N-CH_2-\overset{\overset{\displaystyle O}{\|}}{C}-O-CH_2-\overset{\overset{\displaystyle NH_2}{|}}{CH}-COOH$$ 氮杂丝氨酸

$$N^+\equiv N-CH_2-\overset{\overset{\displaystyle O}{\|}}{C}-CH_2-CH_2-\overset{\overset{\displaystyle NH_2}{|}}{CH}-COOH$$ 6-重氮-5-氧-正亮氨酸

3. 叶酸类似物　氨基蝶呤和甲氨蝶呤（MTX）的化学结构与叶酸类似，可竞争性地抑制二氢叶酸还原酶，阻断四氢叶酸的合成。四氢叶酸是一碳单位的载体，而一碳单位参与了核苷酸的代谢。当一碳单位缺乏时，嘌呤分子中来自一碳单位的 C_2 及 C_8 均得不到供应，结果会阻碍核苷酸的生成。临床上 MTX 常用于白血病等癌瘤的治疗，尤其对急性淋巴细胞白血病、绒毛膜上皮癌及恶性葡萄胎等效果较好。

叶酸　　氨基蝶呤　　甲氨蝶呤

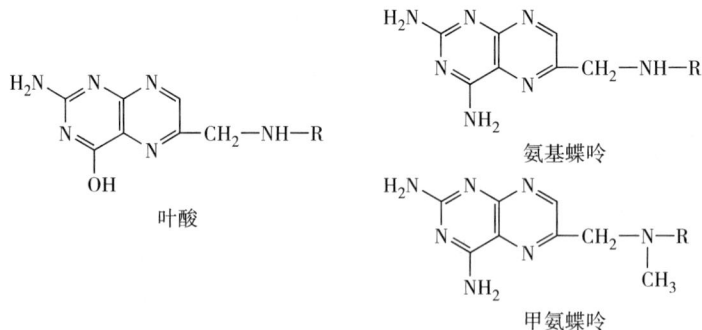

嘌呤核苷酸抗代谢物的本质就是一些嘌呤类似物、氨基酸类似物及叶酸类似物，其作用部位可归纳为图 9-9。

4. 核苷类似物　某些异常戊糖所形成的嘧啶核苷也具有抗代谢作用，如阿糖胞苷（Ara-C）和环胞苷（cyclo-C）（图 9-10）。阿糖胞苷是一种作用于细胞周期 S 期的嘧啶类抗代谢药物，能抑制 CDP 还原酶，阻断 CDP 还原为 dCDP，从而影响 DNA 的合成，干扰细胞的增殖。

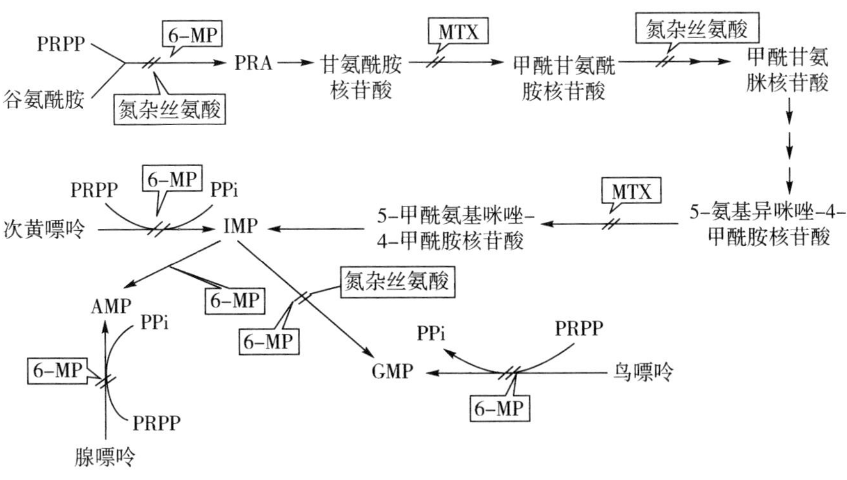

图 9-9　嘌呤核苷酸抗代谢物的作用

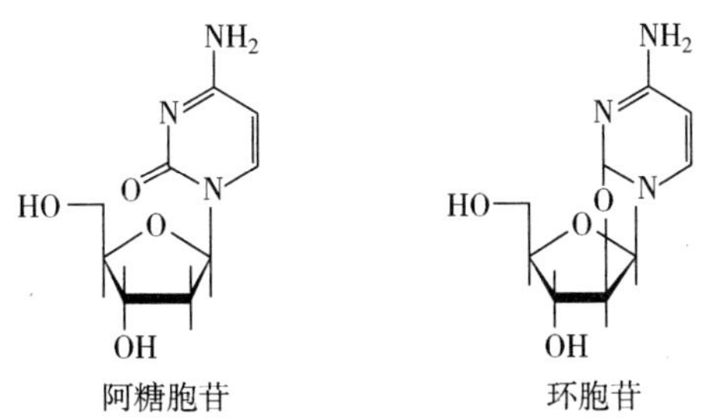

图 9-10　阿糖胞苷与环胞苷的结构

阿糖胞苷主要用于治疗急性白血病，对急性粒细胞白血病疗效最好，对急性单核细胞白血病及急性淋巴细胞白血病也有效。对恶性淋巴瘤、肺癌、消化道癌、头颈部癌有一定疗效。另外，阿糖胞苷具有抗病毒作用，可用于治疗各种疱疹病毒的感染。

5. 嘧啶类似物　与嘌呤核苷酸的抗代谢物一样，嘧啶核苷酸的抗代谢物也是一些嘧啶、氨基酸或叶酸类似物，它们对代谢的影响及抗肿瘤作用也与嘌呤核苷酸的抗代谢物类似，其作用环节见图 9-11。

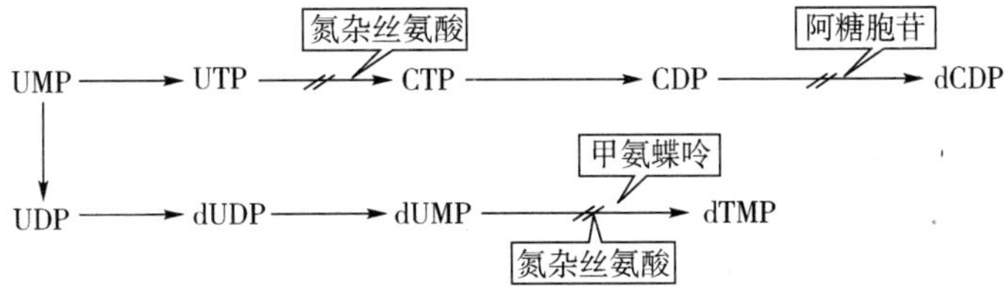

图 9-11　嘧啶核苷酸抗代谢物的作用

嘧啶类似物主要有 5-氟尿嘧啶（5-FU）、6-氮尿嘧啶（6-AU）等。如 5-FU 结构为尿嘧啶 5 位上的氢被氟取代，其结构与胸腺嘧啶相似，本身并不具有抗代谢的生物学作用，在体内必须转变为氟尿嘧啶核苷三磷酸（5-FUTP）和氟尿嘧啶脱氧核苷一磷酸（5-FdUMP）才能发挥作用。5-FdUMP 可抑制胸腺嘧啶核苷酸合成酶阻断胸腺嘧啶核苷酸的合成，从而抑制 DNA 的合成。5-FUMP 可转变为 5-FUTP，5-FUTP 替代 UTP 参与 RNA 的转录合成，掺入到 RNA 中，破坏 RNA 的结构和功能，进一步干扰蛋白质的合成。

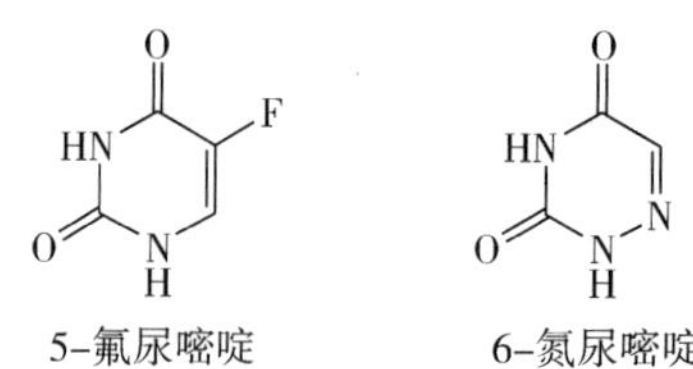

5-氟尿嘧啶　　6-氮尿嘧啶

5-FU 临床上主要用于治疗消化系统癌，如食管癌、胃癌、肠癌、胰腺癌、肝癌等；对乳腺癌疗效也较好，对宫颈癌、卵巢癌、膀胱癌、头颈部肿瘤也有效。

尽管核苷酸的抗代谢物在临床上可用于治疗各种癌瘤，但由于这些药物缺乏对癌瘤细胞作用的特异性，因此，对增殖速度较旺盛的某些正常组织来说也具有较强的杀伤力，因而具有较大的毒副作用。常见的不良反应有：①消化道反应，如恶心、呕吐、厌食、腹泻、便秘，肝功能异常等；②骨髓抑制，如白细胞、血小板减少，严重者可发生巨幼细胞贫血、再生障碍性贫血；③呼吸系统反应，如咳嗽、肺水肿、肺纤维化、急性呼吸衰竭等；④局部组织刺激反应，如给药部位的静脉炎、局部组织溃疡和坏死等。

第二节　核苷酸的分解代谢

扫码“学一学”

案例导入

患者张某，男，42 岁，一年前开始出现无明显诱因的突发第一跖趾关节红、肿、热、痛，持续数天后可自行缓解，未予重视。近日同学聚餐，进食大量海鲜、啤酒。夜间第一跖趾关节红肿明显，疼痛剧烈难忍，继而疼痛累积各趾指关节，不能屈伸。入院查体：体温 37.5℃，双足第一跖趾关节肿胀，右侧较明显，局部皮肤有脱屑和瘙痒现象，实验室检查，血糖 5.6mmol/L，三酰甘油 1.3mmol/L，总胆固醇 4.2mmol/L，尿素 2.6mmol/L，血尿酸值 620μmol/L，白细胞 9.5×10^9/L，血浆蛋白 70g/L。

请问：

1. 该患者的临床诊断及依据是什么？
2. 用何类药物进行治疗？
3. 该患者在生活中应注意什么？

体内核苷酸的分解代谢类似于食物核苷酸的消化，核苷酸在核苷酸酶作用下水解为核苷和磷酸，核苷再经核苷酶催化水解为戊糖和碱基或经核苷磷酸化酶分解为碱基和戊糖磷酸。核苷酸的分解代谢包括嘌呤核苷酸的分解代谢和嘧啶核苷酸的分解代谢。

一、嘌呤核苷酸的分解代谢

人体内嘌呤核苷酸的分解代谢主要在肝、小肠及肾等场所中进行，其过程与食物中核苷酸的消化过程类似。嘌呤核苷酸经核苷酸酶作用，水解后得到嘌呤核苷，嘌呤核苷进一步分解生成核糖-1-磷酸和游离的嘌呤碱。核糖-1-磷酸在核糖磷酸变位酶催化下可以转变生成核糖-5-磷酸，核糖-5-磷酸可以通过糖代谢分解途径中的戊糖磷酸途径进行代谢，也可以作为核苷酸合成的原料参与体内新核苷酸的合成。游离的嘌呤碱可以参与嘌呤核苷酸的补救合成途径，也可以进一步分解代谢。AMP 可以通过多步反应生成次黄嘌呤，然后在

黄嘌呤氧化酶作用下氧化生成黄嘌呤，黄嘌呤在黄嘌呤氧化酶作用下，最后生成终产物尿酸；GMP 通过多步反应生成鸟嘌呤，鸟嘌呤在鸟嘌呤脱氨酶作用下转化生成黄嘌呤，黄嘌呤在黄嘌呤氧化酶作用下，最后生成终产物尿酸。在人体内嘌呤碱分解代谢的终产物是尿酸，简要反应过程见图 9-12。

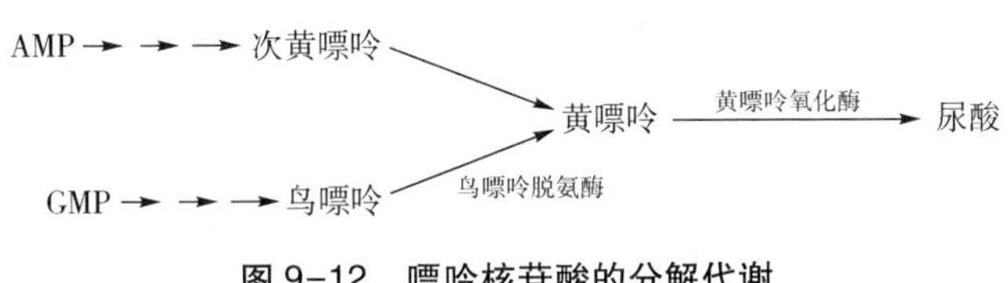

图 9-12　嘌呤核苷酸的分解代谢

正常人血浆中尿酸的含量为 0.12～0.36mmol/L，男性血浆中尿酸含量为 0.15～0.42mmol/L，女性为 0.09～0.36mmol/L。尿酸的水溶性较差，当血中尿酸含量升高，超过 0.48mmol/L 时，会形成尿酸盐结晶，沉积在关节、软组织、软骨及肾等地方，导致关节炎、尿路结石及肾疾病，进而出现关节疼痛进行性加重，疼痛难忍，称为痛风症。痛风好发于男性，约占到痛风发病总数的 95%，特别是 40 岁以上的肥胖中年男人。女性痛风患者主要发生在绝经期后，因为雌激素可促进肾排泄尿酸。总体来说，痛风常见于肥胖的人、营养过剩的人及中老年人。

人体内尿酸的来源主要有两个方面：①体内蛋白质分解代谢产生的内源性尿酸；②食物中的嘌呤类化合物、核酸经消化吸收后生成的外源性尿酸。无论是哪种来源，尿酸的生成都离不开酶的参与，当参与尿酸的代谢酶活性异常，就会导致痛风。已知与痛风发病相关的酶有如下两种：一种是 HGPRT，当 HGPRT 活性减弱时，尿酸合成就会增多，产生高尿酸血症，导致原发性痛风；另一种是 PRPP 合成酶，当 PRPP 合成酶活性升高，就会加快嘌呤核苷酸的从头合成，因而其分解产物尿酸的生成也随之会增多。另外，当进食高嘌呤饮食及患白血病、恶性肿瘤等时体内核酸大量分解，也会引起血中尿酸升高，导致继发性痛风。尿酸主要经肾随尿排出体外，尿酸的排泄与乳酸的排泄有竞争性作用，所以高乳酸会抑制尿酸的排泄。啤酒中含有大量的乳酸，大量饮用啤酒可使血液中尿酸的含量升高。另外，肾疾病也可引起尿酸排泄障碍。

知识链接

痛风患者的护理注意事项

饮食：平衡膳食，低脂、低盐、低糖、低嘌呤饮食。避免摄入动物内脏、海产品、豆制品、啤酒、蘑菇等高嘌呤食物。多吃蔬菜，少喝肉汤，少吃火锅等。

运动：防止剧烈运动，以微出汗为度，多做有氧运动，如散步、慢骑自行车等。避免过度劳累、精神紧张、寒冷潮湿、关节损伤等诱发痛风的因素。

尿量：多饮水，多喝碱性饮料。每日尿量保持在 2000ml 以上。

临床上治疗痛风症常用别嘌呤醇，其主要作用是抑制尿酸的合成。别嘌呤醇治疗痛风的机制是：①竞争性抑制作用，由于别嘌呤醇和次黄嘌呤结构相似，只是分子中 N_7 和 C_8 互换了位置，因此可以通过竞争性抑制黄嘌呤氧化酶而抑制尿酸生成，其作用机制见图 9-13；②抑制嘌呤核苷酸的从头合成与补救合成途径，由于别嘌呤醇在体内可以与 PRPP 结合，

经过补救合成途径合成别嘌呤核苷酸，该过程会消耗一定的 PRPP，使 PRPP 含量下降，PRPP 浓度降低，继而能有效抑制嘌呤核苷酸的从头合成与补救合成途径；③抑制 PRPP 酰胺转移酶，经补救合成途径合成的别嘌呤核苷酸能反馈抑制 PRPP 酰胺转移酶，阻断嘌呤核苷酸的从头合成途径。总之，别嘌呤醇既能直接抑制尿酸的生成，又能通过抑制嘌呤核苷酸的从头合成和补救合成途径，来减少尿酸的生成，因而可以有效抑制尿酸的来源，达到治疗痛风的目的。

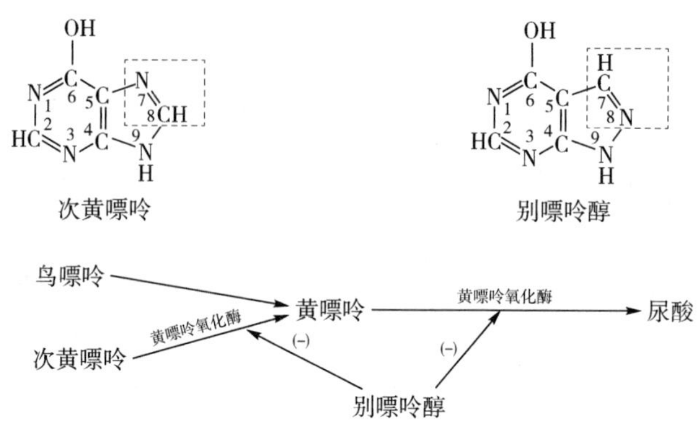

图 9-13　别嘌呤醇治疗痛风的作用机制

知识链接

别嘌呤醇的用药护理

别嘌呤醇在临床上可用于原发性、继发性痛风缓解期或慢性痛风的治疗，因为别嘌呤醇具有较强的抑制黄嘌呤氧化酶的作用，既能阻断次黄嘌呤生成黄嘌呤，又可阻断黄嘌呤生成尿酸。但别嘌呤醇对急性痛风发作无效，并可加重或延长急性炎症期，因此急性痛风患者不宜使用别嘌呤醇。别嘌呤醇不良反应比较小，常见的有皮疹、瘙痒、荨麻疹等过敏反应，一旦出现，嘱患者立即停药。服药期间应大量饮水，并适当碱化尿液，以减少尿酸结石的生成。别嘌呤醇还具有肝毒性，肝病痛风患者不宜使用此药。

二、嘧啶核苷酸的分解代谢

嘧啶核苷酸分解代谢的主要场所在肝。嘧啶核苷酸在核苷酸酶和核苷磷酸化酶的作用下，除去磷酸及核糖，生成嘧啶碱。胞嘧啶脱氨基后生成尿嘧啶，最终分解生成 CO_2、NH_3 和 β-丙氨酸；胸腺嘧啶经分解代谢后生成 CO_2、NH_3 和 β-氨基异丁酸，β-氨基异丁酸可直接随尿排出或进一步分解，其代谢过程见图 9-14。

嘧啶碱分解的产物均易溶于水，这与嘌呤碱分解产生的尿酸是不同的。嘧啶碱产生的 CO_2 可通过肺以呼吸的方式排出体外；产生的 CO_2 和 NH_3 可以在肝合成尿素，通过肾以尿液的形式排出体外；产生的 β-丙氨酸，可转化为乙酰辅酶 A 进入三羧酸循环；产生的 β-氨基异丁酸一部分转化为琥珀酰辅酶 A，参与糖异生反应或进入三羧酸循环，另一部分可通过肾排出体外，其排出量可以反映细胞及其 DNA 的破坏程度。食入含 DNA 丰富的食物、经放射线治疗或化学治疗的癌症患者，尿中 β-氨基异丁酸排出量会增多。

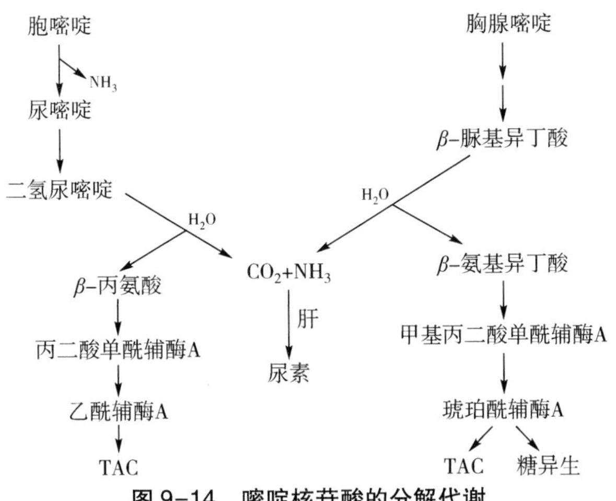

图 9-14　嘧啶核苷酸的分解代谢

本章小结

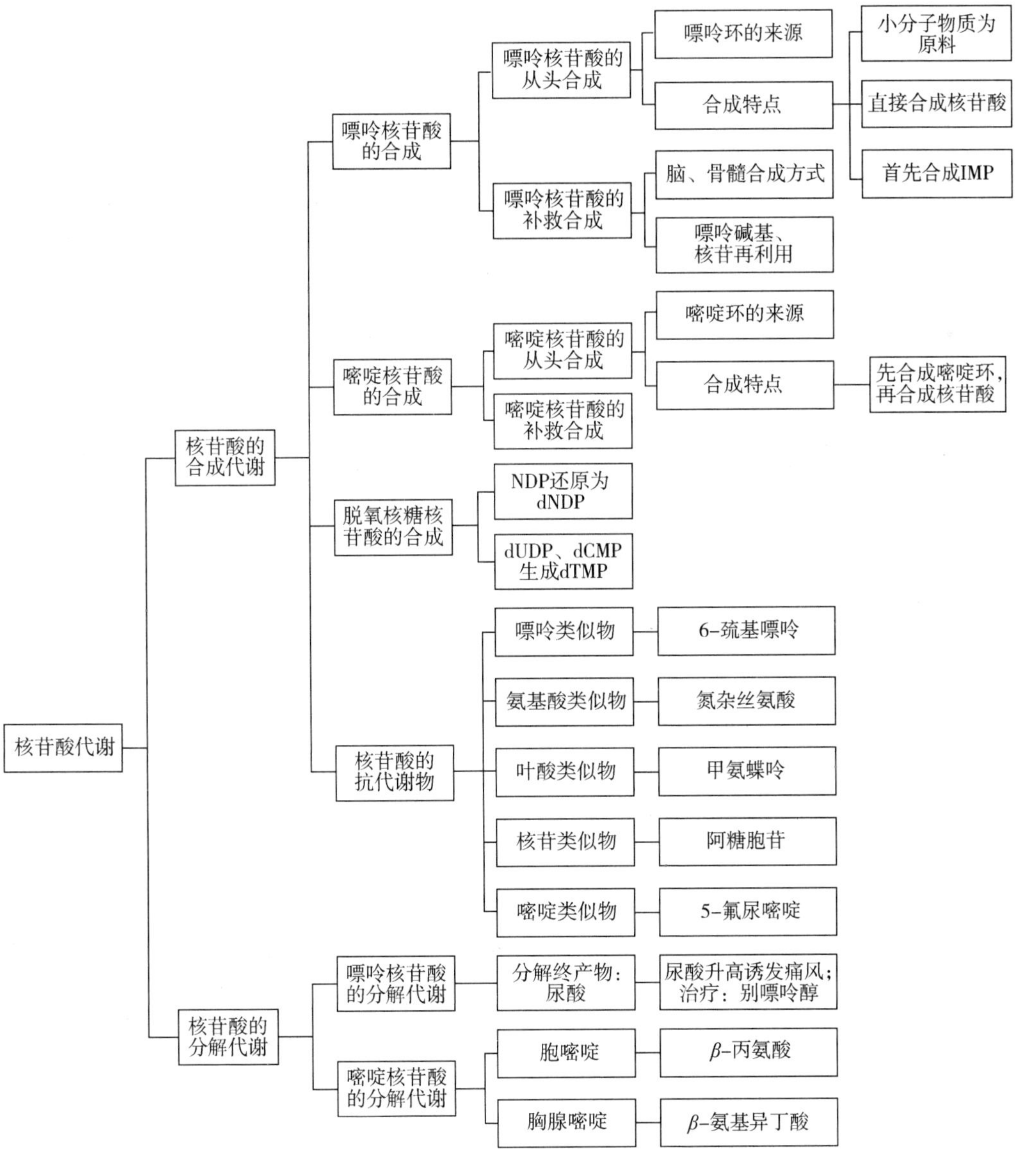

- 核苷酸代谢
  - 核苷酸的合成代谢
    - 嘌呤核苷酸的合成
      - 嘌呤核苷酸的从头合成
        - 嘌呤环的来源
        - 合成特点
          - 小分子物质为原料
          - 直接合成核苷酸
          - 首先合成IMP
      - 嘌呤核苷酸的补救合成
        - 脑、骨髓合成方式
        - 嘌呤碱基、核苷再利用
    - 嘧啶核苷酸的合成
      - 嘧啶核苷酸的从头合成
        - 嘧啶环的来源
        - 合成特点
          - 先合成嘧啶环，再合成核苷酸
      - 嘧啶核苷酸的补救合成
    - 脱氧核糖核苷酸的合成
      - NDP还原为dNDP
      - dUDP、dCMP生成dTMP
    - 核苷酸的抗代谢物
      - 嘌呤类似物——6-巯基嘌呤
      - 氨基酸类似物——氮杂丝氨酸
      - 叶酸类似物——甲氨蝶呤
      - 核苷类似物——阿糖胞苷
      - 嘧啶类似物——5-氟尿嘧啶
  - 核苷酸的分解代谢
    - 嘌呤核苷酸的分解代谢
      - 分解终产物：尿酸——尿酸升高诱发痛风；治疗：别嘌呤醇
    - 嘧啶核苷酸的分解代谢
      - 胞嘧啶——β-丙氨酸
      - 胸腺嘧啶——β-氨基异丁酸

一、选择题

【A1 型题】

1. 下列物质不是必需营养素的是
   A. 糖　B. 蛋白质　C. 脂肪　D. 氨基酸　E. 核酸
2. 不作为嘌呤核苷酸从头合成原料的是
   A. 组氨酸　B. 天冬氨酸　C. 甘氨酸　D. 谷氨酰胺　E. CO_2
3. 嘌呤核苷酸和嘧啶核苷酸从头合成的原料中，不相同的是
   A. CO_2　B. 天冬氨酸　C. 甘氨酸　D. 核糖-5-磷酸　E. 谷氨酰胺
4. 不作为嘧啶核苷酸从头合成原料的是
   A. 核糖-5-磷酸　B. 天冬氨酸
   C. 甘氨酸　D. 谷氨酰胺
   E. CO_2
5. 嘌呤从头合成途径主要在下列哪个器官进行
   A. 肾　B. 脑　C. 肝　D. 骨髓　E. 胸腺
6. 补救合成途径主要在下列哪个器官进行
   A. 肾　B. 脑和骨髓　C. 肝　D. 心　E. 脾
7. 痛风是由于下列哪种物质增高引起的
   A. 酮体　B. 脂肪酸　C. 尿素　D. 尿酸　E. 血糖
8. 体内嘌呤分解的终产物是
   A. 肌酸　B. 乳酸　C. 尿酸　D. 氨基酸　E. 酮体
9. 下列哪个物质不是嘧啶分解的终产物
   A. β-氨基异丁酸　B. NH_3
   C. CO_2　D. 天冬氨酸
   E. β-丙氨酸
10. 嘌呤核苷酸从头合成时，首先合成下列哪个物质
    A. GMP　B. AMP　C. IMP　D. XMP　E. CMP
11. 在体内能分解生成β-氨基异丁酸的是
    A. UMP　B. TMP　C. AMP　D. CMP　E. IMP
12. 自毁性综合征是由于缺乏
    A. 酪氨酸酶　B. 尿黑酸氧化酶
    C. 苯丙氨酸羟化酶　D. HGPRT
    E. APRT
13. dTMP 合成的直接前体是
    A. dUMP　B. TMP　C. dUDP　D. TDP　E. dCMP
14. 体内脱氧核苷酸是由哪种物质直接还原生成

A. 核苷一磷酸　　B. 核苷二磷酸
C. 核苷三磷酸　　D. 核糖
E. 核糖核苷

15. 别嘌呤醇抑制下列哪个酶可以减少尿酸的生成
A. 尿酸氧化酶　　B. 尿黑酸氧化酶
C. 黄嘌呤氧化酶　　D. 酪氨酸酶
E. 胆碱酯酶

16. 能直接催化尿酸生成的酶是
A. 尿酸氧化酶　　B. 尿黑酸氧化酶
C. 黄嘌呤氧化酶　　D. HGPRT
E. 鸟嘌呤脱氨酶

17. 别嘌呤醇和下列哪个化合物结构相似
A. 叶酸　　B. 谷氨酸　　C. 次黄嘌呤　　D. 尿嘧啶　　E. 鸟嘌呤

18. 缺乏 HGPRT，会引起下列哪个疾病
A. 白化病　　B. 蚕豆病
C. 夜盲症　　D. 自毁性综合征
E. 酮血症

19. 联系核苷酸合成与糖代谢的物质是
A. 葡萄糖　　B. 脂肪酸
C. 氨基酸　　D. 核糖-5-磷酸
E. 果糖-6-磷酸

20. 有可能影响核苷酸合成的是下列哪条代谢途径
A. 糖异生　　B. 脂肪动员
C. 糖酵解　　D. 糖的有氧氧化
E. 戊糖磷酸途径

二、思考题

1. 嘌呤环和嘧啶环中各元素的来源。
2. 核苷酸的抗代谢物有哪些？

（赵　佳）

扫码“练一练”

第十章　遗传信息的传递与表达

学习目标

1. **掌握**　DNA复制的概念、特点及反应体系；转录的概念、特点及反应体系；转录与复制的区别；翻译的概念、遗传密码的特点；核糖体循环的概念；操纵子的概念、结构与功能。

2. **熟悉**　DNA损伤修复的类型及因素；DNA复制的过程；原核生物、真核生物转录的过程；翻译的过程。

3. **了解**　真核生物转录调控的特点；影响蛋白质生物合成的因素。

DNA是大多数生物遗传信息的载体，DNA中的核苷酸顺序或者碱基的顺序蕴藏着遗传信息，携带特定遗传信息的每一个功能单位称为基因。遗传信息从亲代到子代的传递是通过DNA复制完成，细胞中DNA分子通过自我复制，使子代细胞各具有一套与亲代细胞完全相同的DNA分子，将遗传信息准确地传递到子代，该过程主要是通过从亲代的DNA到子代DNA的半保留复制来实现的；遗传信息的传递通过RNA的转录和蛋白质的翻译过程即基因表达来完成。以DNA分子为模板，合成与其碱基序列互补的RNA分子，从而将DNA的遗传信息抄录到RNA分子中，该过程称为转录。遗传信息由DNA传递到RNA后，再以mRNA为模板，按照其四种碱基排列顺序的不同组成64种遗传密码，由此决定蛋白质中氨基酸的排列序列，该过程称为翻译；从而实现遗传信息从DNA传递到mRNA，mRNA再通过翻译将遗传信息传递到蛋白质，将基因型转变成表型。

1958年，DNA双螺旋结构的确立者F. Crick把这种遗传信息的传递方式归纳为遗传学中心法则。它代表了所有有细胞结构的生物遗传信息贮存和表达的规律。

1970年，在研究致癌RNA病毒时发现有些病毒中的RNA可以自我复制，也有些病毒中的RNA能以RNA为模板指导DNA合成（某些致癌病毒），这种遗传信息的流向是从RNA到DNA，与转录相反，故称之为逆转录或反转录，遗传信息传递方向的"中心法则"也由此得到了补充和完善。遗传学中心法则归纳如下（图10-1）。

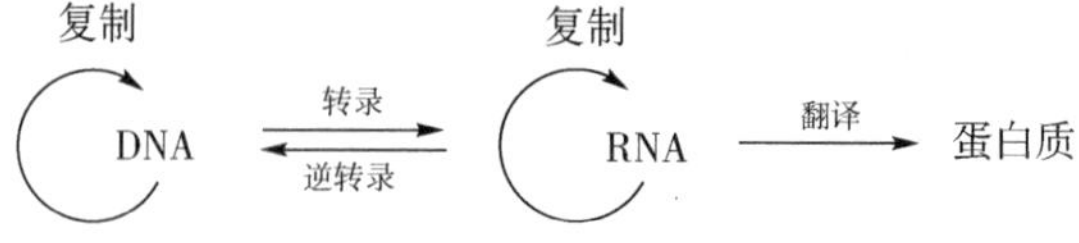

图10-1　遗传信息传递方向的中心法则

扫码"看一看"

第一节　DNA的生物合成

生物体内DNA生物合成的方式主要有：①DNA指导的DNA合成，即DNA复制；②DNA损伤修复合成；③RNA指导的DNA合成，即逆转录。

一、DNA 复制

DNA 的复制是以 DNA 为模板合成 DNA 的过程。该过程按碱基互补配对原则合成两个完全相同的子代 DNA 分子，通过复制，亲代 DNA 将分子上的遗传信息能够准确地传给子代 DNA，这是遗传信息一代一代传递下去的分子基础，复制的意义在于维持物种的稳定。

（一）DNA 复制的特点

1. 半保留复制 DNA 复制前，亲代 DNA 双螺旋链首先松弛、解开，形成两股单链，并以它们各自作为模板，以 4 种脱氧核苷三磷酸（dNTPs）为原料，按照碱基互补配对规律，合成与模板互补的两股子链，产生的子代 DNA 分子重新形成双螺旋结构。在子代 DNA 分子中，由于一股 DNA 单链是由亲代 DNA 分子完整保留下来的，另一股 DNA 单链是完全重新合成的，因此一个亲代 DNA 分子就可以复制成两个与亲代完全相同的子代 DNA 分子，故将这种复制方式称为半保留复制，半保留复制为 DNA 复制的重要特征。

1958 年 M. Meselson 和 W. S. Stahl 通过密度梯度离心技术在大肠杆菌（*E. coli*）中证实了 DNA 的复制方式是半保留复制（图 10-2）。他们利用细菌能够以 NH_4Cl 为氮源合成 DNA 这一特性，将 NH_4Cl 中的氮元素进行同位素标记，由于 ^{15}N-DNA 的密度大于普通 ^{14}N-DNA，所以，两者经密度梯度离心后在离心管中形成的区带位置不同，^{14}N-DNA 在上，^{15}N-DNA 在下。首先，把大肠杆菌放在含 $^{15}NH_4Cl$ 的培养液中培养若干代，目的让细菌几乎所有的 DNA 都被 ^{15}N 标记成 ^{15}N-DNA，培养结果显示，细菌在该培养基中生长繁殖时合成的 ^{15}N-DNA 是在试管下层显示一条致密带（重带）；再将细菌放回普通的 $^{14}NH_4Cl$ 培养液中培养，转入普通培养基培养 1 代后得到 1 条中密度带，提示该 DNA 分子中为 ^{15}N-DNA 与 ^{14}N-DNA 的杂合链，该杂合 DNA 的一条链是 ^{15}N-DNA 单链，来自于亲代；另一条链是 ^{14}N-DNA 单链，是利用培养基中的 $^{14}NH_4Cl$ 新合成的。在第二代培养时可见一条中密度带和一条靠近试管上方的低密度带，而没有出现高密度条带，则说明培养基中出现 ^{15}N-DNA/^{14}N-DNA 与 ^{14}N-DNA/^{14}N-DNA 两种分子，如果继续在普通培养基中培养，低密度带逐渐增强，而中密度带保持不变，这一实验结果证明 DNA 复制是以半保留的方式进行的。

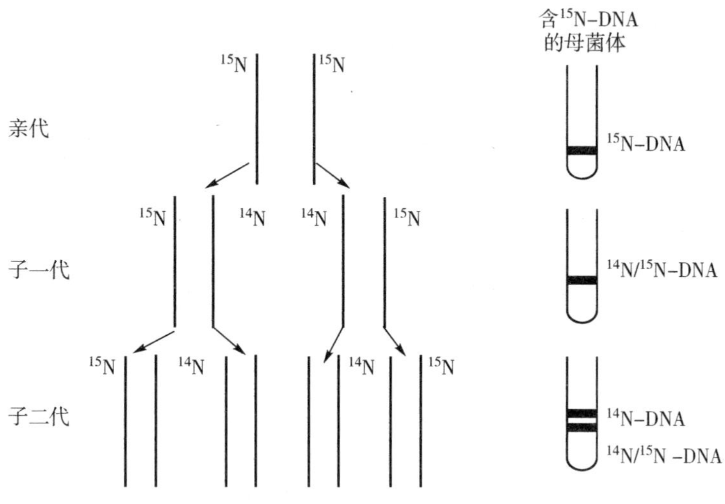

图 10-2 DNA 半保留复制的实验证明

2. 双向复制 在原核和真核生物中，最普遍的复制方式是双向复制，即从复制起台位点开始向两个方向进行（图 10-3）。DNA 复制时，在起始位点处首先打开双链，然后从起始位点开始向两侧进行复制，复制中的模板 DNA 形成 2 个延伸方向相反的开链区，局部 DNA 解链形成“眼”状的结构，称为“复制泡”，其两侧形成两个对映的结构，呈 Y 字形即为“复制叉”，复制过程中复制叉不断向 DNA 分子的两端延伸，且方向相反。原核生物 DNA 呈环状，只有一个复制起始位点；而真核生物基因组庞大，由多个染色体组成，所有染色体均需要复制，每个染色体又有多个复制起始位点，呈多起始位点复制、双向复制的特征。

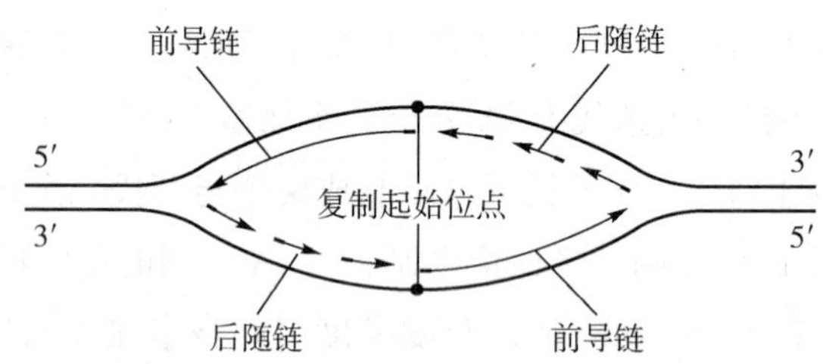

图 10-3 DNA 双向复制（复制叉）

3. 半不连续复制 构成 DNA 双螺旋的两股链为反向平行关系，但是由于 DNA 聚合酶只能催化 DNA 链从 5′→3′的方向合成，这就意味着子代 DNA 的两条链合成的走向不同。如果以 3′→5′走向的链为模板，新链合成的方向与解链的方向一致，这条沿着解链方向连续合成的链称为前导链，也称为领头链；如果以另一 5′→3′走向的链为模板，新链合成的方向与解链的方向相反，这条链的合成只能解链一段合成一段，即为不连续的、分段进行的，先沿 5′→3′方向合成许多 DNA 片段，最后通过 DNA 连接酶连接形成一条完整的链，这条不连续复制的链称为后随链，也称为随从链。1968 年日本科学家冈崎发现并提出该现象，因此将复制中后随链上的这些不连续的片段叫做冈崎片段。前导链的复制是连续的，而后随链的复制是不连续的，这种复制方式称为半不连续复制。

4. 高保真性复制 DNA 复制具有高保真性。复制的高保真性是遗传信息从亲代稳定传递给子代的重要保证，主要是通过以下几种机制实现的：①DNA 复制时，遵守严格的碱基互补配对规律，这是保真性实现的关键；②DNA 聚合酶对碱基具有严格的选择作用，只有与亲代模板正确配对的碱基才能进入子链相应的位置，DNA 聚合酶催化形成 3′,5′-磷酸二酯键；③DNA 聚合酶具有即时校读功能。DNA 聚合酶具有很强的 3′→5′外切核酸酶活性，可以在复制过程中辨认并切除错配的碱基，对复制中出现的错误及时纠正，以保证复制的精准度。

（二）DNA 复制体系

1. 模板与原料 无论真核生物还是原核生物，DNA 的复制有严格的模板依赖性，需以解开的 DNA 单链为模板，DNA 聚合酶及其他多种酶和蛋白质因子参与，沿 5′→3′方向合成新链。DNA 的基本构成单位为脱氧核苷一磷酸（dNMP），而 DNA 复制原料为 dNTP，DNA 合成过程中，3′,5′-磷酸二酯键形成的同时需水解掉 1 分子的焦磷酸，DNA 的合成为耗能反应过程。反应式如下：

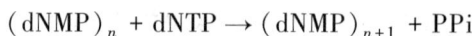

$$(\text{dNMP})_n + \text{dNTP} \rightarrow (\text{dNMP})_{n+1} + \text{PPi}$$

2. 引物 由于 DNA 聚合酶不能将两个游离的 dNTP 直接进行聚合形成二核苷酸，但是

可以在一段核苷酸的3′端加上 dNMP 延长子链，因此第一个 dNTP 需添加到已有的寡核苷酸的3′—OH 端上，然后再继续延长，而 RNA 聚合酶既能够将 2 个单核苷酸直接进行缩合，形成 3′,5′-磷酸二酯键，也能够为 DNA 的合成提供 3′—OH 端，因此，DNA 合成的起始端通常首先合成一段 RNA，然后在 RNA 的基础上进行 DNA 的合成。这一段由 RNA 聚合酶催化合成的短的 RNA 序列称为引物。

3. 酶类及蛋白质因子

（1）解旋酶　也称解链酶，作用是使 DNA 双螺旋的两条互补链解开成两条单链。此酶沿着复制叉的伸展向前移动，并由 ATP 供能，逐步断开母链碱基间的氢键，并暴露出内部的碱基，使之成为指导新链合成的模板。每解开一对碱基中的氢键，需要消耗 2 分子 ATP。

参与 DNA 复制的蛋白质因子有多种，如 DnaA、DnaB 和 DnaC 等，各种不同的蛋白质因子在 DNA 复制中发挥不同的作用，如早期发现的大肠杆菌中的解旋酶是由 *dnaB* 基因编码 DnaB 蛋白，可利用 ATP 供能来解开 DNA 双链。现已证实，大肠杆菌在复制起始点的解链是由 DnaA、DnaB 和 DnaC 共同完成的，DnaA 辨认复制起始点，DnaC 可协助 DnaB 共同完成复制起始的解链。在真核生物中尚未发现单独存在的解旋酶。原核生物参与 DNA 复制的蛋白质因子的作用见表 10-1。

表 10-1　原核生物参与 DNA 复制的蛋白质因子

蛋白质因子	通用名	功能
DnaA		辨认复制起始点
DnaB	解旋酶	解开 DNA 双链
DnaC		运送和协同 DnaB
DnaG	引物酶	催化 RNA 引物生成
SSB	单链 DNA 结合蛋白	稳定单链 DNA
拓扑异构酶		解开超螺旋

（2）拓扑异构酶　简称拓扑酶。广泛存在于原核和真核生物中，DNA 的两条链围绕同一中心轴适度缠绕成双螺旋，解链是沿着这一中心轴的高速反向旋转，在这个过程中 DNA 分子会产生打结、缠绕和连环等现象，闭环状态的 DNA 还会扭转成更加紧密的超螺旋甚至正超螺旋，这些都会影响 DNA 的解链。拓扑异构酶既能水解磷酸二酯键在将要打结或者已经打结处形成切口，将结打开或解松，又能形成磷酸二酯键，重新理顺 DNA 的结构，使复制叉顺利通过。拓扑异构酶有拓扑异构酶Ⅰ和拓扑异构酶Ⅱ。拓扑异构酶Ⅰ可以切断 DNA 双链中的一股单链，解开超螺旋，再封闭切口，此过程不消耗 ATP；拓扑异构酶Ⅱ可以切断 DNA 双链，解开超螺旋，再封闭切口，此过程需要消耗 ATP 供能。

（3）单链 DNA 结合蛋白　单链 DNA 结合蛋白（SSB）可选择性地与解开的 DNA 单链进行可逆结合，以稳定模板的单链状态，防止已解开的单链重新形成双链，同时也可防止核酸酶对单链 DNA 的降解，SSB 与模板 DNA 进行不断地结合、脱离，确保 DNA 在复制过程中模板单链的完整性。

（4）引物酶　引物酶是一种依赖 DNA 的 RNA 聚合酶，DNA 合成中所需要的 RNA 引物通常是在引物酶的作用下合成的，RNA 引物的碱基与复制起始点处的模板序列按照碱基互补配对，引物 RNA 长度从几个到几十个核苷酸不等，短链引物 RNA 可提供游离的 3′—OH

供 dNTP 聚合反应，使得 DNA 链不断延长，引物合成后引物酶便与模板链分离，DNA 复制结束前引物被 RNA 水解酶水解。真核生物的 RNA 引物由 DNA 聚合酶 α 催化合成。

复制起始时，催化 RNA 引物合成的引物酶与催化转录的 RNA 聚合酶稍有不同，利福平是转录过程中 RNA 聚合酶的特异性抑制剂，而引物酶对利福平不敏感。

（5）DNA 聚合酶　即 DNA 依赖的 DNA 聚合酶或 DNA 指导的 DNA 聚合酶（DDDP），简称 DNA pol。通常以单链 DNA 为模板，在 RNA 引物 3′—OH 端，以 dNTP 为底物，沿 5′→3′逐个加入 dNMP，不断延长 DNA 新链，原核和真核生物都存在不同类型的 DNA 聚合酶。

1）原核生物的 DNA 聚合酶　在大肠杆菌中迄今已发现 5 种 DNA 聚合酶，DNA 聚合酶Ⅰ、Ⅱ、Ⅲ、Ⅳ和Ⅴ，其中 DNA polⅠ、DNA polⅡ、DNA polⅢ研究得比较清楚。

DNA 聚合酶Ⅰ：是 1958 年在大肠杆菌中首先发现并分离的，当在试管内加入模板 DNA、dNTP 和引物时，该酶可催化新链 DNA 的生成，这一结果直接证明了 DNA 是可以复制的。该酶具有三方面的酶活性：①5′→3′DNA 聚合酶活性，即在模板 DNA 的指导下，在引物 RNA 或延长中的 DNA 链 3′—OH 端，逐个加入 dNMP，使新链 DNA 沿 5′→3′方向不断延长。但它往往最多只能催化延长约 20 个核苷酸的聚合，所以合成的 DNA 片段较短，该酶活性主要体现在填补冈崎片段间或修复中的空隙；②5′→3′外切核酸酶活性，主要体现在切除 RNA 引物及突变的 DNA 片段，参与 DNA 的损伤修复；③3′→5′外切核酸酶活性，主要用于识别和切除新生 DNA 链中错配的核苷酸。当新生 DNA 链 3′端出现错误的核苷酸时，复制暂停，同时激活 3′→5′外切核酸酶活性，水解错配的核苷酸并加入正确配对的核苷酸，新链继续延长，此功能称为即时校读，保证了复制的准确性。

DNA 聚合酶Ⅱ：兼有 3′→5′外切核酸酶和 5′→3′聚合酶活性，该酶对模板的特异性不高，即使在已发生损伤的 DNA 模板上，它也能催化核苷酸的聚合，因此认为该酶可能在 DNA 损伤时被激活，参与 DNA 损伤的应急状态下的修复。

DNA 聚合酶Ⅲ：DNA 聚合酶Ⅲ的作用是在引物或延长中的新链的 3′—OH 逐个加入 dNMP，使新链不断延长。一般来说，DNA 聚合酶Ⅲ催化的聚合反应是非常准确的，但有时也不可避免地出现错误，这种错配的碱基也可以被 DNA 聚合酶Ⅲ校对，因此，目前认为 DNA 聚合酶Ⅲ是 DNA 复制中起聚合作用的主要酶。大肠杆菌中三种 DNA 聚合酶的活性见表 10-2。

表 10-2　大肠杆菌中三种 DNA 聚合酶

	DNA pol Ⅰ	DNA pol Ⅱ	DNA pol Ⅲ
组成	单体	单体	多亚基不对称二聚体
5′→3′聚合酶活性	有	无	无
3′→5′外切核酸酶活性	有	有	有
5′→3′外切核酸酶活性	有	有	有
功能	切除引物 延长冈崎片段 校对作用 DNA 损伤修复	DNA 损伤修复 校对作用	DNA 合成主要酶

2）真核生物的 DNA 聚合酶　主要有 DNA 聚合酶 α、β、γ、δ 和 ε。DNA 聚合酶 α 具有引物酶活性，DNA 聚合酶 β 参与 DNA 修复，DNA 聚合酶 γ 参与线粒体 DNA 复制，DNA

聚合酶δ是DNA复制的主要酶，DNA聚合酶ε参与DNA损伤修复。

（6）DNA连接酶 DNA连接酶是催化DNA单链3′—OH端与另一相邻的DNA单链的5′-Pi端之间形成磷酸二酯键，利用ATP供能，从而将两段相邻又不连续的DNA片段连接形成完整的链。该酶只能连接DNA双链中的单链缺口，不能连接单独存在的DNA单链或RNA单链。基因工程中使用的T4 DNA连接酶可以将两段双链DNA连接在一起。

（三）DNA复制过程

DNA复制是一个由众多酶类和蛋白质因子参与的复杂过程，整个过程可人为分为起始、延长及终止三个阶段。原核生物和真核生物DNA复制的基本机制和特征相似，但是由于真核基因组庞大及核小体的存在，反应体系、反应过程及调节都更为复杂。本章主要以大肠杆菌为例来介绍原核生物DNA复制过程。

1. 复制的起始 复制不是在基因组上任何部位随机起始，而是由复制起始点起始复制。大肠杆菌环状DNA只有一个固定的复制起始点（真核生物DNA则有多个复制起始点）称为oriC，DNA序列分析发现这段DNA上有3段串联重复序列（DnaA蛋白识别区）和2对反向重复序列（富含AT配对），在DNA链中，由于GC之间的碱基配对有3个氢键，而AT之间的碱基配对有2个氢键，故富含AT的部位更容易发生解链。DNA解链过程由DnaA、DnaB（解旋酶）和DnaC共同参与完成，几个DnaA蛋白辨认并结合oriC的反向重复序列，形成起始复合物，结合于该区域的DnaA通过某种机制促使富含AT的区域局部开始解链。然后，DnaA蛋白使DnaB（解旋酶）在DnaC帮助下结合于已解开的局部单链上，沿解链方向移动，初步形成复制叉，SSB结合到DNA单链上使复制叉保持适当长度，便于核苷酸依据模板加入，此时引物酶相继加入，形成含有DnaB（解旋酶）、DnaC、引物酶和DNA复制起始区域共同构成的复合结构称为引发体。引发体的蛋白质组分在DNA链上移动，由ATP供能，引物酶依据模板的碱基序列从5′→3′方向催化RNA引物合成，为DNA的复制提供游离的3′—OH。

2. 复制的延伸 DNA复制的起始一旦完成，便进入延伸阶段，大肠杆菌的DNA polⅢ辨认引物，并催化第一个dNTP在脱去焦磷酸后以α'-Pi与引物3′—OH之间生成3′,5′-磷酸二酯键延长一个核苷酸后又会生成3′—OH，使复制可进行下去。

在同一个复制叉上，前导链的合成是连续的，后随链合成是分段进行的，由同一个DNA polⅢ催化合成。为此，后随链的模板必须绕成一个回环，使后随链的合成方向与前导链一致，这样它们就可以在同一个DNA polⅢ催化合成。每合成完一段冈崎片段，DNA polⅢ便与后随链的模板分开，然后在新的位置与后随链模板再结合，催化下一个冈崎片段合成，因此后随链上会出现若干不连续复制的DNA片段（冈崎片段）。原核生物DNA复制见图10-4 。

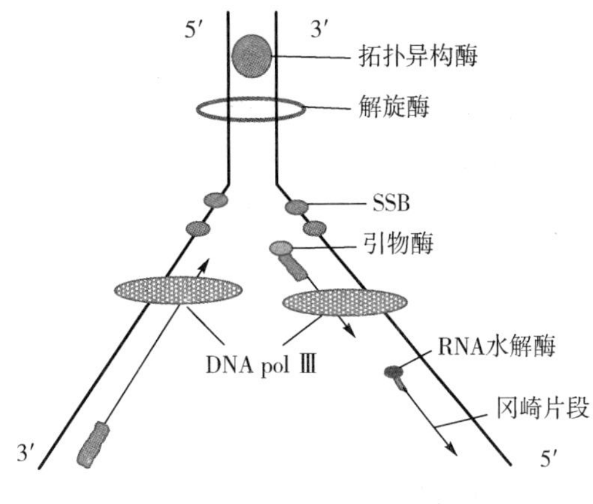

图10-4 原核生物DNA复制

3. 复制的终止 包括水解引物、填补去除引物后留下的空隙及冈崎片段的连接，主要

由 DNA pol Ⅰ 和 DNA 连接酶来完成。原核生物的 DNA 一般为闭合环状，其复制多采用双向复制，从起始点开始的双向复制各进行 180°，同时在终止点汇合。DNA pol Ⅰ 利用其 5′→3′ 外切核酸酶活性水解掉前导链 5′端的 RNA 引物和后随链中各冈崎片段的 RNA 引物，空隙由 DNA 聚合酶Ⅰ填补，延长至足够长度后，相邻的 3′—OH 和 5′-Pi 的缺口由 DNA 连接酶连接，完成 DNA 的复制过程。

二、DNA 的损伤与修复

DNA 聚合酶在复制中对碱基具有选择能力和校对的功能，保证了复制的精确性，但复制时总不免还会存在少量未被校正的差错，或者理化因素的损害，都会导致 DNA 分子中碱基序列或者成分的改变，造成基因突变或者 DNA 的损伤，突变是自然界普遍存在的一种现象，这种突变一方面有利于生物进化，另一方面可能产生不良后果。

（一）引发 DNA 损伤的因素

内部和外部因素都可以造成 DNA 的损伤。内部因素，如复制错误，即在复制过程中自然发生的突变，称为自发突变，其特点是突变率相对稳定。外部因素，如理化因素、生物因素等，理化因素和外源 DNA 整合导致的突变称为诱发突变。

1. 物理因素 主要包括紫外线（UV）、电离辐射等。紫外线可使 DNA 分子同一条链上相邻的 2 个嘧啶碱基发生共价交联，形成嘧啶二聚体，阻碍正常的碱基配对，影响复制和转录。常见的是胸腺嘧啶（T-T）二聚体的形成，也是 UV 对 DNA 分子损伤的主要方式。

2. 化学因素 如亚硝酸盐、烷化剂、食品添加剂等。另外，许多肿瘤的化疗药物也是通过诱导 DNA 损伤，阻断 DNA 的复制或者 RNA 的转录，进而抑制肿瘤细胞增殖。

3. 生物因素 逆转录病毒及可以整合到染色体 DNA 上的 DNA 病毒等（如乙肝病毒）可插入宿主基因组，引起宿主基因突变。

4. 自发因素 在自然条件下碱基有可能发生自发水解脱落、脱氨基等现象。

知识拓展

亚硝酸盐与 DNA 损伤

腌制食品一般在腌渍 4 小时后亚硝酸盐开始增加，14～20 天达到高峰，此后又逐渐下降，腌制食品微生物产生的硝酸还原酶，可以将硝酸盐还原为亚硝酸盐，在发酵初期，酸性环境还未完全形成，有害微生物生长繁殖旺盛，使得亚硝酸盐生成速度快，随着酸性环境形成，这类有害微生物生长繁殖受到抑制，亚硝酸盐的产生量降低，当食盐浓度低，有害微生物的生长繁殖快，亚硝酸盐生成快，峰值出现早。摄入人体的亚硝酸盐可以使 DNA 上碱基脱氨，可导致 C、A、G 变成 U、I（次黄嘌呤）、X（黄嘌呤），使复制、转录过程中出现碱基配对错误。日常生活中护理人员可以对患者进行饮食指导。

（二）DNA 损伤的类型

1. 点突变 即 DNA 链中单个碱基发生改变，由于遗传密码有简并性，单个碱基的改变不一定会引发氨基酸编码的改变。

2. 复突变 即两个或两个以上碱基的改变，包括多个碱基或一段核苷酸序列的缺失、

插入、倒位、移位或重排。插入或缺失突变都可能导致三联体密码的阅读方式改变，致使遗传密码对应的氨基酸的种类或者数目发生改变，从而导致合成的蛋白质结构与功能发生改变，称为移码突变。

3. 共价交联　如一条 DNA 链上碱基与另一条链上或同一条链上的碱基以共价键结合，称为共价交联，如紫外线照射后形成嘧啶二聚体。

（三）DNA 损伤的修复

1. 直接修复　是最简单的 DNA 损伤修复的一种方式，由修复酶直接作用于受损的 DNA，以恢复其原来结构，如嘧啶二聚体的直接修复等。

2. 切除修复　是生物界最普遍的一种修复方式，此修复方式可以将错误配对的碱基或者核苷酸切除并替换为正确的成分，使 DNA 恢复正常结构，是细胞内最重要和最有效的修复方式。根据识别损伤机制的不同，切除修复又可分为：①碱基切除修复，修复单个碱基的损伤；②核苷酸切除修复，主要是识别损伤对 DNA 双螺旋结构所造成的扭曲，而不识别具体的损伤；③碱基错配修复，也可看作是碱基切除修复的一种特殊形式，主要修复 DNA 复制时出现的碱基错配，是维持细胞中 DNA 结构稳定的重要方式。

切除修复基本过程包括识别、切除、修补和连接几个步骤，参与的酶主要有：特异的内切核酸酶、外切核酸酶、DNA 聚合酶及 DNA 连接酶。整个过程首先由特异性核酸酶寻找损伤部位，切除损伤片段；再由 DNA 聚合酶合成 DNA 填补缺口，DNA 连接酶连接切口。

3. 重组修复　是 DNA 分子双链发生断裂、损伤严重时启动的一种修复方式，损伤的 DNA 分子首先进行 DNA 复制，复制生成的 DNA 分子在损伤部位出现缺损，然后依靠重组酶系，将另一段未受损的 DNA 移到受损部位，进行修复。DNA 重组修复为带有差错的修复机制，但修复后差错的比例降低。

4. SOS 修复　当 DNA 损伤极其严重难以进行正常复制时，细胞会诱发一系列复杂反应，合成了 DNA 复制的应激酶类，这些应激性酶类对损伤的 DNA 进行应激性复制，免除细胞死亡，这种修复机制称为 SOS 修复。它不是一种精确的修复方式，修复后的 DNA 会保留较多的错误，所以也是带有差错的 DNA 修复机制。

（四）DNA 损伤修复的意义

DNA 损伤通常有两个生物学后果：一是 DNA 的损伤为永久改变，即突变；二是损伤后 DNA 的不能作为复制或者转录的模板，或者形成错误的转录模板而翻译出异常的蛋白质，造成细胞功能出现障碍，甚至是致死性的结果。从长远的生物效应来看，进化过程是遗传物质不断突变的结果，突变是进化的分子基础。DNA 损伤的程度和细胞的修复能力决定其损伤的生物学后果。

众多研究结果发现，先天性 DNA 损伤修复系统缺陷的人群易患恶性肿瘤。DNA 损伤—DNA 修复异常—基因突变—肿瘤发生是贯穿肿瘤发生、发展的重要环节。一般来说，随着年龄增长，细胞中的 DNA 修复功能逐渐衰退，如果同时发生免疫监视功能障碍，机体不能及时清除突变细胞，从而导致肿瘤的发生；同时通过比较研究发现，寿命长的动物细胞较寿命短的动物细胞修复能力要强。

三、逆转录

1970 年在致癌 RNA 病毒中发现能催化以单链 RNA 为模板，合成双链 DNA 的酶，由于

该遗传信息流动方向（RNA→DNA）与转录过程（DNA→RNA）相反，故称为逆转录或反转录，是 DNA 合成的一种特殊方式。催化逆转录过程的酶称为逆转录酶，全称为 RNA 依赖的 DNA 聚合酶（RDDP）。

知识拓展

逆转录与 HIV

人类免疫缺陷病毒（HIV）是一种典型的逆转录病毒，该病毒含有逆转录酶，逆转录的最大特点就是病毒在感染宿主细胞后，基因组 RNA 通过逆转录最终形成双链 DNA，双链 DNA 保留了 RNA 病毒的全部遗传信息，病毒的 DNA 完全整合在宿主细胞的 DNA 内，和宿主细胞的 DNA 完全无法区分，没有任何办法能清除掉。宿主细胞每分裂一次病毒的 DNA 就被复制一次。这使得逆转录病毒具极强的潜伏能力，给逆转录病毒的预防和治疗带来极大的困难。

（一）逆转录过程

从单链 RNA 到双链 DNA 的生成分为三个步骤：①病毒在被感染细胞内以病毒 RNA 为模板，在逆转录酶催化下，合成一条与病毒 RNA 碱基互补的 DNA 链，形成 RNA-DNA 杂交体；②逆转录酶又具有内切核糖核酸酶活性（RNase H），特异性水解杂交体中的 RNA 链，剩下单链 DNA（cDNA）；③以单链 DNA 作模板，合成另一条互补的 DNA 链，形成双链 DNA 分子（图 10-5）。

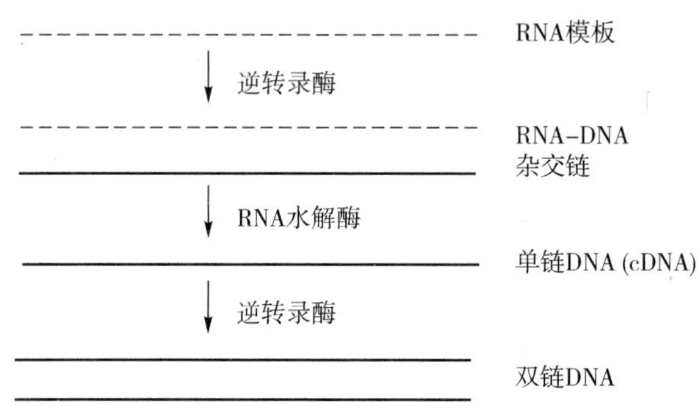

图 10-5　逆转录过程

逆转录酶在催化逆转录过程中具有三种活性：①RNA 指导的 DNA 聚合酶活性；②RNA 水解酶活性；③DNA 指导的 DNA 聚合酶活性。值得注意的是，逆转录酶没有 3′→5′外切核酸酶活性，没有校对的功能，致使逆转录的错误率相对较高，这可能是逆转录病毒能够较快出现新毒株的原因之一。

（二）逆转录的意义

（1）进一步补充和完善了遗传的中心法则，说明不仅 DNA 是遗传的物质基础，某些生物的 RNA 也是遗传物质，遗传信息的流向既可由 DNA→RNA，也可由 RNA→DNA。

（2）提高了对病毒致癌、致病的分子机制的认识和研究，大多数逆转录病毒都有致癌作用，属于致癌 RNA 病毒，致癌病毒使细胞发生恶性转化的关键步骤就是逆转录。

（3）在基因工程中，应用逆转录酶作为获得目的基因的重要方法之一。

第二节　RNA 的生物合成

扫码"看一看"

患者某某，女，32 岁，因发热、咳嗽、血痰一周入院，半年来有明显厌食、消瘦、夜间盗汗，近三个月午后体温增高，体温 37.6℃，曾予以先锋霉素等药物抗感染治疗。一周来因体温升高，咳嗽加剧入院。入院后取痰细菌培养涂片抗酸细菌阳性，PPD 试验阳性，X 射线检查右肺尖有片状阴影，诊断为"右上肺结核"，并予以利福平、异烟肼等抗结核药物治疗。

请问：

1. 为什么使用利福平来治疗？
2. 临床上使用利福平时需要注意哪些问题？

RNA 生物合成包括转录与 RNA 复制两种方式，转录是以 DNA 为模板合成 RNA 的过程。转录是合成 RNA 的主要方式。RNA 复制是以 RNA 为模板在依赖 RNA 的 RNA 聚合酶（RDRP）的催化下合成 RNA 的过程，主要见于 RNA 病毒。本节重点介绍转录。

DNA 复制和转录都是酶催化核苷酸聚合的过程，有许多相似之处，例如两过程都以 DNA 为模板，核苷酸之间连接键都是 3′,5′-磷酸二酯键，链的延长方向都从 5′→3′，但两者之间又有许多不同点，以大肠杆菌为例，比较 DNA 复制和转录的异同，见表 10-3。

表 10-3　大肠杆菌 DNA 复制和转录的区别

比较项目	DNA 复制	转录
合成模板	DNA 两条链均作模板	DNA 一条链作模板
合成原料	dNTP	NTP
主要酶	DNA 聚合酶	RNA 聚合酶
产物	子代双链 DNA 分子	mRNA、tRNA、rRNA
碱基配对	A—T、G—C	A—U、T—A、G—C

一、转录体系

转录体系包括转录模板、合成原料以及众多的酶与蛋白质因子。

（一）转录的模板

DNA 是双链，通常将能转录出 RNA 链的 DNA 区段称为结构基因。结构基因在转录时只有一条链可以作为转录的模板，将能够转录的这条 DNA 链称为模板链，也称有意义链（因为能够转录）。与模板链互补的 DNA 链称为非模板链，也称无意义链（因为不能转录）。这条 DNA 链的核苷酸序列与这一区域转录出来的编码蛋白质氨基酸序列的 mRNA 序列一致（除 U 和 T 的区别），所以也称为编码链。不同的基因，其模板链可能位于 DNA 分子的不同单链上。

（二）转录的原料

RNA 生物合成的原料主要是 4 种核糖核苷三磷酸（NTP），另外还需要 Mg^{2+} 等参与。

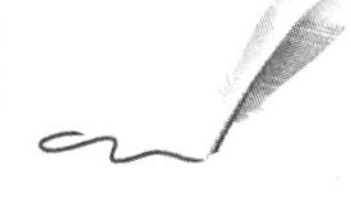

（三）转录的酶——RNA 聚合酶

RNA 聚合酶又称依赖 DNA 指导的 RNA 聚合酶（DDRP），1959 年在大肠杆菌的抽提液中首次发现。RNA 聚合酶是转录过程中最关键的酶。与 DNA 聚合酶不同，RNA 聚合酶催化 RNA 合成时不需要引物且无校正活性，原核和真核生物 RNA 聚合酶虽然都能催化 RNA 的合成，但其在分子组成、种类和生物学特性上各有特色。

1. 原核生物 RNA 聚合酶 原核生物 RNA 聚合酶是一种多聚体蛋白质。如大肠杆菌的 RNA 聚合酶是由 4 种亚基 $\alpha_2\beta\beta'\sigma$ 组成的五聚体蛋白质。各亚基的功能见表 10-4。

表 10-4 大肠杆菌中的 RNA 聚合酶

亚单位	分子量	亚单位数目	功 能
α	36512	2	决定哪些基因被转录
β	150618	1	与转录的全过程有关
β′	155613	1	结合 DNA 模板
σ	70263	1	辨认起始点

$\alpha_2\beta\beta'$亚基合称核心酶，参与整个转录过程，核心酶加上 σ 亚基称为全酶（图 10-6），活细胞的转录起始需要全酶，σ 因子的作用是负责模板链的选择和辨认转录起始位点。转录起始位点上游 RNA 聚合酶识别并结合的特异 DNA 序列，能启动转录，被称为启动子。不同基因需要不同的 σ 因子识别启动子。在某些细菌内含有能识别不同启动子的 σ 因子，以适应不同生长阶段的要求，调控不同基因转录的起始。

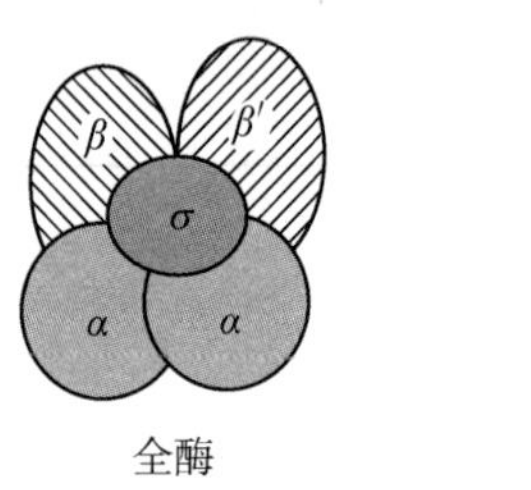

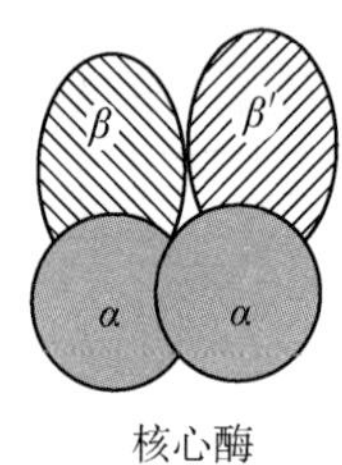

图 10-6 RNA 聚合酶核心酶与全酶示意图

抗生素利福平或利福霉素可以特异抑制原核生物的 RNA 聚合酶，成为抗结核菌治疗的药物。它专一性地结合 RNA 聚合酶的 β 亚基。即使在转录开始后才加入利福平，仍能发挥其抑制转录的作用，这说明 β 亚基在转录全过程都起作用的。

2. 真核生物 RNA 聚合酶 真核生物 RNA 聚合酶已被发现的有三种，分别是 RNA 聚合酶Ⅰ、Ⅱ、Ⅲ，它们选择性地转录不同类型的基因，生成不同类型的转录产物。其中 RNA 聚合酶Ⅰ转录产物为 45S rRNA（rRNA 的前体）；RNA 聚合酶Ⅱ转录产物为 hnRNA（mRNA 的前体），mRNA 寿命最短，需要不断合成，所以 RNA 聚合酶Ⅱ在三种聚合酶中最为活跃；RNA 聚合酶Ⅲ转录产物为 tRNA 和许多小的核内 RNA，RNA 聚合酶受 α-鹅膏蕈碱的特异性抑制，但三种酶对 α-鹅膏蕈碱的敏感性不同（表 10-5）。

表 10-5 真核生物的 RNA 聚合酶

种类	分布	转录产物	α-鹅膏蕈碱的敏感性
Ⅰ	核仁	45S rRNA	不敏感
Ⅱ	核质	hnRNA	极敏感
Ⅲ	核质	tRNA、 5SrRNA、snRNA	中度敏感

（四）转录的其他蛋白质相关因子

不论是原核生物还是真核生物，除 RNA 聚合酶外，还需要其他相关蛋白质的共同作用，如原核生物中的 ρ 因子，真核生物中众多的转录因子 TF、中介子等。

二、转录的特点

1. 不对称性 转录的不对称性有两方面含义：一是在模板 DNA 分子双链中，只有一条链可转录，另一条链不转录；二是不同基因的模板链并非永远在同一单链上，模板不在同一条 DNA 单链上的基因，其转录方向相反，因为转录的产物 RNA 链是 5′→3′ 延长(图 10-7)。

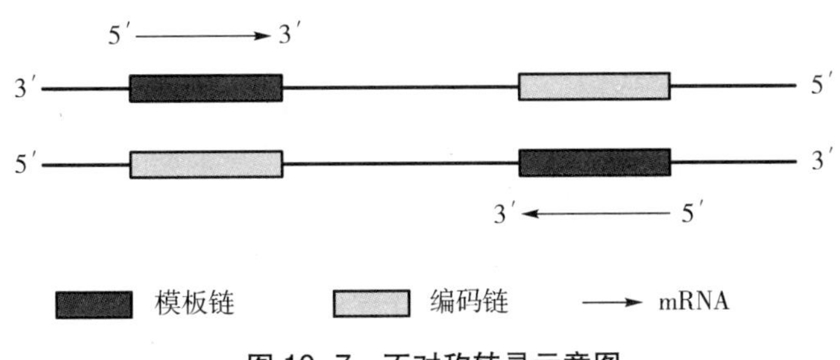

图 10-7　不对称转录示意图

2. 连续性 RNA 的转录不需要引物，从起始位点开始转录，直到终止位点为止，连续合成 RNA 链。

3. 单向性 RNA 转录合成时，只能向一个方向进行聚合，RNA 链的合成方向为 5′ → 3′，而模板 DNA 链的方向为 3′ →5′。

4. 有特定的起始和终止位点 无论是原核还是真核细胞，发生转录的结构基因都存在特定的起始位点和终止位点。

三、转录过程

原核和真核生物转录过程都可以分为起始、延长、终止三个阶段。

（一）原核生物的转录过程

1. 转录起始 RNA 聚合酶与模板 DNA 形成复合物，是转录过程中最复杂、最关键的步骤。

（1）RNA 聚合酶与模板链的辨认结合　在 *E. coli* 中，RNA 聚合酶全酶在 DNA 上疏松结合并不断地变换结合位点，直到遇上启动子序列，原核生物的启动子位于转录起始位点上游，-10 区与 -35 区，这两个区域的核苷酸序列具有保守性，-35 区保守序列为 TTGACA，-10 区保守序列为 TATAAT，是 1975 年由 D. Pribnow 首先发现的，称为 Pribnow 框。启动子-35 区是 RNA 聚合酶对转录起始的辨认位点，辨认结合后，RNA 聚合酶向下游移动，达到-10 区，RNA 聚合酶全酶结合在-10 区比结合在-35 区相对牢固，RNA 聚合酶能够识别并与之结合，随即 RNA 聚合酶发挥其解旋酶的功能，使 DNA 局部构象改变而解链，双链暂时解开约 17 个碱基对，形成酶-启动子开链复合物，DNA 模板链暴露。

（2）转录起始复合物形成　转录起始不需要引物，在 RNA 聚合酶的作用下，直接催化第一个 NTP 按碱基互补配对原则通过氢键结合于 DNA 模板上。第二个核苷酸以同样的方式加入，在 RNA 聚合酶的作用下与第一个 NTP 的 3′—OH 末端形成第一个 3′,5′-磷酸二酯键，这样由 RNA 聚合酶全酶、DNA 模板和转录起点处的四磷酸二核苷构成转录起始复合物。转录生成 RNA 的第一个核苷酸，也是新合成的 RNA 分子的 5′端，通常为 pppA 或 pppG，较

少为 pppC，偶尔亦可为 pppU。当第一个磷酸二酯键生成以后，σ 因子则从全酶上脱落下来，至此完成转录的起始阶段，脱落的 σ 因子与新的核心酶结合成 RNA 聚合酶全酶，起始新的转录过程。

2. 转录延长 当第一个 3′,5′-磷酸二酯键形成后，随着 σ 亚基从全酶上脱落，复合体中核心酶构象发生改变，与 DNA 模板的结合变得松弛，有利于 RNA 聚合酶沿 DNA 模板链 3′→5′方向迅速移动，RNA 链按碱基互补配对原则，从 5′→3′方向迅速延伸，直至转录终止处。

在转录过程中，由于 DNA 双链含有一段局部解开双链的 DNA 分子，呈“泡”状结构，泡内新合成的 RNA 与 DNA 的模板形成 RNA-DNA 杂交的双螺旋，与核心酶一起被称为“转录泡”。随着转录泡的移动，转录后的 DNA 的两条单链重新恢复双螺旋结构，致使 RNA 链的 5′端不断与模板链解离。

原核生物的转录与翻译是偶联在一起的，转录生成的 RNA 链到一定长度，即可与核糖体结合，进行蛋白质的翻译，即转录的同时进行翻译。在电子显微镜下观察原核生物的转录，可见结合到新生 mRNA 链上面的多个核糖体，每个核糖体合成的多肽链均连在 mRNA 模板上呈羽毛状现象（图 10-8）。这是由于在同一 DNA 模板上，有多个转录同时进行，随着核心酶的迁移，转录生成的 mRNA 链不断延长，mRNA 转录尚未完成，翻译已在进行。

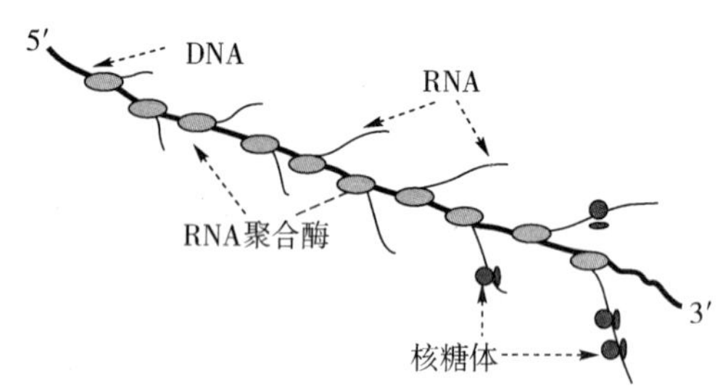

图 10-8　原核生物转录与翻译偶联

3. 转录终止 转录终止就是 RNA 聚合酶在 DNA 模板上移动到终止信号区域时停止，转录产物 RNA 从转录复合物上脱落下来。在原核生物中，可通过两种不同的方式终止转录。

（1）依赖 ρ 因子的转录终止　1969 年，在大肠杆菌中发现能控制转录终止的蛋白质，命名为 ρ 因子，ρ 因子主要是协助 RNA 聚合酶识别新生 RNA 链上的终止信号（富含 C 的识别位点），以终止转录，故又称终止因子。ρ 因子兼有解旋酶和 ATP 酶活性，可借助水解 ATP 获得的能量沿新生 RNA 链移动，在终止位点处 ρ 因子通过识别并结合 RNA 产物的 3′端较丰富的 C 或有规律地出现 C 碱基序列，使得 ρ 因子和 RNA 聚合酶都发生构象上的变化，进而使 RNA 聚合酶停顿，ρ 因子中的解旋酶活性使 DNA-RNA 杂化双链拆离，RNA 产物从转录复合物中释放，转录终止。

（2）不依赖于 ρ 因子的转录终止　DNA 模板上靠近转录终止部位有特殊的核苷酸序列，通常为连续的 A-T 序列及其上游的富含 G-C 的回文结构。该部位转录出的 RNA 产物可形成特殊的发夹结构，且该发夹结构后紧跟 6 个以上的连续的 U，这种结构称为终止子。发夹结构可以阻止 RNA 聚合酶继续沿 DNA 模板向前移动，转录泡中终止子中的连续 6 个以上的 U 与 DNA 模板上的 A 互补，A-U 碱基配对是所有碱基配对中结合力最弱的，因此，RNA 产物很容易与模板解离而终止转录，此终止信号可被 RNA 聚合酶本身直接识别，无需 ρ 因子参与。

（二）真核生物的转录过程

真核生物的转录与原核生物有许多相似之处，但真核生物的转录过程要比原核生物的更为复杂，尤其是转录的起始阶段。与原核生物 RNA 聚合酶不同，真核生物除 RNA 聚合

酶、DNA 模板启动区，还需要多种转录因子等参与形成转录起始复合物启动转录。

1. 真核生物转录的起始　真核生物的转录起始需要多种蛋白质因子的协同作用。目前已发现数百种能直接或间接辨认和结合转录上游区段 DNA 的蛋白质因子。相应于 RNA 聚合酶Ⅰ、Ⅱ和Ⅲ的转录因子（TF），分别命名为 TFⅠ、TFⅡ和 TFⅢ。其中最为重要的是与 RNA 聚合酶Ⅱ相关的 TFⅡ类转录因子，包括 TFⅡA、TFⅡB、TFⅡD 等亚类，各转录因子种类及功能如表 10-6 所示。

表 10-6　真核生物转录因子Ⅱ（TFⅡ）的种类及其功能

转录因子	亚基组成和（或）分子量（$\times 10^3$）	功　能
TFⅡ A	12，19，35	稳定 TFⅡD-DNA 复合物
TFⅡ B	33	促进 RNA polⅡ结合并作为其他因子结合的桥梁
TFⅡ D	TBP　38	结合 TATA 框
	TAF	辅助 TBP 与 DNA 结合
TFⅡ E	57（α），34（β）	ATPase
TFⅡ F	30，74	解旋酶
TFⅡ H	62，89	解旋酶活性，激酶活性使 RNA pol Ⅱ CTD 磷酸化
TFⅡ J	120	促进 TF Ⅱ D 的结合

注：TBP 为 TATA 结合蛋白；TAF 为 TBP 相关因子；CTD 为 C 端

与原核生物 RNA 聚合酶不同，真核生物 RNA 聚合酶不能直接与 DNA 模板启动子结合，而是首先由 TF Ⅱ D 的 TATA 结合蛋白 TBP 亚基结合于启动子的 TATA 框，然后在 TF ⅡA、TF ⅡB、TF ⅡE 等多种因子的辅助下，RNA 聚合酶就位并形成转录起始前复合物，再与增强子-增强子结合蛋白复合体结合，形成转录起始复合物，启动转录。

2. 真核生物转录的延长　真核生物的转录延长过程与原核生物大致相似，但因真核生物有核膜相隔，没有转录与翻译同步的现象。另外，真核生物基因组 DNA 在双螺旋结构的基础上，与多种组蛋白组成核小体结构。RNA 聚合酶向前移动时会遇上核小体，转录过程中核小体会发生移位与解聚现象。

3. 真核生物转录的终止　真核生物的转录终止是和转录后加工修饰密切相关的。真核生物 mRNA 有 5′帽结构和 3′多腺苷酸［poly（A）］尾巴结构，是转录后经过加工修饰以后形成的。研究发现，真核生物结构基因的下游常有一组共同序列 AATAAA，其下游还有相当多的 GT 序列，这些序列称为转录终止的修饰点。转录越过修饰点后，mRNA 在修饰点处被切断，随即在 3′加上 poly（A）尾巴及 5′帽结构。下游的 RNA 虽然继续转录，但很快被 RNA 酶降解。

（三）真核生物转录后的加工修饰

1. mRNA 转录后的加工　原核生物的 mRNA 一般不需要加工修饰，一经转录即可直接指导翻译的过程，甚至转录和翻译可以同时进行。真核生物编码蛋白质的结构基因是在细胞核中被转录的，转录产生的 mRNA 的前体比成熟 mRNA 要大得多，且很不稳定。已经证明，hnRNA 是生成 mRNA 的前体。它们的大小很不一致，称为核内不均一 RNA（hnRNA）。hnRNA 需要进行切除内含子和连接外显子的剪接、5′端“加帽”、3′端“加尾”以及核苷酸的甲基化修饰等过程，才能成为成熟的 mRNA（图 10-9）。

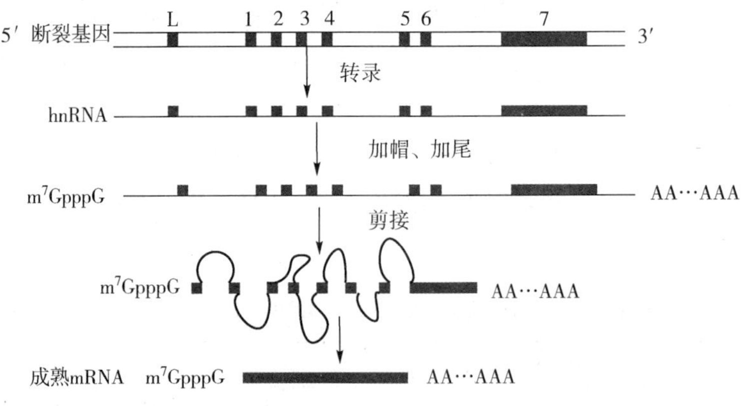

图 10-9　真核生物 mRNA 加工修饰示意图

（1）5′端加“帽”　几乎全部的真核生物 mRNA 的 5′端都具有“帽”结构。真核生物 mRNA 的 5′端多为 7-甲基鸟苷三磷酸（m^7Gppp）结构，这种结构称为帽结构。hnRNA 第一个核苷酸通常为 5′-核苷三磷酸，即 pppN，先经磷酸酶水解，释放出 5′端的 Pi，然后在鸟苷酸转移酶作用下与一分子 GTP 作用，释放 PPi，形成 GpppNp-，再在甲基转移酶的催化下进行甲基化修饰，形成 mRNA 5′-m^7 GpppNp-的帽结构。一方面 mRNA 的 5′端“帽”结构与“帽”结构结合蛋白形成复合体后，再与尾巴结构及其结合蛋白的复合体结合，形成复合物。该复合物能与核糖体小亚基识别结合，辨认翻译的起始密码子 AUG，是翻译起始所必需的。m^7Gppp 结构也能有效地封闭 mRNA 5′端，以保护 mRNA 免受 5′→3′外切核酸酶的降解，保护新生的 mRNA。

（2）3′端加“尾”　大多数真核生物的 mRNA 的 3′端都有由 80～250 个腺苷酸组成的 poly（A）尾巴。poly（A）不是由 DNA 编码的，是由 mRNA 前体 hnRNA 先经特异外切核酸酶切去 3′端一些多余的核苷酸，再由多腺苷酸聚合酶催化，以 ATP 为供体，进行多腺苷酸聚合酶催化的聚合反应形成多腺苷酸尾巴［poly（A）］，该尾巴结构可防止外切核酸酶对 mRNA 信息序列的降解作用，提高了 mRNA 的稳定性。

（3）剪接或剪切　在真核细胞中，结构基因通常由若干编码区序列被非编码区序列间隔，但又连续镶嵌而成，常被称为“断裂基因”。断裂基因中具有表达活性的编码序列称为外显子，没有表达活性的间隔序列称为内含子。这些内含子序列在加工过程中要通过剪接的方式除去。在转录过程中，外显子和内含子序列均转录到 hnRNA 中。剪接是在细胞核中，由特定的酶催化进行的。切除内含子，拼接外显子，使之成为具有翻译功能的模板。

以鸡卵清蛋白为例，鸡卵清蛋白基因全长 7.7kb，初级转录产物 hnRNA 与基因等长，成熟的鸡卵清蛋白 RNA 仅为 1.2kb，说明初级转录产物 hnRNA 含有内含子。该 hnRNA 剪接的基本模式通常被称为“套索模式”。首先是套索 RNA 的形成，即内含子区段弯曲，使相邻的两个外显子相互靠近而利于剪接；hnRNA 中的大多数内含子都以 GU 为 5′端起始，以 AG 为 3′端末尾，5′ GU…… AG 3′ 称为剪接接口或边界序列；最后进行转酯反应，剪接的关键反应是转酯反应，hnRNA 通过二次磷酸酯转移反应使前后两个外显子以 3′,5′-磷酸二酯键相连，而内含子被切除（图 10-9）。

2. tRNA 转录后的加工　原核生物与真核生物 tRNA 转录后的加工过程相似。

（1）剪接或剪切　原核生物和真核生物的 tRNA 初级转录产物为较大的 tRNA 前体，存

在部分多余的核苷酸序列，在多种核糖核酸酶催化下将其剪接或剪切除去。

（2）3′端加上 CCA—OH　在核苷酸转移酶的催化下，在 RNA 前体的 3′端加上 CCA—OH 结构，形成“氨基酸臂”，使 tRNA 具有携带氨基酸的能力。

（3）碱基的修饰　由高度专一的修饰酶催化部分碱基进行还原、转位等反应，生成 tRNA 分子中的稀有碱基，如二氢尿嘧啶（DHU）、ψ（假尿嘧啶）等。

3. rRNA 的转录后加工　原核生物 rRNA 前体为 30S，在各种内切核酸酶作用下切除部分核苷酸，最终生成成熟的 16S、23S 及 5S rRNA。此外，还需要有碱基和核糖的甲基化反应。

真核生物 rRNA 前体为 45S，可进行自剪接加工成成熟的 18S、5. 8S、28S rRNA，在核仁与核糖体蛋白质一起组装成核糖体，为蛋白质合成提供场所。

四、转录的调控

（一）原核生物的转录调控

1. 操纵子的概念　原核生物基因是连续的，常常几个功能相关的结构基因串联在一起，与同一调控序列共同组成一个转录单位，即操纵子。操纵子由几个功能相关的结构基因及其调控区组成，是原核生物基因表达调控的基本方式，操纵子的调控区包括启动子、操纵基因及其他调控区。如乳糖操纵子的调控区有分解代谢物激活蛋白（CAP）结合位点。操纵子外面有调节基因，其编码的调节蛋白（阻遏蛋白或辅阻遏蛋白）能识别、结合操纵基因。有的调节蛋白结合操纵基因后可以抑制结构基因的转录，称为负调控，这类调节蛋白则被称为阻遏蛋白；有的调节蛋白结合操纵基因后可以促进结构基因的转录，则称为正调控，这类调节蛋白被称为诱导蛋白。

启动子是决定基因表达效率的关键元件，没有启动子，基因就不能转录。不同启动子的序列是相似的，最典型的启动子序列是在-10bp 处是 TATAAT（Pribnow 框）；-35bp 处的保守序列为 TTGACA。这一典型序列中任何一个碱基发生改变都会影响 RNA pol 与启动子的结合，继而影响转录效率。

操纵基因又称操纵序列，是阻遏蛋白识别、结合的 DNA 序列，阻遏蛋白可与操纵基因结合，阻碍 RNA 聚合酶与启动子序列识别结合或使 RNA 聚合酶不能沿着 DNA 向前移动，抑制转录；在细胞内也有一些小分子物质可与阻遏蛋白结合，使阻遏蛋白别构，从而使阻遏蛋白不能与操纵基因结合，RNA 聚合酶即可以与启动子序列结合，启动转录。这些小分子物质称为诱导剂。

2. 操纵子的调控机制　操纵子有正调控和负调控两种调控机制，以特异阻遏蛋白的负调控为主。阻遏蛋白是控制原核启动子启动活性的一种重要负调控蛋白，当阻遏蛋白与操纵基因结合时，RNA 聚合酶不能识别、结合启动子序列，抑制转录的启动；当特异的诱导物与阻遏蛋白结合，使阻遏蛋白别构，不能与操纵基因结合，解除阻遏蛋白的阻遏作用。

调节基因编码的蛋白质能够与特异的调控序列结合，这些调控蛋白根据其作用不同，可以分为三类：特异因子、阻遏蛋白和激活蛋白。特异因子决定 RNA 聚合酶与一个或一套启动子识别和结合；阻遏蛋白与操纵基因结合，抑制基因转录，介导负性调节；激活蛋白与激活蛋白结合位点结合，增强 RNA 聚合酶的转录活性，激活转录，介导正性调节。有时原核生物也可通过负调控蛋白和正调控蛋白的协同调节来调控基因转录。

3. 操纵子调控模式 普遍存在于原核生物中，如乳糖操纵子、色氨酸操纵子等。乳糖操纵子是最早发现的原核生物转录调控模式，下面以乳糖操纵子调控模式为例说明原核生物的转录调控。*E. coli* 乳糖操纵子由结构基因和调控区组成。结构基因为 *Z*、*Y*、*A* 三个结构基因，并串联排列，分别编码参与乳糖分解代谢的β-半乳糖苷酶、半乳糖苷通透酶和半乳糖苷乙酰基转移酶。结构基因上游的调控区包含有操纵基因（*O*）、启动子（*P*）、分解代谢物激活蛋白（CAP）结合位点，启动子序列与操纵基因序列存在部分重叠序列（图 10-10）。另外，操纵子的上游还存在调节基因（*I*），具有独立的启动子，编码一种阻遏蛋白，与操纵基因结合，使乳糖操纵子受阻遏，处于关闭状态。

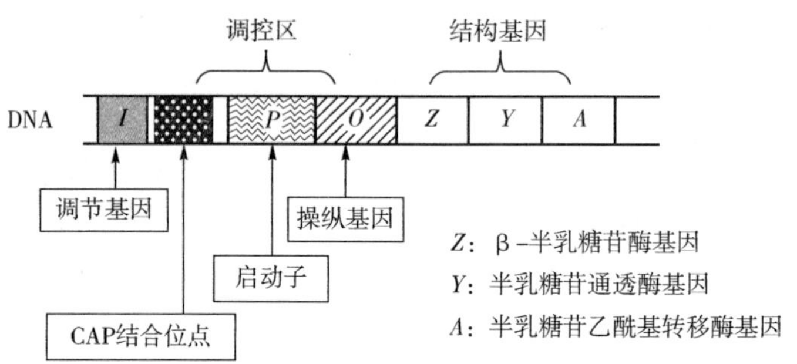

图 10-10 乳糖操纵子的结构示意图

乳糖操纵子模式：主要通过以下机制进行调节。

（1）阻遏蛋白的负性调节 ①没有乳糖存在时，*I* 基因表达产生的阻遏蛋白与 *lac O* 结合，阻止 RNA 聚合酶与启动子识别结合，转录不能启动，乳糖操纵子处于关闭状态。②当有乳糖存在时，乳糖操纵子被诱导表达。阻遏蛋白的阻遏作用并非绝对的，偶有阻遏蛋白与操纵基因解聚，因此，每个细胞内会有少量的β-半乳糖苷酶、半乳糖苷通透酶和半乳糖苷乙酰基转移酶表达。有乳糖存在时，少量的乳糖经半乳糖苷通透酶作用转移至 *E. coli* 细胞内，胞内残存的少数β-半乳糖苷酶将其分解为半乳糖。半乳糖及其类似物可作为诱导剂与阻遏蛋白结合，使其构象发生改变，导致阻遏蛋白不能与操纵基因结合，继而 RNA 聚合酶与 *lac P* 结合，并可以向下游移动，转录结构基因（图 10-11）。

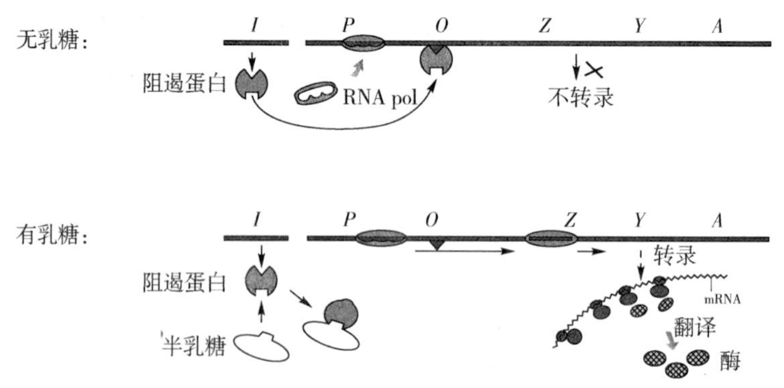

图 10-11 阻遏蛋白的调控机制示意图

（2）CAP 的正性调节 乳糖操纵子不仅受到阻遏蛋白的负调控，还会受到 CAP 的正性调控，CAP 分子中有 DNA 的结合位点和 cAMP 的结合位点，CAP 必须与 cAMP 结合形成 cAMP-CAP 复合物，方能结合到 CAP 结合位点，促进转录。因此，CAP 的激

活依赖于 cAMP 水平调控，而 *E. coli* 的 cAMP 水平又与葡萄糖水平呈负相关。当培养基中缺乏葡萄糖时，cAMP 浓度升高，与 CAP 结合形成 cAMP-CAP 复合物，此复合物结合在 CAP 结合位点，使 RNA pol 的转录活性提高，发挥正调控作用。当葡萄糖充足，cAMP 浓度降低，cAMP-CAP 复合物缺乏，失去 CAP 的正性调控作用，*lac* 操纵子表达水平极低。

（二）真核生物的转录调控

真核生物基因转录水平的调控也是其基因表达调控中的重要环节，尤其是转录起始的调节，其调控机制比原核生物复杂得多。与原核生物不同的是真核生物的转录普遍涉及编码基因两侧的 DNA 序列，这些可影响自身基因表达活性的 DNA 序列被称为顺式作用元件，与顺式作用元件相互作用的蛋白质被称为反式作用因子。

1. 顺式作用元件　顺式作用元件对基因表达有调节作用，但不编码任何蛋白质的特异 DNA 序列，这种 DNA 序列多位于基因旁侧或内含子中，是特异的转录因子的结合位点，它们通过与转录因子结合而调控基因转录的精确起始和转录效率。按功能分启动子、增强子和沉默子等。

启动子是一段特定的直接与 RNA 聚合酶及其转录因子相结合、决定基因转录起始与否的 DNA 序列。增强子是指真核生物 DNA 中能增强基因转录活性的 DNA 序列，需要与特异的反式作用因子（增强子结合蛋白）作用才能发挥功能。增强子本身无启动子活性，其作用依赖于启动子，但对启动子序列无要求。沉默子是指真核生物 DNA 中使基因转录降低或使基因关闭的一类特异 DNA 序列，属于负调控元件，与反式作用因子（沉默子结合蛋白）结合时，对基因转录起阻遏作用。

2. 反式作用因子　反式作用因子是能直接或间接地识别或结合在各顺式作用元件（特异的 DNA 序列）上，调控目的基因转录的蛋白质，也称为转录因子或特异性的 DNA 结合蛋白。主要包括：①基本转录因子，是 RNA pol 与启动子结合启动基因转录所必需的一类蛋白质因子，也称为通用转录因子，如 TFⅡD，结合 TATA 框；②特异转录因子，是个别基因转录所必需，决定了该基因的时间、空间特异性表达，根据其作用方式不同，又可分为转录激活因子和诱导性转录因子，前者通常与一些增强子结合或转录抑制因子，多数是沉默子结合蛋白；后者是与一些远端调控基因（如增强子）结合的转录因子，只在一些特殊生理病理条件下才被诱导产生，如热激转录因子 HSTF。

第三节　蛋白质的生物合成

扫码“学一学”

DNA 上贮存的遗传信息转录生成 mRNA，再将 mRNA 上核苷酸序列的遗传信息转变为多肽链中氨基酸的排列顺序，该过程称为翻译。新合成的多肽链经过加工修饰形成天然蛋白质构象才具有生物学功能。

一、蛋白质生物合成体系

（一）mRNA 与遗传密码

1. 遗传密码的概念　mRNA 是蛋白质生物合成的直接模板，在 mRNA 链上按 5′→3′方向，每 3 个相邻核苷酸构成的三联体，称为遗传密码。由 A、U、G、C 四类核苷酸可组成

64 个遗传密码（$4^3=64$）（表 10-7），其中有 61 个密码子可编码构成蛋白质的 20 种氨基酸；另有 3 个密码子即 UAA、UAG、UGA 不代表任何氨基酸，只作为肽链合成的终止信号，称为终止密码子，位于 mRNA 的 3′端；还有密码子 AUG，当其位于 mRNA 的 5′端起始部位时，不仅可编码甲硫氨酸，还可以作为多肽合成的起始信号，称为起始密码子。从 mRNA 5′端的起始密码子 AUG 到 3′端的终止密码子之间的核苷酸序列，称为开放阅读框。

表 10-7 遗传密码

第一核苷酸（5′端）	第二核苷酸				第三核苷酸（3′端）
	U	C	A	G	
U	苯丙氨酸	丝氨酸	酪氨酸	半胱氨酸	U
	苯丙氨酸	丝氨酸	酪氨酸	半胱氨酸	C
	亮氨酸	丝氨酸	终止信号	终止信号	A
	亮氨酸	丝氨酸	终止信号	色氨酸	G
C	亮氨酸	脯氨酸	组氨酸	精氨酸	U
	亮氨酸	脯氨酸	组氨酸	精氨酸	C
	亮氨酸	脯氨酸	谷氨酰胺	精氨酸	A
	亮氨酸	脯氨酸	谷氨酰胺	精氨酸	G
A	异亮氨酸	苏氨酸	天冬酰胺	丝氨酸	U
	异亮氨酸	苏氨酸	天冬酰胺	丝氨酸	C
	异亮氨酸	苏氨酸	赖氨酸	精氨酸	A
	甲硫氨酸※	苏氨酸	赖氨酸	精氨酸	G
G	缬氨酸	丙氨酸	天冬氨酸	甘氨酸	U
	缬氨酸	丙氨酸	天冬氨酸	甘氨酸	C
	缬氨酸	丙氨酸	谷氨酸	甘氨酸	A
	缬氨酸	丙氨酸	谷氨酸	甘氨酸	G

2. 遗传密码的特点

（1）简并性　在编码的 20 种氨基酸中，除色氨酸和甲硫氨酸各有一个密码子外，其余每种氨基酸都具有 2 个或者 2 个以上的密码子，但是，在氨基酸编码中，常常以某一种遗传密码为主，这种现象称为遗传密码的偏爱性。

（2）连续性　从 5′AUG 起始密码子开始，连续地一个密码子挨着一个密码子“阅读”下去，直到终止密码子为止。相邻的两个密码子之间没有任何特殊符号或者核苷酸相隔。如果 mRNA 链上插入或缺失 1 个（或非 3 的整数倍）核苷酸，就会在插入或缺失部位之后产生读码错误，造成下游翻译产物氨基酸序列的改变。由此引起的突变称为框移突变。

（3）方向性　翻译时只能从 mRNA 的 5′端的起始密码子 AUG 开始阅读，直至 3′端的终止密码子（UAA、UAG、UGA 中的一种）出现，mRNA 上密码子的顺序决定多肽链中氨基酸的排列顺序。

（4）通用性　除某些动物的线粒体和植物的叶绿体外，几乎所有生物都使用同一套遗传密码。

（5）摆动性　mRNA 上的密码子与 tRNA 上的反密码子配对时，有时不完全遵循碱基配对的原则，尤其是密码子的第 3 位碱基与反密码子的第 1 位碱基配对不严格遵守碱基互补配对规律。tRNA 分子中有较多稀有碱基，其中次黄嘌呤（I）常出现于反密码子第一位，也是最常见的摆动现象。

在原核生物中，一条 mRNA 常含有多条功能相关的蛋白质多肽链的编码序列。遗传学中，将编码一条多肽链的遗传单位称为一个顺反子，所以，原核生物 mRNA 常为多顺反子；在真核生物中，一条 mRNA 分子通常只含有一种蛋白质多肽链的编码序列，为单顺反子。真核生物的基因在 DNA 中是不连续的，含有不能编码蛋白质多肽链的核苷酸序列（内含子），转录后生成的 hnRNA，需经过内含子的剪接、修饰等才成为成熟的 mRNA，在翻译中起模板作用。

（二）tRNA 与氨基酸活化

蛋白质生物合成中，氨基酸需要先活化才能参与多肽链的合成，tRNA 可借助于 3′端 CCA—OH 即氨基酸臂与氨基酸的羧基以共价键结合，形成氨酰 tRNA，实现氨基酸的活化和运输。催化该反应的氨酰 tRNA 合成酶可高度特异地识别 tRNA、氨基酸两种底物，是保证翻译正确进行的重要机制，如甲硫氨酸与 tRNA 的反应如下。

真核生物的起始密码子 AUG 所对应的 tRNA 表示为 Met-tRNA$_i^{Met}$，出现延长阶段的 AUG 所对应的 tRNA 表示为 Met-tRNA^{Met}。Met-tRNA$_i^{Met}$ 和 Met-tRNA^{Met} 分别被起始因子 eIF-2a 和延长中起催化作用的酶辨认。原核生物的起始密码子只能辨认甲酰化的甲硫氨酸，在起始部位加入时，甲硫氨酸会被甲酰化，即 *N*-甲酰甲硫氨酸（fMet），表示为 fMet-tRNA^{fMet}。

tRNA 上携带的氨基酸能够准确进入核糖体，有赖于 tRNA 上的反密码子与 mRNA 上遗传密码的识别配对。

（三）rRNA 与核糖体

rRNA 与多种蛋白质聚合成的复合体称核蛋白体（又称核糖体），是多肽链合成的场所，核糖体由大、小两个亚基组成，含有蛋白质生物合成的多种酶和蛋白质因子的结合部位。原核生物的核糖体大亚基上有三个结合 tRNA 位点，一个是与肽酰 tRNA 结合的位点，称为给位（P 位）；一个是与氨酰 tRNA 结合的位点，称为受位（A 位），这两个相邻位点与 mRNA 上两个相邻的密码子位置对应时，通过大亚基上转肽酶催化肽键形成，另一个是空载 tRNA 占据的位置，称为出位（E 位）；小亚基上有结合 mRNA 模板的部位，使 mRNA 附着于核糖体上，核糖体沿着 mRNA 从 5′→3′方向连续逐个阅读遗传密码，发挥 mRNA 在蛋白质生物合成中的模板作用。

（四）蛋白质的合成原料、酶与蛋白质因子

20 种氨基酸是合成蛋白质的原料，参与蛋白质合成的酶有氨酰 tRNA 合成酶以及肽链延长阶段所需的肽酰转移酶（习惯称转肽酶）、转位酶等，另外还需要一些蛋白质因子、供能物质（ATP、GTP）以及一些无机离子（Mg^{2+}、K^{+}等）。

二、蛋白质生物合成过程

翻译过程从模板链的 5′端 AUG 开始，按 5′→3′方向阅读，以 mRNA 模板遗传密码的顺序从 N 端→C 端延长肽链，直至终止密码子出现，此过程包括起始、延长、终止三个阶段。原核生物与真核生物蛋白质生物合成过程相似，只是真核生物更为复杂。

（一）原核生物肽链的合成

1. 肽链合成的起始　起始阶段是模板 mRNA 和起始甲酰化甲硫氨酰 tRNA（fMet-tRNA^{fMet}）分别与核糖体结合形成起始复合物的过程。该过程还需要多种蛋白质起始因子（IF）、GTP 等参与。

（1）核糖体大小亚基分离　蛋白质合成是在核糖体上连续进行的，即上一轮合成的终止，也是下一轮合成的起始。当 IF-3、IF-1 与核糖体的小亚基结合，促使核糖体的大小亚基分离，为 mRNA 与小亚基的结合作好准备。

（2）mRNA 在核蛋白体小亚基上定位结合　在 mRNA 起始密码子 AUG 上游存在一富含嘌呤碱基的序列，这一序列以—AGGA—为核心，因其发现者是 Shine-Dalgarno，称为 S-D 序列，又称为核糖体结合位点。后来发现在核糖体小亚基的 16S rRNA 3′端有一富含嘧啶的序列，如—UCCUCC—，与 S-D 序列互补，这两段序列的碱基配对使 mRNA 与小亚基进行结合，最终使 mRNA 的起始 AUG 在核糖体小亚基上精确定位。此过程需 IF-3、IF-1 的参与。

（3）起始 fMet-tRNA^{fMet}的结合　起始时 IF-1 占据 A 位，不与任何氨酰 tRNA 结合。在 mRNA 和核糖体小亚基定位结合的同时，起始 fMet-tRNA^{fMet}在 IF-2 和 GTP 参与下，形成 fMet-tRNA^{fmet}-IF-2-GTP 复合物，然后识别结合对应于小亚基 P 位的 mRNA 起始密码子 AUG，促进 mRNA 的准确就位。

（4）与核糖体大亚基的结合　mRNA、fMet-tRNA^{fMet}与小亚基结合后，核糖体大亚基进入，与小亚基结合。此时，GTP 水解释放能量，促使 3 种 IF 相继脱落，形成由完整核糖体、mRNA、fMet-tRNA^{fMet}组成的翻译起始复合物。此时结合起始密码子 AUG 的 fMet-tRNA^{fMet}占据 P 位，A 位空留，准备对应于 mRNA 上 AUG 后的第二个密码子相应的氨酰 tRNA 进入（图 10-12）。

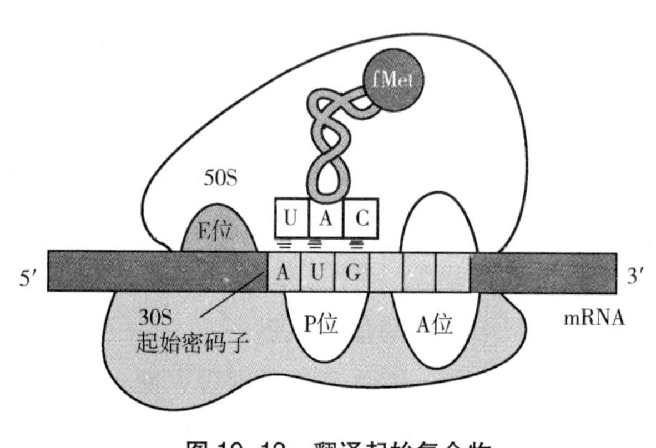

图 10-12　翻译起始复合物

2. 肽链合成的延长　肽链延长过程需要延长因子（EF）参与，此外，还需要 GTP、Mg^{2+}和 K^+及相关的酶参与。由于肽链延长是在核糖体上连续循环进行，因此又称为核糖体循环，每个循环经过进位、成肽和转位三个步骤，肽链便相应增加一个氨基酸，如此重复进行，直至肽链合成终止（图 10-13）。

（1）进位　是指在 EF-T 参与下，借助于 mRNA 遗传密码的指导，相应氨酰 tRNA 进入核糖体 A 位并与之结合的过程。

（2）成肽　是指在肽酰基转移酶催化下，P 位的起始甲酰甲硫氨酰基（或延长中的肽酰 tRNA 的肽酰基）以其羧基与 A 位氨酰 tRNA 的 α-氨基形成肽键的过程。

（3）转位　在转位酶作用下，核糖体沿 mRNA 5′→3′方向移动一个密码子距离，使肽酰 tRNA 从核糖体 A 位移到 P 位。原 P 位卸载的 tRNA 则移入 E 位，A 位空出，对应下一个 mRNA 遗传密码，为相应的氨酰 tRNA 进入 A 位准备条件。

依照进位→成肽→转位的不断循环，每一次循环在肽链 C 端添加一个氨基酸，肽链从 N 端→C 端不断向前延伸，直到终止密码子出现在核糖体的 A 位。

3. 肽链合成的终止　在肽链延长过程中，如核糖体 A 位出现终止密码子 UAA 或 UGA 或 UAG 时，终止密码子不能被任何氨酰 tRNA 识别、进位，只有释放因子（RF）可识别终

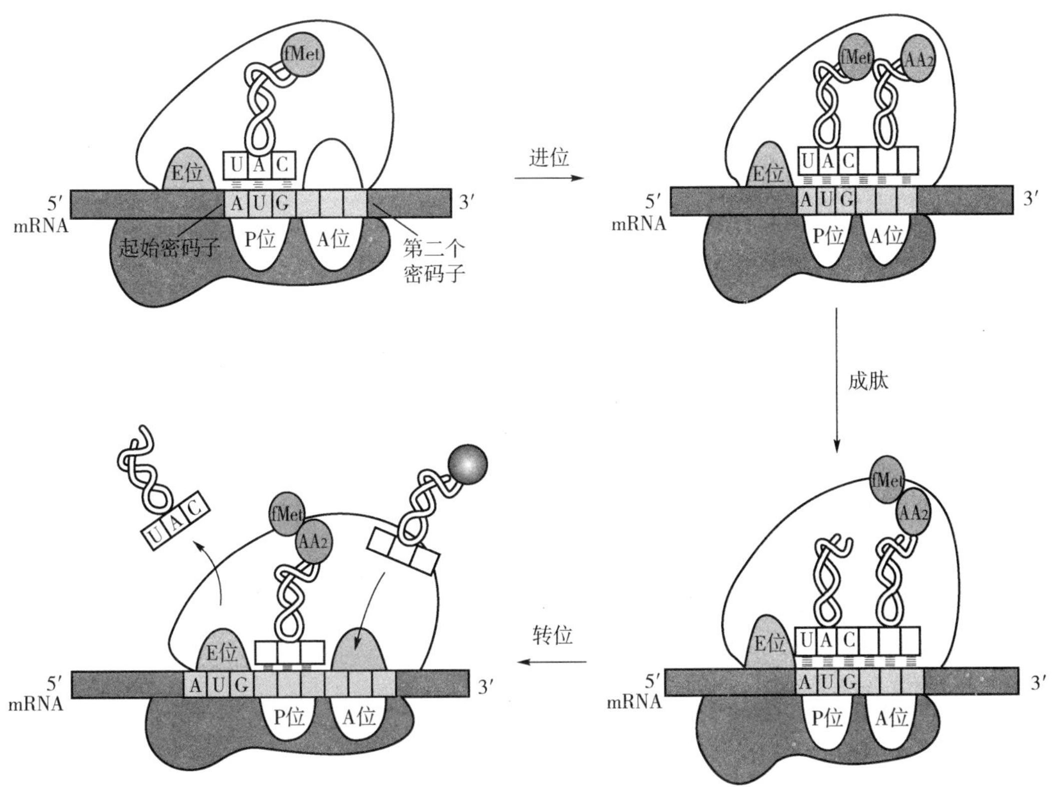

图 10-13　肽链延长阶段

止密码子并与之结合，RF1 识别 UAA、UAG，RF2 识别 UAA 或 UGA，RF3 则与 GTP 结合并使其水解，协助 RF1 和 RF2 与核糖体结合。RF 的结合可诱导肽酰转移酶构象改变，发挥酯酶活性，使 P 位上的 tRNA 与新生肽链间的酯键水解，肽链从肽酰 tRNA 中释出，然后 tRNA 及 RF 释出，mRNA 与核糖体分离，核糖体解离为大、小亚基，可重新参与新的肽链合成。所以，也称为核糖体循环（广义概念）。蛋白质合成的终止阶段见图 10-14。

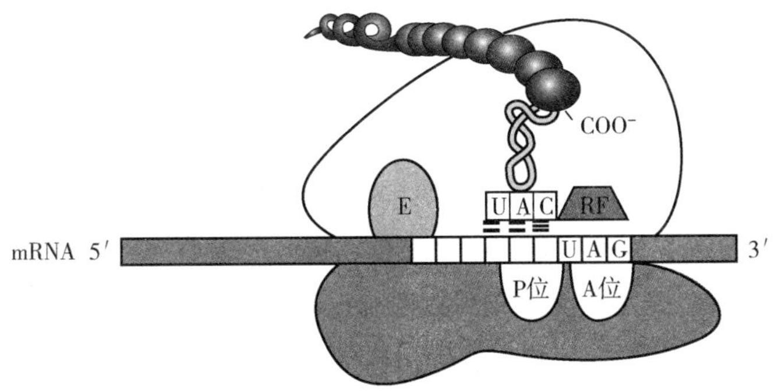

图 10-14　翻译终止

（二）真核生物肽链的合成

真核生物的翻译比原核生物要复杂，需要更多因子的参与。

1. 肽链合成的起始　真核生物与原核生物相比，肽链合成起始阶段差异较大，主要表现为以下几方面：①真核生物的核糖体由 40S 的小亚基和 60S 的大亚基组成 80S 核糖体；②起始甲硫氨酸不需要甲酰化；③在 mRNA 起始密码子上游未发现有 S-D 序列，但有 Kozak 序列：—CCACCAUGG—，该序列具有增加起始效率的作用。肽链合成的起始识别靠

mRNA 5′端的帽结构和 3′端的多腺苷酸尾，使其在核糖体上定位结合。④真核生物需要更多的起始因子。真核生物翻译起始复合物形成也有 4 步反应：①核糖体大小亚基分离；②Met-tRNAi^{Met}结合到小亚基上；③mRNA 在核糖体小亚基就位；④与核糖体大亚基结合，形成起始复合物。

2. 肽链合成的延长 与原核生物基本相似，所不同的是：①反应体系和延长因子不同；②真核生物核糖体无 E 位，转位后空载的 tRNA 直接由 P 位脱落。

3. 肽链合成的终止 与原核生物基本相似，真核生物蛋白质合成的终止因子只有一种 eRF，可以识别所有的终止密码子。

（三）蛋白质合成后的加工修饰和转运

从核糖体上释放出的新生多肽链不具有生物学活性，必须经过加工、修饰才能转变为具有天然构象的功能蛋白质。修饰过程包括对多肽链一级结构和空间结构的加工修饰等。其中一级结构的修饰包括肽链 N 端的修饰、个别氨基酸残基的修饰、部分肽段的切除、多肽链折叠为天然构象蛋白质等；空间结构的修饰包括辅基连接、亚基聚合、疏水酯链的共价连接等过程。从新生蛋白质的多肽链到成熟蛋白质的折叠过程，决定其空间构象的基础是一级结构，空间构象的形成同时还需要分子伴侣等的参与。合成后的蛋白质必须转运到特定的部位才能发挥其功能。不同类型的蛋白质其转运机制不同。

知识链接

分子伴侣

分子伴侣是细胞内的一类保守蛋白质，是由不相关的蛋白质组成的一个家系，可识别肽链的非天然构象，介导其他蛋白质的正确装配，促进各功能域和整体蛋白质的正确折叠，但自己不成为最后功能结构中的组分。主要有热休克蛋白（HSP）和伴侣蛋白两类。其功能主要有：①与未折叠的新生多肽链结合，防止错误折叠；②和错误折叠的多肽链结合，使其解聚；③提供蛋白质正确折叠的微环境。

三、蛋白质生物合成的影响因素

蛋白质生物合成过程是很多抗生素和某些毒素的作用靶点，它们通过阻断蛋白质生物合成体系某组分功能，干扰和抑制真核、原核生物蛋白质合成过程发挥作用。

1. 抗生素 抗生素对于原核细胞和真核细胞的作用略有区别，某些抗生素仅仅作用于原核细胞蛋白质的合成，可以杀灭细菌，但对真核细胞无明显影响，这类抗生素可以预防和治疗感染性疾病；而作用于真核细胞蛋白质生物合成的抗生素可以作为抗肿瘤药。

常见的一些抗生素可作用于遗传信息表达的各个环节，如四环素类抑制氨酰 tRNA 与细菌核糖体 A 位结合，从而影响细菌蛋白质生物合成；氨基糖苷类抗生素，如链霉素、卡那霉素等可改变 A 位上氨酰 tRNA 与其对应的密码子配对的准确性，使延长中的肽链引入错误的氨基酸残基，影响细菌蛋白质合成；氯霉素、林可霉素与细菌核糖体大亚基结合，阻止由肽酰转移酶催化肽键的形成，阻断翻译延长过程；嘌呤霉素的结构与酪氨酰 tRNA 结构相似，可取代氨酰 tRNA 进入核糖体 A 位，中断肽链合成，该抗生素主要用于肿瘤治疗。

2. 干扰素 干扰素是真核细胞感染病毒后分泌的一类有抗病毒作用的蛋白质，可抑制

病毒繁殖。干扰素通过活化特异蛋白激酶使真核细胞主要起始因子 eIF-2 磷酸化失活，从而抑制病毒蛋白质合成；或者通过与双链 RNA 共同活化特殊的 2′,5′-寡聚腺苷酸合成酶，催化 ATP 聚合，生成核苷酸间以 2′-5′磷酸二酯键连接的 2′-5′多腺苷酸，2′-5′多腺苷酸激活 RNase L，使病毒 mRNA 降解，阻断病毒蛋白质合成。干扰素除抗病毒作用外，还有调节细胞生长、激活免疫系统的作用。我国现在已将基因工程技术生产的干扰素用于临床，干扰素是继胰岛素之后较早获准在临床使用的基因工程药物。

本章小结

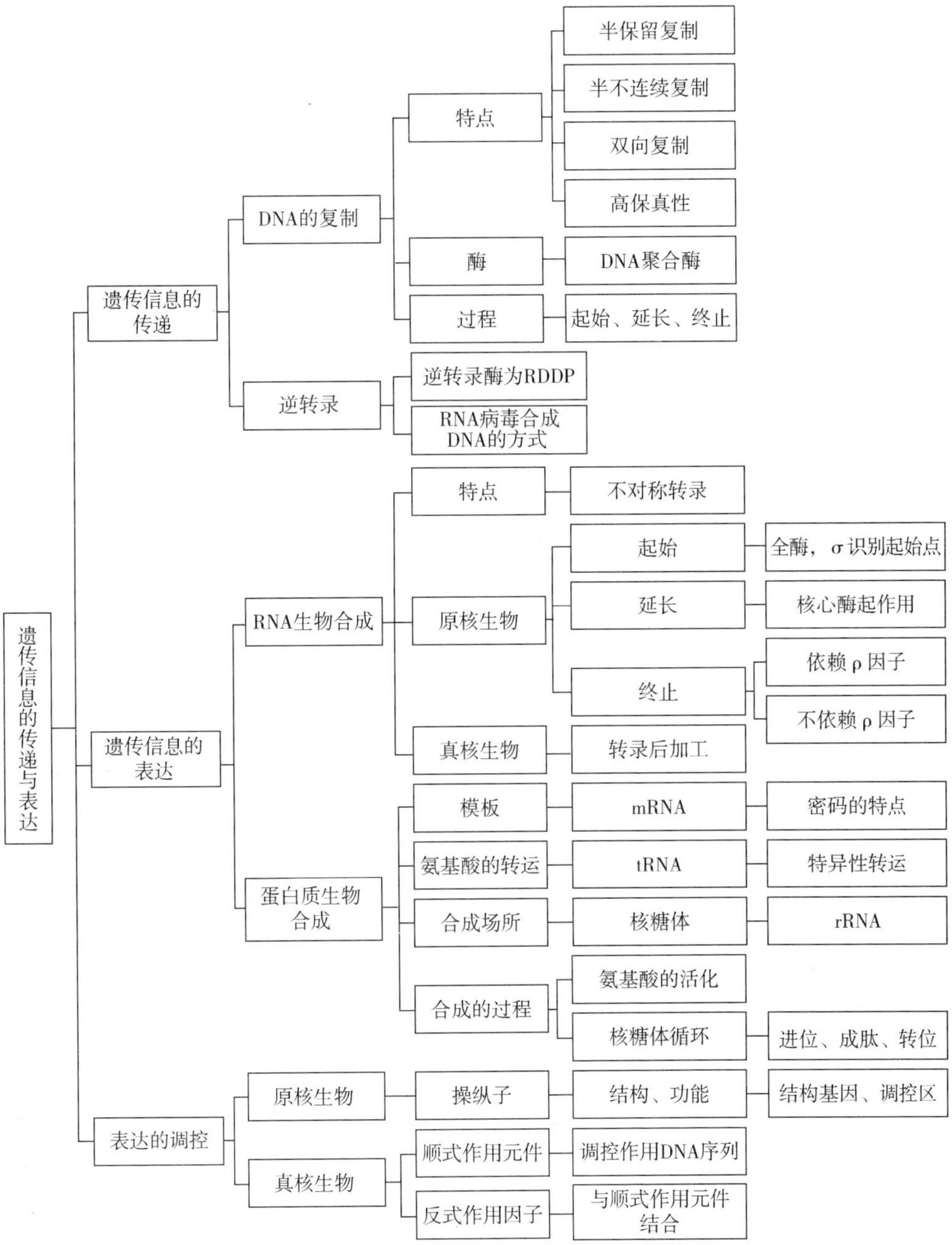

- 遗传信息的传递与表达
  - 遗传信息的传递
    - DNA的复制
      - 特点
        - 半保留复制
        - 半不连续复制
        - 双向复制
        - 高保真性
      - 酶 — DNA聚合酶
      - 过程 — 起始、延长、终止
    - 逆转录
      - 逆转录酶为RDDP
      - RNA病毒合成DNA的方式
  - 遗传信息的表达
    - RNA生物合成
      - 特点 — 不对称转录
      - 原核生物
        - 起始 — 全酶，σ 识别起始点
        - 延长 — 核心酶起作用
        - 终止
          - 依赖 ρ 因子
          - 不依赖 ρ 因子
      - 真核生物 — 转录后加工
    - 蛋白质生物合成
      - 模板 — mRNA — 密码的特点
      - 氨基酸的转运 — tRNA — 特异性转运
      - 合成场所 — 核糖体 — rRNA
      - 合成的过程
        - 氨基酸的活化
        - 核糖体循环 — 进位、成肽、转位
  - 表达的调控
    - 原核生物 — 操纵子 — 结构、功能 — 结构基因、调控区
    - 真核生物
      - 顺式作用元件 — 调控作用DNA序列
      - 反式作用因子 — 与顺式作用元件结合

一、选择题

【A1 型题】

1. 不参与 DNA 复制的酶是
   A. 引物酶　B. 拓扑异构酶
   C. DNA 连接酶　D. 解旋酶
   E. RNA 聚合酶
2. DNA 复制过程中起主要催化作用的酶是
   A. DNA 连接酶　B. DNA 聚合酶Ⅰ
   C. DNA 聚合酶Ⅱ　D. DNA 聚合酶Ⅲ
   E. 解旋酶
3. 后随链的合成是
   A. 连续的　B. 间断的　C. 先连续后间断　D. 先间断后连续
   E. 不确定
4. 逆转录是指
   A. 以 DNA 为模板，合成 RNA　B. 以 RNA 为模板，合成 DNA
   C. 以 DNA 为模板合成 DNA　D. 以 RNA 为模板合成 RNA
   E. 逆转录与翻译相似
5. 原核生物 RNA 聚合酶的核心酶是
   A. α　B. $\alpha_2\beta\beta'$　C. δ　D. $\alpha_2\beta\beta'\delta$　E. β
6. 翻译过程的起始密码子是
   A. AUG　B. AUU　C. UAA　D. UAG　E. UAU
7. 翻译的直接模板是
   A. DNA 单链　B. cDNA　C. mRNA　D. tRNA　E. rRNA
8. 起始密码子编码的氨基酸是
   A. 甲硫氨酸　B. 苯丙氨酸　C. 色氨酸　D. 苏氨酸　E. 赖氨酸
9. 冈崎片段出现在下列哪个过程中
   A. DNA 复制　B. 转录　C. 逆转录　D. 肽链延长阶段
   E. RNA 复制
10. DNA 复制过程中 RNA 引物酶的作用是
    A. 合成 DNA 链　B. 提供 DNA 复制的终止信号
    C. 稳定 DNA 单链　D. 解螺旋
    E. 合成 RNA 引物，为 DNA 合成提供 3′—OH
11. 下列哪种酶不能催化磷酸二酯键的形成
    A. DNA 聚合酶　B. RNA 聚合酶

C. 引物酶　　D. 解旋酶
E. DNA 连接酶

12. 参与转录的酶是
A. RNA 聚合酶　　B. DNA 聚合酶
C. 引物酶　　D. DNA 连接酶
E. SSB

13. 编码 20 种氨基酸的密码子共多少个
A. 20 个　　B. 61 个　　C. 64 个　　D. 30 个　　E. 51 个

14. RNA 复制是指
A. RNA 指导的 DNA 合成　　B. RNA 指导的 RNA 合成
C. DNA 指导的 RNA 合成　　D. RNA 编辑
E. RNA 转录后的加工

15. 下列不属于密码子特点的是
A. 摆动性　　B. 方向性　　C. 连续性　　D. 简并性
E. 双向性

16. 蛋白质合成时消耗的高能化合物是
A. ATP　　B. GTP　　C. CTP　　D. UTP
E. ATP 和 UTP

17. 下列不是操纵子组成成分的是
A. 调节基因　　B. 控制区　　C. 结构基因　　D. 操纵基因
E. 启动子

18. 下列是基因表达调控最重要环节的是
A. DNA 水平　　B. 转录水平　　C. 转录后水平
D. 翻译水平　　E. 翻译后水平

19. tRNA 中氨基酸的连接部位是
A. 反密码子环　　B. TψC 环　　C. DHU 环　　D. 3′—CCA—OH
E. 附加环

20. 一个 mRNA 的顺序为 5′-UCUAUGUCGGGCACGUCAUAGUCGAUU，则按此为模板合成的蛋白质为几肽
A. 7　　B. 3　　C. 4　　D. 5　　E. 9

扫码“练一练”

二、思考题

1. 什么是遗传密码，遗传密码有何特点？
2. 如何以乳糖操纵子为例说明原核生物基因表达调控的机制。
3. 蛋白质生物合成过程有何特点？

（成秀梅）

第十一章　癌基因与抑癌基因

学习目标

1. **掌握**　癌基因及抑癌基因的概念；癌基因活化的机制。
2. **熟悉**　病毒癌基因、细胞癌基因的分类，*Rb* 基因及 *p53* 基因的主要功能。
3. **了解**　细胞癌基因的主要表达产物及功能，Rb 蛋白及 P53 蛋白的主要作用机制。

细胞的生长和增殖受到促进生长增殖和抑制生长增殖的正、负信号的严格调控和制约，癌基因和抑癌基因以正、负信号参与调节细胞的增殖与分化。癌基因是一种正调节信号，其表达产物一般具有促进细胞生长和增殖的作用，并阻止其发生终末分化；抑癌基因则是一种负调节信号，其表达产物抑制细胞的生长和增殖，促进分化、成熟和衰老，最后凋亡。当正常细胞中的癌基因和抑癌基因发生异常表达，或表达产物异常时，失去了对细胞生长和增殖的调控能力，导致细胞恶性生长，从而引发肿瘤。本章主要介绍癌基因和抑癌基因的基本概念以及它们在细胞生长和增殖中的作用及机制。

扫码"学一学"

第一节　癌 基 因

癌基因是细胞内调节细胞生长的一类基因，在正常情况下，其表达对于机体的生长发育至关重要，但在异常表达时，这些基因不受体内各种调节因素的影响，可持续表达或过高表达，其产物可以使细胞持续增殖，从而引发细胞的恶性转化。

一、癌基因的概念

癌基因（onc）是指基因组内正常存在的、具有促进细胞增殖和生长的一类基因。最初对癌基因的定义是指在体外可引起细胞转化、在体内诱发肿瘤的基因，实际上它们是一类编码重要调控蛋白的正常细胞基因，其主要功能是调节细胞的增殖与分化。目前将能编码生长因子、生长因子受体、细胞内生长信号转导分子以及与生长有关的转录调节因子等的基因称为癌基因。

癌基因根据存在部位分为细胞癌基因（c-onc）和病毒癌基因（v-onc）。存在于正常细胞基因组中的癌基因称细胞癌基因，又名原癌基因（pro-onc），它们是基因组中的正常基因，细胞本身遗传物质的组成部分，一旦发生突变或被异常激活后可使细胞发生恶性转化。换言之，在每一个正常细胞基因组里都带有原癌基因，但它不表现致癌活性，只是在发生突变或被异常激活后才变成具有致癌能力的癌基因。细胞癌基因具有以下特点：①广泛存在于生物界中；②基因序列较为保守；③它通过编码蛋白质来发挥作用；④被激活后可形成癌性的细胞转化基因。

另外一类存在于肿瘤病毒（大多为逆转录病毒）中、能使靶细胞发生恶性转化的癌基因称病毒癌基因（v-onc）。病毒癌基因最初发现于逆转录病毒中，1911 年，Rous 观察到含

有肉瘤病毒的鸡肉瘤无细胞滤液注入鸡体内后可诱发肿瘤，直到 1968 年，美国分子和细胞生物学专家 Duesberg 发现并证明了鸡的 Rous 肉瘤（属于逆转录病毒）基因组中有一种编码非受体型酪氨酸蛋白激酶的基因 *src*（图 11-1），可使细胞转化，诱发肿瘤。因其存在于病毒基因组中，被命名为病毒癌基因。后来发现正常细胞中的原癌基因与病毒中的癌基因是同源的，它不编码病毒结构成分，但是当受到外界条件激活时，可使宿主细胞持续增殖而诱发肿瘤。病毒癌基因实际是来源于感染的宿主细胞的原癌基因，当逆转录病毒进入宿主细胞后，先以病毒 RNA 为模板，经逆转录合成双链 DNA 前病毒，并在宿主细胞中传代，随后整合入细胞基因组，通过基因重组，将细胞癌基因转导至病毒自身基因组内，从而获得致癌作用。但是整合重组过程中，其结构发生了许多变化，如内含子缺失、编码区截短及突变等，这些变化使病毒癌基因对细胞的恶性转化能力又明显强于细胞癌基因。

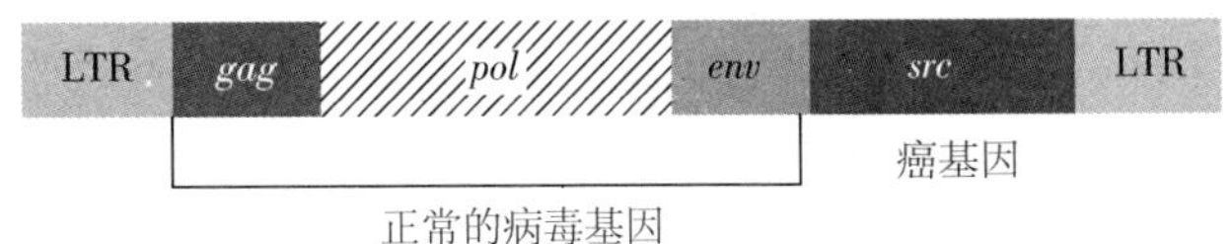

图 11-1　鸡 Rous 肉瘤病毒基因组结构

癌基因一般用三个斜体小写的字母表示，如 *src*、*myc*、*ras*、*sis*、*myb* 等；逆转录病毒中的癌基因可加前缀 v-，如 v-*src*。而癌基因表达的蛋白质则用大写字母表示，如 FOS、MYC、RAS 等。在正常情况下，细胞中的原癌基因其表达水平受到严格的调控，并无致癌作用；相反，它们还具有重要的生理功能，一些原癌基因对细胞正常的生长、增殖、分化发育等还起重要作用；当其受到致癌因素作用被激活而异常表达时，其产物可使细胞无限制分裂而发生癌变。

二、癌基因的分类与功能

目前已经发现 100 余种癌基因，其编码产物大多是参与信号转导途径级联传递的分子，它们通过细胞内信息传递系统刺激细胞增殖，当信号途径被异常激活时则会促进细胞增殖，并导致肿瘤的发生。根据癌基因所编码产物的定位和功能特点，可将其分为生长因子类、生长因子受体类、细胞内信号转导蛋白类及核内转录因子类。

1. 编码生长因子的癌基因　一些癌基因可编码多肽类生长因子，调节细胞生长与增殖。例如癌基因 *sis* 编码的蛋白质产物 P28 与血小板源生长因子（PDGF）的 β 链结构相似，其所形成的二聚体也可与细胞膜表面的 PDGF 受体结合而引起受体异常激活，从而能刺激间叶组织的细胞分裂增殖。肿瘤细胞常大量产生和分泌多种生长因子，可作为一种持续刺激生长和增殖的自身信号。

知识链接

癌基因与生长因子

生长因子是一类通过与特异的受体结合来调节细胞生长与分化的多肽类物质，目前发现的肽类生长因子有数十种，可来源于多种不同的组织，常见的生长因子有：表皮生长因子（EGF）、血小板源生长因子（PDGF）、转化生长因子（TGF）、神经生长因子（NGF）、类胰岛素生长因子（IGF）、促红细胞生成素（EPO）、血管内皮生长因

子（VEGF）等。生长因子作为细胞外信号分子，与细胞膜或胞质特异的受体结合，并通过细胞内信号转导分子的阶联传递，将信号传至核内或直接作用于DNA顺式作用元件，活化与细胞增殖、分化的相关基因，调节细胞生长。在体内许多癌基因编码的产物属于生长因子或生长因子受体，如EGF、PDGF、VEGF等，因此这类癌基因通过生长因子及其受体发挥作用。正常情况下，它们促进细胞生长与增殖，当细胞癌基因被激活，使其过量表达或产物功能异常，细胞自身增殖传导途径持续激活，导致细胞生长、增殖和凋亡失控，引起细胞恶变。

2. 编码生长因子受体的癌基因 这类癌基因编码的产物为一类跨膜蛋白质，称为生长因子受体，多数具有蛋白激酶活性，特别是酪氨酸蛋白激酶活性，与特异的生长因子配体结合后，受体所包含的酪氨酸蛋白激酶被活化，将细胞外的生长信号传入胞内，使细胞增殖。此类癌基因有：*src* 家族、*eRb*B（EGF受体）、*fms*（PDGF受体）、*sam*（FGF受体）、*trk*（NGF受体）和 *met*（HGF受体）等。此外，由癌基因 *mpl*（血小板生成素受体）和 *mas*（血管紧张素受体）等编码的受体虽然不具有酪氨酸蛋白激酶活性，但与特异的生长因子配体结合后，可再与细胞内可溶性的酪氨酸蛋白激酶结合，而表现出酪氨酸蛋白激酶活性，从而传递生长信号。肿瘤细胞中的生长因子类受体可由于过度表达及基因突变引起激酶活性增加，而处于一种非配体依赖性激活状态，从而在细胞内反复传递生长信号，使细胞发生恶性转化。

3. 编码胞内信号转导蛋白的癌基因 癌基因 *ras* 家族（H-*ras*、K-*ras*、N-*ras*），编码产物是低分子量G蛋白，是胞内信号转导蛋白。它们虽然核苷酸序列相差很大，但分子量均为21000，可与GTP结合，并具有GTP酶活性，参与传递生长信号。突变的 *ras* 基因失去GTP酶活性，可使所介导的信号转导途径过度激活。另一类癌基因表达的产物为细胞内可溶性蛋白激酶，如 *raf*、*mos*、*ros* 等编码的丝氨酸/苏氨酸蛋白激酶及 *crk* 编码的磷脂酶等，参与生长信息的传递。

4. 编码核内转录因子的癌基因 许多癌基因的编码产物是定位于细胞核的转录因子，主要包括 *fos* 家族（*c-fos*、*fs*-B、*fa*-1、*fra*-2）、*jun* 家族（c-*jun*、*jun*-B、*jun*-C）、*myc* 家族（C-*myc*、N-*myc*、L-*myc*）、*myb*、NF-κB 家族（*rel*、*lyt*-10、*bcl*-3）等。当细胞受到生长信号刺激后，这些核内转录因子迅速表达，直接调控与生长分化相关的靶基因的表达，促进细胞生长和增殖。

三、癌基因的活化机制

扫码“看一看”

正常情况下，癌基因处于相对静止或低水平的稳定表达状态，对细胞生长增殖为正常调控作用；当被各种致癌因素作用后，如病毒感染、化学致癌物或辐射作用等，经不同方式相继被激活后，则转变成具有使细胞转化的癌基因，这个过程称为原癌基因的活化。细胞癌基因可能通过以下四种机制活化。

1. 点突变 在致癌因素的作用下，原癌基因编码序列上的单个碱基发生变异，即点突变，使所编码的氨基酸发生改变，从而导致表达蛋白的结构和功能异常，原癌基因由正常基因转变为活化的癌基因。如多种肿瘤细胞中都出现 *ras* 基因的点突变，常见第12位密码子突变，由正常细胞中的GGC（编码甘氨酸）突变为肿瘤细胞中的GTC（编码缬氨酸），

氨基酸的替换使 GTP 酶活性丧失，从而使 Ras 蛋白保持激活状态，持续刺激细胞增殖。*c-fms* 的活化也是由点突变引起。

2. 获得启动子和增强子　来源于病毒等的外源性启动子或增强子插入到原癌基因的附近或内部而使其开放转录，使原癌基因表达水平异常增加。如逆转录病毒感染细胞后，病毒基因组中的长末端重复序列 LTR（含有较强的启动子和增强子），通过与细胞基因组的整合，插入到某些原癌基因附近或内部，使该基因过度表达或由不表达变为表达，导致细胞发生癌变。

3. 染色体的易位或重排　原癌基因从它所在染色体的正常位置转移至另一个染色体上，改变了其转录的调控环境，通过获得启动子或增强子而被激活，基因表达增强，使细胞恶性转变。例如，Burkitt 淋巴瘤中 8 号染色体的 *c-myc* 易位到 14 号染色体的免疫球蛋白重链基因的调节区附近，获得强的启动子，使 *c-myc* 基因表达异常增强。

4. 基因扩增　基因扩增是指原癌基因拷贝数增加，导致产物过度表达，进而引起细胞增殖失控。在人类恶性肿瘤中，癌基因扩增现象较为常见，可使表达量扩增升高几十甚至上千倍。例如：*c-myc* 基因在神经母细胞瘤中有 200 多个拷贝，*c-myc* 在肝癌、结肠癌、乳腺癌及小细胞肺癌等多种肿瘤细胞中均有不同程度的扩增。又如：人类表皮生长因子受体 2 基因（*HER2*），即 c-*eRbB*-2 基因，是一种原癌基因，定位于 17q12-21.32，编码具有酪氨酸激酶活性的跨膜受体样蛋白，通过一系列信号转导途径，促进细胞生长分化与肿瘤性转化。正常情况下，它处于非激活状态；但在体内外一些致癌因素的作用下，可通过过度表达或基因扩增方式活化，导致肿瘤发生。研究显示，在乳腺癌、卵巢癌、胃癌、大肠癌、肺癌、前列腺癌中均存在不同程度的 *HER2* 过度表达，*HER2* 在调节肿瘤细胞生长、分化及存活中起着重要的作用，并与肿瘤的发生、转移、预后、治疗等密切相关。目前临床上已有针对于 *HER2* 基因过度表达的药物——赫赛汀，用于 *HER2* 过表达的转移性乳腺癌的治疗。

不同的癌基因被激活的方式不同，一种癌基因也可经多种方式激活。例如，*ras* 基因的激活方式主要为点突变，而 *c-myc* 主要经基因扩增和基因重排两种方式激活。癌基因的过量表达或过度激活与肿瘤的形成密切相关。

知识链接

赫赛汀

赫赛汀（Herceptin）是针对于 *HER2* 基因过表达的药物，选择性地作用于人表皮生长因子受体-2（HER2）的细胞外部位。赫赛汀是其商品名，通用名为注射用曲妥珠单抗，适用于治疗 *HER2* 过表达的转移性乳腺癌等肿瘤，作为单一药物治疗已接受过 1 个或多个化疗方案的转移性乳腺癌；或与紫杉醇类药物合用未接受过化疗的转移性乳腺癌。临床上护理用药，应该注意以下事项：①对曲妥珠单抗或其他成分过敏患者禁止使用；②请勿静脉注射或快速静脉滴注；③一般选用该药配送的灭菌注射用水稀释，2~8℃保存可多次使用，但 28 天后余液应弃去；④当本药用于对苯乙醇过敏的患者时，应用注射用水重新配置，并马上使用；⑤本药不能与其他药混合或稀释；⑥有心肌损害作用，使用时注意加用心肌保护药物。心功能不全的患者需特别小心。

扫码“学一学”

第二节　抑癌基因

一、抑癌基因的概念

抑癌基因（ant-onc），又称肿瘤抑制基因，是一类能抑制细胞过度生长和增殖，并抑制肿瘤发生的基因。抑癌基因与原癌基因一样，都是细胞基因组中的正常成员，它们相互制约，维持细胞增殖正、负调节信号的相对平衡。当抑癌基因缺失或突变，则不能表达正常产物，或者其编码蛋白产物的活性受到抑制，失去功能时，会引起细胞增殖失控，丧失抑癌作用，而导致肿瘤的发生。

1969 年 Harris 通过细胞杂交证实了抑癌基因的存在。肿瘤细胞与正常细胞融合形成杂交细胞后，不再具有致瘤性，说明从正常细胞来的某种基因起抑制肿瘤发生的作用。当融合细胞丧失了含有这种特殊基因的染色体时，又重新出现了致瘤性，从而证明正常染色体携带有抑制肿瘤的基因，即肿瘤抑制基因。

抑癌基因编码产物的功能主要是诱导细胞分化、维持基因组稳定、触发或诱导细胞凋亡、负调控细胞周期等。总体上抑癌基因对生长起着负调控作用，能抑制细胞的恶性生长。

二、常见的抑癌基因及其作用机制

目前已经发现的抑癌基因有数十种。抑癌基因通常用 1~4 个斜体字母来表示，有时还包括了所编码蛋白质产物分子量的大小。如 *p53* 基因，是根据其编码产物的分子量约 53×10^3 而命名的。抑癌基因一般先是在某个特定的肿瘤组织中被发现，并由此而命名，如 *Rb* 基因是在研究少见的儿童视网膜母细胞瘤（Rb）中发现的，由此而命名。一些常见的抑癌基因见表 11-1，现以 *Rb* 、*p53* 为例介绍抑癌基因的作用机制。

表 11-1　常见的抑癌基因

基因	染色体定位	基因产物及功能	主要相关肿瘤
p53	17p13	P53（转录因子）	结肠癌等多种肿瘤
PTEN	10q23	磷酸磷脂酶	胶质细胞瘤、前列腺癌
Rb	13q14	P105（转录因子）	视网膜母细胞瘤
p16	9p21	P16 蛋白（CDK4、6 抑制剂）	乳腺癌、黑色素瘤
DCC	18q21	细胞表面黏附分子	结肠癌
APC	5q21	编码 G 蛋白	结肠癌
NF1	17q12	GTP 酶激活剂	神经纤维瘤
nm23	17q3	肿瘤转移抑制分子	胃癌、骨肉瘤
MLH1	3p23	DNA 错配修复	畸胎瘤、黑色素瘤
p21	6q21	P21 蛋白（CDK4、6 抑制剂）	前列腺癌
WT1	11p13	转录因子	Wilms 瘤

（一）*Rb* 基因

1. *Rb* 基因基本特性　*Rb* 基因是视网膜母细胞瘤易感基因，位于染色体 13q14，是第一个被发现和鉴定的抑癌基因，含有 27 个外显子和 26 个内含子，其编码产物是分子量为 105×10^3 的 Rb 蛋白，是一种转录因子，有调节基因转录的功能。正常的 *Rb* 能促进细胞分

化，抑制细胞增殖。*Rb* 基因失活除见于视网膜母细胞瘤外，还与乳腺癌、肺癌、膀胱癌、骨肉瘤、非小细胞肺癌等肿瘤有关。

2. *Rb* 基因作用机制　Rb 蛋白对肿瘤的抑制作用与转录因子 E2F 家族有关，主要通过磷酸化/去磷酸化来调节细胞生长、分化，非磷酸化形式为活性型，能促进细胞分化，抑制细胞增殖。Rb 蛋白的磷酸化状态与细胞周期密切相关。例如处于静止状态的淋巴细胞仅表达非磷酸化 Rb 蛋白；在诱导剂作用下，淋巴细胞进入 S 期，Rb 蛋白的磷酸化水平升高。在终末分化的单核细胞和粒细胞仅表达高水平的非磷酸化的 Rb 蛋白，即使有诱导剂作用，Rb 蛋白也不发生磷酸化，细胞不分裂。可见，Rb 蛋白的磷酸化修饰作用对细胞生长、分化起重要调节作用。细胞周期中增殖调控蛋白直接控制 Rb 蛋白的磷酸化状态，并随细胞周期而改变。在细胞周期的 G_1 期，非磷酸化的 Rb 蛋白与特异性转录因子 E2F 结合，使 E2F 丧失转录激活功能，E2F 依赖性的相关基因不能表达，阻止细胞从 G_1 进入 S 期，从而抑制细胞增殖。当细胞增殖信号使细胞周期蛋白依赖性激酶（CDK）与周期蛋白结合被激活后，使 Rb 蛋白磷酸化，而释放与之结合的 E2F。被释放的 E2F 能激活与 DNA 复制有关的酶的基因转录，细胞才能从 G_1 期进入 S 期的增殖状态（图 11-2）。因此认为 *Rb* 基因是通过 G_1-S 期关卡的“守卫”，如果 *Rb* 基因缺失或突变，细胞生长失去负调控，细胞将不断增殖。一些病毒编码的蛋白质能与 Rb 蛋白结合，使其失去结合 E2F 的能力，使细胞不断分裂增殖，如 E7 蛋白。

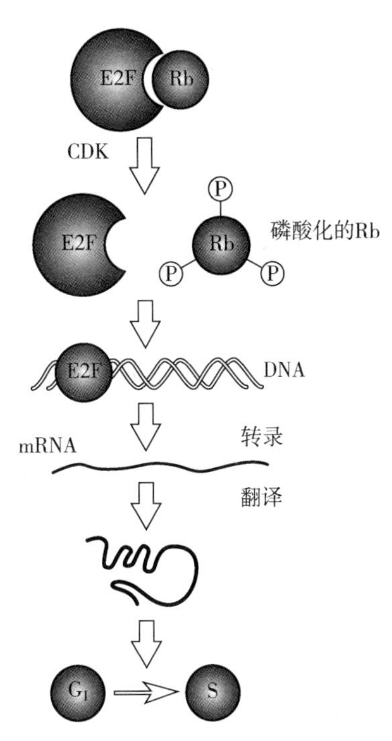

图 11-2　Rb 蛋白对细胞增殖的调控

（二）*p53* 基因

1. *p53* 基因基本特性　人 *p53* 基因位于染色体 17p13，由 11 个外显子和 10 个内含子组成，编码一种分子量为 53×10^3 的蛋白质，命名为 P53 蛋白。*p53* 基因是细胞生长周期中的负调节因子，与细胞周期的调控、DNA 修复、细胞分化、细胞凋亡等重要的生物学功能有关。*p53* 基因分为野生型和突变型两种，野生型 *p53* 是一种转录因子，具有转录激活功能和广谱的肿瘤抑制作用，突变的 *p53* 起癌基因作用。*p53* 基因是迄今发现的与人类肿瘤相关性最高的基因，在所有恶性肿瘤中，50%~60% 以上会出现该基因的突变，表明正常的 *p53* 基因与抑制肿瘤的形成有关。*p53* 基因突变后，由于其空间构象发生改变，失去了对细胞生长、凋亡和 DNA 修复的调控作用，由抑癌基因转变为癌基因。

2. *p53* 基因作用机制　*p53* 基因主要通过以下几个方面发挥作用。

（1）监控 DNA 的完整性　DNA 损伤后，P53 蛋白与特定基因的 DNA 序列结合，使细胞周期阻滞于 G_1 期，并启动细胞 DNA 修复系统，对损失的 DNA 进行修复。

（2）诱导细胞凋亡　如果 P53 蛋白不能修复损伤的 DNA，则诱导细胞凋亡而被清除，避免产生突变细胞。P53 蛋白诱导凋亡作用与上调 *Bax*、*Fas*L、*Bid*、*Nox*A 等促凋亡基因表达，下调抗凋亡蛋白 *Bcl*-2 等的基因表达有关。

（3）抑制细胞周期　P53 蛋白可通过促进 *p21* 基因的表达抑制细胞周期（图 11-3）。

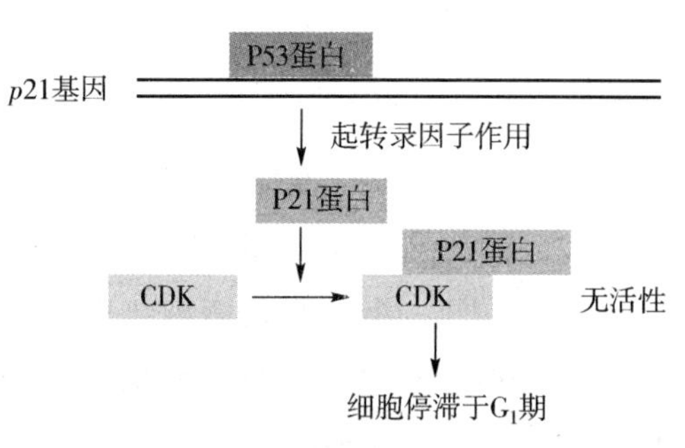

图 11-3 P53 蛋白调节细胞周期

P53 蛋白与 *p21* 基因的调控序列结合，促进 *p21* 基因表达。P21 蛋白是 CDK 的通用抑制剂，通过与 CDKs 结合而抑制了由细胞周期蛋白的结合所引起的 CDK 激活。因此，P53 蛋白使细胞周期阻滞于 G_1 期。

（4）抑制癌基因的表达 P53 蛋白可下调多种癌基因的表达，如 C-*myc*、C-*fos*、C-*jun* 和 *PCNA* 等。

目前对 *p53* 的研究还发现它能抑制肿瘤血管的形成。一般认为 *p53* 过表达与肿瘤的转移、复发及不良预后相关。*p53* 基因的突变（缺失）是人类肿瘤的常见事件，与肿瘤的发生、发展有关。*p53* 基因的突变类型有点突变、插入突变、缺失突变、框移突变、基因重排等。基因突变引起 P53 蛋白空间构象改变，失去了稳定性和功能性。因此，对 *p53* 基因突变位点的检测是评估患者对肿瘤治疗反应和生存期的一个指标。目前，国内外都有针对 *p53* 的基因治疗药物，并已开展临床试验和治疗。

知识链接

_p53_ 基因的失活与肿瘤

p53 基因是一种重要的抑癌基因，是目前发现的与人类肿瘤相关性最高的基因。有超过 50% 以上的肿瘤存在 *p53* 基因的突变，目前发现的有肝癌、乳腺癌、膀胱癌、胃癌、结肠癌、前列腺癌、软组织肉瘤、卵巢癌、脑瘤、淋巴细胞肿瘤、食管癌、肺癌、成骨肉瘤等。在这些肿瘤中，*p53* 基因的突变大多是错义突变，常见的突变位点在 175、273、279。突变的 *p53* 导致突变的 P53 蛋白的表达，后者丧失了与 DNA 的结合能力，不仅失去了肿瘤抑制功能，而且还能促进肿瘤的发生、发展。此外，突变体 P53 还可以与野生型 P53 结合形成四聚体，进一步抑制野生型 P53 蛋白的肿瘤抑制功能。

正常细胞转化为恶性肿瘤细胞是一个复杂而漫长的过程，目前普遍认为肿瘤的发生、发展是多个癌基因和抑癌基因的基因改变累积的结果，并且它们之间有协同作用，经过起始、启动、促进和癌变几个阶段逐步演化而产生。除与细胞生长和增殖异常外，还与细胞分化、细胞凋亡、端粒及端粒酶活性、血管生成等有关。根据不同肿瘤组织类型及不同阶段肿瘤相关基因改变的特点，采取对肿瘤患者的个体化治疗，对提高肿瘤的治疗疗效和延长生存期有重要意义。

本章小结

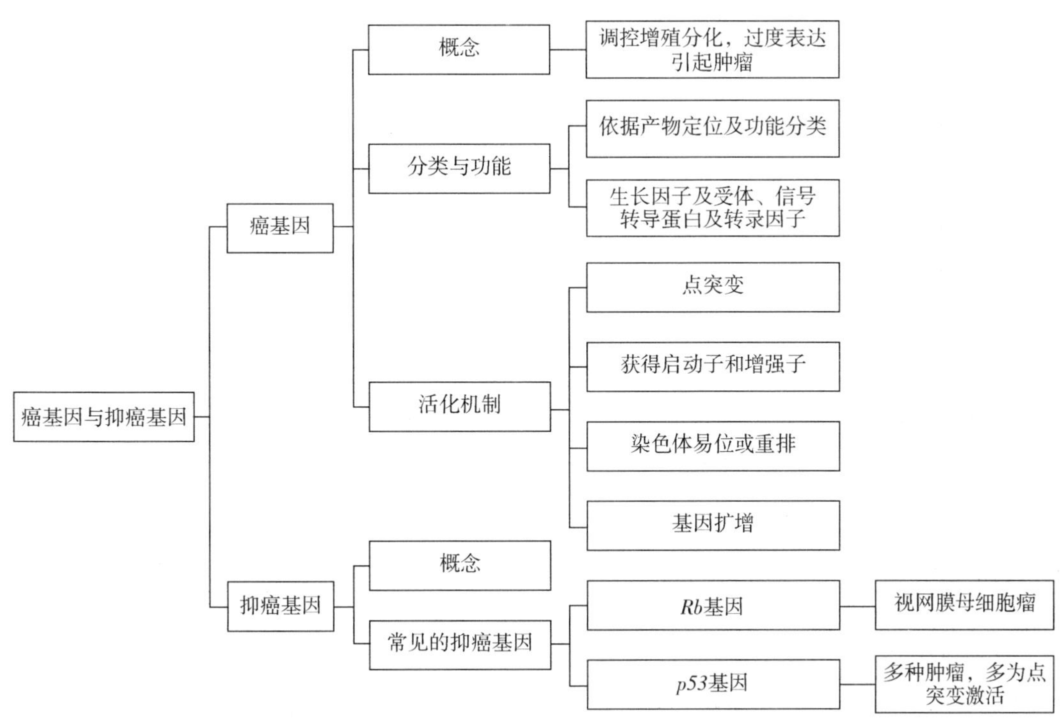

一、选择题

【A1 型题】

1. 关于细胞癌基因的叙述正确的是
   A. 存在于正常生物基因组中　　B. 存在于 DNA 病毒中
   C. 存在于 RNA 病毒中　　D. 又称为病毒癌基因
   E. 正常细胞含有即可导致肿瘤的发生
2. 下列哪一种不是癌基因产物
   A. 生长因子类似物　　B. 跨膜生长因子受体
   C. 信息传递蛋白　　D. 核内转录因子
   E. 化学致癌物质
3. 原癌基因扩增是由于
   A. 病毒基因组的长末端重复序列插入到细胞原癌基因内部
   B. 原癌基因中单个碱基的替换
   C. 原癌基因数量增加
   D. 原癌基因表达产物增加
   E. 无活性的原癌基因移至增强子附近

4. 关于抑癌基因，错误的是

A. 可促进细胞的分化　　B. 可诱发细胞程序性死亡

C. 突变时可能导致肿瘤发生　　D. 可抑制细胞过度生长

E. 最早发现的是 *p53* 基因

5. 下列哪个为抑癌基因

A. *ras*　　B. *myc*　　C. *rb*　　D. *fos*　　E. *jun*

6. 能编码具有酪氨酸蛋白激酶活性的癌基因是

A. *myc*　　B. *myb*　　C. *sis*　　D. *src*　　E. *ras*

7. 癌基因 *ras* 家族的编码产物是

A. 酪氨酸蛋白激酶　　B. DNA 结合蛋白

C. GTP 结合蛋白类　　D. 生长因子类

E. 生长因子受体类

8. 病毒癌基因的叙述错误的是

A. 主要存在于 RNA 病毒基因中

B. 在体外能引起细胞转化

C. 感染宿主细胞能随机整合于宿主细胞基因组

D. 又称为原癌基因

E. 感染宿主细胞能引起恶性转化

9. 关于 *Rb* 基因，错误的是

A. 是一种抑癌基因

B. 其编码蛋白为 P105

C. 表达产物可促进细胞分化，抑制细胞增殖

D. 最初发现于视网膜母细胞瘤中

E. 该基因活化可致视网膜母细胞瘤

10. 关于 *p53* 基因的叙述错误的是

A. 因编码的蛋白质分子量为 53×10^3 而得名

B. 编码产物可参与 DNA 损伤的修复

C. 是细胞内重要的抑癌基因

D. 可促进 DNA 损伤细胞的凋亡

E. 与细胞周期调控无关

11. 原癌基因活化的机制，错误的是

A. 获得启动子或增强子　　B. 基因易位

C. 原癌基因的甲基化修饰　　D. 原癌基因扩增

E. 原癌基因点突变

12. 抑癌基因编码产物的功能是

A. 抑制细胞凋亡　　B. 促进细胞生长和增殖

C. 抑制 DNA 损失修复　　D. 抑制细胞周期

E. 增加癌基因表达

13. 引起癌基因表达异常增加的是

A. 基因扩增　　　　　　B. DNA 降解
C. 乙酰化水平降低　　　D. miRNAs 增加
E. 甲基化程度升高

二、思考题

1. 原癌基因是如何被激活的？
2. 细胞癌基因与病毒癌基因之间有何关系？
3. P53 的作用及其机制是什么？
4. 癌基因的分类与主要功能。

扫码“练一练”

（邓秀玲）

第十二章　肝的生物化学

学习目标

1. **掌握**　生物转化的概念、意义、反应类型；胆色素的概念及基本代谢过程；黄疸的概念；未结合胆红素和结合胆红素的区别。

2. **熟悉**　肝在物质代谢中的作用；胆汁酸分类依据；胆汁酸的功能；胆汁酸的肠-肝循环；高胆红素血症；黄疸类型；三种黄疸的区别。

3. **了解**　影响生物转化的因素。

肝在人体生命活动中发挥重要作用。一方面，肝在糖、脂质、蛋白质、维生素和激素等物质代谢中起着重要作用；另一方面，它还具有分泌、排泄及对非营养物质进行代谢转化的功能。肝的这些复杂、多样化功能是与肝本身特有的形态结构和化学组成特点有关。肝的形态结构和化学组成特点有：①肝具有肝动脉和门静脉双重血液供应；②肝具有肝静脉和胆道双重输出管道；③肝具有丰富的血窦，有利于代谢物质的交换；④肝细胞具有丰富的亚细胞结构，如线粒体、内质网、高尔基复合体、溶酶体等，这些亚细胞结构保证了物质代谢的区域性分布及代谢的独特性。此外，肝中酶的种类多达数百种，因此，肝被称为人体“生化工厂”。

扫码“学一学”

第一节　肝在物质代谢中的作用

一、肝在糖代谢中的作用

肝是维持机体血糖浓度恒定的最主要器官。肝中进行的糖原合成、分解及糖异生作用，确保了血糖浓度的相对恒定，保证了机体各组织器官尤其是以葡萄糖作为主要能源物质的组织器官（如脑组织、成熟红细胞等）对能量的需求。

餐后血糖浓度升高时，肝从血中大量摄取葡萄糖用于合成肝糖原。肝糖原重量可达肝重的5%。过多的糖还可在肝转变为脂肪。此外，餐后戊糖磷酸途径加速，从而为某些物质的合成及生物转化等提供NADPH。肝细胞严重受损的患者进食或输入葡萄糖后，容易发生一过性高血糖。

饥饿时，血糖浓度降低，肝糖原分解及糖异生作用加强，此时肝中生成的葡萄糖释放入血，以防止血糖浓度过低。因此，严重肝病导致肝糖原贮存减少以及糖异生障碍时，患者易出现空腹血糖降低。临床可应用半乳糖耐量试验及血中乳酸含量的测定来观察肝糖原合成及糖异生是否正常。

二、肝在脂质代谢中的作用

肝分泌的胆汁酸盐能乳化脂质，促进脂质物质的消化、吸收。肝受损或胆道阻塞时，胆汁酸盐合成或分泌障碍，可出现食欲下降、厌油、脂肪泻等症状。

肝是合成胆固醇的主要场所。此外，肝还合成并分泌卵磷脂-胆固醇脂酰转移酶（LCAT）。当肝严重损伤时，不仅胆固醇合成减少，血浆胆固醇酯的降低往往出现更早，且更明显。所以，血清胆固醇酯的测定是临床上判断肝功能受损的指标之一。

肝是合成脂肪和磷脂的主要场所。磷脂合成障碍会影响肝合成的脂肪以 VLDL 的形式运出，从而导致脂肪肝。

肝还是机体氧化分解脂肪酸和合成酮体的主要场所。肝细胞 β 氧化产生的乙酰辅酶 A，除进一步氧化产生能量供肝细胞自身应用外，还用于合成酮体。生成的酮体供肝外组织氧化利用。

肝在血浆脂蛋白代谢中起着重要作用。VLDL、HDL 均在肝合成，许多脂蛋白的降解也主要在肝进行。此外，肝还可以合成 Apo CⅡ，从而通过激活 LPL，参与 CM 和 VLDL 的代谢过程。

三、肝在蛋白质代谢中的作用

血浆蛋白中，除 γ-球蛋白外，几乎所有其他血浆蛋白均由肝合成和分泌，如清蛋白、部分球蛋白、纤维蛋白原、凝血酶原及多种载脂蛋白（Apo A、Apo B、Apo C、Apo E）等。清蛋白是许多物质在血浆中运输的载体，另外，清蛋白在维持血浆胶体渗透压中也起着重要作用。如果血浆清蛋白低于 30g/L，约半数患者出现水肿、腹水等临床表现。正常人血浆清蛋白（A）与球蛋白（G）的比值（A/G）为（1.5~2.5）：1。肝功能严重受损时，肝合成血浆蛋白减少，临床上常出现 A/G 值降低、水肿、凝血功能障碍等。胎肝可合成一种与血浆清蛋白分子量相似的甲胎蛋白（αFP 或 AFP）。胎儿 13 周时，AFP 占血浆蛋白总量的 1/3；30 周时达最高峰，此后 AFP 合成受到抑制，血浆浓度逐渐下降；出生时在血浆中浓度为高峰期的 1% 左右（约 40mg/L）；1 周岁时接近成人水平（低于 30μg/L）。但当肝细胞发生癌变时，又恢复了合成 AFP 功能，而且随着病情恶化，它在血清中的含量会急剧增加。因此，AFP 被认为是诊断原发性肝癌的一个特异性临床指标。但是近年大量临床资料表明，部分肝硬化患者长期出现 AFP 水平显著升高，却并未患肝癌；少数晚期肝癌患者 AFP 水平并不高。

肝在蛋白质分解代谢中也起着重要作用。肝细胞含有丰富的氨基酸代谢酶类。除了支链氨基酸外，肝对其他所有氨基酸均有很强的代谢作用。肝中氨基酸的转氨基、脱氨基、脱羧基、转甲基等代谢过程均很活跃。肝是清除和降解血浆蛋白（清蛋白除外）的主要器官。肝细胞膜上具有蛋白受体，能特异识别血浆蛋白，经胞吞作用血浆蛋白进入肝细胞被降解。

肝还是氨及胺类物质解毒的重要器官。机体代谢产生的氨主要在肝合成尿素而解毒。因此，当肝功能严重受损时，可引起血氨浓度升高，诱发肝性脑病。此外，肠道细菌腐败作用产生的胺类物质被肠黏膜吸收后，主要进入肝通过生物转化作用解毒。

四、肝在维生素代谢中的作用

肝在维生素吸收、储存、运输及代谢中起着重要作用。肝是维生素 A、E、K 和 B_{12} 等维生素的主要储存部位，如肝中维生素 A 的储存量占机体总量的 95% 以上。肝合成和分泌的胆汁酸在促进脂肪吸收的同时，促进脂溶性维生素的吸收，故肝胆系统疾病患者常因脂溶性维生素吸收障碍而发生脂溶性维生素的缺乏。维生素 A 以与视黄醇结合蛋白相结合的形式在血中运输，而视黄醇结合蛋白由肝合成。因此，肝疾病会使视黄醇结合蛋白合成减

少，导致血浆中维生素 A 含量降低。肝还直接参与多种维生素的代谢转化。如肝能够将维生素 D 转化为 25-羟维生素 D_3，此外，肝还能合成在血中运输维生素 D 所需的维生素 D 结合蛋白，故肝疾病可导致血中维生素 D 含量降低。多种 B 族维生素通过在肝的代谢转化为相应的辅酶或辅基，包括 NAD^+、$NADP^+$、TPP、FMN、FAD、HSCoA 等。

知识拓展

肝硬化患者的护理和注意事项

1. 注意休息，避免剧烈运动；保持乐观情绪，树立战胜疾病信心。
2. 易消化、高蛋白质、高糖、高维生素、低脂饮食。
3. 腹水患者要卧床休息，增进营养，最好采用无盐或低盐饮食（每日食盐量不得超过 5g）。
4. 腹水明显患者需限制水的摄入，一般进水量控制在 1000ml/d，严重低钠血症患者，应限制在 500ml 以内。
5. 伴有食管静脉曲张患者，应避免刺激性和硬的食物，以免造成大出血。
6. 肝昏迷倾向患者，应限制蛋白质的摄入，三餐以蔬菜为主。
7. 禁酒戒烟，不要滥用“护肝”药物。

五、肝在激素代谢中的作用

多种激素在发挥其作用后，主要在肝通过代谢转化而失去活性，此过程称为激素的灭活。某些水溶性激素（如胰岛素、去甲肾上腺素）通过与肝细胞膜受体结合，通过肝细胞内吞作用进入细胞内。而游离态的脂溶性激素则通过扩散作用进入肝细胞。多种激素如雌激素、醛固酮、垂体后叶分泌的抗利尿激素、胰岛素、甲状腺素等主要在肝内灭活。

知识拓展

肝掌、蜘蛛痣与肝硬化

正常情况下，雌激素发挥作用后经肝生物转化作用灭活。慢性肝炎特别是肝硬化患者雌激素灭活障碍，导致体内雌激素水平升高，引起体内小动脉扩张，导致蜘蛛痣和肝掌。患者大拇指和小指根部的大、小鱼际及手指掌面处皮肤由于片状充血呈红色斑点、斑块状，加压后变成苍白色，这种手掌称为肝掌。肝掌为慢性肝炎、肝硬化的重要标志之一。蜘蛛痣也称蜘蛛状毛细血管扩张症或动脉性蜘蛛痣，形态似蜘蛛，痣体旁有放射状排列的扩张的毛细血管。好发于上腔静脉回流区域，如躯干以上部位，尤以面、颈和手部多见。

扫码“看一看”

第二节　肝的生物转化作用

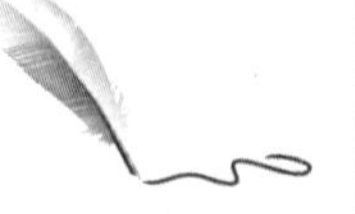

一、生物转化的概念和意义

机体对非营养物质进行代谢转变，增加其极性（或水溶性），使其易于通过胆汁或尿液等途径排出体外的过程称为生物转化。

肝是生物转化的最主要器官。其他组织如肾、胃肠道、肺、皮肤、胎盘等也可进行一定的生物转化作用。

体内有些物质不能氧化分解供能，它们本身或在体内的代谢产物也不能作为构成组织细胞的组成成分，有些具有一定的生物学效应甚至还有一定的毒性，这些物质被称为非营养物质。某些非营养物质可以被机体直接排出体外，还有一些需先进行代谢转变，然后排出体外。非营养物质根据来源不同可分为：①内源性，系机体物质代谢产生的一些生物活性物质，如激素、神经递质、毒性代谢产物氨、胺类物质、尿素、乳酸、胆红素等。②外源性，系由外界进入机体的各种异物，如食品添加剂、色素、药物、毒物及环境污染物等。

生物转化的意义在于：增加非营养物质的极性（或水溶性），使其易于随尿液或胆汁等途径排出体外；另外，生物转化也具有解毒作用，使大部分非营养物质的生物学活性或毒性均降低，甚至消失。但是，也有某些物质本身没有毒性或毒性极小，经肝生物转化后形成有毒性的代谢物或使其毒性增强，如苯并芘的致癌作用。因此，生物转化具有解毒和致毒双重性。

二、生物转化的反应类型

生物转化的反应类型包括氧化、还原、水解和结合反应。氧化、还原、水解反应称为第一相反应；而结合反应称为第二相反应。有些物质经过第一相反应即可顺利排出体外。还有些物质经过第一相反应后，极性改变不大，必须与某些极性更强的物质结合，即进行第二相反应，才最终排出体外。也有些物质不需要经过第一相反应，直接进行第二相反应而排出体外。

（一）第一相反应

1. 氧化反应　氧化反应是最常见的生物转化反应，包括单加氧酶系、单胺氧化酶系及脱氢酶等催化的反应。

（1）单加氧酶系　该酶系是氧化反应中最重要的酶系。由于该酶系能直接激活分子氧，使一个氧原子加到底物分子上生成羟基化合物或环氧化合物，另一个氧原子使 NADPH 氧化而生成水，因此被称为单加氧酶系或混合功能氧化酶。单加氧酶系的特异性较差，可催化多种有机物进行不同类型的氧化反应。单加氧酶系由 NADPH-细胞色素 P_{450}还原酶及细胞色素 P_{450}组成。单加氧酶系催化的反应如下：

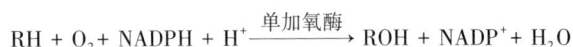

$$RH + O_2 + NADPH + H^+ \xrightarrow{\text{单加氧酶}} ROH + NADP^+ + H_2O$$

RH 代表非常广泛的外源及内源非营养物质，包括约 50% 的药物、致癌物、杀虫剂、污染物、类固醇激素等。

（2）单胺氧化酶系　单胺氧化酶系（MAO）属于黄素酶类，可催化胺类物质氧化脱氨，生成相应的醛类。胺类物质包括组胺、酪胺、尸胺、腐胺等肠道吸收的腐败产物和体内氨基酸分解代谢产生的活性物质，如 5-羟色胺、儿茶酚胺等。其反应式如下：

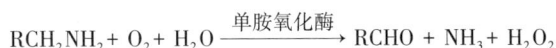

$$RCH_2NH_2 + O_2 + H_2O \xrightarrow{\text{单胺氧化酶}} RCHO + NH_3 + H_2O_2$$

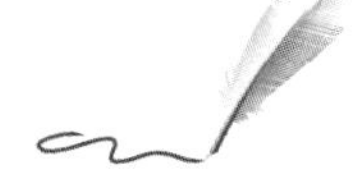

（3）脱氢酶　肝细胞胞质中含有以 NAD^+ 为辅酶的醇脱氢酶（ADH）与醛脱氢酶

(ALDH)，分别催化醇或醛脱氢，氧化生成相应的醛或酸类。如乙醇被摄入机体后，被乙醇脱氢酶和乙醛脱氢酶依次代谢为乙醛和乙酸。

$$CH_3CH_2OH + NAD^+ \xrightarrow{\text{乙醇脱氢酶}} CH_3CHO + NADH + H^+$$

$$CH_3CHO + NAD^+ + H_2O \xrightarrow{\text{乙醛脱氢酶}} CH_3COOH + NADH + H^+$$

90%以上的乙醇在肝内进行代谢。肝中 ADH 的活性较高，但是东方人群中 30%～40%的人由于 ALDH 基因变异，导致 ALDH 活性低下，该人群饮酒后由于乙醛在体内堆积，而产生血管扩张、面部潮红、恶心呕吐、昏迷等醉酒症状。此外，乙醇在肝的代谢使肝细胞内 $NADH/NAD^+$值升高，过多的 NADH 将丙酮酸还原成乳酸。严重酒精中毒导致乳酸和乙酸堆积，可引起酸中毒和电解质平衡紊乱，还可通过抑制糖异生导致低血糖。

2. 还原反应 催化生物转化还原反应的酶类主要存在于肝细胞微粒体，包括硝基还原酶和偶氮还原酶。此类反应中，由 NADPH 供氢，将硝基化合物（如食品防腐剂）与偶氮化合物（如食品色素、化妆品）还原成相应的胺类，后者可进一步代谢生成相应的酸。此外，催眠药三氯乙醛也可被还原生成三氯乙醇，而失去其药理活性。

$$C_6H_5{-}NO_2 \xrightarrow{\text{硝基还原酶}} C_6H_5{-}NO \xrightarrow{\text{硝基还原酶}} C_6H_5{-}NHOH \xrightarrow{\text{硝基还原酶}} C_6H_5{-}NH_2$$

硝基苯　　亚硝基苯　　羟氨苯　　苯胺

$$C_6H_5{-}N{=}N{-}C_6H_5 \xrightarrow{\text{偶氮还原酶}} C_6H_5{-}NH{-}NH{-}C_6H_5 \xrightarrow{\text{偶氮还原酶}} 2\,C_6H_5{-}NH_2$$

偶氮苯　　偶氮苯　　苯胺

3. 水解反应 肝细胞中有各种水解酶类，如酯酶、酰胺酶及糖苷酶等，分别水解各种含有酯键、酰胺键及糖苷键的化合物。如乙酰水杨酸（阿司匹林）和异烟肼分别经酯酶和酰胺酶水解失活；苯丁酸氮芥异丁酯经酯酶水解成苯丁酸氮芥才具有抗癌作用。

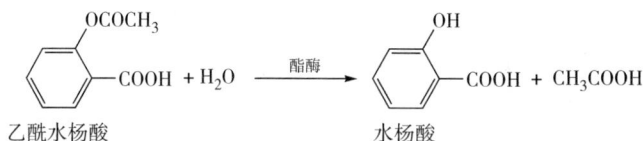

$$C_6H_4(OCOCH_3){-}COOH + H_2O \xrightarrow{\text{酯酶}} C_6H_4(OH){-}COOH + CH_3COOH$$

乙酰水杨酸　　水杨酸

（二）第二相反应

结合反应是体内最重要的生物转化方式。凡含有羟基、羧基或氨基的非营养物质均可发生结合反应。常见的结合物主要有葡糖醛酸、硫酸、乙酰基、谷胱甘肽、甘氨酸、甲基等，其中以葡糖醛酸结合反应最为普遍和重要。

1. 葡糖醛酸结合反应 在肝细胞微粒体中葡糖醛酸基转移酶的催化下，尿苷二磷酸葡糖醛酸（UDPGA）提供葡糖醛酸基，使多种含羟基、氨基、羧基等极性基团的化合物生成葡糖醛酸苷。胆红素、类固醇激素、吗啡、苯巴比妥等均与葡糖醛酸结合而进行生物转化。此外，临床上常用葡糖醛酸类制剂（如肝泰乐）增强肝的生物转化功能，从而治疗肝病。

苯酚 + UDPGA $\xrightarrow{\text{葡糖醛酸基转移酶}}$ 苯-β-葡糖醛酸苷 + UDP

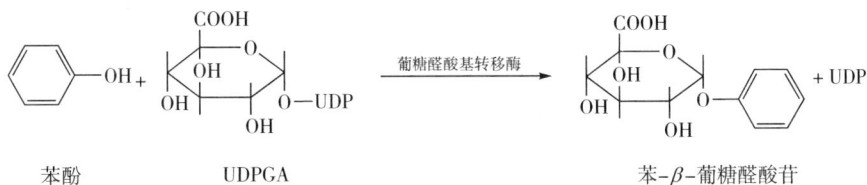

2. 硫酸结合反应　在肝细胞胞质中硫酸转移酶的催化下，3′-磷酸腺苷-5′-磷酰硫酸（PAPS）提供硫酸根，使醇、酚或芳香胺类化合物生成相应的硫酸酯。如雌酮在肝内与硫酸结合而灭活。

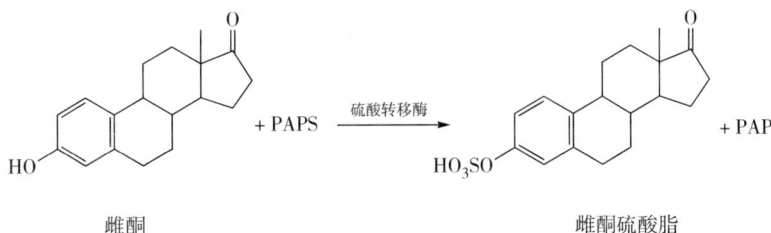

雌酮 + PAPS $\xrightarrow{\text{硫酸转移酶}}$ 雌酮硫酸脂 + PAP

3. 乙酰基结合反应　乙酰基转移酶可催化各种芳香胺类化合物与乙酰辅酶 A 反应，生成相应的乙酰化衍生物。如磺胺类药物及抗结核药异烟肼在肝经乙酰化而失活。

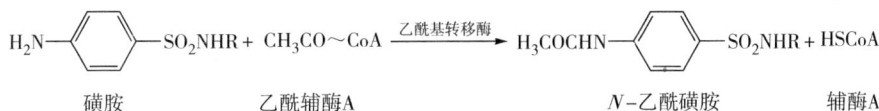

$$H_2N-C_6H_4-SO_2NHR + CH_3CO\sim CoA \xrightarrow{\text{乙酰基转移酶}} H_3COCHN-C_6H_4-SO_2NHR + HSCoA$$

磺胺　乙酰辅酶A　*N*-乙酰磺胺　辅酶A

4. 谷胱甘肽结合反应　谷胱甘肽结合反应由谷胱甘肽-*S*-转移酶催化。许多环氧化物和卤代化合物在谷胱甘肽-*S*-转移酶的催化下与谷胱甘肽（GSH）结合，生成与谷胱甘肽的结合产物，随胆汁排出体外。致癌物、环境污染物、抗肿瘤药物及某些内源性活性物质通过该种结合反应进行生物转化。如黄曲霉素 B_1-8,9-环氧化物通过与 GSH 结合进行生物转化。

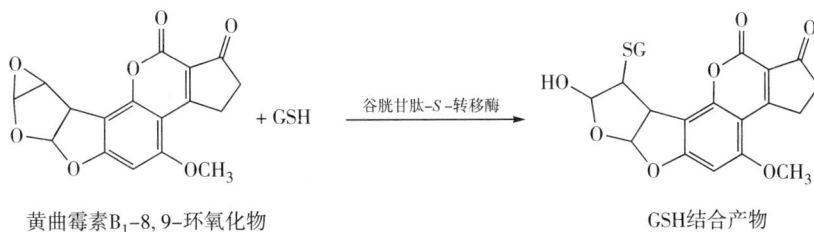

黄曲霉素B_1-8, 9-环氧化物 + GSH $\xrightarrow{\text{谷胱甘肽-}S\text{-转移酶}}$ GSH结合产物

5. 甘氨酸结合反应　含羧基的药物、毒物等非营养物质在酰基转移酶催化下可与甘氨酸结合。首先在酰基辅酶 A 连接酶的作用下，生成酰基辅酶 A，然后再在酰基转移酶催化下与甘氨酸结合，生成相应的结合产物。如游离型胆汁酸与甘氨酸结合生成结合型胆汁酸。

$$RCOOH + HSCoA + ATP \xrightarrow{\text{酰基辅酶 A 连接酶}} RCO\sim SCoA + ADP + Pi$$

$$RCO\sim SCoA + H_2NCH_2COOH \xrightarrow{\text{酰基转移酶}} RCONHCH_2COOH + HSCoA$$

6. 甲基化反应　在甲基转移酶催化下，由活性甲基供体 *S*-腺苷甲硫氨酸（SAM）提供甲基，使含有羟基、巯基或氨基的化合物发生甲基化反应。如烟酰胺通过甲基化进行生物

转化。甲基化不但不增加水溶性，反而降低水溶性，重金属如汞发生甲基化后更易进入细胞，从而导致神经毒性。

烟酰胺 + S-腺苷甲硫氨酸 —甲基转移酶→ N-甲基烟酰胺 + S-腺苷同型半胱氨酸

三、影响生物转化的因素

生物转化受很多因素的影响，主要有年龄、性别、营养、疾病、遗传、药物及毒物等。

1. 年龄 新生儿肝内参与生物转化的酶系发育不完善，对药物及毒物的生物转化能力较弱，因此易发生药物及毒素中毒、高胆红素血症等。老年人因肝血流量和肾的廓清率降低，血浆药物的清除率降低，也易发生药物中毒。因此，儿童和老年人需慎重用药。

2. 性别 正常情况下，女性生物转化能力高于男性，但妊娠妇女生物转化能力普遍下降。

3. 药物及毒物 由于参与生物转化的酶系的专一性较低，某些药物或毒物可通过诱导生物转化相关酶类的合成，从而促进自身及同类其他药物的生物转化，具有这种作用的药物或毒物称为诱导剂。例如，细胞色素 P_{450}超家族第二亚家族 C9 成员（CYP2C9）的诱导剂主要有卡马西平、利福平、巴比妥类等，乙醇也是 CYP2C9 的诱导剂，因此服用与 CYP2C9 代谢有关药物的患者应戒酒。此外，由于苯巴比妥可通过胎盘并且诱导 UDP-葡糖醛酸转移酶的合成，临床上常在早产儿出生前给孕妇应用苯巴比妥，以预防新生儿黄疸。

4. 疾病 肝炎、肝硬化、肝癌等肝实质性疾病，使肝生物转化功能降低，药物或毒物易在体内蓄积，故肝病患者用药应慎重。

第三节 胆色素代谢与黄疸

扫码“学一学”

案例导入

患者，男，17 岁，2 周前出现无明显诱因发热达 38℃，全身不适、乏力、食欲减退、恶心伴呕吐、右上腹部疼痛，但无畏寒、咳嗽，1 周前皮肤出现黄染。曾按上呼吸道感染和胃病治疗无好转。既往体健，无肝炎和胆石症史等。查体：皮肤、巩膜黄染，肝脾肿大、肝区有压痛和叩击痛。化验：血清总胆红素 13.0mg/dl，结合胆红素 6.0mg/dl，未结合胆红素 7.0mg/dl，尿胆红素（++），尿胆原（+），尿胆素（+），GOT 240U/L，GPT 370U/L，大便颜色变浅，隐血（-）。

请问：

1. 患者的诊断是什么？有何依据？
2. 患者护理有哪些注意事项？

胆色素是铁卟啉化合物在体内分解代谢的主要产物，包括胆红素、胆绿素、胆素原和胆素等。这些化合物除胆素原外，均有一定颜色，且大部分随胆汁排泄，故称胆色素。胆红素是人体胆汁中的主要色素，呈橙黄色。胆红素代谢异常可导致高胆红素血症和黄疸。

一、胆红素的生成

胆红素主要来自于铁卟啉化合物，体内铁卟啉化合物主要包括血红蛋白、肌红蛋白、细胞色素、过氧化氢酶及过氧化物酶等。正常成人每天约产生300mg胆红素，其中约80%来自衰老红细胞中血红蛋白的分解，10%来自无效造血，其余10%来自肌红蛋白及其他铁卟啉化合物的分解。

外周循环中红细胞的寿命平均为120天，衰老红细胞在肝、脾、骨髓的单核-巨噬细胞系统被破坏并释放出血红蛋白。血红蛋白进一步被分解为珠蛋白和血红素。血红蛋白分解释出的珠蛋白被分解为氨基酸，再被利用；血红素则在单核-巨噬细胞系统细胞微粒体中血红素加氧酶催化下，分子中的α-甲烯基桥（═CH—）氧化断裂，释放出CO、Fe^{2+}，并生成胆绿素，此步反应需O_2和NADPH的参与。释放出的铁可以供机体再利用，一部分CO从呼吸道排出体外；胆绿素进一步在胞质中胆绿素还原酶的催化下，还原生成胆红素（图12-1）。血红素加氧酶是胆红素合成的限速酶。血红素及诱导细胞氧化应激的因素如缺氧、内毒素、炎症、细胞因子、重金属等均可诱导该酶的表达，因此，肿瘤、动脉粥样硬化、阿尔茨海默病等疾病患者体内血红素加氧酶表达升高。胆红素过量对人体有害，但适量的胆红素作为体内强有力的抗氧化剂，可有效清除活性氧，其作用甚至优于维生素E。

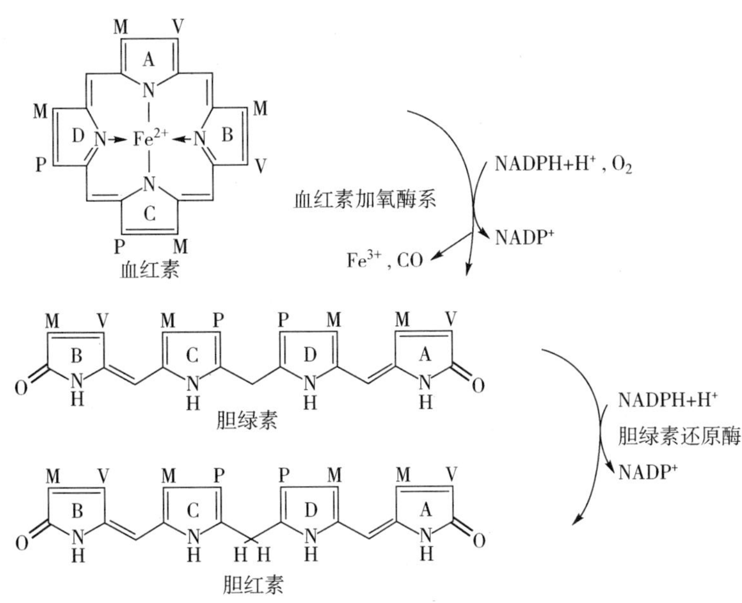

图12-1　胆红素的生成

M：$—CH_3$　V：$—CH═CH_2$　P：$—CH_2CH_2COOH$

二、胆红素在血液中的运输

虽然胆红素分子中含有一些极性基团，如羟基、羧基、亚氨基、羰基，但由于胆红素

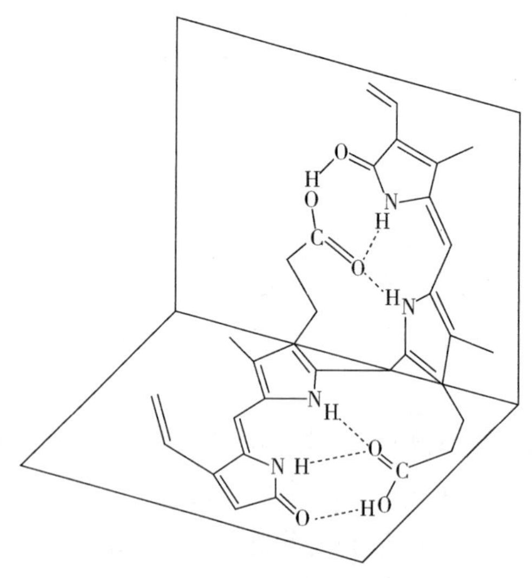

图 12-2　胆红素空间结构示意图

分子结构为卷曲状态，形成脊瓦状的空间结构，使这些亲水性基团埋在胆红素分子内部，彼此之间形成氢键（图 12-2），因此，胆红素分子具有疏水亲脂性质，极易透过生物膜。胆红素由单核-巨噬细胞系统生成并释放至血液循环，在血清中与清蛋白结合。这种结合一方面增加了胆红素在血浆中的溶解度，有利于运输；另一方面又限制了胆红素自由透过生物膜，防止对组织细胞产生毒性作用。血浆中未经肝代谢转化的胆红素称游离胆红素，也称为血胆红素或未结合胆红素。未结合胆红素因分子内部存在氢键，不能直接与重氮试剂反应，只有在加入乙醇等有机溶剂破坏氢键后才反应生成紫红色偶氮化合物，因此又称间接胆红素。1 分子清蛋白能结合两分子胆红素。正常人每 100ml 血浆能运输 25mg 胆红素，正常情况下，每 100ml 血浆中胆红素的含量不足 1mg。因此，血浆中的清蛋白足以结合全部胆红素，但当血中胆红素浓度显著升高或与清蛋白结合量下降时就会导致脂溶性的胆红素透过生物膜对细胞产生毒性作用。如脂肪酸、胆汁酸及某些药物包括阿司匹林、青霉素、磺胺药及造影剂等可与胆红素竞争和清蛋白的结合。在新生儿中，由于大脑基底部的核团发育不完善，如果有大量胆红素通过血-脑屏障进入脑组织，会引起这些核团的黄疸而诱发胆红素脑病（核黄疸），对大脑产生不可逆性损伤。因此，对有黄疸倾向的患者尤其是黄疸较严重的新生儿应谨慎使用上述药物。

三、胆红素在肝中的转化

胆红素的进一步代谢主要在肝进行，肝细胞对胆红素有摄取、运输、结合、排泄作用。

1. 摄取作用　清蛋白-胆红素复合物随血液循环到达肝后，在肝血窦中胆红素与清蛋白解离，并与肝细胞上的胆红素受体结合，被肝细胞摄取。

2. 运输作用　肝细胞中有两种能与胆红素结合的配体蛋白：Y 蛋白和 Z 蛋白。胆红素对 Y 蛋白的亲和力大于 Z 蛋白，所以，Y 蛋白是胆红素在肝细胞内转运的主要配体蛋白。胆红素-Y（Z）蛋白的结合，防止了胆红素逸出肝细胞，并由 Y 或 Z 蛋白运输至滑面内质网进一步代谢。

3. 结合作用　胆红素由 Y（Z）蛋白运送至滑面内质网后，经 UDP-葡糖醛酸转移酶的催化，胆红素与配体蛋白分离，而与葡糖醛酸以酯键结合，生成水溶性的葡糖醛酸胆红素酯。因胆红素有 2 个羧基，故 1 分子胆红素最多可结合 2 分子葡糖醛酸，主要生成双葡糖醛酸胆红素（约 80%）及少量单葡糖醛酸胆红素（约 20%）。在肝与葡糖醛酸结合的胆红素称为结合胆红素或肝胆红素。结合胆红素水溶性增强，不易透过生物膜，易经胆道排泄，因此毒性显著降低，是肝对胆红素的一种重要解毒形式。结合胆红素分子内不再有氢键，能够与重氮试剂发生直接反应，因此亦称直接胆红素。新生儿 Y 蛋白及 UDP-葡糖醛酸转移酶水平较低，肝对胆红素的转化能力较弱，在出生后，又由于来自于母体的红细胞破裂，

因此新生儿易发生溶血性黄疸，由于苯巴比妥可诱导Y蛋白及UDP-葡糖醛酸转移酶的合成，临床上常用苯巴比妥治疗。

结合胆红素生成的反应式及结构式如下，游离胆红素与结合胆红素的理化性质比较见表12-1。

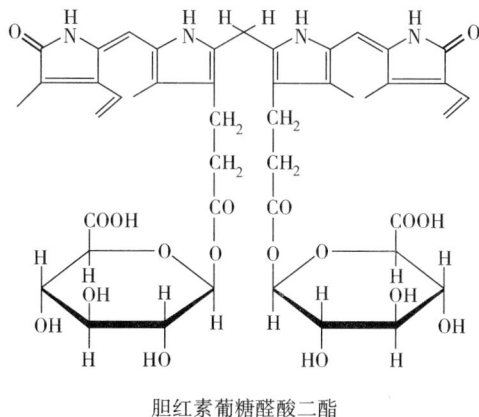

$$\text{胆红素} + \text{UDPGA} \xrightarrow{\text{葡糖醛酸基转移酶}} \text{胆红素葡糖醛酸一酯} + \text{UDP}$$

$$\text{胆红素葡糖醛酸一酯} + \text{UDPGA} \xrightarrow{\text{葡糖醛酸基转移酶}} \text{胆红素葡糖醛酸二酯} + \text{UDP}$$

胆红素葡糖醛酸二酯

表12-1　两种胆红素的理化性质比较

理化性质	游离胆红素	结合胆红素
与葡糖醛酸结合	不结合	结合
水溶性	小	大
脂溶性	大	小
透过生物膜的能力及毒性	大	小
能否透过肾小球滤过	不能	能

4. 排泄作用　结合胆红素极易被肝细胞分泌到毛细胆管，继而随胆汁排入肠腔。肝排泄胆红素是主动转运消耗能量的过程，也是胆红素代谢全过程的限速步骤。如果胆红素排泄障碍，结合胆红素可反流入血。胆红素的排泄受苯巴比妥诱导。

四、胆红素在肠道中的转变

结合胆红素随胆汁排入肠道，在肠道细菌的作用下脱去葡糖醛酸基，游离胆红素进一步被还原生成无色的胆素原，包括中胆素原、粪胆素原和尿胆素原。大部分（80%～90%）胆素原随粪便排出体外，在结肠下段，胆素原被空气氧化为黄褐色的粪胆素，后者是粪便颜色的主要来源。成人每天胆素原排出量依血红蛋白分解情况而定，一般每天40～280mg。长期使用抗生素使肠道细菌减少，胆红素不能被还原为胆素原，而是在大肠被空气再氧化为胆绿素，使粪便呈绿色。胆道完全梗阻时，胆红素不能顺利排入肠道，胆素原和胆素生成障碍，使粪便呈灰白色。

五、胆素原的肠-肝循环

肠道中生成的胆素原10%～20%被肠道重吸收，经门静脉入肝，其中大部分以原型通过

肝再次排入肠道，形成胆素原的肠-肝循环。重吸收的胆素原有少部分（10%），经血液运至肾随尿排出，称为尿胆素原。尿胆素原在输尿管下段及膀胱经空气氧化成尿胆素，是尿液颜色主要来源。正常人每天经肾排出的尿胆素原为 0.5～4.0mg。临床上将尿胆素原、尿胆素和尿胆红素称为尿三胆，是黄疸鉴别诊断的常用指标。胆色素的代谢过程见图 12-3。

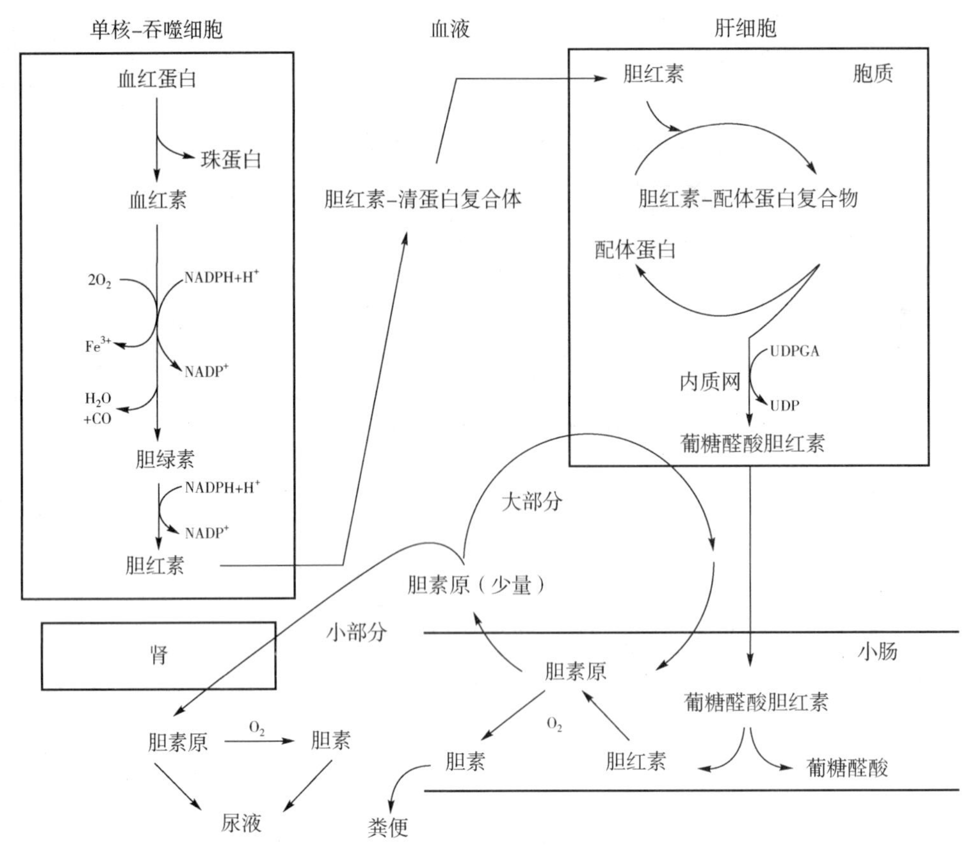

图 12-3　胆色素的代谢示意图

六、胆红素与黄疸

扫码"看一看"

正常人血清胆红素含量为 3.4～17.1μmol/L（0.2～1mg/dl），其中约 80% 为间接胆红素，其余是直接胆红素。体内胆红素生成过多，或肝细胞对胆红素的摄取、结合及排泄过程发生障碍均可使血浆胆红素浓度升高。血清胆红素含量超过 17.1μmol/L 称为高胆红素血症。胆红素呈橘黄色，血清中含量过高，则可扩散入组织，使皮肤、黏膜、巩膜黄染，称为黄疸。血清胆红素含量为 17.1～34.2μmol/L 时，观察不到皮肤、黏膜、巩膜黄染，称为隐性黄疸；当血清胆红素含量为>34.2μmol/L 时，可以观察到皮肤、黏膜、巩膜黄染，称为显性黄疸。

根据黄疸发生的原因，可分为三类：溶血性黄疸、肝细胞性黄疸、阻塞性黄疸。

1. 溶血性黄疸　溶血性黄疸是由于红细胞大量破坏，单核-吞噬细胞系统产生胆红素过多，超过了肝细胞的摄取、转化和排泄能力，造成血中游离胆红素浓度显著增高所致。溶血性黄疸常见于成年人。恶性疟疾、过敏、输血不当、葡糖-6-磷酸脱氢酶缺乏等均可造成溶血性黄疸。此时，血中结合胆红素的浓度改变不大，但由于肝对游离胆红素的摄

取、转化和排泄增多，肠道重吸收的胆素原相应增多，患者粪胆素原、尿胆素原及尿胆素增多。

2. 肝细胞性黄疸　肝细胞性黄疸是由于肝细胞受损、坏死破裂，对游离胆红素的摄取、转化和排泄能力降低导致。肝细胞性黄疸常见于病毒性肝炎患者，一方面肝细胞对胆红素摄取和转化能力降低，使血中游离胆红素浓度升高；另一方面肝细胞炎症使肝细胞水肿，进而导致结合胆红素排泄障碍，反流至血循环；甚至由于肝细胞的坏死破裂，胆红素可直接释放到血清，造成血清结合胆红素浓度升高。此时，患者尿胆红素阳性；粪便颜色变浅；由于肝细胞损伤程度不同，尿中胆素原含量变化不定。

3. 阻塞性黄疸　阻塞性黄疸是由于胆汁排泄障碍，胆小管和毛细胆管内压力增高而破裂，使结合胆红素反流入血导致。胆管结石、炎症、肿瘤、先天性胆道闭锁、寄生虫病等均可引起阻塞性黄疸。此时，血清结合胆红素升高；血清游离胆红素无明显改变；尿胆红素检查阳性；结合胆红素排泄障碍，使肠道生成胆素原减少，粪便颜色变浅，甚至呈陶土色，同时尿胆素原、尿胆素也降低。

三种类型黄疸的实验室检查结果比较见表 12-2。

表 12-2　各种类型黄疸的比较

	正常	溶血性黄疸	肝细胞性黄疸	阻塞性黄疸
血清胆红素浓度	<1mg/dl	>1mg/dl	>1mg/dl	>1mg/dl
游离胆红素	0~0.8mg/dl	↑↑	↑	
结合胆红素	极少		↑	↑↑
尿三胆				
尿胆红素	-	-	++	++
尿胆素原	少量	↑	不一定	↓
尿胆素	少量	↑	不一定	↓
粪便颜色	正常	加深	变浅或正常	变浅甚至陶土色

第四节　胆汁酸代谢

胆汁酸为 24 碳胆烷酸的衍生物，以钠盐或钾盐的形式存在，即胆汁酸盐，简称胆盐，是胆汁的主要成分。胆汁酸是脂质物质消化吸收所必需的。在肝转变成胆汁酸是胆固醇最主要的代谢转化去路，正常成人每天约 40%（0.4~0.6g）的胆固醇在肝内转化为胆汁酸，并随胆汁排入肠道。

扫码“学一学”

一、胆汁酸的分类

胆汁酸按结构的不同分为两大类：游离型胆汁酸和结合型胆汁酸。游离型胆汁酸包括胆酸、脱氧胆酸、鹅脱氧胆酸和少量的石胆酸；结合型胆汁酸是上述游离型胆汁酸与甘氨酸或牛磺酸的结合物，主要包括甘氨胆酸、甘氨鹅脱氧胆酸、牛磺胆酸和牛磺鹅脱氧胆酸等。胆汁中的胆汁酸主要是结合型胆汁酸，其中甘氨胆酸与牛磺胆酸的比例为 2：1~3：1。

胆汁酸按来源的不同可分为初级胆汁酸和次级胆汁酸两大类。初级胆汁酸是胆固醇在

肝代谢转化形成的，包括胆酸、鹅脱氧胆酸及其与甘氨酸或牛磺酸的结合产物；次级胆汁酸是初级胆汁酸在肠道细菌作用下转变生成的，包括脱氧胆酸、石胆酸及其与甘氨酸或牛磺酸的结合产物。初级胆汁酸和次级胆汁酸的区别在于有无 7α-羟基。各种胆汁酸结构见图 12-4。

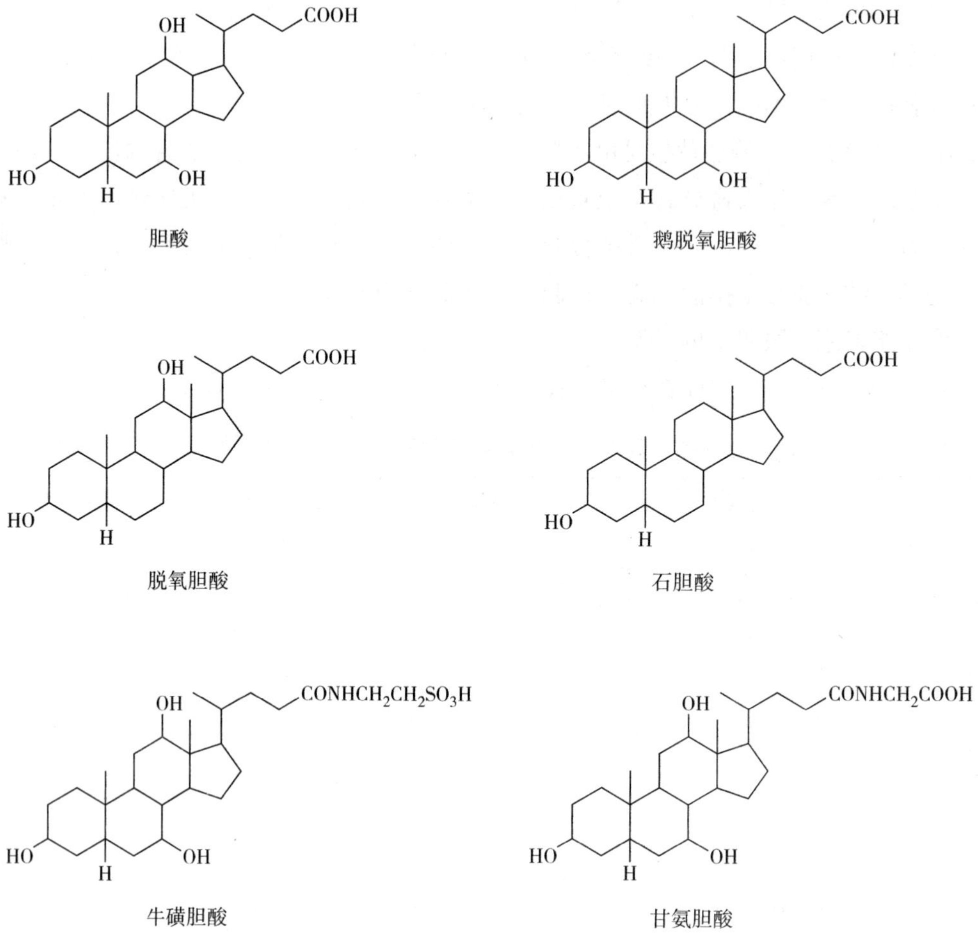

图 12-4　各种胆汁酸结构

二、胆汁酸的代谢过程

1. 初级胆汁酸的生成　初级胆汁酸是以胆固醇为原料，在肝细胞经多步酶促反应生成。在肝细胞微粒体和细胞质中，首先由胆固醇 7α-羟化酶将胆固醇羟化为 7α-羟胆固醇，再经氧化、还原、羟化、侧链氧化断裂等多步反应，最后生成初级游离型胆汁酸（胆酸和鹅脱氧胆酸）。7α-羟化酶是胆汁酸合成的限速酶，属单加氧酶，催化的反应需要细胞色素 P_{450} 的参与，并需 NADPH 或维生素 C 供氢。7α-羟化酶受胆汁酸的负反馈调节。考来烯胺或富含纤维素的食物促进胆汁酸从肠道排泄，抑制重吸收，从而解除胆汁酸对 7α-羟化酶的抑制，加速胆固醇在肝转化为胆汁酸，可降低血清胆固醇。初级游离型胆汁酸可与甘氨酸或牛磺酸结合，生成初级结合型胆汁酸，包括甘氨胆酸、甘氨鹅脱氧胆酸、牛磺胆酸和牛磺鹅脱氧胆酸。结合型胆汁酸的极性和水溶性显著增强，有利于胆汁酸在肠腔内发挥促进脂质消化吸收的作用，同时还防止胆汁酸过早在胆管及小肠内被吸收。

2. 次级胆汁酸的生成　初级胆汁酸随胆汁排入肠腔，在协助脂质消化吸收的同时，在回肠和结肠上段受肠道细菌的作用，部分结合型胆汁酸发生去结合作用重新生成游离型胆汁酸，后者再经肠道细菌作用，7α位脱羟基，使胆酸转变成脱氧胆酸，鹅脱氧胆酸转变成石胆酸。这种由初级胆汁酸在肠道细菌作用下形成的胆汁酸称为次级胆汁酸。石胆酸溶解度小，不与甘氨酸或牛磺酸结合；脱氧胆酸与甘氨酸或牛磺酸结合生成甘氨脱氧胆酸或牛磺脱氧胆酸，即次级结合型胆汁酸。

胆汁酸的合成及降解见图12-5。

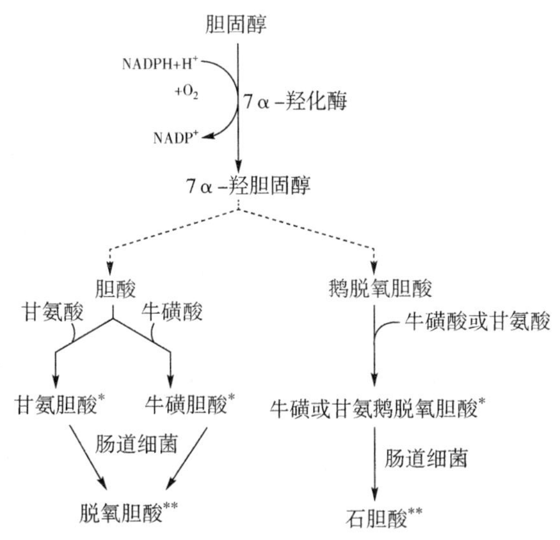

图12-5　胆汁酸的合成及降解

*：初级胆汁酸　**：次级胆汁酸

3. 胆汁酸的肠-肝循环　肠道中的胆汁酸（包括初级、次级、结合与游离型）约95%可被重新吸收，经肠系膜静脉、门静脉又回到肝。胆汁酸通过两种方式被肠道重吸收：结合型胆汁酸在回肠被主动重吸收，少量游离型胆汁酸在肠道各部被动重吸收。肠道重吸收的游离型胆汁酸在肝细胞重新转变为结合型胆汁酸，这部分胆汁酸与重吸收及新合成的结合型胆汁酸一起又随胆汁排入肠道，这一循环过程称为“胆汁酸的肠-肝循环”（图12-6）。肠道中的石胆酸（约为5%），由于溶解度小，一般不被重吸收，直接随粪便排出体外。正常人每天经粪便排出0.4~0.6g胆汁酸。

肝每天新合成的胆汁酸仅0.4~0.6g，肝、胆的胆汁酸代谢池共储存3~5g，即使全部倾入小肠，也不能满足饱食后脂质物质消化吸收的需要。每次餐后都会发生2~4次胆汁酸的肠-肝循环，这使得每日从肠道吸收的胆汁酸总量可达12~32g。胆汁酸的肠-肝循环，使有限的胆汁酸循环利用，以满足机体对胆

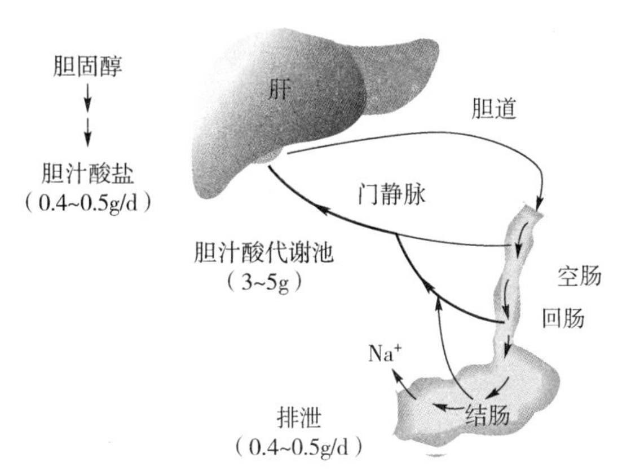

图12-6　胆汁酸的肠-肝循环

汁酸的生理需要；同时节省了大量的胆固醇，间接节省了大量的葡萄糖。

三、胆汁酸的生理功能

1. 促进脂质的消化及吸收　胆汁酸是较强的乳化剂，其分子内部既含有亲水性的羟基、羧基等基团，又含有疏水性的甲基和烃基基团，亲水基团均为α型，而甲基为β型，两类不同性质的基团分别位于环戊烷多氢菲核的两侧，从而使胆汁酸的立体构型具有亲水和疏水两个侧面（图12-7）。胆汁酸的这种结构特点使其具有较强的界面活性，能降低脂-水界面表面张力。在肠道中胆汁酸能把脂质乳化成细小的微团，增加脂质与脂酶的接触面积，有利于脂质的消化和吸收。

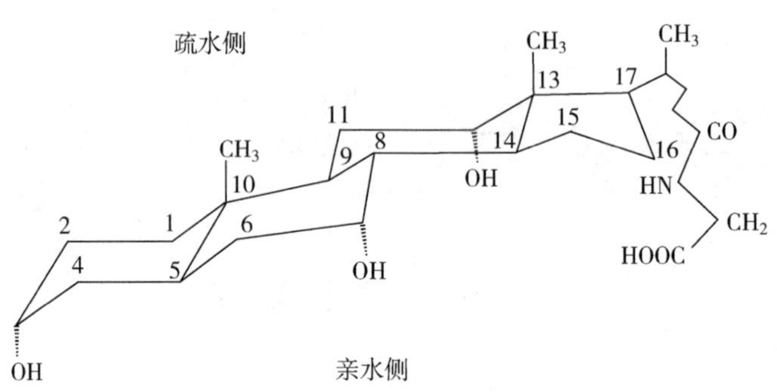

图12-7　甘氨胆酸的立体构型

2. 抑制胆汁中胆固醇的析出　人体内过剩的胆固醇直接经肝排入胆汁，进而从肠道排出体外。胆固醇随胆汁排入胆囊，由于本身难溶于水，又在胆囊中被浓缩，因此较易沉淀析出。胆汁酸与卵磷脂协同乳化胆固醇，使其在胆汁中形成可溶性的微团，防止其结晶、析出和沉淀。胆固醇是否从胆汁析出主要取决于胆汁酸盐、卵磷脂和胆固醇的比例（正常≥10∶1），胆汁中胆汁酸、卵磷脂过少，或胆固醇过多，均可造成该比值下降，使胆固醇析出沉淀，形成胆结石。

本章小结

- 肝的生物化学
  - 物质代谢
    - 糖：维持血糖浓度恒定
    - 脂质：消化、吸收、合成、分解与运输
    - 蛋白质：血浆蛋白质合成和分泌、蛋白质分解代谢
    - 维生素：吸收、储存、运输与代谢
    - 激素：灭活
  - 生物转化
    - 基本知识
      - 概念：非营养物质在肝脏的代谢转变
      - 意义
        - 灭活与解毒
        - 增加水溶性
      - 反应类型
        - 第一相反应
          - 氧化反应
          - 还原反应
          - 水解反应
        - 第二相反应（结合）
          - 葡糖醛酸结合
          - 硫酸结合
          - 乙酰基结合
          - 谷胱甘肽结合
          - 甘氨酸结合
          - 甲基化反应
      - 影响因素
        - 年龄
        - 性别
        - 药物及毒物
        - 疾病
    - 胆红素
      - 原料：铁卟啉化合物
      - 血液中运输：清蛋白结合
      - 肝中的转化
        - Y、Z蛋白结合运输
        - 与葡糖醛酸结合
      - 肠中的转变：肠-肝循环
      - 黄疸
        - 溶血性黄疸
        - 肝细胞性黄疸
        - 阻塞性黄疸
    - 胆汁酸
      - 分类
        - 初级胆汁酸
        - 次级胆汁酸
      - 代谢：胆汁酸的肠-肝循环
      - 生理功能
        - 促进脂质的消化、吸收
        - 抑制胆汁中的胆固醇析出

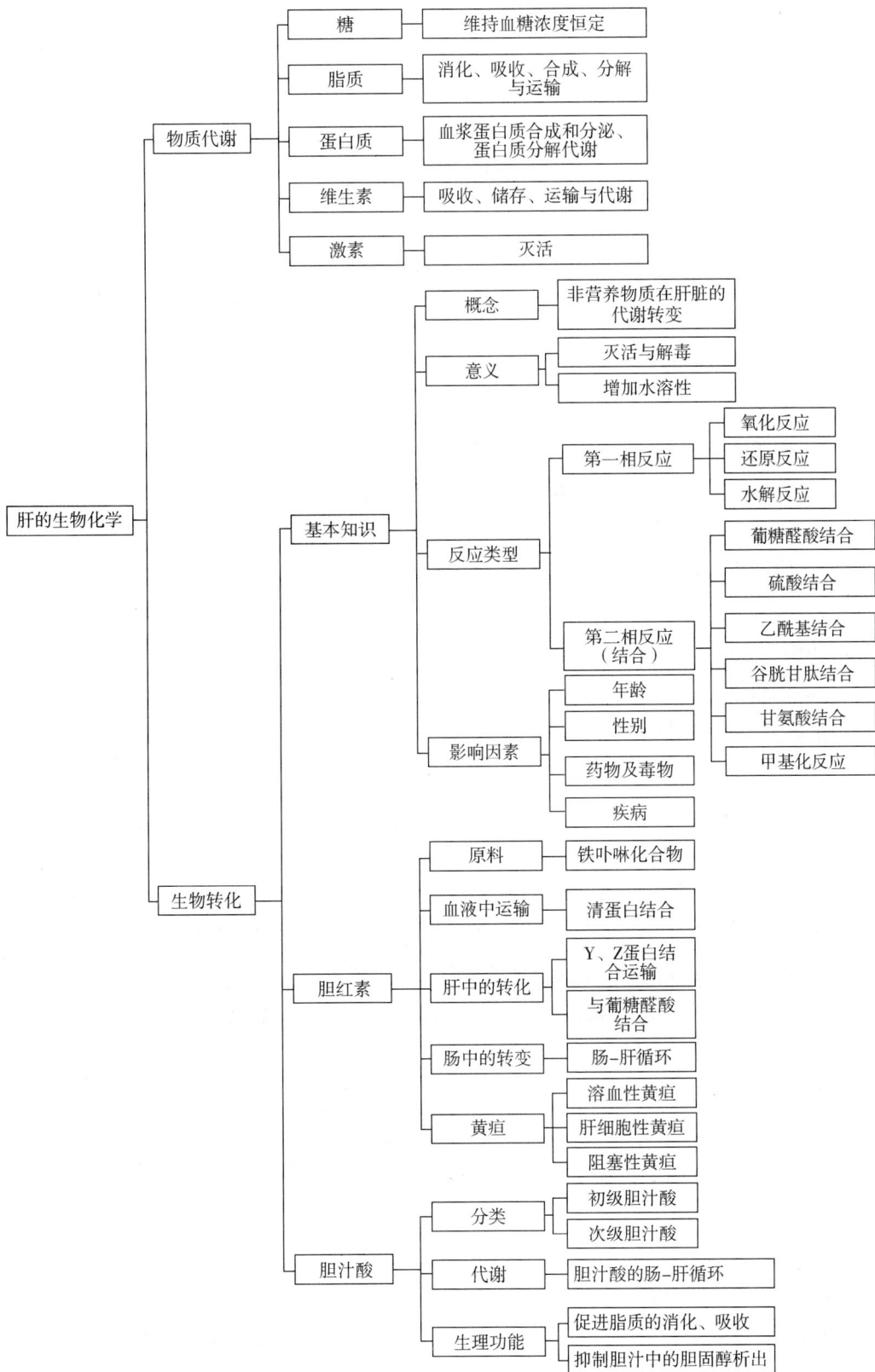

一、选择题

【A1 型题】

1. 下面关于生物转化作用的叙述哪一项是错误的
   A. 对体内非营养物质的改造
   B. 可使非营养物质的生物活性降低或消失
   C. 可使非营养物质极性和水溶性增加
   D. 结合反应主要在肾进行
   E. 使非营养物从胆汁或尿液中排出体外
2. 肝内胆固醇代谢的主要终产物是下列哪种化合物
   A. 7α-羟胆固醇　B. 脂酰辅酶 A
   C. 胆汁酸　D. 维生素 D_3
   E. 胆色素
3. 血液中的胆红素主要以下列哪种形式运输
   A. 胆红素-清蛋白　B. 胆红素-Y 蛋白
   C. 胆红素-葡糖醛酸二酯　D. 胆红素-氨基酸
   E. 胆素原
4. 生物转化的第二相反应中最常见的结合物是
   A. 乙酰基　B. 甲基　C. 谷胱甘肽　D. 葡糖醛酸　E. 硫酸
5. 胆汁酸合成的限速酶是
   A. 脂酰辅酶 A 合成酶　B. 7α-羟胆固醇氧化酶
   C. 7α-羟化酶　D. 鹅脱氧胆酰辅酶 A 合成酶
   E. 胆汁酸合成酶
6. 生物转化中最多见的第一相反应是下列哪种反应
   A. 水解反应　B. 还原反应　C. 氧化反应　D. 结合反应　E. 加成反应
7. 生物转化中参与氧化反应最重要的酶是
   A. 双加氧酶　B. 单加氧酶　C. 水解酶　D. 醛氧化酶　E. 醇脱氢酶
8. 阻塞性黄疸时，重氮反应为
   A. 直接反应阴性　B. 直接反应阳性
   C. 双相反应阳性　D. 双相反应阴性
   E. 直接反应阴性，间接反应强阳性
9. 胆红素主要来源于
   A. 血红蛋白分解　B. 肌红蛋白分解
   C. 过氧化物酶分解　D. 过氧化氢酶分解
   E. 细胞色素分解
10. 关于胆汁酸盐的错误叙述是

A. 在肝由胆固醇合成　　B. 为脂质吸收中的乳化剂
C. 能抑制胆固醇结石的形成　　D. 是胆色素的代谢产物
E. 能经“肠-肝循环”被重吸收

11. 下列对结合胆红素的叙述哪一项是错误的
A. 不易透过细胞膜　　B. 与重氮试剂直接反应
C. 水溶性大　　D. 随正常人尿液排出
E. 主要是双葡糖醛酸胆红素

12. 下列哪种物质不需要进行生物转化
A. 待灭活的生物活性物质　　B. 药物
C. 食品添加剂　　D. NADPH
E. 其他内源或外源性非营养物质

13. 下列哪种反应不是生物转化作用的反应类型
A. 氧化　　B. 还原　　C. 水解　　D. 结合　　E. 合成

14. 下列哪种物质不是胆红素合成的原料
A. 过氧化氢酶　　B. 肌红蛋白
C. 细胞色素　　D. 血红蛋白
E. 胆固醇

15. 肝细胞性黄疸的原因是
A. 大量红细胞被破坏
B. 肝细胞被破坏
C. 肝细胞摄取胆红素的能力增强
D. 肝细胞排泄胆红素的能力增强
E. 以上都不对

16. 影响生物转化作用的因素不包括
A. 受年龄性别的影响　　B. 不受年龄性别的影响
C. 肝细胞功能受损　　D. 药物或毒物的诱导作用
E. 药物或毒物的抑制作用

17. 肝进行第二相生物转化反应时硫酸根的活性供体是
A. UDPG　　B. UDPGA
C. PAPS　　D. SAM
E. 乙酰辅酶 A

18. 下列哪种化合物不是初级胆汁酸
A. 7α-脱氧胆酸　　B. 牛磺胆酸
C. 胆酸　　D. 甘氨胆酸
E. 牛磺鹅脱氧胆酸

19. 胆红素在小肠被还原成
A. 粪胆素　　B. 血红素　　C. 胆绿素　　D. 胆汁酸　　E. 胆素原

20. 肝受损时，血中蛋白质的主要改变是
A. 清蛋白和球蛋白含量都正常

B. 球蛋白含量下降

C. 清蛋白含量升高，球蛋白含量下降

D. 清蛋白含量升高

E. 清蛋白含量下降，球蛋白含量升高或相对升高

扫码“练一练”

二、思考题

1. 胆固醇与胆汁酸之间的代谢关系是什么？
2. 结合胆红素与未结合胆红素有什么区别，对临床疾病诊断有何用途？

（柏素云）

第十三章　水与电解质代谢

学习目标

1. **掌握**　体液的含量与分布；体内水和电解质的生理功能；水的来源与去路；体液中主要电解质的含量与分布；钙、磷的生理功能。

2. **熟悉**　水平衡、血钙、血磷的概念。

3. **了解**　水、电解质平衡的调节机制；钙、磷代谢的调节机制。

体内的水分及溶解于水中的无机盐和有机物构成了体液。体液中的无机盐、某些小分子有机化合物和蛋白质等常以离子状态存在，称为电解质。正常人的体液通常被分为细胞内液和细胞外液两部分，细胞外液又分为血浆和组织间液。正常成人体液的分布与含量如下。

体液（占体重的60%）
- 细胞内液（占体重的40%）
- 细胞外液（占体重的20%）
  - 血浆（占体重的5%）
  - 组织间液（占体重的15%）

体液的含量和分布随年龄、性别及胖瘦程度的不同而异。随着年龄的增长，体液量占体重的比例逐渐减少。新生儿体液量约占体重的80%，成年人约占60%，老年人仅占45%。脂肪组织含水量较少（为10%～30%），女性皮下脂肪较丰富，故女性体液占体重的百分比通常低于同龄男性。同样的道理，肥胖者体液所占体重比例低，对缺水的耐受性较差。

体内水的含量、电解质的成分和浓度以及它们在身体各部分的分布处于动态变化，但又相对恒定。水和电解质的这种动态平衡是通过神经-内分泌系统来调节的。疾病或外环境的剧烈变化常会引起或伴有体液的容量与分布、电解质分布与浓度、渗透压等发生变化，导致水、电解质平衡紊乱，进而影响全身各系统器官的功能，严重时可危及生命。因此，学习水、电解质代谢及其平衡的生理调节机制，对于临床上运用体液疗法纠正水和电解质紊乱具有重要意义。

第一节　水 代 谢

扫码“学一学”

案例导入

某患儿，男，18个月，因发热、腹泻4天入院。发病以来，水样便每天6～8次，呕吐2次，腹胀，不能进食，只饮水，尿量减少。曾给予抗生素和5%葡萄糖注射液1000ml补液治疗，现因呼吸困难2小时入院。体格检查：神志不清，口唇发绀，体温37.5℃，脉搏速弱，140次/分，呼吸浅快，50次/分，血压86/50mmHg（11.5/6.67kPa），皮肤弹性减退，两眼凹陷，肠鸣音消失，腹壁反射消失，膝反射迟钝，四肢呈弛缓性瘫痪。

实验室检查：血清 Na^+ 为 130mmol/L，血清 K^+ 为 2.3mmol/L。

请问：

1. 该患儿的临床诊断是什么？
2. 该患儿应采取哪些护理措施及注意事项是什么？

体内含量最多的物质是水，一个成年人体内的含水量约占体重的 60%。大部分水与蛋白质、黏多糖和磷脂等物质结合，以结合水的形式存在，少部分水以游离状态存在。水具有很多特殊的理化性质，是维持人体正常代谢活动和生理功能的必需物质之一。

一、水的生理功能

1. 调节体温 水的流动性大，导热性强，随着血液循环迅速分布全身，使物质代谢产生的热通过体表散发。水的蒸发热大，1g 水在 37℃时，完全蒸发需吸收 2415J（575cal）热量，因此蒸发少量汗液就能散发大量热量，这在高温环境时尤为重要。水的比热大，1g 水从 15℃升至 16℃时，需吸收 4.2J（1cal）热量，比等量固体或其他液体所需的热量多，所以水能吸收或释放较多的热量，而本身的温度却变化较小。水的上述三个特点保证了体温不致因机体产热或外界温度的变化而发生剧变。

2. 促进、参与物质代谢 物质代谢的一系列化学反应都是在体液中进行的。一方面水是良好溶剂，能使物质溶解；另一方面水的介电常数高，可促进体内物质的解离；水的上述性质能促进化学反应的发生。水分子还直接参与体内水解或者水化等反应，在代谢过程中起着重要作用。

3. 运输作用 水黏度小、易流动，有利于运输营养物质和代谢产物。水是良好的溶剂，即使是某些难溶或不溶于水的物质，也能与亲水性的蛋白质分子结合而分散于水相中运输。

4. 润滑作用 水具有润滑作用，例如唾液有利于食物吞咽及咽部湿润；关节滑液可减少关节活动时的摩擦；泪液能防止眼球干燥；胸腔与腹腔浆液、呼吸道与胃肠道黏液都有良好的润滑作用。

5. 维持组织的正常形态与功能 结合水是指与蛋白质、核酸和蛋白多糖等物质结合而存在的水。结合水对维持生物大分子构象，保持细胞、组织、器官的形态和硬度及弹性起到一定的作用。如心肌含水量约为 79%，比血液含水量仅少约 4%（血液平均含水量为 83%）；两者含水量相差不大，但形态与功能却有很大差别。由于心肌主要含的是结合水，故心脏形态坚实、柔韧，保证心脏有力地推动血液循环；而血液中主要含的是自由水，故能循环流动，完成血液的运输功能。

二、水平衡

正常成人每日进出体内的水量基本相等，约为 2500ml，维持动态平衡，称为水平衡。

（一）体内水的来源

1. 饮水 饮水量随个人习惯、气候条件和劳动强度的不同有较大差别，一般成年人每日饮水量平均约为 1200ml。

2. 食物水　成人每日从食物中获得的水量约为1000ml。

3. 代谢水　体内糖、脂质、蛋白质代谢脱下的氢经呼吸链传递与氧结合生成的水称为代谢水或内生水，代谢水量比较恒定，每天约为300ml（每100g脂质氧化能生成107ml水，每100g糖氧化时能生成55ml水，每100g蛋白质氧化时能生成41ml水）。临床上，当急性肾衰竭的患者需要严格限制水摄入量时，需将代谢水计入水的摄入量。

（二）体内水的去路

1. 肺排水　呼吸时可以水蒸气形式排出一定量的水。成人每日由呼吸排出的水分约350ml，肺排水的量与呼吸的深浅、快慢、气候的干湿程度和基础代谢率的高低有关。

2. 皮肤排水　皮肤排水有非显性出汗和显性出汗两种方式。非显性出汗，即体表水分的蒸发，成人每日由皮肤蒸发的水约500ml，主要是水分，电解质含量很少。显性出汗，为皮肤汗腺所分泌的汗液。出汗的多少与环境温度、湿度及劳动强度有关。汗液为低渗液，只要电解质是Na^+和Cl^-，还含有少量K^+、Ca^{2+}、Mg^{2+}以及十几种氨基酸。出汗不但丢失水分，同时也丢失电解质。所以高温作业或强体力劳动大量出汗后，在补充水分的同时，还应注意补充电解质。

3. 消化道排水　每日分泌进入胃肠道的消化液主要包括唾液、胃液、胰液、胆汁、小肠液等，总量达到8200ml。正常情况下，进入消化道的水分绝大部分被胃肠道重吸收，随粪便排出的水分每日仅150ml左右。在呕吐、腹泻、胃肠减压、肠瘘等情况下，消化液大量丢失，导致不同性质的失水、失电解质，故临床补液时应根据丢失消化液的性质来决定补充电解质的种类。各种消化液的pH、电解质含量和每日分泌量见表13-1。

表13-1　各种消化液的pH、电解质含量（mmol/L）和每日分泌量（ml）

消化液	pH	Na^+	K^+	Ca^{2+}	Cl^-	HCO_3^-	分泌量
唾液	6.6～7.1	10～30	15～25	1.5～4	10～30	10～20	1000～1500
胃液	1.0～1.5	20～60	6～7	-	145	-	1500～2500
胰液	7.8～8.4	148	7	3	40～80	80～110	1000～2000
胆汁	6.8～7.7	130～140	7～10	3.5～7.5	110	40	500～1000
小肠液	7.2～8.2	100～142	10～50	-	80～105	30～75	1000～3000

4. 肾排水　肾是重要的排泄器官，可以通过尿量和尿液的浓度维持体液平衡。正常成人每日尿量为1500～2000ml，随尿排出的代谢废物约35g，其中尿素占一半以上。尿液中每1g固体溶质至少需要15ml水才能使之溶解，因此要将35g代谢废物排出体外，每日最低尿量应为500ml。每日尿量少于500ml称为少尿，此时代谢废物难以全部排出体外，导致代谢废物在体内潴留，出现中毒症状。每日尿量少于100ml称为无尿。临床上，少尿和无尿是急性肾衰竭的先兆。

为满足机体需要，成人每天应供给2500ml水，以维持水的动态平衡，故2500ml称为正常需水量。在缺水情况下，人体每天仍经肺、皮肤、消化道和肾（按每天最低尿量500ml计）排出水约1500ml，这是人体每日的必然丢水量，除去人体每天产生的300ml代谢水，成人每天至少应补充1200ml的水量才能维持最低限度的水平衡，因此1200ml为正常成人的最低需水量。

扫码“学一学”

第二节 电解质代谢

体液电解质按含量分为主要电解质和微量元素两类，前者主要包括 K^+、Na^+、Ca^{2+}、Mg^{2+}、Cl^-、HCO_3^-、HPO_4^{2-}、有机酸根和蛋白质负离子等，后者含量较少，主要有铁、铜、锌、硒、碘、钴、锰、钼、氟、硅等。

一、电解质的生理功能

1. 构成组织细胞成分 所有组织细胞中都含有电解质。例如钙、磷和镁是骨、牙组织中的主要成分；血红蛋白和细胞色素中含有铁；含有硫酸根的蛋白多糖参与构成软骨、皮肤、角膜等组织。

2. 维持体液渗透压平衡和酸碱平衡 体液中的无机盐在维持体液渗透压和保持细胞内外液的容量方面起重要作用。例如，Na^+ 和 Cl^- 是维持细胞外液渗透压的主要离子，K^+ 和 HPO_4^{2-} 是维持细胞内液渗透压的主要离子。当体液电解质浓度发生改变时，体液的渗透压也将随之变化，进而影响水的流向。

组织间液及血浆的正常 pH 为 7.35～7.45，血浆中的 HCO_3^- 与 H_2CO_3、HPO_4^{2-} 与 $H_2PO_4^-$ 等组成的缓冲对，是维持体液酸碱平衡的重要因素。此外，K^+ 可通过细胞膜与细胞外液的 H^+ 和 Na^+ 进行交换，以维持和调节体液的酸碱平衡。

3. 维持神经、肌肉的兴奋性 正常神经、肌肉兴奋性的维持，与多种无机离子的相对含量和比例有关：

$$\text{神经肌肉兴奋性} \propto \frac{[Na^+]+[K^+]+[OH^-]}{[Ca^{2+}]+[Mg^{2+}]+[H^+]}$$

血钙和血镁含量降低时，神经、肌肉兴奋性增加，可出现手足搐搦。血钾含量降低时，神经、肌肉兴奋性降低，可出现肌肉松弛，腱反射减弱或消失，严重者可导致肌肉麻痹，胃肠蠕动减弱、腹胀，甚至肠麻痹等症状。

无机离子对心肌细胞兴奋性影响的关系如下：

$$\text{心肌细胞兴奋性} \propto \frac{[Na^+]+[Ca^{2+}]+[OH^-]}{[K^+]+[Mg^{2+}]+[H^+]}$$

血钾过高时，心肌兴奋性降低，传导阻滞和收缩力减弱，心动过缓，严重时心跳可停止在舒张状态；反之，心脏的自律性增高，易产生期前收缩，严重时心跳可停止在收缩状态。Na^+ 和 Ca^{2+} 可使心肌兴奋性增强，提高心肌的传导性，减弱 K^+ 引起的传导抑制，据此常用钠盐和钙盐治疗高血钾或高血镁对心肌的毒性作用。

4. 参与物质代谢 体内的金属离子常作为酶的辅助因子、酶的激活剂或抑制剂，可以维持或改变酶活性，从而影响物质代谢。例如，糖原合酶需要 K^+，磷酸化酶需要 Mg^{2+}，细胞色素氧化酶需要 Fe^{2+} 和 Cu^{2+}，碳酸酐酶需 Zn^{2+} 等。而 Na^+、Ca^{2+} 和 Mg^{2+} 则分别是丙酮酸激酶和醛缩酶的抑制剂。有些无机离子参与体内特殊功能的化合物组成，如碘作为合成甲状腺激素的原料，锌和钴分别是合成胰岛素和维生素 B_{12} 的组成成分。

二、体液电解质的含量与分布特点

1. 体液电解质的含量与分布　体液中主要的电解质包括 Na^+、K^+、Ca^{2+}、Mg^{2+}、Cl^-、HPO_4^{2-}、HCO_3^-和蛋白质等所组成的盐类。细胞内、外液中电解质的分布有很大差异。体液中主要的电解质含量见表 13-2。

表 13-2　各部分体液中电解质含量

电解质		细胞内液（mmol/L）	血浆（mmol/L）	细胞间液（mmol/L）
阳离子	Na^+	15	142	147
	K^+	150	5	4
	Ca^{2+}	1	2.5	1.25
	Mg^{2+}	13.5	1.5	1
阳离子总量	179.5	151	153.25	
阴离子	Cl^-	1	103	115
	HCO_3^-	10	27	30
	HPO_4^{2-}	50	1	1
	SO_4^{2-}	10	0.5	0.5
	有机酸	—	6	7.5
	蛋白质	7.88	2	0.125
阴离子总量	78.88	139.5	153.125	

2. 体液电解质分布特点

（1）体液各部分阴、阳离子的摩尔电荷浓度相等，体液呈电中性。

（2）细胞内、外液中电解质的分布有很大差异。细胞内液的主要阳离子是 K^+，主要阴离子是HPO_4^{2-} 和蛋白质阴离子；细胞外液中，Na^+是主要的阳离子，Cl^-和HCO_3^- 是主要的阴离子。

（3）体液电解质浓度若以 mmol/L 计算，细胞内液离子总浓度高于细胞外液，但细胞内液中含大分子蛋白质和二价离子较多，而这些电解质产生的渗透压较小，所以细胞内液和细胞外液的渗透压基本相等。

（4）细胞间液与血浆的电解质含量接近，但血浆蛋白含量明显高于细胞间液，这与蛋白质难以透过毛细血管壁有关，因此血浆的胶体渗透压高于细胞间液。这种差异对于维持血浆胶体渗透压、稳定血容量有重要意义。

三、钠和氯代谢

1. 钠和氯的含量与分布　体重 60kg 的健康成人体内钠含量约为 60g，氯总量约 100g，两者主要分布于细胞外液，其中钠的 50% 在细胞外液，40% 存在于骨骼，仅 10% 存在于细胞内液。血浆 Na^+的浓度为 135～145mmol/L，血浆Cl^-为 98～106mmol/L。

2. 钠和氯的摄入与排泄　正常成人每日钠的需要量为 4～6g，主要来自于膳食中的 NaCl，摄入的 NaCl 几乎全部被胃肠道吸收。钠主要是经肾排出，少量随汗液和消化道排出。肾对钠的排泄具有严格的控制能力，普通膳食时，成人尿中 NaCl 排出量每日 10～15g；

高盐膳食时，可增至20～30g；长期给予无盐饮食，尿中NaCl可降至1g以下，甚至每日仅几十毫克。所以常用“多吃多排，少吃少排，不吃不排”来表示肾对钠的排泄特点。

钠的排出常伴有氯的排出，故人体缺钠时，尿中氯的排出也减少，甚至完全不排出；相反，钠过多时，尿中氯的排出也增多。临床上常查尿液中氯化物含量的变化来帮助判断患者是否有缺盐性（低渗性）脱水及提示缺盐程度。

四、钾代谢

1. 钾的含量与分布 体重60kg的健康成人体内钾总量约为120g，其中98%存在于细胞内液，仅约2%存在于细胞外液。红细胞中钾浓度为110～125mmol/L，而血浆中钾浓度为3.5～5.5mmol/L。钾是细胞内的主要阳离子，其在体内的分布与器官细胞的数量、器官的大小有直接关系，因此，体内钾总量的70%储存于肌肉组织，10%在皮肤和皮下组织，其余多分布在脑和内脏中。

2. 钾的摄入与排泄 正常成人每日钾的需要量2～3g。植物性食物中含钾较丰富，故一般膳食可满足机体对钾的需要。从食物中摄入的钾约90%可在短时间内经肠道吸收。正常时粪便排钾量不超过摄入量的10%；但严重腹泻时，粪便中丢失钾的量可达正常时的10～20倍，因此应注意补充，以防缺钾。机体通过肾、皮肤和肠道排泄钾，其中肾最为重要。正常情况下，80%～90%的钾经肾排出，肾对钾排泄能力很强，特点是“多吃多排，少吃少排，不吃也排”。即使禁钾1～2周，肾每天排钾仍可达5～10mmol，故禁食或大量输液者常常出现缺钾现象，此时应注意适当补钾。此外，汗液也可排出少量钾。

钾在细胞内外的分布受体内物质代谢的影响。当糖原、蛋白质合成时，钾进入细胞内；反之，当它们分解时，钾释出细胞外。研究表明，合成1g糖原时，有0.15mmol的钾进入细胞；合成1g蛋白质，需要0.45mmol钾进入细胞内。等量的糖原和蛋白质分解时，有同量的钾释出细胞。因此，在组织生长旺盛和创伤愈合期，或静脉输注胰岛素和葡萄糖时，由于蛋白质或糖原合成增多，钾进入细胞内，可造成血钾降低，此时应注意补充钾。当严重创伤（烧伤或大手术）、组织大量破坏、感染或缺氧时，蛋白质分解代谢增强，细胞内的钾释放到细胞外，使血钾明显升高，特别在肾衰竭时更为明显，此时应注意护理观察高钾血症的出现。

扫码“学一学”

第三节 水和电解质的调节

机体通过神经、激素和器官三级水平对水、电解质平衡进行调节。体内调节水、电解质平衡的激素主要有抗利尿激素、醛固酮和心钠素等。激素对水、电解质的调节主要通过肾的排泄功能实现。

一、神经调节

中枢神经系统通过口渴反射、渗透压感受器和激素来调节水、电解质平衡。渗透压感受器主要分布在下丘脑视上核和室旁核，渴感中枢位于下丘脑视上核侧面，与渗透压感受器邻近，并有部分重叠。当机体失水或高盐饮食，血浆晶体渗透压升高和血容量减少都可以刺激丘脑下部的渗透压感受器，进而引起渴感中枢兴奋，产生渴感，机体通过主动饮水

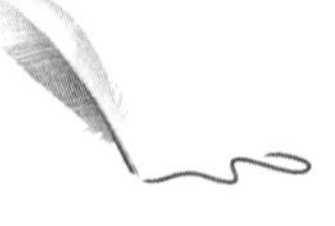

以补充水的不足。适量饮水可使血浆渗透压下降，使口渴感减弱或消失。血管紧张素Ⅱ增加也可引起渴感，其机制可能与降低渴感阈值有关。

二、激素调节

1. 抗利尿激素的调节　抗利尿激素（ADH）又称加压素、升压素。是由下丘脑视上核和室旁核的神经元合成的一种9肽激素。ADH沿这些神经元的轴突下行到神经垂体储存，由神经垂体释放入血，随血液循环运输到肾，作用于肾远曲小管和集合管。

ADH通过水通道蛋白（AQP）调节水的转运。ADH与肾远曲小管和集合管上皮细胞管周膜上的V_2受体结合，通过G蛋白信号转导，激活膜上的腺苷酸环化酶，增加细胞内cAMP浓度而激活蛋白激酶A。活化的蛋白激酶A使AQP磷酸化，使其从细胞内小泡移向管腔膜并镶嵌在膜上，AQP开放，选择性通透水和Cl^-，增加肾小管对水的重吸收，从而使尿液减少，血浆渗透压降低，血容量恢复，血压回升，维持体液平衡。

刺激ADH分泌的因素有渗透性和非渗透性因素两类。血浆渗透压增高可使丘脑下部神经核或其周围的渗透压感受器细胞发生渗透性脱水，引起ADH分泌。正常渗透压感受器阈值为280mmol/L，当渗透压升高1%～2%时，就可以影响ADH的释放。非渗透性因素，如血容量和血压的变化，可通过左心房及胸腔大静脉处的容量感受器和颈动脉窦及主动脉弓的血压感受器影响ADH的分泌。血容量减少10%左右时才出现ADH分泌，但作用更强。其他一些非渗透性因素也可刺激ADH分泌，如疼痛、精神紧张、恶心、呕吐、吸烟等。

2. 醛固酮的调节　醛固酮是肾上腺皮质球状带分泌的一种类固醇激素，其作用是促进肾远曲小管H^+-Na^+交换和K^+-Na^+交换。随着Na^+主动重吸收的同时，水和Cl^-的重吸收也相应增加，产生保钠保水、排钾泌氢的作用。

醛固酮的分泌主要受肾素-血管紧张素系统和血K^+、血Na^+浓度的调节。当血容量减少、血压下降，肾小球入球小动脉壁牵张感受器受刺激，流经致密斑的Na^+减少，使近球细胞分泌肾素增加。肾素是一种蛋白水解酶，催化血浆中血管紧张素原转化为血管紧张素Ⅰ，后者再经血清转换酶和氨肽酶催化，分别转变为血管紧张素Ⅱ和Ⅲ，它们作用于肾上腺皮质球状带，增加醛固酮分泌，其中以血管紧张素Ⅱ的活性强、含量高。血K^+升高或血Na^+降低可直接刺激肾上腺皮质球状带，使醛固酮分泌增加。

3. 心钠素的调节　心钠素（ANF）或称心房钠尿肽（ANP）是一组由心房肌细胞合成和分泌的肽类激素，由21～33个氨基酸组成。现已确定氨基酸排序的ANP有10种以上，各种ANP由共同的前体加工修饰而来。

心钠素主要通过以下四个方面的机制调节水钠代谢：①减少肾素分泌；②抑制醛固酮分泌；③对抗血管紧张素的缩血管效应；④拮抗醛固酮的保钠作用。心钠素主要作用是增加肾小球滤过率，抑制肾小管髓袢上升段对水、Na^+的重吸收，具有强大的利尿、利钠效应。此外，心钠素还具有强而持久的扩张血管和降低血压的作用。

扫码“学一学”

第四节 钙、磷代谢

一、钙、磷的含量与分布

钙、磷是体内含量最多的无机盐，正常成人体内钙的总含量为700～1400g，磷的总含量为400～800g。其中约有99.3%的钙、85.7%的磷以结晶羟磷灰石的形式构成骨盐，存在于骨和牙齿中，其余的钙、磷以溶解状态分布于体液及软组织中。

分布于体液和其他组织中的钙不足总钙量的1%。血液中的钙几乎都存在于血浆中，细胞内 Ca^{2+} 浓度极低，为0.05～10μmol/L，且其90%以上储存于内质网和线粒体中。血液中的磷主要以无机磷酸的形式存在，主要有三种：PO_4^{3-}、HPO_4^{2-}、$H_2PO_4^-$，以 HPO_4^{2-} 为主要存在形式。

知识拓展

骨质疏松症及预防

骨质疏松症是多种原因引起的一种全身代谢性骨病。以单位体积内骨量减少、骨的微结构破坏为特征，进而导致骨的脆性增加，易发生骨折。在骨质疏松症患者中，中老年患者占了绝大多数，这与中老年人的身体代谢状况有一定的关系，随着年龄的增长，骨钙在不断流失。按病因分为原发性和继发性骨质疏松症。原发性骨质疏松症又分为绝经后骨质疏松症（Ⅰ型）、老年性骨质疏松症（Ⅱ型）和特发性骨质疏松症（包括青少年型）三种。Ⅰ型主要原因是雌激素缺乏，一般发生在妇女绝经后5～10年内；Ⅱ型主要是老年人骨量缓慢丢失；而特发性骨质疏松症主要发生在青少年，病因尚不明。继发性骨质疏松症是由于某些疾病，如糖尿病、甲状腺功能亢进所引起。

不同类型的骨质疏松症要分清病因对症治疗。补钙虽然很重要，但需要注意的是，骨质疏松症患者是否要补钙，要根据身体状况来决定，最好先做血液中钙、磷、镁及与钙、磷代谢相关的激素水平等一系列检查，同时对骨质疏松症高危因素进行全面评估，应在医生指导下进行补钙及抗骨质疏松治疗。许多老年人误认为，钙补得越多，吸收也越多，形成的骨骼就越多，不少人在不了解自己究竟是否患骨质疏松症的情况下，而轻信广告，选购所谓最佳的钙制品，其实这是一种错误的补钙观念。过量补钙并不能变成骨骼，反而会引起严重后果，如高钙血症及高钙尿症、肾结石、腹胀、便秘等。

二、钙、磷的吸收与排泄

正常成人每日钙的需要量约为800mg，磷的需要量为800～1000mg。处于生长发育期的儿童、孕妇、乳母对钙、磷的需要量均相应增加。

1. 钙和磷的吸收 钙吸收的主要部位在小肠，以十二指肠吸收能力最强，其次是空肠。钙的吸收率一般为25%～40%，主要是通过肠黏膜细胞的主动转运来完成的。钙的吸收形式为 Ca^{2+}，在肠黏膜细胞膜上含有与 Ca^{2+} 亲和力较强的钙结合蛋白，转运 Ca^{2+}，促进钙的吸收。钙的吸收率主要受维生素D含量、肠道pH值、食物成分和年龄

等因素的影响。维生素 D 促进钙的吸收；pH 越低，以 Ca^{2+} 的形式存在越多，越易于吸收。钙的吸收主要与机体的需要量有关，婴幼儿对钙吸收率较高，超过 50%，儿童约为 40%，成人仅为 20% 左右。一般在 45 岁以后，钙吸收率逐年下降。所以，老年人更容易患骨质疏松症。

磷的吸收部位也主要在小肠，以空肠吸收最强，吸收形式为酸性磷酸盐（$H_2PO_4^-$），吸收率可达 70%～90%。凡影响钙吸收的因素均影响磷的吸收。

2. 钙和磷的排泄　人体每日排出的钙，约 80% 经肠道排出，20% 经肾排出。血浆钙每天约有 10g 经肾小球滤过，其中 95% 以上重吸收，随尿排出的钙约有 150mg。肠道排出的钙包括未吸收的食物钙和未重吸收的钙，其排出量随食物钙含量和钙吸收状况而波动。

肾是排磷的主要器官，每日排磷量的 60%～80% 经肾排出，20%～40% 的磷由肠道排出，主要是可溶性磷酸盐。肾小球滤过的磷，85%～95% 被肾小管重吸收。

三、钙、磷的生理功能

1. 钙、磷的共同生理功能——构成骨盐　钙、磷是骨和牙的重要组成成分。骨盐成分的 84% 是磷酸钙盐，其中约有 60% 以结晶的羟磷灰石［$Ca_{10}(PO_4)_6(OH)_2$］形式存在，40% 为无定型的 $CaHPO_4$。

2. 钙的生理功能

（1）Ca^{2+} 参与调节神经和骨骼肌的正常活动，当血浆 Ca^{2+} 浓度低于 1.75mmol/L 时，神经、肌肉应激性升高，引起肌肉自发性收缩。Ca^{2+} 可增强心肌的收缩，并与促进心肌舒张的 K^+ 相拮抗。

（2）Ca^{2+} 可降低毛细血管壁和细胞膜的通透性，故临床上可用钙制剂治疗荨麻疹等过敏性疾病。

（3）Ca^{2+} 作为凝血因子参与血液凝固。

（4）Ca^{2+} 参与腺体分泌，调节多种激素和神经递质的释放，如儿茶酚胺类化合物的释放。

（5）Ca^{2+} 还是多种酶的激活剂或抑制剂。

（6）Ca^{2+} 作为细胞内的第二信使，介导某些激素的信号转导过程。

3. 磷的生理功能

（1）磷是核苷酸、核酸、磷脂、磷蛋白、脂蛋白、辅酶等体内许多重要物质的组成成分。

（2）参与物质代谢和调节过程中的磷酸化反应。例如葡糖磷酸、磷酸甘油和氨甲酰磷酸分别是糖、脂肪和蛋白质代谢的中间产物。酶的磷酸化与去磷酸化是酶共价修饰调节中最重要、最普遍的调节方式。

（3）参与体内能量的生成、贮存及利用。例如人体内的高能化合物大多数是含有高能磷酸键，其中 ATP 是体内能量释放、贮存及利用的中心。

（4）无机磷酸盐构成血浆缓冲对，调节体液酸碱平衡。

四、血钙与血磷

正常成人血浆中钙的含量为 2.25～2.75mmol/L（9～11mg/dl），其存在形式有三种：蛋白结合钙、小分子结合钙和离子钙。体内发挥生理功能的是离子钙，结合钙不能直接发

挥生理功能，但可与离子钙相互转变，维持动态平衡。血浆 pH 是影响离子钙与蛋白结合钙动态平衡的重要因素。血浆偏酸时，蛋白结合钙解离，血浆离子钙增加；血浆 pH 增高时，离子钙与蛋白质结合增多而增加蛋白结合钙。

$$\underset{(46\%)}{\text{蛋白结合钙}} \underset{HCO_3^-}{\overset{H^+}{\rightleftharpoons}} \underset{(47.5\%)}{\text{血}Ca^{2+}} \underset{H^+}{\overset{HCO_3^-}{\rightleftharpoons}} \underset{(6.5\%)}{\text{小分子结合钙}}$$

血磷通常指血浆无机磷酸盐中所含的磷，其中 HPO_4^{2-} 占 80%～85%，$H_2PO_4^-$ 占 15%～20%。正常成人血浆无机磷浓度为 1.1～1.3mmol/L（3.5～4.0mg/dl）。

血浆中钙与磷的浓度保持着一定的数量关系，血钙和血磷含量以 mg/dl 为单位，两者的乘积为一个常数，称为钙磷乘积，为 35～40。当钙磷乘积大于 40 时，钙、磷将以骨盐的形式沉积于骨组织中；钙磷乘积小于 35 时，则会影响骨组织的钙化及成骨作用，甚至促使骨盐溶解。

五、钙、磷代谢的调节

血钙和血磷浓度的相对稳定除了依赖于钙、磷的吸收与排泄外，还取决于成骨与溶骨作用。活性维生素 D_3(1,25-二羟维生素 D_3)、甲状旁腺素和降钙素是调节钙、磷代谢的主要激素，它们通过影响小肠内钙、磷的吸收和钙、磷在骨组织和体液间的平衡以及肾对钙、磷的排泄，维持体内钙、磷代谢的动态平衡。

1. 1，25-二羟维生素 D_3 的调节作用 1,25-二羟维生素 D_3 的作用是使血钙、血磷升高，其调节机制是：①通过诱导小肠黏膜细胞合成钙结合蛋白，增强肠细胞刷状缘上 Ca^{2+}-ATP 酶（钙泵）的活性，从而促进钙的吸收，同时磷的吸收也随之增加；②可直接促进肾近曲小管对钙、磷的重吸收；③可增强破骨细胞的活性和数量，动员骨质中钙和磷释放入血。

2. 甲状旁腺素的调节作用 甲状旁腺素（PTH）是由甲状旁腺主细胞合成与分泌的单链多肽激素。PTH 的分泌与血钙浓度呈负相关，低血钙是促使储存的 PTH 立即分泌的信号。

PTH 的作用是升高血钙，降低血磷，其调节机制为：①PTH 与 1,25-二羟维生素 D_3 协同作用，增加破骨细胞的数量和活性，促进骨盐溶解，提高血中 Ca^{2+} 的含量；②促进肾小管对钙的重吸收，同时抑制肾近曲小管对磷的重吸收，使尿中钙的排出量减少，无机磷酸盐的排出量增多；③PTH 还增加肾中 1α-羟化酶活性，使活性低的 25-羟维生素 D_3 转变为活性强的 1,25-二羟维生素 D_3，从而间接促进小肠对钙、磷的吸收。

3. 降钙素的调节作用 降钙素（CT）是甲状腺滤泡旁细胞合成与分泌的、由 32 个氨基酸残基组成的单链肽类激素，CT 的分泌随血钙浓度升高而增加，两者呈正相关。CT 使血钙和血磷降低，其机制是：①CT 抑制间叶细胞转化为破骨细胞，抑制破骨细胞活性，阻止骨盐溶解及骨基质的分解，同时促进破骨细胞转化为成骨细胞，并增强其活性，使钙和磷沉积于骨中，导致血钙、血磷降低；②CT 抑制肾近曲小管对钙、磷的重吸收，使尿钙、尿磷排出增加。

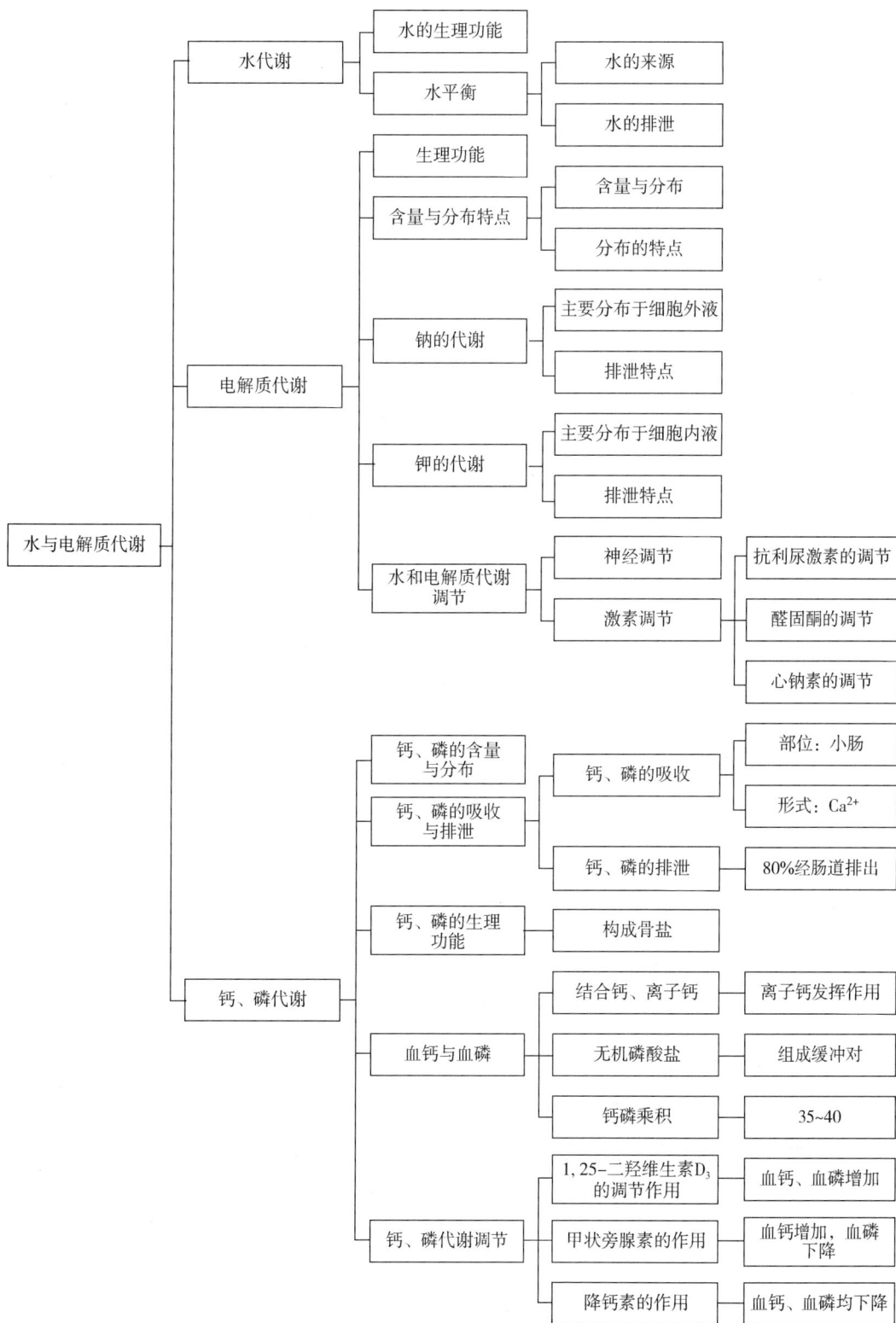

本章小结

- 水与电解质代谢
  - 水代谢
    - 水的生理功能
    - 水平衡
      - 水的来源
      - 水的排泄
  - 电解质代谢
    - 生理功能
    - 含量与分布特点
      - 含量与分布
      - 分布的特点
    - 钠的代谢
      - 主要分布于细胞外液
      - 排泄特点
    - 钾的代谢
      - 主要分布于细胞内液
      - 排泄特点
    - 水和电解质代谢调节
      - 神经调节
      - 激素调节
        - 抗利尿激素的调节
        - 醛固酮的调节
        - 心钠素的调节
  - 钙、磷代谢
    - 钙、磷的含量与分布
    - 钙、磷的吸收与排泄
      - 钙、磷的吸收
        - 部位：小肠
        - 形式：Ca^{2+}
      - 钙、磷的排泄
        - 80%经肠道排出
    - 钙、磷的生理功能
      - 构成骨盐
    - 血钙与血磷
      - 结合钙、离子钙
        - 离子钙发挥作用
      - 无机磷酸盐
        - 组成缓冲对
      - 钙磷乘积
        - 35~40
    - 钙、磷代谢调节
      - 1, 25-二羟维生素D_3的调节作用
        - 血钙、血磷增加
      - 甲状旁腺素的作用
        - 血钙增加，血磷下降
      - 降钙素的作用
        - 血钙、血磷均下降

一、选择题

【A1 型题】

1. 关于水和无机盐的生理功用哪一项是错误的
   A. 是构成体液的主要成分
   B. 供给细胞活动所需的能量
   C. 参与许多生物化学反应
   D. 对维持机体的正常功能和代谢具有重要作用
   E. 某一成分的缺乏或过多对机体不利，甚至引起特定的疾病
2. 细胞内液的主要阳离子是
   A. Na^+　B. Mg^{2+}　C. K^+　D. Ca^{2+}　E. Mn^{2+}
3. 可使神经、肌肉兴奋性增高的离子是
   A. Cl^-　B. Ca^{2+}　C. H^+　D. Na^+　E. Mg^{2+}
4. 血浆中主要的阴离子是
   A. 有机酸阴离子　B. HCO_3^-　C. HPO_4^{2-}
   D. 蛋白质阴离子　E. Cl^-
5. 正常成人每天最低需水量约为
   A. 100ml　B. 2000ml　C. 1500ml　D. 2500ml　E. 500ml
6. 正常人保持水平衡主要通过
   A. 肾排尿量　B. 定量饮水
   C. 皮肤蒸发　D. 呼吸蒸发
   E. 粪便排出
7. 下列哪种情况不引起 ADH 分泌增加
   A. 缺水　B. 大量饮水　C. 血容量减少　D. 血浆渗透压升高
   E. 血压下降
8. 大量出汗，血液渗透压升高，引起
   A. 醛固醇分泌增加　B. 甲状旁腺素分泌增加
   C. ADH 分泌增加　D. 肾上腺素分泌增加
   E. 降钙素分泌增加
9. 血清 K^+浓度低于正常，但体内钾的总量并未减少的情况发生在
   A. 使用胰岛素以后　B. 钾的摄入不足
   C. 持续的呕吐或腹泻　D. 肾远曲小管 K^+-Na^+交换增加
   E. 醛固酮分泌过多或长期使用肾上腺皮质激素
10. 心肌收缩力降低出现于
   A. 细胞外液 K^+浓度升高　B. 细胞外液 Na^+浓度升高

C. 细胞外液 Ca^{2+}浓度升高　　D. 细胞外液 K^{+}浓度降低

E. 细胞外液 Mg^{2+}浓度降低

11. 引起手足搐搦的原因是血浆中

A. 结合钙浓度降低　　B. 结合钙浓度升高

C. 离子钙浓度升高　　D. 离子钙浓度降低

E. 离子钙浓度升高，结合钙浓度降低

12. 影响肠道内钙吸收的最主要因素是

A. 肠腔内 pH　　B. 食物含钙量

C. 食物性质　　D. 肠道内草酸盐含量

E. 体内 1,25-二羟维生素 D_3 含量

二、思考题

1. 体内水的来源和去路有哪些途径?
2. 电解质的生理功能有哪些?
3. 体液内电解质的含量与分布有哪些特点?
4. 机体对水和电解质的调节作用。
5. 影响钙吸收的因素有哪些?

扫码“练一练”

（韦　岩）

第十四章 酸碱平衡

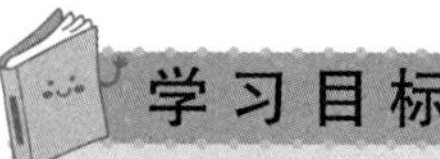

1. 掌握 血浆和红细胞的缓冲体系；肺及肾对酸碱平衡调节的基本机制；酸碱平衡的主要生化诊断指标。

2. 熟悉 酸碱失衡的基本类型以及酸碱平衡调节因素。

3. 了解 酸性、碱性物质来源。

案例导入

患者，赵某某，男，60 岁，因恶心、呕吐半日，继而昏迷入院。体格检查：体温及血压正常，脉搏 96 次/分，呼吸 26 次/分。实验室检查：Glu 24.2mmol/L，尿糖++++，酮体++。血气分析：pH7.20，PCO_2 30mmHg，BE 18mmol/L，[HCO_3^-] 5.0mmol/L。该患者有 12 年的糖尿病史。

请问：

1. 该患者可能为何种类型的酸碱失衡，并利用所学知识说明你的判断依据。
2. 机体是通过何种机制调节酸碱平衡的？
3. 如果你是一名护理工作人员，针对该患者应该采取怎样的护理措施？

机体代谢过程中会不断产生酸性和碱性物质，同时通过食物又摄取一定量的酸碱物质，但是机体体液的 pH 值维持总是稳定在相对恒定的范围内（血浆 7.35～7.45）。这种机体通过一系列的调节，排出体内多余的酸性和碱性物质，使体液 pH 维持在恒定范围内的过程称为酸碱平衡。体液 pH 值的相对恒定，主要是依靠三方面的调节：血液缓冲体系的缓冲、肺通过呼吸排出 CO_2 的调节和肾泌氢及重吸收 $NaHCO_3$ 的调节作用，这三方面的作用相互协调。如果体内的酸碱物质产生过多，超过了机体的调节能力，或者上述任何一方面的调节作用失常，都可能导致体液酸碱平衡紊乱，如酸中毒或者碱中毒，进而直接影响组织细胞、器官的正常代谢，如不及时纠正，严重时可危及生命。

扫码“看一看”

第一节 体内酸碱物质的来源

在化学反应中，凡能释放出 H^+ 的化学物质称为酸，如 H_2SO_4、H_2CO_3、HCl、NH_4^+ 等；反之，凡能接受 H^+ 的化学物质称为碱，如 OH^-、NH_3、HCO_3^- 等。一个酸性物质释放出 H^+ 的同时，必然会有一个碱性物质的生成；一个碱性物质接受 H^+ 的同时，必然会有一个酸性物质的生成。因此，酸总是与相应的碱组成一个共轭体系，例如 $H_2CO_3 \longrightarrow HCO_3^- + H^+$ 等。

一、体内酸性物质的来源

体内的酸性物质主要来源于糖、脂质和蛋白质等营养物质的分解代谢，其次来自于食物、饮料及某些药物等。体内的酸性物质可分为挥发性酸和非挥发性酸两大类。

1. 挥发性酸　体内的碳酸（H_2CO_3）称为挥发性酸。糖、脂质和蛋白质等物质在体内彻底氧化分解后可生成CO_2和H_2O，两者在碳酸酐酶（CA）的催化下结合生成碳酸，碳酸解离成H^+和HCO_3^-，碳酸以HCO_3^-的形式随血液运输，在肺部可重新形成碳酸并分解为CO_2和H_2O，CO_2通过肺呼出体外，故碳酸称为挥发性酸。正常成人平均每天产生$CO_2$300～400L，这些CO_2成为碳酸后能释放出15mol H^+，是体内酸性物质的主要来源。

知识链接

碳酸酐酶及其相关临床意义

碳酸酐酶（CA）是第一个被发现的锌酶，也是体内最重要的锌酶。集中分布于人体内的肾小管上皮细胞、胃黏膜、胰腺、中枢神经细胞和睫状体上皮细胞等组织细胞中。其作用主要是在血液及其他组织中维持酸碱平衡，帮助体内组织清除二氧化碳，确保以二氧化碳和碳酸氢根为催化底物的酶保持适度的底物浓度。CA抑制剂（CAIs）如乙酰唑胺可抑制CA的活性，使碳酸氢根生成减少而降低眼压，临床上主要治疗青光眼。

2. 非挥发性酸　非挥发性酸又称为固定酸，主要来自体内糖、脂肪和蛋白质的分解代谢。如糖分解代谢产生的乳酸、丙酮酸；脂肪代谢产生的β-羟丁酸、乙酰乙酸等有机酸；含硫氨基酸分解代谢产生的硫酸；以及核酸和磷脂分解产生的磷酸等无机酸。这些酸性物质不能由肺呼出，有机酸可进一步代谢分解，而无机酸只能经肾随尿排出体外，因此称为非挥发性酸或固定酸。另外，固定酸还可以直接来自某些食物，如醋酸、柠檬酸、酒石酸等。某些酸性药物，如氯化铵、阿司匹林、水杨酸等也是酸性物质的来源之一。

二、体内碱性物质的来源

蔬菜、水果中含有较多的有机酸盐，如柠檬酸、苹果酸、草酸等的钠盐或钾盐，这些有机酸的酸根可在体内氧化生成CO_2和H_2O，剩下的Na^+、K^+则与体液中的HCO_3^-结合生成碱性盐$NaHCO_3$或$KHCO_3$。所以蔬菜和水果属于碱性食物。体内物质在代谢过程中也可产生少量的碱性物质，如氨基酸脱氨基作用产生的氨等。此外，某些碱性药物、食物中的$NaHCO_3$是摄入碱的另一个来源。综上所述，人体每天酸性物质的来源远远多于碱性物质的来源，因此，机体对酸碱平衡的调节主要以调节酸为主。

扫码“看一看”

第二节　酸碱平衡的调节

机体对酸碱平衡的调节主要是通过血液的缓冲体系、肺的呼吸作用及肾的排酸保碱功能来完成，对酸碱平衡的调节最先起到作用的是血液缓冲体系。

一、血液缓冲体系的调节

（一）血液缓冲体系

无论是体内代谢产生还是摄取的酸性或碱性物质，进入体内后，都是首先进入血液并经血液缓冲体系进行缓冲，另外血液的缓冲作用和肺、肾对酸碱平衡的调节作用直接相关，因此在调节酸碱平衡的诸多因素中，以血液缓冲体系最为重要。血液缓冲体系分为血浆缓冲体系和红细胞缓冲体系。

血浆缓冲体系有：

$$\frac{NaHCO_3}{H_2CO_3},\quad \frac{Na_2HPO_4}{NaH_2PO_4},\quad \frac{Na\text{-}Pr}{H\text{-}Pr}$$（Pr 表示血浆蛋白质）

红细胞缓冲体系有：

$$\frac{KHCO_3}{H_2CO_3}\quad \frac{K_2HPO_4}{KH_2PO_4}\quad \frac{K\text{-}Hb}{H\text{-}Hb}\quad \frac{K\text{-}HbO_2}{H\text{-}HbO_2}$$

（Hb 表示血红蛋白；HbO_2表示氧合血红蛋白）

红细胞中以 K-Hb/H-Hb 缓冲体系和 K-HbO_2/H-HbO_2缓冲体系最为重要。在血浆中以 $NaHCO_3/H_2CO_3$缓冲体系最为重要，缓冲能力最强。不仅如此，该缓冲体系的 H_2CO_3和 $NaHCO_3$的量还可以通过肺和肾调节。H_2CO_3可与血浆中溶解的 CO_2取得平衡而受呼吸的调节，各种原因引起的 H_2CO_3过多，都能通过呼吸运动的加强被迅速清除；而 $NaHCO_3$浓度则可通过肾的重吸收功能进行调节，人体碱中毒时，肾的重吸收作用减少，而随尿排出增多。

知识链接

缓冲对与缓冲作用

缓冲作用是指能够对抗外来的酸或者碱性物质的影响，以维持溶液 pH 值的相对恒定的作用。具有缓冲作用的溶液称为缓冲液，缓冲液可以含有一种或多种缓冲体系，即缓冲对，缓冲对是由一种弱酸和它对应的弱酸盐组成，如 $NaHCO_3/H_2CO_3$缓冲对。当有强酸时，强酸会与弱酸盐反应生成弱酸和强酸盐，强酸变成了弱酸，使酸性程度降低；当有强碱时，强碱会与缓冲对的弱酸反应生成弱碱（强碱弱酸盐），强碱变成弱碱，使碱性程度降低。

（二）血液 pH 值

血浆的 pH 值主要取决于血浆中 $NaHCO_3$与 H_2CO_3浓度的比值，可由亨德森-哈塞巴方程式计算。

$$pH = pK_a + \lg\frac{[NaHCO_3]}{[H_2CO_3]}$$

其中 pK_a是 H_2CO_3解离常数的负对数，在 37℃时为 6.1。正常条件下，血浆中 $NaHCO_3$的浓度约为 24mmol/L，H_2CO_3的浓度约为 1.2mmol/L，两者比值是 20∶1，代入公式可计算出血浆 pH：pH=6.1+lg（20/1）=6.1+1.3=7.4。由此可见，只要血浆中 $NaHCO_3$与 H_2CO_3的浓度之比是 20∶1，血浆 pH 就能维持在 7.4 不变。即当其中任何一方的浓度发生变化时，机体只要对另一方做相应的调节，使两者的浓度之比仍维持在 20∶1，则血浆 pH 值

不变。因此，酸碱平衡调节的实质就是调节 $NaHCO_3$ 与 H_2CO_3 浓度的比值来维持血浆 pH 值的相对恒定。

（三）血液缓冲体系的缓冲机制

进入血液的固定酸或碱性物质，主要由碳酸氢盐缓冲体系缓冲；挥发性酸主要由红细胞内的血红蛋白缓冲体系缓冲。

1. 对固定酸的缓冲作用　当固定酸（H-A）进入血浆后，主要由 $NaHCO_3$ 进行缓冲，使酸性较强的固定酸转变为酸性较弱的 H_2CO_3。H_2CO_3 则进一步分解成 H_2O 及 CO_2，CO_2 可经肺呼出体外，而不致使血浆 pH 值有较大波动。

$$\underset{\text{（固定酸）}}{\text{H-A}} + NaHCO_3 \longrightarrow \underset{\text{（固定酸钠）}}{\text{Na-A}} + H_2CO_3$$

血浆中的 $NaHCO_3$ 主要用来缓冲固定酸，在一定程度上它可以代表血浆对固定酸的缓冲能力，所以通常把血浆中的 $NaHCO_3$ 称为人体内的碱储。

此外，血浆中的其他缓冲体系对固定酸也能起到一定的缓冲作用。

$$\text{H-A} + Na_2HPO_4 \longrightarrow \text{Na-A} + NaH_2PO_4$$

$$\text{H-A} + \text{Na-Pr} \longrightarrow \text{Na-A} + \text{HPr}$$

2. 对挥发性酸的缓冲作用　体内各组织细胞在代谢过程中产生的 CO_2 扩散至血液后，可迅速进入红细胞，与 H_2O 在碳酸酐酶（CA）催化下生成 H_2CO_3，进而被血红蛋白缓冲体系缓冲。

当血液流经组织时，组织细胞产生的 CO_2 可经毛细血管壁扩散入血，在红细胞中经碳酸酐酶（CA）催化生成 H_2CO_3，H_2CO_3 可解离成 H^+ 和 HCO_3^-，H^+ 与 Hb^-（HbO_2 释放 O_2 后生成 Hb^-）结合生成 HHb，HCO_3^- 因浓度增高由红细胞向血浆扩散，血浆中等量的 Cl^- 进入红细胞，以维持红细胞内外的电荷平衡，这种通过红细胞膜进行的 HCO_3^- 与 Cl^- 交换的过程称为氯离子转移。

当血液流经肺泡时，O_2 的分压很高，Hb^- 与 O_2 结合生成 HbO_2，Hb^- 量的减少加速 HHb 解离并释放大量 H^+，H^+ 与 $^-HCO_3$ 再结合生成 H_2CO_3，在 CA 的催化下，分解为 CO_2 和 H_2O，CO_2 经肺呼吸排出体外。血红蛋白缓冲体系的缓冲作用（图 14-1）。

知识拓展

低氯性碱中毒

在临床上，经常见到大量呕吐的患者。胃液中含有大量的盐酸，患者在严重呕吐时会丢失大量胃液，会损失较多的 H^+ 和 Cl^-，使血浆 Cl^- 浓度降低，为了达到细胞内外电荷平衡，HCO_3^- 从红细胞进入到血浆中，血浆 HCO_3^- 浓度代偿性增加，从而导致 $NaHCO_3$ 与 H_2CO_3 浓度比值>20∶1，而发生碱中毒。该碱中毒是由于血氯降低而引起，故称为低氯性碱中毒。低氯性碱中毒的治疗强调病因的治疗，尤其是止吐作用。

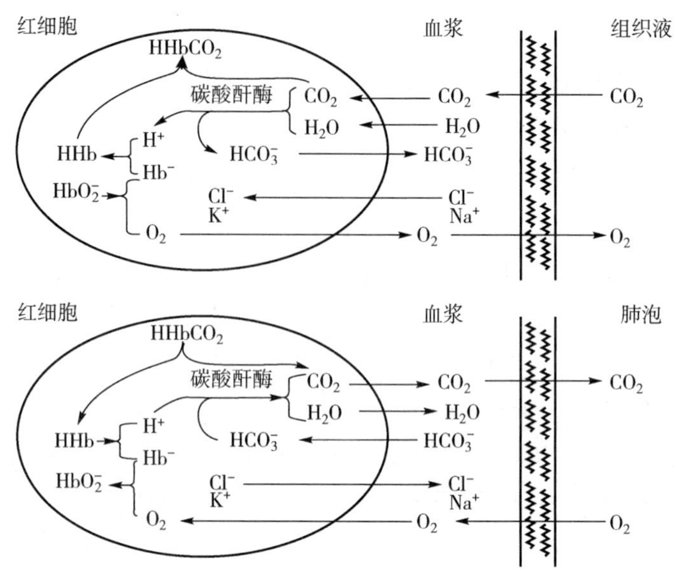

图 14-1　血红蛋白缓冲系统对挥发性酸的缓冲作用

3. 对碱的缓冲作用　当碱性物质进入血液后，可被血浆中的 H_2CO_3、NaH_2PO_4 及 H-Pr 所缓冲。

$$Na_2CO_3 + H_2CO_3 \longrightarrow 2NaHCO_3$$

$$Na_2CO_3 + NaH_2PO_4 \longrightarrow NaHCO_3 + Na_2HPO_4$$

$$Na_2CO_3 + H\text{-}Pr \longrightarrow NaHCO_3 + Na\text{-}Pr$$

缓冲的结果是使碱性较强的 Na_2CO_3 生成了碱性较弱的 $NaHCO_3$，缓冲后生成的过多 $NaHCO_3$ 可由肾排出体外，从而保证了血液 pH 值基本不变。对固定碱进行缓冲的主要成分是 H_2CO_3。

二、肺对酸碱平衡的调节

肺主要通过呼出 CO_2 的量来调节酸碱平衡。当体内的酸产生过多时，$NaHCO_3$ 减少，而 H_2CO_3 增多，使血浆中[$NaHCO_3$]与[H_2CO_3]的比值变小，血液中的 H_2CO_3 经碳酸酐酶的催化作用分解为 CO_2 及 H_2O，这时血浆 PCO_2 增高，刺激延髓呼吸中枢，使呼吸加深加快，把过多的 CO_2 由肺呼出，从而降低了血中 H_2CO_3 的浓度，使[$NaHCO_3$]的[H_2CO_3]比值增大，pH 值恢复正常。

总之，当动脉血 PCO_2 在一定范围内增高（$5.33kPa < PCO_2 < 8.4kPa$）或 pH 值降低时，呼吸中枢兴奋，呼吸加深加快，CO_2 呼出增多，使血液中 H_2CO_3 浓度下降；反之，当动脉血 PCO_2 降低或 pH 值升高时，则呼吸中枢受抑制，呼吸变浅变慢，CO_2 呼出减少，使血液中 H_2CO_3 浓度升高。由此可见，肺通过呼出 CO_2 的多少来调节血中 H_2CO_3 的浓度，以维持[$NaHCO_3$]与[H_2CO_3]的正常比值，使血液 pH 值稳定。

知识拓展

酸中毒患者的深长呼吸

酸中毒患者的深大呼吸也叫酸中毒深长呼吸、库氏呼吸等，是指各种酸中毒导致的深长且有规则的大呼吸，频率或快或慢，常见于糖尿病酮症酸中毒、尿毒症酸中毒等患者。由于酸中毒时 H^+ 浓度升高，刺激颈动脉体化学感受器反射性兴奋延髓呼吸中枢，使呼吸的深度和频率增加，结果 CO_2 排出增多并使血浆 H_2CO_3 浓度降低，$[HCO_3^-]$ 与 $[H_2CO_3]$ 的比值得以接近 20∶1，pH 值可以维持在正常范围内。呼吸系统的代偿功能是极其迅速的，一般数分钟即可出现深大呼吸。因此，对严重糖尿病患者或怀疑有酸中毒可能的患者，护理人员应注意观察其呼吸的深浅和频率。

三、肾对酸碱平衡的调节

肾是调节酸碱平衡的重要器官，它是通过排出代谢过程中产生的过多的固定酸和重吸收 $NaHCO_3$，调节血浆 $NaHCO_3$ 含量，以维持血液 pH 值的相对恒定。肾的这种作用主要通过重吸收 $NaHCO_3$、泌 H^+ 和泌氨的方式来完成。

（一）肾小管泌 H^+ 及重吸收 Na^+（H^+-Na^+ 交换）

1. $NaHCO_3$ 的重吸收　肾对 $NaHCO_3$ 的重吸收作用主要是通过 H^+-Na^+ 交换完成的，主要发生在肾近曲小管上皮细胞。进入肾小管上皮细胞中的 CO_2 与 H_2O 在 CA 催化下结合生成 H_2CO_3，H_2CO_3 又解离产生 H^+ 和 HCO_3^-，HCO_3^- 扩散进入血液，而 H^+ 则被分泌到肾小管管腔，并与小管液中的 Na^+ 进行交换（H^+-Na^+ 交换）。交换进入肾小管上皮细胞的 Na^+ 通过钠泵主动转运至血液，与 HCO_3^- 结合生成 $NaHCO_3$，以补充血液中因缓冲固定酸所消耗的 $NaHCO_3$；分泌进入肾小管腔中的 H^+ 与 HCO_3^- 结合生成 H_2CO_3，H_2CO_3 又可在 CA 催化下分解为 H_2O 和 CO_2，CO_2 又重新扩散进入肾小管上皮细胞被利用，H_2O 则随尿排出。如此反复进行，使原尿中的 $NaHCO_3$ 被重吸收，$NaHCO_3$ 的重吸收过程见图 14-2。

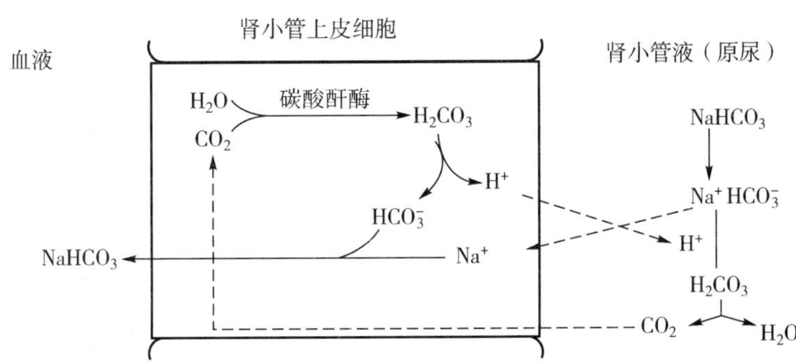

图 14-2　H^+-Na^+ 交换与 $NaHCO_3$ 的重吸收

2. 尿液的酸化　当原尿流经肾远曲小管时，其中的 Na_2HPO_4 解离成 Na^+ 和 HPO_4^{2-}，Na^+ 与肾小管上皮细胞分泌的 H^+ 进行交换进入肾小管上皮细胞，并与重吸收进入血液的 HCO_3^-

结合形成 $NaHCO_3$。分泌到小管液中的 H^+ 则与 HPO_4^{2-} 和 Na^+ 结合形成酸性较强的 NaH_2PO_4 随尿排出。这一过程加速了酸的排泄和碱的重吸收，使尿液 pH 值降低，称为尿液的酸化（图 14-3）。正常人血浆中[Na_2HPO_4]与[NaH_2PO_4]的比值为 4∶1，肾小管内原尿中两者的比值与血浆相同，随着肾小管上皮细胞分泌 H^+ 的增多，两者的比值由 4∶1 下降为 1∶99，使小管液中的 pH 值降至 4.8，尿液变成酸性。

此外，机体代谢产生的固定酸首先经缓冲体系缓冲，缓冲体系缓冲后生成的固定酸盐（如乙酰乙酸、β-羟丁酸、乳酸的钠盐等）也以相同的方式随尿排出，这也是尿液酸化的原因之一。

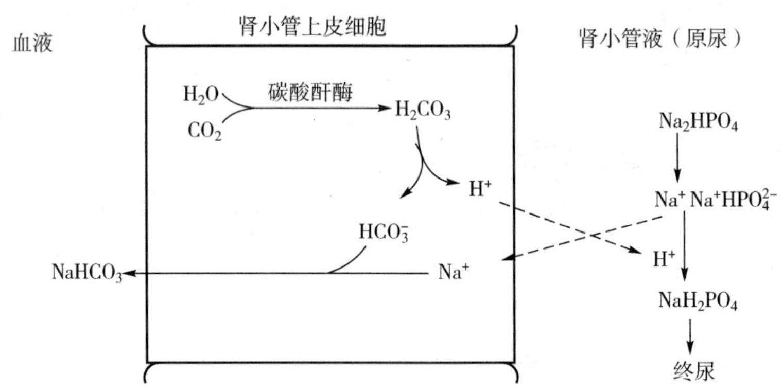

图 14-3　H^+-Na^+ 交换与尿液的酸化

（二）肾小管泌氨及 Na^+ 的重吸收

肾小管上皮细胞中谷氨酰胺经谷氨酰胺酶水解产生的 NH_3 可扩散进入肾小管管腔中，H^+ 结合生成 NH_4^+，NH_4^+ 再与管腔内的强酸盐（如 NaCl、Na_2SO_4 等）的阴离子（Cl^-、SO_4^{2-} 等）结合生成酸性铵盐[NH_4Cl、$(NH_4)_2SO_4$ 等]随尿排出。同时，肾小管液中强酸盐解离出的 Na^+ 与 H^+ 交换后进入肾小管上皮细胞，与 HCO_3^- 结合形成 $NaHCO_3$ 再回到血液中，从而维持血浆中 $NaHCO_3$ 的正常浓度（图 14-4）。

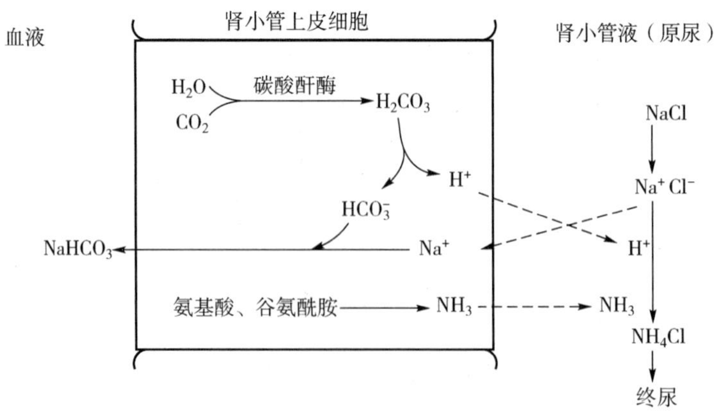

图 14-4　H^+-Na^+ 交换和铵盐的排泄

正常情况下，每天30～50mmol的H^+和NH_3结合成NH_4^+由尿液排出；在严重代谢性酸中毒时，每天由尿液排出的NH_4^+可高达500mmol。肾小管细胞的泌NH_3作用有力地促进肾小管细胞的泌H^+作用；同时，当肾小管细胞分泌H^+作用增强，能促进NH_3的分泌。因此，NH_3的分泌量随尿液的pH值而变化，尿液酸性越强，NH_3的分泌越多；如尿液呈碱性，NH_3的分泌减少，甚至停止。这种调节酸碱平衡作用对于迅速排除体内多余的酸具有十分重要的意义。

（三）肾小管泌K^+及Na^+的重吸收（K^+-Na^+交换）

除了上述作用外，肾远曲小管上皮细胞还在主动泌钾的同时而换回钠，从而实现了血液中钾离子与肾小管液中的钠离子的交换，即K^+-Na^+交换。通过K^+-Na^+交换，钠离子吸收入血，而钾离子随尿液排出体外。K^+-Na^+交换虽然不能直接影响碳酸氢钠（$NaHCO_3$）的重吸收，但K^+-Na^+交换与H^+-Na^+交换有竞争性抑制作用，故间接影响$NaHCO_3$的重吸收。当血液中钾离子浓度增高时，肾小管泌K^+的作用增强，K^+-Na^+交换作用会增强，而H^+-Na^+交换作用会受到一定程度的抑制，H^+排出减少，最终会使细胞外液中H^+浓度升高，因此高血钾常常伴有酸中毒碱性尿；当血液中钾离子浓度降低时，H^+-Na^+交换作用会增强，而K^+-Na^+交换作用会受到一定程度的抑制，结果尿液中排出的钾离子会减少，排出的H^+会增多，导致细胞外液中H^+浓度会降低，故低血钾时常伴有碱中毒酸性尿（图14-5）。同样，酸中毒时，H^+浓度升高，H^+-Na^+交换作用会增强，而K^+-Na^+交换作用会减弱。因此，酸中毒常伴有高血钾；而碱中毒时因K^+-Na^+交换作用增强而伴随低血钾。

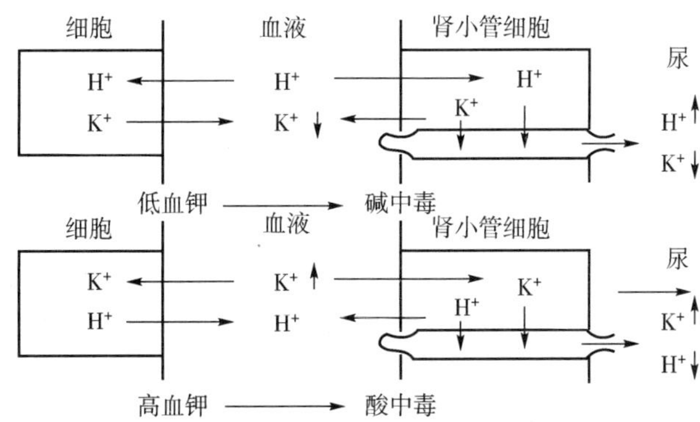

图14-5　K^+-Na^+交换、H^+-Na^+交换与酸碱平衡的关系

总之，肾对酸碱平衡的调节主要是通过肾小管上皮细胞的H^+-Na^+交换来实现的。肾远曲小管上皮细胞除具有H^+-Na^+交换外，还有K^+-Na^+交换，K^+-Na^+交换与H^+-Na^+交换之间有竞争性抑制作用。当血钾浓度增高时，肾小管泌K^+作用加强，即K^+-Na^+交换加强，而H^+-Na^+交换减弱，结果使血液中H^+浓度升高，引起酸中毒；反之，血钾浓度降低时，则会引起碱中毒。

四、酸碱平衡的其他调节

1. 骨骼组织对酸碱平衡的调节　当机体出现酸中毒时，H^+浓度增加，骨细胞中的无机盐$Ca_3(PO_4)_2$可从骨组织进入血浆，与H_2CO_3发生下列反应。

$$2PO_4^{3-} + 2H_2CO_3 \longrightarrow 2HPO_4^{2-} + 2HCO_3^-$$

$$2HCO_3^- + 2H^+ \longrightarrow 2H_2CO_3$$

$$2HPO_4^{2-} + 2H^+ \longrightarrow 2H_2PO_4^-$$

总反应如下：

$$2PO_4^{3-} + 4H^+ \longrightarrow 2H_2PO_4^-$$

因此，骨细胞释放出 1 分子 $Ca_3(PO_4)_2$可缓冲 4 个 H^+，来纠正酸中毒，起到调节骨代谢和酸碱平衡的双重作用。但是当长期代谢性酸中毒时，由于体液中 H^+浓度增加，导致大量的骨盐溶解，最终可能引起骨骼严重软化。

2. 某些细胞对酸碱平衡的调节 当细胞外液 H^+浓度增加时，一部分 H^+进入细胞内与 K^+或 Na^+交换，使细胞外 K^+浓度增加，这也是酸中毒时引起高血钾的原因之一。相反，当细胞外液 H^+浓度降低时，与 K^+的相互交换就会减少，就会使血 K^+降低，这就是碱中毒引起低血钾的原因之一。因此 H^+和 K^+或 Na^+的交换，除了在肾小管上皮细胞内外进行外，也见于机体的其他组织细胞，从而参与调节酸碱平衡。

综上所述，机体酸碱平衡主要通过血液缓冲体系、肺和肾的调节，另外肌肉、骨骼等组织细胞对酸碱平衡也有一定的调节作用。进入血液的酸或者碱，首先由血液的缓冲作用缓冲，将酸或者碱性较强的物质转变为酸或者碱性较弱的物质。但这种作用势必会引起 $NaHCO_3$与 H_2CO_3浓度的比值的变化，机体可再通过肺和肾等来分别调节血液中的 $NaHCO_3$和 H_2CO_3的含量，以维持血液中 pH 值的恒定。

扫码“看一看”

第三节　酸碱平衡紊乱

如果体内的酸碱物质来源过多或丢失过度，或者机体调节酸碱平衡的能力出现障碍（如肺和肾的功能失调），将导致对酸碱平衡的调节不能维持体液 pH 的恒定，超出正常范围，从而出现酸碱平衡紊乱。pH 值低于下限为酸中毒，高于上限为碱中毒，主要表现为血浆中[$NaHCO_3$]与[H_2CO_3]的比值异常。$NaHCO_3$浓度可反映体内的代谢状况，受肾的调节，称为代谢性因素；H_2CO_3浓度可反映肺的通气状况，受呼吸作用的调节，称为呼吸性因素。

一、酸碱平衡紊乱的基本类型

酸中毒可分为代谢性酸中毒与呼吸性酸中毒两种类型。由于血浆 $NaHCO_3$浓度原发性降低，使[$NaHCO_3$]与[H_2CO_3]的比值变小，pH 值降低，称为代谢性酸中毒；若因 CO_2呼出过少，以致血浆 H_2CO_3浓度原发性升高，使得血浆[$NaHCO_3$]与[H_2CO_3]的比值变小，pH 值降低，则称为呼吸性酸中毒。

碱中毒也分为两种类型，即代谢性碱中毒和呼吸性碱中毒。如果血浆 $NaHCO_3$浓度原发性升高，使血浆[$NaHCO_3$]与[H_2CO_3]的比值增大，pH 值升高，称为代谢性碱中毒。若血浆 H_2CO_3浓度原发性降低，使正常血浆[$NaHCO_3$]与[H_2CO_3]的比值增大，pH 值升高，则称为呼吸性碱中毒。

在酸碱平衡失调初期，如果血浆 $NaHCO_3$和 H_2CO_3两者之一的浓度发生原发性改变，由于血液缓冲体系的缓冲作用以及肺、肾等组织的调节作用，使另一成分的浓度也发生相应的继发性改变，则[$NaHCO_3$]和[H_2CO_3]的比值仍能维持在 20∶1，pH 值仍可维持在正常范围内，此种现象称代偿作用。如果病情严重，超出了机体调节酸碱平衡的能力，则血浆[$NaHCO_3$]和[H_2CO_3]的比值就会升高或降低，血浆 pH 值不能维持在 7.35～7.45 范围内，称为失代偿性酸碱平衡失调。

（一）代谢性酸中毒

1. 特点 代谢性酸中毒的特点是血浆 $NaHCO_3$的浓度原发性降低，血浆 H_2CO_3浓度也相应降低。

2. 常见原因 其原因主要有：①组织缺氧或组织低血液灌流时，乳酸产生过多，出现乳酸性酸中毒；②肾功能不全，导致肾排酸和重吸收 $NaHCO_3$的能力下降；③糖尿病患者产生过多的酮体，引起酮症酸中毒；④腹泻、肠瘘等患者的碱性消化液丢失过多；⑤体内固定酸产生过多、酸性药物摄入过多等。

3. 代偿机制 血浆中 HCO_3^-含量减少，血液中 H^+浓度的增加，刺激呼吸中枢加深加快，二氧化碳排出量增多，使得血浆中碳酸的浓度降低。另外，肾小管上皮细胞泌 H^+、NH_3作用增强，重吸收较多的碳酸氢钠。代谢性酸中毒时，通过血液、肺、肾等的代偿调节，虽然血浆 $NaHCO_3$和 H_2CO_3的绝对浓度都有所减少，但两者的比值仍是 20∶1，血浆 pH 值仍维持在 7.35～7.45，则称为代偿性代谢性酸中毒。若通过代偿调节后，血浆[$NaHCO_3$]与[H_2CO_3]的比值变小，pH 值随之降低至 7.35 以下，称为失代偿性代谢性酸中毒。

（二）代谢性碱中毒

1. 特点 代谢性碱中毒的特点是血浆 $NaHCO_3$的浓度原发性升高，血浆 H_2CO_3浓度也相应升高。

2. 常见原因 包括：①如剧烈呕吐或者胃肠减压引起的体内固定酸性物质丢失过多；②碱性物质（如 $NaHCO_3$）摄入过多，超过肾排泄能力；③低血钾引起的碱中毒；④血氯降低，常见于胃液丢失和补充氯化钠不足等。此外，原发性醛固酮增多症或注射盐皮质激素过多时也可以引起代谢性碱中毒。

3. 代偿机制 代谢性碱中毒时，血浆 $NaHCO_3$浓度升高，血浆 pH 值和[$NaHCO_3$]/[H_2CO_3]均升高，这时呼吸中枢受到抑制，呼吸变浅变慢，保留较多的 CO_2使血浆H_2CO_3 的浓度升高；而且肾小管细胞的泌 H^+和泌 NH_3作用减弱，减少 $NaHCO_3$的重吸收。通过这些代偿机制，结果仍能使[$NaHCO_3$]与[H_2CO_3]的比值维持在 20∶1，血浆 pH 值仍在 7.35～7.45，称为代偿性代谢性碱中毒。若通过代偿调节，血浆[$NaHCO_3$]与[H_2CO_3]的比值增大，pH 值升高至 7.45 以上，称为失代偿性代谢性碱中毒。

（三）呼吸性酸中毒

1. 特点 呼吸性酸中毒的特点是血浆 PCO_2、H_2CO_3浓度原发性升高，血浆 $NaHCO_3$浓度也相应升高。

2. 常见原因 其原因有：①呼吸中枢受到抑制（如颅脑损伤、脑炎或镇静剂使用过量等），导致体内 CO_2呼出减少；哮喘、肺气肿等呼吸道和肺部疾病等；②喉头水肿、溺水、慢性阻塞性肺病等所致的呼吸道阻塞；③有机磷中毒、重症肌无力、重度低钾血症等引起的呼吸肌麻痹；④处于通风不良或者是 CO_2浓度较高的坑道环

境等。

3. 代偿机制 呼吸功能发生障碍时，CO_2排出会不通畅，血浆 PCO_2升高，肾小管内碳酸酐酶活性会增强，加快了 H_2CO_3的生成，肾小管泌 H^+和 NH_3作用增加，H^+-Na^+、$NH_4{}^+-Na^+$交换作用增强，$NaHCO_3$的重吸收增加。呼吸性酸中毒时，通过肾重吸收 $NaHCO_3$增多的调节，结果导致［$NaHCO_3$］与［H_2CO_3］的比值仍维持在 20∶1，pH 值仍在正常范围，则称为代偿性呼吸性酸中毒。当血浆 H_2CO_3浓度过高，超出机体的代偿能力时，［$NaHCO_3$］与［H_2CO_3］的比值则变小，血浆 pH 值降至 7.35 以下，称为失代偿性呼吸性酸中毒。

（四）呼吸性碱中毒

1. 特点 呼吸性碱中毒的特点是血浆 PCO_2、H_2CO_3浓度原发性降低，血浆 $NaHCO_3$浓度也相应降低。

2. 常见原因 包括如癔病等精神性疾病使通气过度；水杨酸直接刺激呼吸中枢，使其兴奋而出现的过度通气；脑炎、脑肿瘤、颅脑损伤患者的呼吸中枢受到刺激而兴奋引起的通气过度；高热、甲状腺功能亢进等出现的通气增加；人工呼吸机使用不当等。

3. 代偿机制 由于二氧化碳排出过多，血浆 PCO_2降低，pH 升高，肾小管细胞泌 H^+和 NH_3下降，碳酸氢钠的重吸收减少，导致血浆中碳酸氢钠的含量也相应减少。如能使［$NaHCO_3$］/［H_2CO_3］的比值接近 20∶1，通过调节，pH 值仍维持在正常范围，称为代偿性呼吸性碱中毒。若经过代偿调节后，如果 H_2CO_3浓度的降低超过了代偿能力，则［$NaHCO_3$］/［H_2CO_3］的比值会变大，血浆 pH 值升高至 7.45 以上，称为失代偿性呼吸性碱中毒。

以上几种酸碱平衡紊乱的类型为单纯性酸碱平衡紊乱，在实际的临床工作中，同一患者可能会有两种或两种以上的单纯性酸碱平衡紊乱同时存在，成为混合性酸碱平衡紊乱，如呼吸性酸中毒合并代谢性酸中毒，呼吸性碱中毒合并代谢性碱中毒，呼吸性酸中毒合并代谢性碱中毒，呼吸性碱中毒合并代谢性酸中毒。另外，还有三种单纯性酸碱平衡紊乱共存的情况，这种称为三重性混合性酸碱平衡紊乱。

二、酸碱平衡的主要生物化学检测指标

为了更加准确、更加全面地了解机体内的酸碱平衡状况，从而指导疾病的预防、诊断和治疗，一般都需要测定各种有关酸碱平衡的生化指标，主要包括血浆 pH 值、PCO_2、CO_2-CP、SB 和 AB、缓冲碱、碱剩余、阴离子间隙等指标。

1. 血浆 pH 值 血浆 pH 值表示血浆中 H^+浓度，是反映血液的酸碱度的指标。

正常参考范围：正常人动脉血 pH 值变动范围为 7.35～7.45，平均为 7.40。

意义：pH>7.45 提示失代偿性碱中毒；pH<7.35 提示失代偿性酸中毒；血浆 pH 值在正常范围，提示机体可能是酸碱平衡，或是代偿性酸碱中毒，也有可能是酸中毒合并碱中毒，这时需要结合其他的指标进一步分析。值得注意的是，血浆 pH 值并不能区分酸碱平衡紊乱是代谢性的还是呼吸性的。

2. 血浆二氧化碳分压（PCO_2） 血浆二氧化碳分压（PCO_2）是指物理溶解于血浆中的 CO_2所产生的张力，是反映呼吸性酸碱失衡的重要指标。

正常参考范围为：4.5～6.0kPa，平均为5.3kPa。

意义：由于在正常生理状况下，动脉血PCO_2与肺泡气的PCO_2基本相等，动脉血PCO_2可基本反映肺泡通气量水平，因此PCO_2是反映酸碱平衡失调中呼吸性因素的主要指标。当动脉血PCO_2小于4.5kPa，表示肺通气过度，CO_2排出过多，常见于呼吸性碱中毒；当动脉血PCO_2大于6kPa，表示肺通气不足，有CO_2潴留，常见于呼吸性酸中毒。另外，由于机体的代偿作用，代谢性酸中毒时，动脉血PCO_2会降低；代谢性碱中毒时，动脉血PCO_2会升高。

3. 血浆二氧化碳结合力（CO_2-CP） 血浆二氧化碳结合力（CO_2-CP）指在25℃、PCO_2为5.3kPa时，每升血浆中以$NaHCO_3$形式存在的CO_2的量，是反映代谢性因素的主要指标。

正常参考范围为：22～31mmol/L，平均为27mmol/L。

意义：①代谢性酸中毒时血浆CO_2-CP降低；代谢性碱中毒时CO_2-CP升高。②呼吸性酸中毒时，经肾代偿后继发地引起血浆CO_2-CP升高；呼吸性碱中毒时，经肾代偿后CO_2-CP降低。临床上目前很少检测这一指标。

4. 标准碳酸氢盐（SB）和实际碳酸氢盐（AB） 标准碳酸氢盐（SB）是指全血在标准条件下（温度37℃、PCO_2为5.3kPa、血氧饱和度100%）测得血浆中HCO_3^-的含量。

实际碳酸氢盐（AB）是指隔绝空气的全血标本，实际测得的血浆HCO_3^-的浓度。

正常参考范围为：AB的正常变动范围是22～26mmol/L，平均为24mmol/L。

意义：AB与SB的差值反映了呼吸因素对酸碱平衡的影响。正常情况下，AB=SB。①当SB正常时，如果SB<AB，则表明二氧化碳潴留，提示呼吸性酸中毒；反之，如果SB>AB，则表明二氧化碳排出过多，提示呼吸性碱中毒；②当AB=SB，并且两者均降低时，提示代谢性酸中毒，如果此时有肺的代偿作用，使通气量增加，则SB>AB；当AB=SB，并且两者均升高时，提示代谢性碱中毒，如果此时有肺的代偿作用，通气量下降，则SB<AB。

5. 缓冲碱（BB） 缓冲碱（BB）是指血液中所有具有缓冲作用的负离子碱的总和，如HCO_3^-、HPO_4^{2-}、Hb^-、HbO_2^-、Pr^-等。

正常参考范围：正常值为45～55mmol/L。

意义：BB是反映代谢性酸碱紊乱的指标，代谢性酸中毒时BB降低，代谢性碱中毒时BB升高。

6. 碱剩余（BE） 血浆碱剩余（BE）指在标准条件下（温度37℃、PCO_2为5.3kPa、血氧饱和度为100%），用酸或碱将人体全血滴定至pH为7.4时，所消耗的酸或碱的量。

正常参考范围为-3.0～+3.0mmol/L。

意义：BE是反映代谢性酸碱紊乱的指标。如果用酸滴定，结果用“+”表示，BE>+3.0mmol/L时，表示代谢性碱中毒；如果用碱滴定，结果则用“-”表示，BE<-3.0mmol/L时，表示代谢性酸中毒。

7. 阴离子间隙（AG） 阴离子间隙（AG）是指血浆中主要阴离子与主要阳离子的

差值。正常情况下，机体血浆中的阳离子与阴离子总量相等，均为151mmol/L，以维持电荷平衡。血浆中主要的阳离子是Na^+和K^+，主要的阴离子是Cl^-和HCO_3^-，两者在数值上有一定的差距，其差值即为阴离子间隙，用AG表示，$AG=([Na^+]+[K^+])-([Cl^-]+[HCO_3^-])$。

正常参考范围：8～16mmol/L，平均为12mmol/L。

意义：AG值增高可见于代谢性酸中毒，表明酸根离子（如乙酰乙酸、乳酸、酮体等）在体内蓄积或者肾衰竭所致。AG值降低在诊断酸碱平衡失调方面的意义不大，见于低蛋白血症等。

知识拓展

糖尿病酸中毒及防治

糖尿病患者由于糖代谢障碍，会大量动员脂肪而生成大量的酮体，酮体（乙酰乙酸、β-羟丁酸、丙酮）为酸性物质，因此，糖尿病患者易出现酸中毒。糖尿病酸中毒为代谢性酸中毒，主要有两种情况：一是阴离子间隙增高的酸中毒，二是阴离子间隙正常的高氯性代谢性酸中毒。如果糖尿病患者出现阴离子间隙正常的高氯性代谢性酸中毒，提示糖尿病患者有肾小管功能障碍。

对于糖尿病酮症酸中毒患者通常给予胰岛素和静脉输液治疗，由于胰岛素可以缓解酮酸的产生，一般不需补碱；对儿童来说，补碱有增加脑水肿的风险，所以应当谨慎。糖尿病患者护理时，应注意观察其呼吸的气味；注意酸碱平衡紊乱相关指标的监测；同时注意其他脏器的功能，如肾功能。

酸碱平衡紊乱类型及其指标变化的比较见表14-1。

表14-1 酸碱平衡紊乱类型及其指标变化

生化指标	代谢性酸中毒	代谢性碱中毒	呼吸性酸中毒	呼吸性碱中毒
pH	↓	↑	↓	↑
PCO_2	↓	↑	↑	↓
CO_2-CP	↓	↑	↑	↓
SB或AB	↓	↑	↑	↓
BB	↓	↑	↑	↓
BE	负值↑	↑	↑	负值↑

本章小结

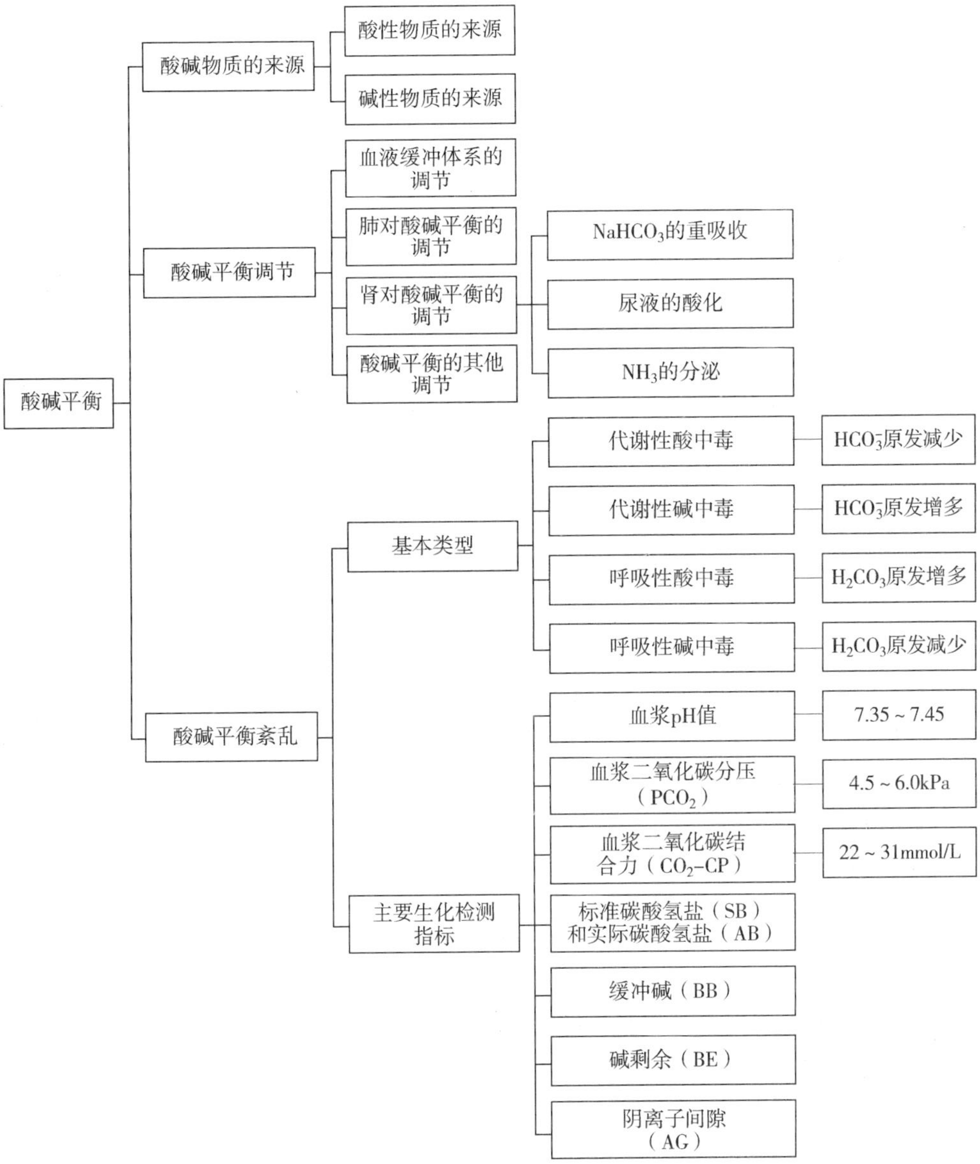

- 酸碱平衡
  - 酸碱物质的来源
    - 酸性物质的来源
    - 碱性物质的来源
  - 酸碱平衡调节
    - 血液缓冲体系的调节
    - 肺对酸碱平衡的调节
    - 肾对酸碱平衡的调节
      - $NaHCO_3$的重吸收
      - 尿液的酸化
      - NH_3的分泌
    - 酸碱平衡的其他调节
  - 酸碱平衡紊乱
    - 基本类型
      - 代谢性酸中毒 — HCO_3^-原发减少
      - 代谢性碱中毒 — HCO_3^-原发增多
      - 呼吸性酸中毒 — H_2CO_3原发增多
      - 呼吸性碱中毒 — H_2CO_3原发减少
    - 主要生化检测指标
      - 血浆pH值 — 7.35 ~ 7.45
      - 血浆二氧化碳分压（PCO_2） — 4.5 ~ 6.0kPa
      - 血浆二氧化碳结合力（CO_2-CP） — 22 ~ 31mmol/L
      - 标准碳酸氢盐（SB）和实际碳酸氢盐（AB）
      - 缓冲碱（BB）
      - 碱剩余（BE）
      - 阴离子间隙（AG）

一、选择题

【A1 型题】

1. 固定酸不包括

A. 乳酸　　B. 丙酮酸　　C. 碳酸　　D. 硫酸　　E. 硝酸

2. 挥发性酸是

A. 乳酸　　B. 丙酮酸　　C. 碳酸　　D. 硫酸　　E. 硝酸

3. 成酸食物不包括

A. 瘦肉　B. 馒头　C. 蔬菜　D. 甜点心　E. 药物

4. 下列哪种物质称为碱储

A. $NaHCO_3$　B. Na_2HPO_4

C. NaH_2PO_4　D. H_2CO_3

E. NaOH

5. 肺对酸碱平衡的调节作用是调节血浆中

A. H_2CO_3的浓度　B. $NaHCO_3$的浓度

C. CO_2的浓度　D. 血浆蛋白钾盐的浓度

E. 血浆蛋白钠盐的浓度

6. 肾对酸碱平衡的调节作用是调节血浆中

A. H_2CO_3的浓度　B. $NaHCO_3$的浓度

C. Na_2HPO_4的浓度　D. NaH_2PO_4的浓度

E. 血浆蛋白钾盐的浓度

7. 酸中毒可导致

A. 高钾血症　B. 低钾血症

C. 情况不一定　D. 与血钾没关系

E. 以上说法都不对

8. 呼吸性酸中毒时动脉血

A. PCO_2↑　B. PCO_2↓

C. 与PCO_2没有关系　D. 碱缺失是负值

E. 以上说法都不对

9. 代谢性酸中毒时

A. CO_2-CP↑

B. CO_2-CP↓

C. CO_2-CP 有可能升高也有可能降低

D. 与 CO_2-CP 没有任何关系

E. 以上说法都不对

10. 若 SB=AB，两者均升高，则为

A. 代谢性酸中毒　B. 代谢性碱中毒

C. 呼吸性酸中毒　D. 呼吸性碱中毒

E. 以上说法都不对

11. 某患者血浆[$NaHCO_3$]为 18mmol/L，[H_2CO_3] 为 0.918mmol/L，则该患者

A. 血浆 pH 为 7.4，可能为代偿性酸中毒和代偿性碱中毒

B. 血浆 pH 为 7.4，可能为代偿性酸中毒

C. 血浆 pH 为 7.4，可能为代偿性碱中毒

D. 血浆 pH 为 7.4，正常

E. 以上说法都不对

12. 碱中毒时

A. K^+-Na^+交换增加，H^+-Na^+增加

B. K^+-Na^+交换减少，H^+-Na^+增加

C. 易导致高血钾

D. 易导致低血钾

E. 以上说法都不对

13. 当血氯浓度降低时，易形成代谢性低氯性碱中毒，此时

A. K^+-Na^+交换增强，H^+-Na^+交换增强

B. K^+-Na^+交换减弱，H^+-Na^+交换增强

C. K^+-Na^+交换不受影响，H^+-Na^+交换增强

D. K^+-Na^+交换减弱，H^+-Na^+交换减弱

E. 以上说法都不对

14. 血浆[H_2CO_3]原发性升高可见于

A. 代谢性酸中毒　　B. 代谢性碱中毒

C. 呼吸性酸中毒　　D. 呼吸性碱中毒

E. 呼吸性碱中毒合并代谢性碱中毒

15. 腹泻引起的低钾血症对酸碱平衡的影响是

A. 代谢性碱中毒　　B. 呼吸性碱中毒

C. 代谢性酸中毒　　D. 呼吸性酸中毒

E. 代酸合并呼酸

E. 以上说法都不对

16. 血浆中 pH 值主要取决于

A. $PaCO_2$　　B. AB

C. 血浆中的［HCO_3^-］　　D. 血浆中［H_2CO_3］

E. 血浆中［HCO_3^-］与［H_2CO_3］的比值

17. 碱性物质的来源有

A. 氨基酸脱氨基产生的氨

B. 肾小管细胞分泌的氨

C. 蔬菜中含有的有机酸盐

D. 水果中含有的有机酸盐

E. 以上都是

18. 标准碳酸氢盐小于实际碳酸氢盐（SB<AB）可能有

A. 代谢性酸中毒　　B. 呼吸性酸中毒

C. 呼吸性碱中毒　　D. 混合性碱中毒

E. 高阴离子间隙代谢性酸中毒

19. 如血气分析结果为 $PaCO_2$升高，同时 HCO_3^-降低，最可能的诊断是

A. 呼吸性酸中毒　　B. 代谢性酸中毒

C. 呼吸性碱中毒　　D. 代谢性碱中毒

E. 以上都不是

二、思考题

1. 当体内固定酸增多时，血液缓冲体系、肺、肾如何进行调节，以使血浆[$NaHCO_3$]/[H_2CO_3]恢复正常？

2. 肺和肾如何对酸碱平衡进行调节？

3. 酸碱平衡的主要生化诊断指标及其中受呼吸性因素影响的指标是什么？

4. 体内酸碱物质的来源是什么？

扫码“练一练”

（刘香娥）

参考答案

第一章

1. C　2. B　3. D　4. E　5. D　6. B　7. E　8. D　9. C　10. B
11. B　12. D　13. C　14. D　15. E　16. D　17. D　18. C

第二章

1. B　2. D　3. C　4. C　5. C　6. C　7. D　8. B　9. B　10. E
11. D　12. E　13. B　14. B　15. E　16. D　17. E　18. B　19. C

第三章

1. E　2. A　3. C　4. D　5. E　6. E　7. E　8. B　9. E　10. E
11. C　12. E　13. B　14. E　15. B　16. C　17. E

第四章

1. A　2. D　3. B　4. D　5. A　6. E　7. D　8. D　9. C　10. B
11. D　12. C　13. D　14. C　15. A　16. A　17. A　18. D

第五章

1. D　2. C　3. C　4. D　5. B　6. D　7. B　8. D　9. C　10. D
11. E　12. B　13. A　14. C　15. B　16. C　17. A　18. C

第六章

1. E　2. C　3. A　4. B　5. A　6. A　7. C　8. C　9. C　10. A
11. E　12. D　13. D　14. E　15. E　16. B　17. C　18. A　19. D　20. D
21. D　22. D　23. D

第七章

1. A　2. B　3. D　4. D　5. B　6. B　7. A　8. B　9. C　10. B
11. E　12. D　13. B　14. B　15. B　16. B　17. B　18. D　19. B　20. B

第八章

1. C　2. A　3. D　4. C　5. E　6. E　7. B　8. C　9. D　10. A
11. D　12. A　13. B　14. C　15. D　16. B　17. B　18. A　19. C　20. D
21. A　22. C　23. B　24. B　25. D　26. E

第九章

1. E　2. A　3. C　4. C　5. C　6. B　7. D　8. C　9. D　10. C
11. B　12. D　13. A　14. B　15. C　16. C　17. C　18. D　19. D　20. E

第十章

1. E　2. D　3. B　4. B　5. B　6. A　7. C　8. A　9. A　10. E

11. D　12. A　13. B　14. B　15. E　16. E　17. A　18. B　19. D　20. D

第十一章

1. A　2. E　3. C　4. E　5. C　6. D　7. C　8. D　9. B　10. E
11. C　12. D　13. A

第十二章

1. D　2. C　3. A　4. D　5. C　6. C　7. B　8. B　9. A　10. D
11. D　12. D　13. E　14. E　15. B　16. B　17. C　18. A　19. E　20. E

第十三章

1. B　2. C　3. D　4. B　5. C　6. A　7. B　8. C　9. A　10. A
11. D　12. E

第十四章

1. C　2. C　3. C　4. A　5. C　6. B　7. A　8. A
9. B　10. B　11. A　12. D　13. A　14. C　15. A　16. E
17. E　18. B　19. A

（张向阳）

参考文献

[1] 查锡良．药立波．生物化学与分子生物学［M］．8版．北京：人民卫生出版社，2013.
[2] 翟静．周晓慧．生物化学［M］．北京：中国医药科技出版社，2016.
[3] 黄忠仕．翟静．生物化学［M］．南京：江苏凤凰科学技术出版社，2013.
[4] 何旭辉．吕士杰．生物化学［M］．7版．北京：人民卫生出版社，2014.
[5] 吴梧桐．生物化学［M］．3版．北京：中国医药科技出版社，2015.
[6] 刘观昌．马少宁．生物化学检验［M］．4版．北京：人民卫生出版社，2015.
[7] 府伟灵．徐克前．临床生物化学检验［M］．5版．北京：人民卫生出版社，2013.